食品化学

（第二版）

主　　编　丁芳林

副 主 编　杨玉红　张　涛　刘　丹

　　　　　王大红　芮　闯　韩升霞

参　　编　曹延华　王方坤　金　鹏

　　　　　王婷婷　黄艳辉　温　科

华中科技大学出版社

中国·武汉

内容提要

食品化学是食品类专业的基础课程。本教材的内容分为三个模块：一是食品中一般成分的化学，重点介绍食品中的水、蛋白质、碳水化合物、脂质、维生素、矿物质以及食品中的酶；二是食品中特殊成分的化学，重点介绍天然色素、食品气味化学、食品滋味化学、食品添加剂，以及天然毒性成分与污染物；三是实验实训。

本教材可作为高职高专食品类专业教学用书，也可供食品相关专业技术人员参考。

图书在版编目(CIP)数据

食品化学/丁芳林主编．—2版．—武汉：华中科技大学出版社，2017.1(2022.1重印)
全国高职高专化学课程"十三五"规划教材
ISBN 978-7-5680-2457-0

Ⅰ.①食… Ⅱ.①丁… Ⅲ.①食品化学-高等职业教育-教材 Ⅳ.①TS201.2

中国版本图书馆CIP数据核字(2016)第303598号

食品化学(第二版)
Shipin Huaxue

丁芳林 主编

策划编辑：王新华
责任编辑：王新华
封面设计：刘 卉
责任校对：张会军
责任监印：周治超

出版发行：华中科技大学出版社(中国·武汉) 电话：(027)81321913
武汉市东湖新技术开发区华工科技园 邮编：430223

录 排：华中科技大学惠友文印中心
印 刷：武汉市籍缘印刷厂
开 本：787mm×1092mm 1/16
印 张：18.5
字 数：427千字
版 次：2010年8月第1版 2022年1月第2版第3次印刷
定 价：39.80元

第二版前言

科学技术正以前所未有的深度和广度影响着人类社会的发展和人们生活的方方面面。改革开放 30 多年来，我国的经济实力和综合国力有了显著的提高，人们的生活逐步达到小康水平，实现从"吃饱"到"吃好"的转变，同时食品安全状况总体上也越来越好。我们以第三世界经济收入水平制定了达到欧洲食品标准、美国食品标准、日本食品标准的几乎最苛刻和严厉的标准体系，食品加工与评价标准逐步与国际接轨。之所以能发生如此大的变化，是因为以食品化学为基础的食品工艺、食品分析技术等食品科学突飞猛进，因而食品化学不仅是食品科学的带头学科，更是基础学科。

时光荏苒，本书第一版面世已有六年，我国《食品安全法》2009 年制订、2015 年修订，GB2760 由 2007 版发展到现行的 2014 版，对食品从业者提出了更多更严的要求。本书第一版多次重印，为众多高等院校所采用，广大师生在给予我们热情支持与鼓励的同时，也提出了不少宝贵的意见与建议，因此有必要进行修订。

本书第二版编写宗旨与第一版基本相同，保持基本知识体系不变，对存在问题的地方进行修改，吸收最新研究成果，替换了部分"资料收集""查阅文献"和"知识拓展"等内容，体现了教材的先进性。

参加本次修订的人员除参与第一版编写的丁芳林、杨玉红、刘丹、王大红、王方坤、王婷婷、金鹏、黄艳辉、温科外，还增加了湖南生物机电职业技术学院张涛、上海健康医学院芮闯、烟台工程职业技术学院韩升霞、牡丹江大学曹延华等。此次修订得到了编者所在院校的领导和各位同仁的大力支持,在此一并表示感谢。尽管我们的主观愿望是提供一本内容充实、文字精练、重点突出、符合现代职业教育改革发展方向和现代食品工业发展方向的“学材”,但因学科进步神速,重大成果层出不穷,而我们自身知识有限,这本教材与大家的预期尚有距离,不足之处在所难免,还望广大读者不吝赐教。

编　者
2016 年 12 月

第一版前言

食品化学课程是高职高专院校食品类专业的一门专业基础课程。该课程的教学目的是使学生了解食品材料中主要成分的结构与性质，这些组分之间的相互作用，组分在食品加工和保藏中的物理变化、化学变化，以及这些变化和作用对食品色、香、味、质构、营养和保藏稳定性的影响，为学生从事食品加工、保藏和开发新产品提供较宽广的理论基础，也为学生了解食品加工和保藏方面新的理论、新的技术和新的研究方法提供重要的基础。

本教材贯彻了“以应用性职业岗位需求为导向，以素质教育、创新教育为基础，以学生能力培养为本位”的教育理念，内容的选择上突出了理论的“必需”、“实用”、“管用”的原则，充分反映了近年来职业教育改革方面的成果，特别是吸收了“行动导向教学”理论在高职院校课程开发中的思想，引导学生用“开放性”的思维去获取知识，是适应现代职业教育改革发展方向的一本很好的“学材”。

参加本书编写的人员有：湖南生物机电职业技术学院丁芳林（绪论和食品添加剂）、湖北第二师范学院孙秋香（矿物质）、河南鹤壁职业技术学院杨玉红（维生素）、内江职业技术学院刘丹（水分）、蚌埠学院马龙（蛋白质）、蚌埠学院张斌（碳水化合物）、武汉职业技术学院王大红（油脂）、漯河职业技术学院王婷婷（酶）、漯河职业技术学院黄艳辉（食品滋味化学）、德州科技职业学院王方坤（食品中的天然色素）、甘肃农业职业技术学院温科（食品气味化学）、天津开发区职业技术学院金鹏（天然毒性成分与污染物）。实验实训部分由湖南生物机电职业技术学院丁芳林和董益生两位老师编写。

本书适合于高职高专生物技术类、食品加工技术、食品营养与检测等食品相关专业学生作为教材使用，也可供食品相关专业技术人员参考。书中加“*”的部分为选讲内容，各校可根据情况自行把握。

由于编者水平有限，书中疏漏之处在所难免，欢迎广大读者批评指正。

编　者
2010 年 6 月

目录

模块一　食品一般成分的化学

模 块 一

食品一般成分的化学

第0章

绪　论

知识目标

1. 掌握食品的概念及食品应具备的基本条件。
2. 掌握食品的基本成分，了解食品在储藏加工中的主要变化。

素质目标

明确食品化学研究的内容及在食品类专业中的地位，培养对食品专业的热爱，乐于探索知识奥秘，具有实事求是的科学态度、一定的探索精神和创新意识。

能力目标

锻炼与人交往、合作、交流等各方面的能力，促进个性健康发展；初步学会资料查阅、文献收集，培养积极思考的探究意识和能力。

0.1　食品的化学组成与分类

0.1.1　食品的化学组成

民以食为天，人类为了维持正常的生命和健康，保证生长发育和从事各种劳动，必须从外界摄入含有营养素的物料。人类为维持正常生理功能而食用的含有各种营养素的物质统称为**食物**。绝大多数食物是经过加工以后才食用的，经过加工以后的食物称为**食品**。但食物与食品的概念在很多情况下是相通的，人们常泛指一切食物为食品。我国《食品卫生法》对食品作了如下的定义：食品是指各种供人食用或饮用的成品和原料以及按照传统既是食品又是药品的物品，但不包括以治疗为目的的物品。从食品卫生立法和管理的角度，广义的食品概念还涉及：所生产食品的原料，食品原料种植、养殖过程接触的物质和环境，食品的添加物质，所有直接或间接接触食品的包装材料、设施，以及影响食品原有品质的环境。在进出口食品检验检疫管理工作中，通常还把“其他与食品有关的物品”列入食品的管理范畴。

自然界中的食品种类繁多，它们有着不同的来源，来自动物、植物和微生物，并且各种食品的形态、色泽、风味也各不相同。但从纯化学的意义上说，各种食品不过是各种化学物质按一定的数量和比例形成的集合体，所有食品的营养性、享乐性和安全性等品质因素取决于这些化合物的存在与否以及含量的多少。因此，食品的本质是物质的，也是化学的。

来自于动、植物的食品，其中含有人体必需的营养素组分，经有机体消化和吸收后可提供能量、促进生长和维持生命的材料；同时还需要食品具有适宜的风味特征和良好的质地等感官质量，并且在食用上是安全、无害的。食品化学关注的是食品中所含的具有不同的作用及功能的各种化学物质。食品化学将其分为三类进行研究：一类是必需营养素，即蛋白质、脂肪、碳水化合物、矿物质、维生素和水；另一类非机体所必需，但是为赋予食品期望的品质所需要的成分，如色素、香气成分及食品添加剂；还有一类成分是在储藏、加工过程中产生的有害或可能对机体有害的物质，如食品中的一些成分经过氧化、聚合、分解等反应产生的化合物。因此，食品的化学组成可归纳如下。

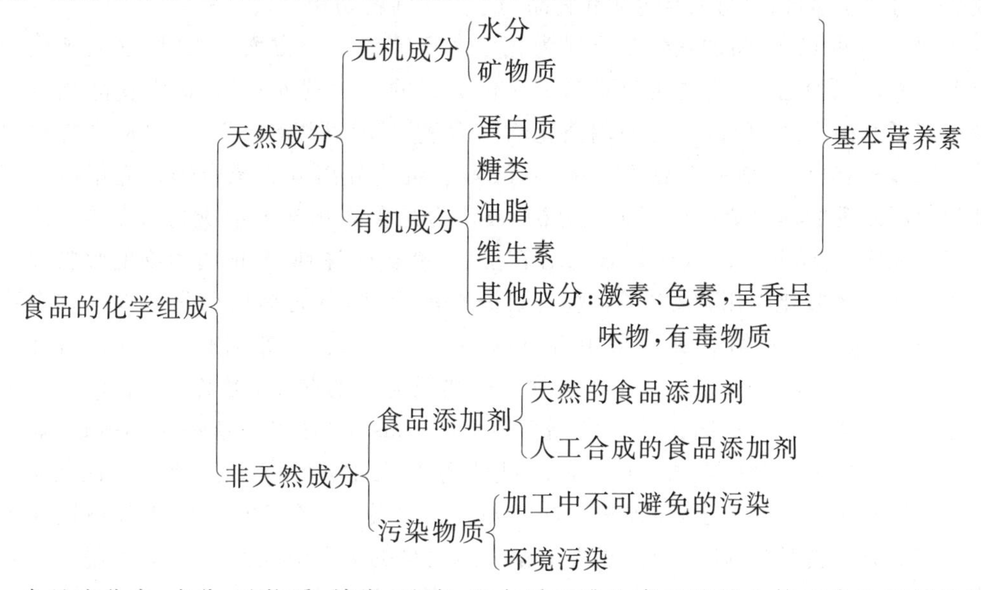

食品成分中，水分、矿物质、糖类、油脂、蛋白质和维生素是维持人体正常生理机能的六大基本营养成分，其中糖类、油脂、蛋白质在体内氧化供给生命活动所需的能量；在食品加工中它们也具有各自的加工特性，为食品的多样化提供了物质基础。

0.1.2 食品的分类

我国按食品原料来源共分十六大类：一是乳与乳制品，二是脂肪、油和乳化脂肪制品，

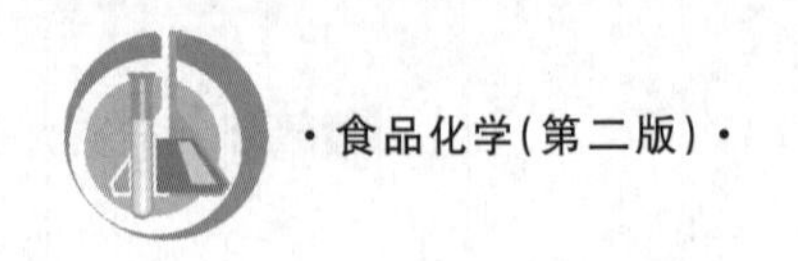

三是冷冻饮品，四是水果、蔬菜(包括块根类)、豆类、食用菌、藻类、坚果以及籽类等，五是可可制品、巧克力和巧克力制品(包括类巧克力和代巧克力)以及糖果，六是粮食和粮食制品，七是焙烤食品，八是肉及肉制品，九是水产品及其制品，十是蛋及蛋制品，十一是甜味料，十二是调味品，十三是特殊营养食品，十四是饮料类，十五是酒类，十六是其他类。

作为食品，首先必须是安全卫生的；同时，人类摄入食品，最基本的作用仍然是维持生命、供给生命活动所需要的能量和营养素，因此食品必须含有一定的营养成分；食品最终是为人类所消费的，食品的色、香、味、形及质感直接作用于人的感觉器官并能被人所接受，也是食品必须具备的基本条件之一。

0.2 食品化学研究的内容

食品是人类赖以生存和发展的物质基础。从远古到现代，食品的作用已经从最初单一的果腹发展成营养保健、美食享受以及交流载体等多个方面。工程学的渗入使食品加工逐渐形成了自身的单元操作，从而开始确立有别于传统作坊式的食品加工体系——食品工业，食品化学就是在20世纪初随着化学、生物化学的发展以及食品工业的兴起而形成的一门独立学科，它与人类生活和食品的生产实践密切相关。

18—19世纪，食品的化学本质成为化学家研究的一个方面。当时，食品组成的研究使人们认识到糖类、蛋白质和脂肪是人体必需的三大营养物质，这为食品化学的发展奠定了基础。此期间，著名的瑞典化学家舍勒(Carl Wilhelm Scheele)从食物原料中分离出多种有机酸，他所首创的乳酸、草酸等有机酸分离方法至今仍在应用，他对动、植物中新发现的一些成分作了定量分析，被认为是食品化学定量研究的先驱。法国化学家拉瓦锡(Antoine Laurent Lavoisier)在推翻“燃素说”的同时证明动物的呼吸属于空气中氧参与的氧化作用，确立了燃烧有机分析的原理，首先提出用化学方程式表达发酵过程，发表了第一篇有关水果中有机酸的研究论文。后来，法国化学家尼科拉斯(Nicolas)进一步将干灰化方法用于植物中矿物质含量的测定，用燃烧分析法定量测定了乙醇的元素组成。法国化学家盖-吕萨克(Gay-Lussac)提出了植物原料中碳、氢、氧、氮4种元素的定量分析方法。后来，食品掺假事件在欧洲时有发生，这对食品检验和食品安全性提出了迫切要求，也促进了这个方面的发展。直到1920年，世界各国相继颁布了有关禁止食品掺假的法规，建立了相应的检验机构和检验方法。20世纪50年代，食品工业的快速发展，对食品感官质量、品质、储藏性能等方面要求的提高，促使食品添加剂在食品工业中得以普遍应用；农业生产中农药的广泛使用给食物带来不同程度的污染，食品安全性问题也成了食品化学和其他相关学科关注的内容。

早期的经典化学虽然为食品化学的起源和发展奠定了基础，但还不能解决复杂的多组分食品体系的许多问题，特别是对食品中单一成分和微量化学物质的反应本质和分离鉴定。自20世纪60年代以来，随着现代实验技术的发展，特别是分离技术、色谱技术和光谱分析技术等先进实验手段的不断发展和完善，以及分子生物学在食品科学领域的应用，不仅实现了对食品中生物活性成分、微量和超微量物质的分离、鉴定、结构分析和微观作用本质的研究，而且推动了现代食品化学的迅速发展。

科学技术发展到今天，现代分析检测技术的出现及结构化学理论的发展，使食品化学在理论和应用研究方面都有了显著的进展。它所包含的食品中各组分的性质、结构和功能，食品中化学变化的历程和反应机理，食品储藏加工新技术、新产品的开发，食品资源的利用等内容，为食品科学技术和食品工业的发展创造了有利的条件。

从食品化学这门学科的形成与发展，不难看出，**食品化学**是用化学的理论和方法研究食品的化学组成、结构、理化性质、营养和安全性，及其在加工、储藏、运输和销售等过程中发生的化学变化和对食品品质、食品安全性影响的一门科学。它通过对食品营养价值、安全性和风味特征的研究，阐明食品的组成、结构、性质和功能，以及食品成分在储藏加工中发生的变化，从而构成了这门学科的主要内容。食品化学是用化学的理论和方法研究食品本质的科学，是食品科学，也可以说是应用化学的一个重要分支。

食品的基本成分包括人体营养所需要的糖类、蛋白质、脂类、维生素、矿物质、膳食纤维与水等，它们提供人体正常代谢所必需的物质和能量。此外，食品除了应具有足够的营养素外，还必须具有刺激人食欲的风味特征和期望的质地，同时又是安全的。食品从原料生产，经过储藏、运输、加工到产品销售，每一过程无不涉及一系列的化学和生物化学变化。例如，水果、蔬菜采后和动物宰后的生理变化，食品中各种物质成分的稳定性随环境条件的变化，储藏加工过程中食品成分相互作用而引起的化学和生物化学变化。这些变化以及引起这些变化的原因和机制，都是食品化学和食品储藏加工中人们共同关心的问题。

阐明食品成分之间的化学反应历程、中间产物和最终产物的化学结构及其对食品的营养价值、感官质量和安全性的影响，控制食物中各种生物物质的组成、性质、结构、功能和作用机制，研究食品储藏加工的新技术，开发新产品和新的食品资源等，构成了食品化学的重要研究内容。食品化学与化学、生物化学、生理化学、植物学、动物学、预防医学、临床医学、食品营养学、食品安全、高分子化学、环境化学、毒理学和分子生物学等学科有着密切和广泛的联系，其中很多学科是食品化学的基础。

食品化学的分支主要有以下几类：① 食品成分化学，研究食品中各种化学成分的含量和理化性质等；② 食品分析化学，研究食品成分分析和食品分析方法的建立；③ 食品生物化学，研究食品的生理变化，与普通生物化学不同，食品生物化学关注的对象是死的或将要死的生物材料以及食品原料特别是糖、脂肪、蛋白质在人体内的代谢转化；④ 食品工艺化学，研究食品在加工储藏过程中的化学变化；⑤ 食品功能化学，研究食物成分对人体的作用；⑥ 食品风味化学，研究食品风味的形成、消失及食品风味成分的化学。

食品化学起源于食品生产实践，又应用于食品生产过程，为改善食品品质、开发食品资源、革新食品工艺与技术、控制食品质量奠定理论基础，成为食品科学中的一大支柱学科。食品化学综合应用并发展了化学、生物化学、工程学等多门学科的内容，涉及面广、内涵丰富，形成了自身不断发展的学科体系。但其基本内容仍然是食品的基本组成及其在食品加工中的变化，所以本书将从基本内容出发，引领读者开始接触食品科学，为进一步领略它的浩瀚和广阔打下基础。

0.3 食品中主要的化学变化

食品从原料生产，经过储藏、运转、加工到产品销售，每一过程无不涉及化学变化。对这些变化的研究及控制构成了食品化学研究的核心内容。

植物组织或器官在储藏过程中发生的化学变化，一船包括生理成熟、后熟和衰老过程中的酶促变化和化学变化，例如呼吸、细胞壁的软化和风味物的产生。动物组织或器官在储藏过程中发生的化学变化，一般包括产后生理变化和化学变化，例如肉的僵直、嫩化、自溶和腐败。这些变化既受生理生化调控，又受储藏环境影响。若环境条件恶劣，又会出现种种生理病害。

原料进入加工过程，变化的机会增加。在加工时，原料被混合，组织或细胞结构被破坏，这就增加了酶与底物接触的机会。酶促水解和酶促氧化是食品酶促反应的两个主要方面，它们引起营养物消耗、质地变软、风味和色泽改变。有些变化幅度颇大，例如维生素 B_1、B_6 和 C 的降解、水果的酶促褐变、葱属植物强烈风味的产生等。

热加工是食品加工的主要方法之一，在这种激烈的加工条件下，许多食品成分发生分解、聚合、异构化和变性。一些热变化可能有利，例如熟肉风味的产生、抗营养因子的失活和面包表面颜色的形成；另一些热变化可能不利，例如油脂的热解变质、蛋白质的不可逆变性及异肽键的生成、维生素热分解和许多果蔬色泽和风味的加热劣化等。

水分活度变化引起的变化多种多样，例如一定程度的脱水加工引起的非酶褐变、脂肪和脂溶性维生素氧化及蛋白质变性反应的加速。但在含水量减至接近单层值时几乎食品中常见的各种主要不利变化都受阻而极慢进行，因而食品得以长期保质。

氧气氧化、试剂氧化、光敏氧化和酶促氧化是食品加工和储藏中引起食品变质的重要原因之一。许多维生素(C、D、E、A 和 B_2)、脂类、一些色素及蛋白质中的含硫氨基酸及芳香氨基酸残基等都是极易受氧化的食品成分。这些物质被氧化，不但损失了营养，还可能形成不良风味和有害成分等，例如油脂自动氧化和热氧化。

光照和电离辐射在食品加工和储藏中也常常引起品质变化。例如，牛奶长期受到日照会产生异味，腌制肉品和脱水蔬菜长期受到日照会变色或褪色，高剂量的电离辐射会引起脂类和蛋白质的分解变质，肉品辐射保藏中会出现异味。

酸、碱、金属离子和其他污染到食品中的成分也会引起某些变化发生。例如，酸是多糖和苷类水解的催化剂，还是造成叶绿素脱镁的效应物。碱可引起脂肪皂化，也是引起蛋白质残基变化的重要效应物。金属离子是脂肪自动氧化的重要催化剂，它们还能与多酚化合物配合而导致水果汁颜色转为深暗。

酶活控制是食品加工和储藏的重要内容。主要是靠加热变性，但调节 pH 值、加入激活剂或抑制剂、改变底物浓度或改变辅基浓度也是常用方法。为了防止加工中酶引起的不利变化，在加工初期往往就要钝化酶。各种酶的热变性模式大同小异，基本等同于蛋白质的热变性。

食品储藏和加工中可能发生种种变化产生毒物。例如，马铃薯储藏后期茄苷生成加快，食品在烟熏中有苯并芘产生，肉类腌制中会有亚硝胺化合物产生，含氰苷植物原料在加工中可产生氰酸盐等。这类物质产生的途径彼此不同，疏于防范会引起严重后果。

加工成品如果包装良好，多数化学变化速度很低，但未停止。根据食品的固有性质，一些反应实质上仍在进行。储藏、运输和销售中因温度波动、包装泄漏、与化学品交叉保存及包装材料的某些成分向食品迁移等现象又会引起某些变化加速。例如，残存在包装内的氧气造成的氧化反应使营养成分继续损失，光照使天然色素变色或褪色，金属罐中金属转为离子会与植物多酚类或肉蛋白分解产生的硫化氢结合产生黑色。

在食品的储藏、加工和远销中，微生物不论何时进入食品并在此生长都将引起多种化学变化。由于没有专门的调控措施，微生物在食品中引起的主要是不利变化。正因为如此，食品化学注重研究由杀菌、消毒、防腐剂应用、酸度、水分活度、氧化还原电位、低温等防止微生物生长的条件引起的食品自身成分的变化，并寻找既能防止微生物生长，又能减轻食品品质受损的最佳处理方法和条件。

食品的品质主要涉及质地、风味、颜色、营养和安全性。根据不同食品的特点，发生在食品中的变化都有有利和不利两个方面。因此，首先是要研究清楚反应本身，明确反应物、反应步骤和产物各是什么，明确反应条件是如何影响反应方向、速率和程度的，并要明确一个反应和其他反应之间的联系；其次，要明确这些变化与食品品质变化的直接联系，特别要明确所研究的变化主要涉及哪种与品质有关的属性，也要弄清该变化的间接影响；最后，明确哪类反应经常在哪些原料或食品中发生。在应用食品化学知识从事食品生产时，这一切具有重要意义。

O. R. Fennema 教授在表 1-0-1 到表 1-0-4 扼要地给出了发生在食品中的重要反应的类别、条件、造成的品质变化以及食品稳定性的决定因素。

表 1-0-1　在食品加工或储藏中可发生的变化分类

属　　性	变　　化
质地	失去溶解性、失去持水性、质地变坚韧、质地柔软
风味	出现酸败、出现焦味、出现异味、出现美味和芳香
颜色	褐变(暗色)、漂白(褪色)、出现异常颜色、出现诱人色彩
营养价值	蛋白质、脂类、维生素和矿物质的降解或损失及生物利用改变
安全性	产生毒物、钝化毒物、产生有调节生理机能作用的物质

表 1-0-2　改变食品品质的一些化学反应和生物化学反应

反应类型	例　　子
非酶褐变	焙烤食品表皮成色
酶促褐变	切开的水果迅速褐变
氧化	脂肪产生异味、维生素降解、色素褪色、蛋白质营养损失
水解	脂类、蛋白质、维生素、碳水化合物、色素降解
金属反应	与花青素作用改变颜色、叶绿素脱镁、作为自动氧化催化剂
脂类异构化	顺反异构化、非共轭脂转变为共轭脂

续表

反应类型	例　子
脂类环化	产生单环脂肪酸
脂类聚合	油炸中油起泡沫
蛋白质变性	卵清凝固、酶失活
蛋白质交联	在碱性条件下加工蛋白质使营养性降低
糖降解	宰后动物组织和采后植物组织的无氧呼吸

表 1-0-3　食品储藏或加工中变化的因果关系

初期变化	二期变化	影　响
脂类水解	游离脂肪酸与蛋白质反应	质地、风味、营养价值
多糖水解	糖与蛋白质反应	质地、风味、颜色、营养价值
脂类氧化	氧化产物与许多其他成分反应	质地、风味、颜色、营养价值、毒物产生
水果破碎	细胞打破、酶释放、氧气进入	质地、风味、颜色、营养价值
绿色蔬菜加热	细胞壁和膜的破坏、酶释放、酶失活	质地、风味、颜色、营养价值
肌肉组织加热	蛋白质变性凝聚、酶失活	质地、风味、颜色、营养价值
脂类的顺反异构化	在深锅油炸中热聚合	油炸过度时起泡沫，降低油脂的营养价值

表 1-0-4　决定食品在储藏加工中稳定性重要因素

产品自身的因素	各组成成分（包括氧化剂）的化学性质、氧气含量、pH 值、水分活度（a_w）、玻璃化温度（T_g）、玻璃化温度时的含水量（W_g）
环境因素	温度（T）、处理时间（t）、大气成分、经受的化学和物理处理、见光、污染、极端的物理环境

0.4　食品化学在食品工业技术发展中的作用

食品化学是根据现代食品工业发展的需要，在多种相关学科理论与技术发展的基础上形成和发展起来的，它具有显著的多源性、综合性及应用性。食品化学已成为食品科学理论和食品工业技术发展与进步的支柱学科之一。

现代食品正向着强调营养、卫生与感官品质，注重保健作用，包装精良和食用方便的方向发展。现代食品工业的发展方向是：科学开发新型天然原辅料；利用现代化农业，发展农产品深加工；利用生物工程和化工技术提高原辅料品质和改造原料性能；发展添加剂，优化食品工艺，加强质量控制；革新设备与加强自动化水平等。这种发展主要依靠材料科学、生物科学和信息科学，当然也滋润和鞭策着食品化学，使它成长为保证食品工业健康而持续发展的指导性学科之一，直接受食品化学指导的方面见表 1-0-5。

表 1-0-5 食品化学指导下现代食品工业的发展

受指导方面	过　去	发　展
食品配方	依靠经验	依据原料组成、性质分析和理性设计
工艺	依据传统,经验和粗放小试	依据原料及同类产品组成、特性的分析,根据优化理论设计
开发食品	依据传统和感觉盲目地开发	依据科学研究资料,目的明确地开发,并增大了功能性食品的开发
控制储藏加工变化	依据经验,尝试性简单控制	依据变化机理,科学控制
开发食品资源	盲目甚至破坏性地开发	科学地、综合地开发现有和新资源
深加工	规模小、浪费大、效益低	规模增大、范围加宽、浪费少、效益高

由于食品化学的发展,有了对美拉德反应、焦糖化反应、自动氧化反应、酶促褐变、淀粉的糊化与老化、多糖水解反应、蛋白质水解反应、蛋白质变性反应、色素变色与褪色反应、维生素降解反应、金属催化反应、菌的催化反应、脂肪水解、氧化与酯交换反应、脂肪热解、热聚、热氧化分解和热氧化聚合反应、风味物的产生途径和分解变化、生物性食品原料的产后生理生化反应、原料改性反应等变化的越来越清楚的认识。也有了对食品成分迁移特性、结晶特性、水化特性、质构特性、风味特性、食品体系的稳定性和流变性、食品分散系的特性、食品原料的组织特性等物理、物理化学、生物化学和功能性质的越来越深刻的认识。这些认识极大地武装了食品战线上的工作者,因而对现代食品加工和储藏技术的发展产生了广泛而深刻的影响。

表 1-0-6 介绍了食品化学在食品工业各行业中正在发挥直接影响的方面。

表 1-0-6 食品化学对各食品行业技术进步的影响

食品工业	影响方面
果蔬加工储藏	化学去皮、护色、质构控制、维生素保留、打蜡涂膜、化学保鲜、气调储藏、活性包装、酶促榨汁、过滤和澄清及化学防腐等
肉品加工	宰后处理、保汁和嫩化、提高肉糜乳化力、凝胶性和黏弹性、超市鲜肉包装、熏肉剂的生产和应用、人造肉的生产、内脏的综合利用(制药)等
饮料工业	速溶、克服上浮下沉、稳定蛋白饮料、水质处理、稳定带肉果汁、果汁护色、控制澄清度、提高风味、白酒降度、啤酒澄清、啤酒泡沫和苦味改善、防止啤酒馊味、果汁脱涩、大豆饮料脱腥等
乳品工业	稳定酸乳和果汁乳、开发凝乳酶代用品及再制乳酪、乳清的利用、乳品的营养强化等
焙烤工业	生产高效膨松剂、增加酥脆性、改善面包皮色和质构、防止产品老化和霉变等
食用油脂工业	精炼,冬化,调温,脂肪改性,DHA、EPA 及 MCT 的开发利用,食品乳化剂生产,抗氧化剂,减少油炸食品吸油量等
调味品工业	生产肉味汤料、核苷酸鲜味剂、碘盐和有机硒盐等
发酵食品工业	发酵产品的后处理、后发酵期间的风味变化、菌体和残渣的综合利用等

续表

食品工业	影响方面
基础食品工业	面粉改良、精谷制品营养强化、水解纤维素与半纤维素、生产高果糖浆、改性淀粉、氢化植物油、生产新型甜味料、生产新型低聚糖、改性油脂、分离植物蛋白质、生产功能性肽、开发微生物多糖和单细胞蛋白质、食品添加剂生产和应用、野生和药食两用可食资源的开发利用等
食品检验	检验标准的制定、快速分析、生物传感器的研制等

近20年来,食品科学与工程领域发展了许多新技术,并正在逐步把它们推向食品工业的应用。例如,利用光化学理论和技术发展可降解食品包装材料,利用生物工程理论与技术发展采用生化反应器改造食品发酵技术和改良原料品种。利用电磁理论和技术发展微波加工食品技术,利用低温技术发展速冻食品技术和食品冷冻干燥技术,利用放射化学理论与技术发展食品辐照保鲜技术,利用应用化学理论和技术发展食品的防伪包装、超临界提取和分子蒸馏技术,利用产后生理生化理论和技术发展食品气控、气调、"真空"储藏和活性包装(包装内气调)技术,利用传质理论和膜技术发展可食膜包装和微胶囊技术,利用结构与韧性关系理论发展原料改性及食品挤压、膨化和超微粉末化技术。由于这些新技术实际应用是否成功的关键依然是对物质结构、韧性和变化的把握,所以它们的发展速度紧紧依赖于食品化学在这一新领域内的发展速度。现在各国的食品化学家已为此投入了巨大热情和精力,这些新技术在食品工业的发展中将起到越来越大的作用。

知识题

一、填空题

1. 食品的质量属性包括________、________、________、________和卫生安全性等。
2. 食品中无机成分包括________和________。
3. 食品的化学组成中的非天然成分包括________和________。
4. 食品中六大营养物质包括________、________、________、________、________和________。

二、简答题

1. 食品加工中对食品品质和安全性的不良影响有哪些?
2. 食品化学研究的内容有哪些?

素质题

谈谈食品化学对现代食品工业的影响。

技 能 题

1. 收集本单元中你不熟悉的专业名词作为关键词，在 www. google. com. hk，www. baidu. com 等网站中搜索，以获得相关信息。

2. 在超市中购买一两种食品，把包装袋上的有关信息记录下来，并与同学交流，归纳出食品包装上需要提供给消费者的基本信息。

3. 收集我们周围可能存在的可供开发的食品资源(原料)，提出自己的想法，并与同学交流。

收集“有机食品”和“绿色食品”的相关知识，比较它们的区别。

在中国知网(www. cnki. net)查阅《食品科学》、《食品科技》、《食品工业》、《食品与发酵工业》、《食品工业科技》、《食品与生物技术学报》等专业杂志。

知识拓展

绿色食品

绿色食品是遵循可持续发展原则，按照特定生产方式生产，经专门机构认定，许可使用绿色食品标志商标的无污染的安全、优质、营养类食品。目前这个专门机构是中国绿色食品发展中心。绿色食品标志是由中国绿色食品发展中心在国家工商行政管理总局商标局正式注册的质量证明商标，其商标专用权受《中华人民共和国商标法》保护。绿色食品标志图形由三部分组成，即上方的太阳、下方的叶片和中心的蓓蕾。标志为正圆形，意为保护。

绿色食品的三个显著特征如下。

一是强调产品出自最佳生态环境。绿色食品生产从原料产地的生态环境入手，通过对原料产地及其周围的生态环境因子严格监测，判定其是否具备生产绿色食品的基础条件，而不是简单地禁止生产过程中化学物质的使用。

二是对产品实行全程质量控制。绿色食品实行“从土地到餐桌”全程质量控制，而不是简单地对最终产品的有害成分含量和卫生指标进行测定，从而在农业和食品生产领域树立了全新的质量观。

三是对产品依法实行标志管理。政府授权专门机构管理绿色食品标志，这是一种将技术手段和法律手段有机结合起来的生产组织和管理行为。

第1章

水　分

知识目标

熟悉水在食品中的功能，掌握食品中水的存在状态、各种水的性质、水分活度的定义，熟悉水分活度与温度的关系、等温吸湿曲线的定义以及等温吸湿曲线上不同部分水的特性，了解水分活度与食品稳定性的关系。

素质目标

培养积极向上的人生态度，严谨细致、勤奋努力的学习作风。

能力目标

能够解释在冰点以上及以下时，样品的水分活度与温度的关系；掌握等温吸湿曲线的意义、测定方法及其在实际生产中的应用；会应用水分活度提高食品的稳定性。

1.1　水在生物体中的含量及作用

水(H_2O)是由氢、氧两种元素组成的无机物，在常温常压下为无色无味的透明液体。其相对密度为0.999 87(0 ℃)，沸点为100 ℃，冰点为0 ℃。在自然界中，可以气态、液态或固态存在。当形成固态(结冰)时，密度将减小，体积增大。水可以溶解许多物质，是最重要的溶剂。

水是最常见的物质之一，是包括人类在内的所有生命生存的重要资源，也是生物体最重要的组成部分。在生物体所含的无机物中，按质量来说，水占第一位，平均含量为65%～90%。在不同机体或同一机体的不同器官中，水的含量有很大差别。例如，人体各部分的含水量中，骨骼为22%，肌肉为76%，脑为70%～84%，心脏为79%，肝脏为70%，皮肤为72%，血液为83%。水的含量也因年龄而不同。例如，人类4个月的胎儿含水量为91%，成人则为65%。有些海栖动物如水母,96%～99%是由水组成的。幼嫩植物含水约70%,细菌孢子含水约10%。

水分子为极性分子,水具有沸点高、比热容大、蒸发焓大以及能溶解许多物质的特性,这些特性对于维持生物体的正常生理活动有着重要的意义。水是一种良好溶剂,生物体内许多物质都能溶于水中。由于水分子极性大,还能使溶解于其中的许多物质解离成离子,这样也就有利于体内化学反应的进行。不仅如此,水还直接参加水解、氧化还原反应。由于水溶液的流动性大,水在体内还起运输物质的作用,将吸收的营养物质运输到各组织,并将组织中产生的废物运输到排泄器官,排出体外。水的比热容大,1 g 水升高1 ℃需要4.18 J 热量,比同量其他液体所需的热量要多,因而水能吸收较多的热量而本身温度升高不多。水的蒸发焓大,1 g 水在37 ℃时完全蒸发需要吸热2 399.3 J,所以蒸发少量的汗就能散发大量的热。再加上水的流动性大,能随血液迅速分布全身,因此水对于维持机体温度的稳定起很大作用。此外,水还起润滑作用。对植物来说,水分能保持植物的固有的姿态,由于植物的液泡里含有大量水,可维持细胞的紧张度使植物枝叶挺立,便于接受阳光和交换气体,这样才能保证很好的生长发育。

1.2 食品中水的功能

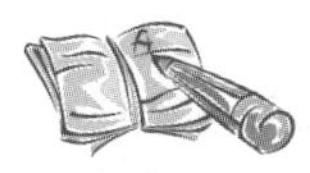

1.2.1 水在食品生物学方面的功能

水是食品中的重要组分,各种食品都有其特定的水分含量,使其具有特有的色、香、味、形等特征。在许多法定的食品质量标准中,水分是一个重要的指标。天然食品中水分的含量范围一般在50%～92%,常见的一些食品含水量见表1-1-1。

表1-1-1 一些食品中水分的含量

<table>
<tr><th colspan="2">食　品</th><th>水分含量/(%)</th><th colspan="2">食　品</th><th>水分含量/(%)</th></tr>
<tr><td rowspan="8">水果、蔬菜等</td><td>香蕉</td><td>74～85</td><td rowspan="8">水果、蔬菜等</td><td>干水果</td><td><25</td></tr>
<tr><td>苹果</td><td>85～90</td><td>豆类(青)</td><td>67</td></tr>
<tr><td>番石榴</td><td>81</td><td>豆类(干)</td><td>10～12</td></tr>
<tr><td>甜瓜</td><td>92～94</td><td>黄瓜</td><td>96</td></tr>
<tr><td>成熟橄榄</td><td>72～75</td><td>马铃薯</td><td>78</td></tr>
<tr><td>鳄梨</td><td>65</td><td>红薯</td><td>69</td></tr>
<tr><td>浆果</td><td>81～90</td><td>小萝卜</td><td>93</td></tr>
<tr><td>柑橘</td><td>86～89</td><td>芹菜</td><td>79</td></tr>
</table>

续表

食品		水分含量/(%)	食品		水分含量/(%)
畜、水产品等	动物肉和水产品	50～85	高脂肪食品	人造奶油	15
	新鲜蛋	74		蛋黄酱	15
	干蛋粉	4		食品用油	0
	鹅肉	50		沙拉酱	40
	鸡肉	75		奶油	15
谷物及其制品	全粒谷物	10～12	乳制品	奶酪(切达)	40
	燕麦片等早餐食品	<4		鲜奶油	60～70
	通心粉	9		奶粉	4
	面粉	10～13		液体乳制品	87～91
	饼干等	5～8		冰淇淋等	65
	面包	35～45	糖类	果酱	<35
	馅饼	43～59		白糖及其制品	<1
	面包卷	28		蜂蜜及其他糖浆	20～40

1.2.2 水在食品工艺学方面的功能

食品的加工过程经常有一些涉及对水的加工处理，如采用一定的方式从食品中除去水分(加热干燥、蒸发浓缩、超滤、反渗透等)，或将水分转化为非活性成分(冷冻)，或将水分物理固定(凝胶)，以达到提高食品稳定性的目的。

在食品的加工、保藏等过程中，水对食品质量、营养价值、货架寿命、安全性等方面有重要的影响。水具有良好的分散性，因此能在食品中起着分散蛋白质和淀粉等成分的作用，使它们形成溶胶或溶液。水也影响食品的鲜度、硬度、流动性和呈味性。在食品的加工过程中，水还能发挥浸透、膨胀等方面的作用。水也是微生物繁殖的重要因素，影响着食品的可储藏性和货架寿命。因此，研究食品中水分的存在状态及其特性对食品化学和食品保藏技术有着重要的意义。

1.3 食品中水的存在状态

新鲜的动、植物组织中和一些固体食物中常含有大量水分(表 1-1-1)，但在切开时一般不会大量流失。这是因为食品中的水不是单独存在的，它会与食品中的其他成分发生化学或物理作用，导致水分子被截留。

按照食品中的水与其他成分之间相互作用的强弱，可将食品中的水分成结合水和自由水(表 1-1-2)。

表 1-1-2　食品中水的分类与特征

分　类		特　征	食品中比例
结合水	化合水	食品非水成分的组成部分	<0.03%
	邻近水	与非水成分的亲水基团强烈作用形成单分子层；水-离子以及水-偶极结合	0.1%～0.9%
	多层水	在亲水基团外形成另外的分子层；水-水以及水-溶质结合	1%～5%
自由水	自由流动水	自由流动，性质同稀的盐溶液，水-水结合为主	5%～96%
	滞化水和毛细管水	容纳于凝胶或基质中，水不能流动，性质同自由流动水	5%～96%

结合水（或称为束缚水、固定水），通常是指存在于溶质或其他非水组分附近的，与溶质分子之间通过化学键结合的那部分水。根据结合水被结合的牢固程度的不同，结合水也有以下几种不同的形式。

（1）化合水。化合水是结合得最牢固的，构成非水物质组成的那些水，以 OH^-、H^+ 或 H_3O^+ 等形式存在于化合物中。

（2）邻近水（单分子层水）。邻近水占据着非水成分的大多数亲水基团的第一层位置，例如与离子或离子基团相缔合的水。

（3）多层水。多层水是指位于以上所说的第一层中剩下的位置以及在邻近水的外层形成的几层水，虽然结合程度不如邻近水，但仍然与非水组分紧密结合，其性质不同于纯净水的性质。

因此，这里所指的结合水包括化合水和邻近水以及几乎全部多层水。食品中大部分的结合水是和蛋白质、碳水化合物和果胶等相结合的。

自由水（游离水）就是指没有与非水成分结合的水。它又可分为三类：不移动水或滞化水、毛细管水和自由流动水。

（1）滞化水。滞化水是指被组织中的显微和亚显微结构与膜所阻留住的水，由于这些水不能自由流动，所以称为不可移动水或滞化水，例如一块重 100 g 的动物肌肉组织中，总含水量为 70～75 g，含蛋白质 20 g，除去近 10 g 结合水外，还有 60～65 g 的水，这部分水中极大部分是滞化水。

（2）毛细管水。毛细管水是指在生物组织的细胞间隙、制成食品的结构组织中，存在着的一种由毛细管力所截留的水，在生物组织中又称为细胞间水，其物理和化学性质与滞化水相同。

（3）自由流动水。自由流动水是指动物的血浆、淋巴和尿液，植物的导管和细胞内液泡中的水，因为都可以自由流动，所以叫做自由流动水。

结合水和自由水之间的界限很难定量地作截然的划分，只能根据物理、化学性质作定性的区别（表 1-1-3），具体包括：

（1）结合水的量与食品中所含极性物质的量有比较固定的关系，如 100 g 蛋白质大约可结合 50 g 的水，100 g 淀粉的持水能力在 30～40 g；

表 1-1-3 食品中水的性质

性 质	结 合 水	自 由 水
一般描述	存在于溶质或其他非水组分附近的水，包括化合水、邻近水及几乎全部多层水	位置上远离非水组分，以水-水氢键存在
冰点(与纯水比较)	冰点大为降低，甚至在－40 ℃不结冰	能结冰，冰点略微降低
溶剂能力	无	大
平均分子水平运动	大大降低甚至无	变化很小
蒸发焓(与纯水比)	增大	基本无变化
高水分食品中占总水分比例	<5%	5%～96%
微生物利用性	不能	能

注：蒸发焓指在一个等压蒸发过程中需要吸收的热量。

(2) 结合水对食品品质和风味有较大的影响，当结合水被强行与食品分离时，食品质量、风味就会改变；

(3) 结合水的蒸气压比自由水低得多，所以在 100 ℃下结合水不能从食品中分离出来；

(4) 结合水不易结冰(冰点约为－40 ℃)，这种性质使得植物的种子和微生物的孢子得以在很低的温度下保持其生命力；而多汁的组织在冰冻后细胞结构往往被结合水的冰晶所破坏，解冻后组织不同程度地崩溃；

(5) 结合水不能作为可溶性成分的溶剂，也就是说丧失了溶剂能力；

(6) 自由水可被微生物所利用，结合水则不能。

*1.4 水分活度和等温吸湿曲线

1.4.1 水分活度的定义

人类很早就认识到食物的易腐败性与含水量之间有着密切的联系，尽管这种认识不够全面，但脱水仍然成为人们日常生活中保藏食品的重要方法。食品加工中无论是浓缩还是脱水过程，目的都是为了降低食品的含水量，提高溶质的浓度，以降低食品腐败的敏感性。

从上面的介绍中可以看出，含水食品中非水物质对水的束缚能力会影响水的汽化、冻结、酶反应和微生物的利用等，与非水成分结合牢固的水被微生物或化学反应利用程度降低。考虑到这一点，仅仅将水分含量作为食品中各种生物、化学反应对水的可利用性指标不是十分恰当的，例如在相同的水分含量时，不同的食品的腐败难易程度存在明显的差异。因此，目前一般采用水分活度(a_w)表示水与食品成分之间的结合程度。在较低的温度下，利用食品的水分活度比利用水分含量更容易确定食品的稳定性，所以目前它是食品质量指标中更有实际意义的重要指标。

水分活度是指食品中水的蒸气压与相同温度下纯水的蒸气压的比值。可用式(1.1.1)表示。

$$a_w=\frac{p}{p_0}=\mathrm{ERH}=N=\frac{n_0}{n_1+n_0} \tag{1.1.1}$$

式中:a_w——水分活度;p——某种食品在密闭容器中达到平衡状态时的水蒸气分压;p_0——相同温度下纯水的蒸气压;ERH(equilibrium relative humidity)——样品周围的空气平衡相对湿度;N——溶剂摩尔分数;n_0——水的物质的量;n_1——溶质的物质的量。

n_1可通过测定样品的冰点,然后按式(1.1.2)计算求得。

$$n_1=\frac{G\cdot\Delta T_t}{1\ 000K_t} \tag{1.1.2}$$

式中:G——样品中溶剂的质量(g);ΔT_t——冰点降低(℃);K_t——水的摩尔冰点降低常数(1.86)。

由于物质溶于水后该溶液的蒸气压总要低于纯水的蒸气压,所以水分活度值介于0与1之间。部分溶质水溶液的a_w值见表1-1-4。

表1-1-4 1 mol/kg **溶质水溶液的** a_w[a]

溶质[a]	a_w
理想溶剂	0.982 3[b]
丙三醇	0.981 6
蔗糖	0.980 6
氯化钠	0.967
氯化钙	0.945

注:a. 1 kg(55.56 mol)水中溶解1 mol溶质;b. $a_w=55.56/(1+55.56)=0.982\ 3$。

水分活度的测定方法有以下几种。

(1) 冰点测定法。先测定样品的冰点降低和含水量,然后按式(1.1.1)和式(1.1.2)计算水分活度(a_w),其误差(包括冰点测定和a_w的计算)很小。

(2) 相对湿度传感器测定方法。将已知含水量的样品置于恒温密闭的小容器中,使其达到平衡,然后用电子式湿度测量仪测定样品和环境空气平衡的相对湿度,按式(1.1.1)计算即可得到a_w。

(3) 恒定相对湿度平衡室法。置样品于恒温密闭的小容器中,用一定种类的饱和盐溶液使容器内样品的环境空气的相对湿度恒定,待平衡后测定样品的含水量。在通常情况下,温度恒定在25 ℃,扩散时间为20 min,样品量为1 g,并且是在一种水分活度较高和另一种水分活度较低的饱和盐溶液下分别测定样品的吸收或散失水分的质量,然后按式(1.1.3)计算a_w。

$$a_w=\frac{Ax+By}{x+y} \tag{1.1.3}$$

式中:A——水分活度较低的饱和盐溶液的标准水分活度;B——水分活度较高的饱和盐溶液的标准水分活度;x——使用B液时样品质量的净增值;y——使用A液时样品质量

的净减值。

1.4.2 水分活度与温度的关系

由于蒸气压和平衡相对湿度都是温度的函数，所以水分活度也是温度的函数。水分活度与温度的函数可用克劳修斯-克拉伯龙(Clausius-Clapeyron)方程式(1.1.4)来表示。

$$\frac{\mathrm{d}\ \ln a_w}{\mathrm{d}(1/T)}=\frac{-\Delta H}{R} \tag{1.1.4}$$

式中：T——绝对温度；R——气体常数；ΔH——在样品的水分含量下等量净吸附热。

整理式(1.1.4)，可推出式(1.1.5)：

$$\ln a_w=-\Delta H/(RT)+c \tag{1.1.5}$$

式中：a_w和R、T、ΔH的意义与式(1.1.4)相同；c——常数。

由式(1.1.5)可知，$\ln a_w$与$1/T$之间为一直线关系，其意义在于：一定样品水分活度的对数在不太宽的温度范围内随绝对温度的升高而成正比地升高。这对密封在袋内或罐内食品的稳定性有很大影响。具有不同水分含量的天然马铃薯淀粉的$\ln a_w$-$1/T$实验图证明了这种理论推断，见图1-1-1。从图可见两者间有良好的线性关系，且水分活度对温度的相依性是含水量的函数。

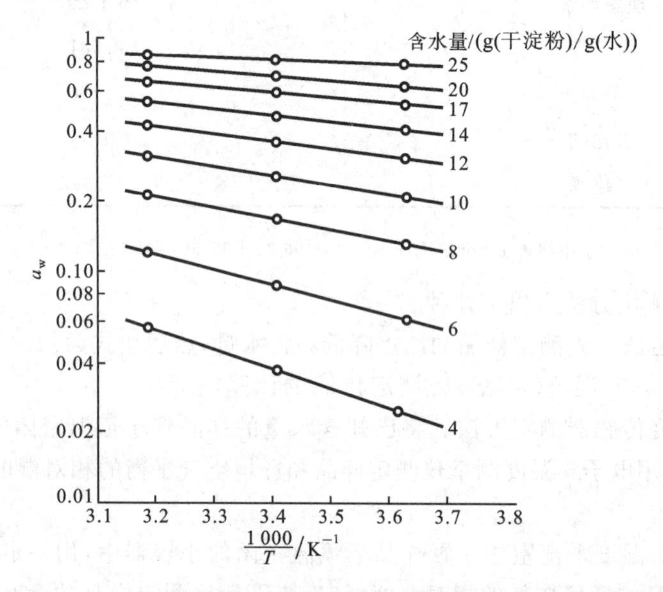

图1-1-1 天然马铃薯淀粉的水分活度和温度的克劳修斯-克拉伯龙关系

在较大的温度范围内，$\ln a_w$与$1/T$之间并非始终为一直线关系；在冰点温度出现断点，冰点以下$\ln a_w$与$1/T$的变化率明显加大了，并且不再受样品中非水物质影响，见图1-1-2。因为此时水的汽化潜热应由冰的升华热代替，也就是说，前述的a_w与温度的关系方程中的ΔH值大大增加了。冰点以下a_w与样品的组成无关，因为在冰点以下样品的蒸气分压等于相同温度下冰的蒸气压，并且水分活度的定义式中的p_0此时应采用过冷纯水的蒸气压，即

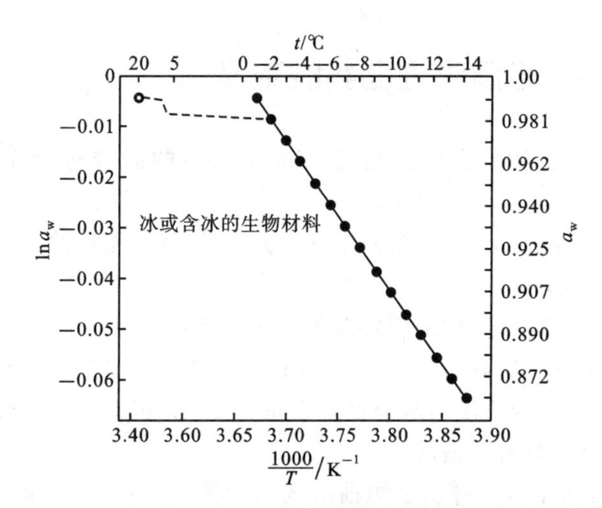

图 1-1-2　在冰点以上及以下时，样品的水分活度与温度的关系

表 1-1-5　水、冰和食品在低于冰点下的不同温度时蒸气压和水分活度

温度/℃	液态水[a]的蒸气压/kPa	冰和含冰食品的蒸气压/kPa	a_w
0	0.610 4[b]	0.610 4	1.004[d]
−5	0.421 6[b]	0.401 6	0.953
−10	0.286 5[b]	0.259 9	0.907
−15	0.191 4[b]	0.165 4	0.864
−20	0.125 4[c]	0.103 4	0.82
−25	0.080 6[c]	0.063 5	0.79
−30	0.050 9[c]	0.038 1	0.75
−40	0.018 9[c]	0.012 9	0.68
−50	0.006 4[c]	0.003 9	0.62

注：a. 除 0 ℃外为所有温度下的过冷水；b. 观测数据；c. 计算的数据；d. 仅适用于纯水。

$$a_w=\frac{p_{(ff)}}{p_{0(SCW)}}=\frac{p_{0(ice)}}{p_{0(SCW)}}$$

式中：$p_{(ff)}$——未完全冷冻的食品中水蒸气分压；$p_{0(SCW)}$——相同温度下纯过冷水的蒸气压；$p_{0(ice)}$——纯冰在相同温度下的蒸气压。

表 1-1-5 中列举了按冰和过冷水的蒸气压计算的冷冻食品的 a_w 值。

在比较高于和低于冰点的水分活度值(a_w)时得到两个重要区别。第一，在冰点以上，a_w是样品组分和温度的函数，前者是主要的因素。但在冻结点以下时，a_w与样品中的组分无关，只取决于温度，也就是说在有冰相存在时，a_w不受体系中所含溶质种类和比例的影响。因此，不能根据冰点以上水分活度值来正确预测体系中溶质的种类和含量对冰点以下体系发生变化的影响。第二，冰点以上和冰点以下水分活度对食品稳定性的影响是不同的。例如，一种食品在−15 ℃和 a_w为 0.86 时，微生物不生长，化学反应进行缓慢；可是，在 20 ℃，a_w同样为 0.86 时，则出现相反的情况，有些化学反应将迅速地进行，某些微生物也能生长。

1.4.3 等温吸湿曲线的定义

在恒定温度下表示食品水分活度与含水量关系的曲线称为水分**等温吸湿曲线**(moisture sorption isotherms,MSI)。

测定方法:在恒定温度下,改变食品中的水分含量,测定相应的活度,以水分含量为纵轴、a_w 为横轴画出曲线。

从水分等温吸湿曲线所得到的资料对于浓缩脱水过程是很有用的,因为水从体系中消除的难易程度与水分活度有关,在评价食品的稳定性时,确定用水分含量来抑制微生物的生长时,也必须知道水分活度与水分含量之间的关系。因此,了解食品中水分含量与水分活度之间的关系是十分有价值的。

图 1-1-3 是高含水量食品等温吸湿曲线的示意图,它包括了从正常至干燥状态的整个水分含量范围。这类示意图并不是很有用,因为对食品来讲有意义的数据是在低水分区域。图 1-1-4 为低水分含量食品的等温吸湿曲线的一个典型例子。

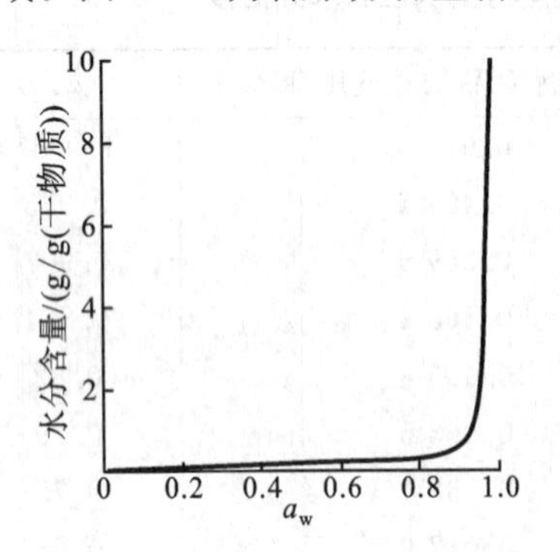

图 1-1-3 水分含量与 a_w 的关系

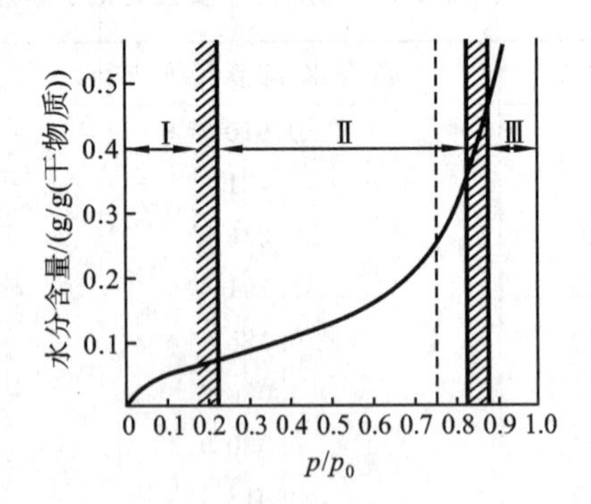

图 1-1-4 食品的等温吸湿曲线的一般形式(20 ℃)

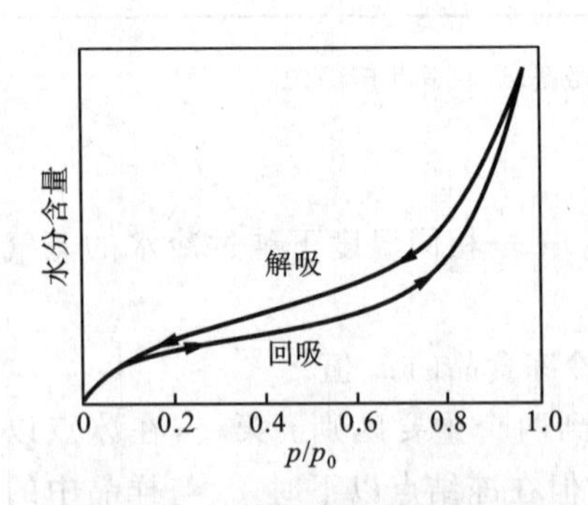

图 1-1-5 食品的等温吸着-解吸曲线

一种食物一般有两条等温吸湿曲线,一条是吸附等温吸湿曲线,是食品在吸湿时的等温吸湿曲线,另一条是解吸等温吸湿曲线,是食品在干燥时的等温吸湿曲线,这两条曲线往往是不重合的,这种现象称为"滞后"现象(图 1-1-5)。产生这种现象的原因是干燥时食品中水分子与非水物质的基团之间的作用部分地被非水物质的基团之间的相互作用所代替,而吸湿时不能完全恢复这种代替作用。

1.4.4 等温吸湿曲线上不同部分水的特性

为了便于理解等温吸湿曲线的含义和实际应用,可以人为地将图 1-1-4 中表示的曲线范围分为三个不同的区间:当干燥的无水样品产生回吸作用而重新结合水时,其水分含量、水分活度等就从区间Ⅰ(干燥)向区间Ⅲ(高水分)移动,水吸着过程中水的存在状态、性质大不相同,有一定的差别。以下分别叙述各区间水的主要特性。

等温线区间Ⅰ的水与溶质结合最牢固,它们是食品中最不容易移动的水,这种水依靠水-离子或水-偶极相互作用而被强烈地吸附在极易接近的溶质的极性位置,在等压条件下其蒸发需要吸收的热量比纯水大得多,这类水在−40 ℃不结冰,也不具备作为溶剂溶解溶质的能力。食品中这类水不能对食品的固形物产生可塑作用,其行为如同固形物的组成部分。区间Ⅰ的水只占高水分食品中总水量的很小一部分,一般为0~0.07 g/g(干物质),a_w为0~0.25。

在区间Ⅰ和区间Ⅱ的边界线之间的那部分水相当于食品中的单层水的水分含量,单层水可以看成是在接近干物质强极性基团上形成一个单分子层所需要的近似水量,例如对于淀粉,此含量为一个葡萄糖残基吸着一个水分子。

一般来说,食品干燥后安全储藏的水分含量要求为该食品的单分子层水。若得到干燥后食品的水分含量就可以计算食品的单分子层水含量:

$$\frac{a_w}{m(1-a_w)}=\frac{1}{m_1 c}+\frac{(c-1)a_w}{m_1 c}$$

式中:a_w——水分活度;m——水分含量;m_1——单分子层水含量;c——常数。

水分含量的定量测定一般是以100~105 ℃恒重后的样品质量的减少量作为食品水分的含量。

等温线区间Ⅱ的水包括了区间Ⅰ的水和区间Ⅱ内所增加的水,区间Ⅱ内增加的水占据固形物的第一层的剩余位置和亲水基团周围的另外几层位置,这部分水是多层水。多层水主要靠水-水分子间的氢键作用和水-溶质间的缔合作用;它们的移动性比游离水差一些,在等压条件下,蒸发吸收的热量比纯水大但相差范围不等,大部分在−40 ℃不能结冰。这部分水一般为0.1~0.33 g/g(干物质),a_w在0.25~0.8。

当水回吸到相当于等温线区间Ⅲ和区间Ⅱ边界之间的含水量时,所增加的这部分水能引发溶解过程,促使基质出现初期溶胀,起着增塑作用。在含水量高的食品中,这部分水的比例占总含水量的5%以下。

等温线区间Ⅲ内的水包括区间Ⅱ和区间Ⅰ的水加上区间Ⅲ边界内增加的水,该区间增加的这部分水就是游离水,它是食品中结合最不牢固且最容易移动的水。这类水性质与纯水基本相同,不会受到非水物质分子的作用,既可以作为溶剂,又有利于化学反应的进行和微生物生长。区间Ⅲ内的游离水在高水分含量食品中一般占总含水量的95%以上。

必须指出的是,还不能准确地确定等温吸湿曲线各个区间的分界线的位置,除化合水外,等温线的每一个区间内和区间之间的水都能够相互进行交换。另外向干燥的食品中添加水时,虽然能够稍微改变原来所含水的性质,如产生溶胀和溶解过程,但在区间Ⅱ中添加水时,区间Ⅰ的水的性质保持不变,在区间Ⅲ内添加水时区间Ⅱ的水的性质也几乎保持不变。以上可以说明,对食品稳定性产生影响的水是体系中受束缚最小的那部分水,即游离水(体相水)。

1.4.5 等温吸湿曲线与食品类型、温度的关系

一般来说,不同的食品由于其组成不同,其等温吸湿曲线的形状是不同的,大多数食品的等温吸湿曲线呈S形,而水果、糖制品、含有大量糖和其他可溶性小分子的咖啡提取物以及多聚物含量不高的食品的等温吸湿曲线为J形,见图1-1-6中曲线1,曲线1表示40 ℃时的曲线,其余的均为20 ℃。等温吸湿曲线形状和位置与试样的组成、物理结构(例如结晶或无定形)、预处理、温度和制作方法等因素相关。

从前面的介绍可知,水分活度与温度有关,所以水分的等温吸湿曲线也与温度有关,图1-1-7给出了土豆片在不同温度下的等温吸湿曲线,从图中可以看出,在水分含量相同时,温度的升高导致水分活度的增加,这也符合食品中发生的各种变化的规律。

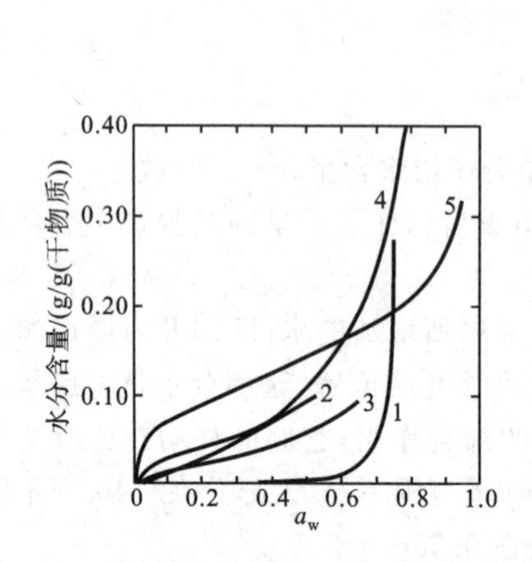

图1-1-6 食品与生物材料的回吸等温吸湿曲线

1—糖果(主要成分为粉末状蔗糖);
2—喷雾干燥菊苣根提取物;3—焙烤后的咖啡;
4—猪胰脏提取物粉末;5—天然稻米淀粉

图1-1-7 不同温度下马铃薯的等温吸湿曲线

*1.5 水分活度与食品稳定性的关系

虽然在食物冻结后不能用水分活度来预测食物的稳定性,但在未冻结时,食物的稳定性确实与食物的水分活度有着密切的关系。总的趋势是,水分活度越小的食物越稳定,较少出现腐败变质现象。

1.5.1 水分活度与微生物生长的关系

食品在储藏和销售过程中,微生物可能在食品中生长繁殖,影响食品质量,甚至产生有害物质。微生物需要一定的水分才能进行一系列正常代谢,维持其生命活动。影响食

品稳定性的微生物主要是细菌、酵母和霉菌，这些微生物的生长繁殖都要求有最低限度的a_w。换句话说，只有食物的水分活度大于最低限度值时，特定的微生物才能生长。一般来说，细菌为$a_w>0.9$，酵母为$a_w>0.87$，霉菌为$a_w>0.8$(图 1-1-8)。一些耐渗透压微生物除外(表 1-1-6)。

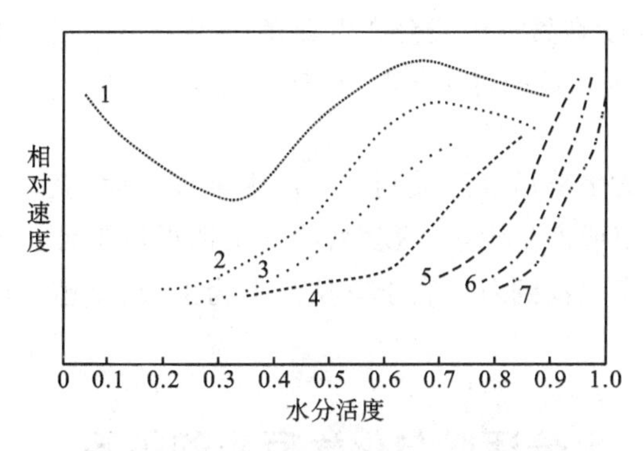

图 1-1-8 水分活度与食品安全性的关系

1—脂质氧化作用；2—美拉德反应；3—水解反应；

4—酶活力；5—霉菌生长；6—酵母生长；7—细菌生长

表 1-1-6 食品中水分活度与微生物生长之间的关系

a_w	此范围内的最低 a_w 一般能抑制的微生物	食 品
1.0～0.95	假单胞菌、大肠杆菌变形菌、志贺氏菌属、克雷伯氏菌属、芽孢杆菌、产气荚膜梭状芽孢杆菌、一些酵母	极易腐败的食品、蔬菜、肉、鱼、牛乳、罐头水果，香肠和面包，含有约 40％蔗糖或 7％食盐的食品
0.95～0.91	沙门氏杆菌属、肉毒梭状芽孢杆菌、沙雷氏杆菌、乳酸杆菌属、一些霉菌、红酵母、毕赤氏酵母	一些干酪、腌制肉、水果浓缩汁、含有 55％蔗糖或 12％食盐的食品
0.91～0.87	许多酵母(假丝酵母、球拟酵母、汉逊酵母)、小球菌	发酵香肠、干的干酪、人造奶油、含有 65％蔗糖或 15％食盐的食品
0.87～0.80	大多数霉菌(产毒素的青霉菌)、金黄色葡萄球菌、大多数酵母菌属、德巴利氏酵母菌	大多数浓缩水果汁、甜炼乳、糖浆、面粉、米、含有 15％～17％水分的豆类食品、家庭自制的火腿
0.80～0.75	大多数嗜盐细菌、产真菌毒素的曲霉。	果酱、糖渍水果、杏仁酥糖
0.75～0.65	嗜旱霉菌、二孢酵母	含 10％水分的燕麦片、果干、坚果、粗蔗糖、棉花糖、牛轧糖块
0.65～0.60	耐渗透压酵母(鲁酵母)、少数霉菌(刺孢曲霉、二孢红曲霉)	含有 15％～20％水分的果干、太妃糖、焦糖、蜂蜜
0.50	微生物不繁殖	含 12％水分的酱、含 10％水分的调料
0.40	微生物不繁殖	含 5％水分的全蛋粉
0.30	微生物不繁殖	饼干、曲奇饼、面包硬皮
0.20	微生物不繁殖	含 2％～3％水分的全脂奶粉、含 5％水分的脱水蔬菜或玉米片、家庭自制饼干

微生物在不同的生长阶段,所需的最低限度的 a_w 也不一样,细菌形成芽孢时比繁殖生长时要高,例如魏氏芽孢杆菌繁殖生长时的 a_w 阈值为 0.96,而芽孢形成的 a_w 阈值为 0.97。霉菌孢子发芽的 a_w 阈值低于孢子发芽后菌丝生长所需的 a_w 值,例如灰绿曲霉发芽时的 a_w 值为 0.73～0.75,而菌丝生长所需的 a_w 值在 0.85 以上,最适宜的 a_w 值必须在 0.93～0.97。有些微生物在繁殖中还会产生毒素,微生物产生毒素时所需的 a_w 阈值则高于生长时所需的 a_w 值,例如黄曲霉生长时所需的 a_w 阈值为 0.78～0.80,而产生毒素时要求的 a_w 阈值是 0.83。

据上所述,当食品的水分活度降低到一定的限度以下时,就会抑制要求 a_w 阈值高于此值的微生物生长、繁殖或产生毒素,使食品的安全性得以保证。当然,在发酵食品的加工中,就必须把水分活度提高到对有利于有益微生物生长、繁殖、分泌代谢产物所需的水分活度以上。

1.5.2 水分活度与化学反应的关系

食品在加工、储藏过程中,发生的化学变化(如美拉德褐变反应、脂肪的氧化酸败、维生素的损失、淀粉老化等)会影响食品的品质和储藏性能。从图 1-1-8 可以看出,水分活度对各种化学变化反应都有重要影响。

1. 从酶促反应与食物水分活度的关系来看

水分活度对酶促反应的影响是两个方面的综合:一方面影响酶促反应的底物的可移动性,另一方面影响酶的构象。食品体系中大多数的酶类物质在水分活度小于 0.85 时,活性大幅度降低,如淀粉酶、酚氧化酶和多酚氧化酶等。但也有一些酶例外,如酯酶在水分活度为 0.3 甚至 0.1 时也能引起甘油三酯或甘油二酯的水解。

2. 从水分活度与非酶反应的关系来看

脂质氧化作用:在水分活度较低时,食品中的水与氢过氧化物结合,使其不容易产生氧自由基而导致脂质氧化链结束;当水分活度大于 0.4 时,随着水分活度的增大,增加了食物中的溶氧,加速了氧化;当水分活度大于 0.8 时,氧化的反应物被稀释,氧化作用降低。

美拉德反应:当食品的水分活度在一定范围内时,非酶褐变随着水分活度的增加而加速,水分活度在 0.6～0.7 时,褐变最严重;水分活度大于 0.7 时底物被稀释,非酶褐变就会受到抑制而减弱;当水分活度降低到 0.2 以下时,褐变就难以发生。

水解反应:水分是水解反应的反应物,所以随着水分活度的增大,水解反应的速度不断增大。例如,山楂、葡萄、草莓等水果中含有水溶性的花青素,花青素溶于水时很不稳定,仅 1～2 周特有的色泽就会消失,但花青素在这些水果的干制品中则很稳定,经长期储存也仅有轻微的分解。一般随着水分活度的增大,分解速度加快。

1.5.3 水分活度与食品质地的关系

水分活度对干燥食品和半干燥食品的质地影响较大,饼干、膨化玉米花和油炸马铃薯片等脆性食品必须在较低的 a_w 下才能保持其酥脆。防止速溶咖啡、奶粉和砂糖结块，以及硬果糖、蜜饯等粘连，均应保持较低的 a_w。控制水分活度在 0.35～0.5 能保持干燥食品期望的性能；而对含水较多的食品（如果冻、蛋糕等），它们的水分活度大于周围空气的相对湿度，保存时需要防止水分蒸发。

通过食品包装可以创造适宜的小环境，达到不同食品对水分活度的要求。例如，麦乳精、速溶咖啡等要求水分活度低，可采用水不能透过的密闭容器包装；市售的幼儿食品（如仙贝、雪饼），除单独包装外，在外包装袋中还另外加入了一袋干燥剂，以防止空气湿度对它们的影响；要求水分活度高的食品（如果冻布丁、蛋糕等），则需要能防止水分挥发的包装材料，以减少水分散失。如果是混装食品，各种成分要求水分活度不一致，不能简单地将各种成分混合包装在一起。例如，方便面中面饼和脱水蔬菜要求水分活度不同，如果混装在一起，脱水蔬菜将会吸收水分而变质，所以先将脱水蔬菜包装后再和面饼包装在一起。

水是食品中的重要组分，能使食品具有特有的色、香、味、形等特征，并在食品的加工、保藏等过程中影响着食品的质量、营养价值、储藏性能。食品中的水不是单独存在的，它会与食品中的其他成分发生化学或物理作用，根据食品中的水与其他成分之间相互作用强弱，可将食品中的水分成结合水和自由水。

含水食品中非水物质对水的束缚能力会影响水的汽化、冻结、酶反应和微生物等的利用，与非水成分结合牢固的水被微生物或化学反应利用程度降低。考虑到这一点，仅仅将水分含量作为食品中各种生物、化学反应对水的可利用性指标不太恰当，所以提出了水分活度的概念，并解释水分活度在冰点以上与冰点以下受温度的影响是不同的。冰点以上，水分活度除了受温度的影响以外，还受溶质和浓度的影响；而冰点以下只受温度的影响。

食品中的水分活度会随着含水量的不同而发生改变。在恒定温度下，改变食品中的水分含量，测定相应的活度，以水分含量为纵轴、a_w 为横轴画出曲线，称为水分等温吸湿曲线。从水分等温吸湿曲线所得到的资料对于浓缩脱水过程，避免混合食品配制时水分在配料之间的转移，评价食品的稳定性是很有用的，因此了解食品中水分含量与水分活度之间的关系是十分有价值的。

食品的水分活度影响着食品的稳定性：降低食品中的水分活度，可以延缓酶促褐变和非酶褐变的进行，减少营养成分的破坏，防止水溶性色素的分解；但水分活度太低，反而会加速脂肪的氧化酸败。要使食品具有最高的稳定性，最好将水分活度保持在结合水范围内。这样既可使化学变化难以发生，又不会使食品丧失吸水性和持水性。同时可采用食品包装保持干燥食品和半干燥食品特有的质地。

复习思考题

知识题

1. 结合水与自由水相比较有何不同?
2. 什么是化合水?其性质如何?
3. 试述水分活度的严格定义,实际测定方法及其原理、条件。
4. 如何定义冰点以下食品的水分活度?
5. 举五个例子说明水分活度对食品稳定性有较大影响。

素质题

1. 低水分活度能抑制食品化学变化的机理是什么?

2. 画出 20 ℃时食品在低水分含量范围内的等温吸湿曲线,并回答下面问题:

(1) 什么是等温吸湿曲线?

(2) 等温吸湿曲线分为几个区?各区内水分有何特点?

(3) 为什么水分对脂类氧化速度的影响曲线呈 V 形?

3. 黄瓜中含水量在 90%以上,为什么切开后水不会流出来?

4. 简述食品中水的功能。

5. 等温吸湿曲线的测定方法有哪两种?

技能题

1. 为什么植物的种子和微生物的孢子能在很低的温度下保持生命力,而新鲜蔬菜、水果冰冻解冻后组织容易崩溃?

2. 为什么有些干制食品不进行杀菌还能保存较长时间?

3. 为什么受冻后的蔬菜做成的熟菜口感不好?

4. 为什么面粉不易发霉而馒头易发霉?

5. 水分含量的定量测定一般以 100~105 ℃恒重后的样品质量的减少量作为食品水分的含量,依据是什么?

资料收集

1. 2003 年,杨湘庆、沈悦玉研究证明了冰淇淋浆料中的水分活度越低,越有利于提高冰淇淋的抗融化度、抗变形度、质地的松软度等,从而提高冰淇淋的品质。

2. 2002 年,刘金福、李昀研究了通过添加磷酸盐、丙三醇等品质改良剂,降低半干鸡肉的水分活度,从而提高制品的储藏性。

3. 2006年，龚丽等研究了丙二醇、丙三醇、磷酸二氢钠与磷酸氢二钠等作为品质改良剂，降低半干咸鱼的水分活度，从而提高了半干咸鱼的储藏性，也减少了食盐的使用量，符合健康要求。

4. 2007年，黄威、刘颖研究表明通过降低水分活度，并配合纳他霉素的作用，在夹心糯米点心中起到了很好的防腐作用。

5. 2008年，安红敏在《科学观察》中提出，“康师傅”在不添加防腐剂的前提下，通过控制方便面酱包的水分活度、包装温度、包装材质阻隔性等，保证了方便面产品的货架期、安全性以及方便面的原汁原味。

[1] 赵君哲. 食品的水分活度与微生物菌群[J]. 肉类工业，2014，(7)：51-54.

[2] 孙若琳，等. 不同水分活度对脱水苹果片抗氧化性的影响[J]. 美食研究，2015，(1)：45-51.

[3] 申海鹏. 为什么要检测食品中的水分活度[J]. 食品安全导刊，2016，(3)：26-27.

[4] 刘勤生，韩建义. 果蔬脆片的水分含量、水分活度(a_w)及含油量的关系[J]. 研究与探讨，2002，23(4)：31-32.

[5] 黄威，刘颖. 控制平衡相对湿度(ERH)与纳他霉素协同作用在夹心糯米点心中防腐效果及机理的研究[J]. 食品工业科技，2007，28(10)：118-122.

[6] 胡坤，张家年. 稻谷吸附与解吸等温线影响因子的研究[J]. 粮食与饲料工业，2004，10：30-33.

[7] 绍伟，等. 面包发酵过程中生物化学特性变化的研究[J]. 食品科技，2004，7：21-23.

[8] 柯仁楷，黄兴海. 平衡相对湿度ERH原理在水分活度测量中的应用[J]. 中国食品添加，2005，6：119-122.

[9] 杨湘庆，沈悦玉. 水分活度与冰淇淋的品质控制[J]. 冷饮与速冻食品工业，2003，9(1)：1-4.

知识拓展

茶叶水分与品质关系

茶叶的水分含量直接关系到茶叶的品质与经济价值。例如，各类毛茶含水量在6%～7%、绿茶类在6.0%～8.0%、乌龙茶类在7.5%～8.0%、花茶类在9.0%、沱茶类在9.5%时，品质较稳定。超过10%，易发生霉变、营养成分变化(维生素的氧化、类酯的水解、氨基酸的减少等)、风味物质变化(香气物质的逸散、滋味的变淡、色素的分解、褐变反应等)。因此，茶叶在加工、储藏过程中应保持一定限度的低水分活度状态，这样才能保证品质的稳定。

1. 水分活度对茶叶微生物生长繁殖的影响

幼嫩的鲜叶经过加工制成干茶后，一般要求保留6%～7%的水分。茶叶的含水量与储藏环境的相对湿度有很大关系，一般相对湿度50%以下，茶叶含水量小于7%，水分活度(a_w)小于0.5；相对湿度大于60%时，含水量就会上升到8%以上，水分活度(a_w)大于0.6。食品腐败过程的主要发生者微生物的繁殖活动对a_w值有一定要求，细菌不低于0.91，酵母不低于0.87，霉菌不低于0.80；当a_w<0.6时，任何微生物都不能生长。因此，茶叶在制造、储藏中含水量应控制在4%～7%，a_w<0.6，这样才能有效地防止微生物对茶叶的污染。

2. 低水分活度对茶叶化学反应的抑制作用

水分活度大，在储藏过程中，茶叶中含有的少量的类脂物质容易水解氧化。类脂水解后变成游离脂肪酸，某些游离脂肪酸的自动氧化会产生一些气味难闻的物质，例如亚麻酸自动氧化后，产生的挥发性成分2,4-庚二醛是陈味物质之一，会导致茶叶品质下降。因此，必须在制茶时将茶叶干燥到含水量小于6%，降低水分活度。

3. 水分活度对茶叶营养成分的影响

(1) 氨基酸的减少。在茶叶存放过程中，氨基酸与茶多酚自动氧化的产物结合形成暗色的聚合物；另外，氨基酸在一定湿度条件下还会氧化、降解和转化。当含水量高达10%的茶叶在常温下储藏时，其氨基酸含量大幅度地下降(表1-1-7)。

表1-1-7 不同年代普洱茶标准样氨基酸含量测定

名称	年份	氨基酸含量/(%)	名称	年份	氨基酸含量/(%)
宫廷	2004	2.04	宫廷	2005	2.55
宫廷特级	2004	2.03	宫廷特级	2005	2.42
宫廷1级	2004	1.99	宫廷1级	2005	2.30
宫廷3级	2004	2.05	宫廷3级	2005	2.24
宫廷5级	2004	1.59	宫廷5级	2005	2.36
宫廷7级	2004	1.90	宫廷7级	2005	2.33
宫廷9级	2004	1.38	宫廷9级	2005	1.89
龙生3级	2003	2.66	龙生3级	2004	2.29
风庆沱茶	1997	1.39	风庆沱茶	1999	1.83
下关甲沱	1900	1.35	下关甲沱	2002	1.47

(2) 维生素C(Vc)的氧化。Vc是重要的营养物质，品质好的绿茶Vc含量很高。在茶叶存放过程中还原型Vc会氧化成氧化型Vc。Vc氧化后，不仅营养价值下降，而且使绿茶的色泽和汤色变褐，品质下降。通常以成品茶中Vc含量为100%，经储藏后，如果Vc含量小于70%，就表明茶叶品质明显下降。研究

表明，茶叶含水量较低，包装防潮，绝氧条件较好，储藏湿度较低，则 Vc 保留量较高。

4. 水分活度对茶叶风味变化速度的影响

(1) 色泽的变化。绿茶的色泽物质主要是叶绿素，叶绿素保留量高，色泽翠绿。但叶绿素很不稳定，在光和热的作用下易分解变色。在储存过程中，绿茶失绿褐变的另一个重要原因是转化成脱镁叶绿素。一般情况下，绿茶中叶绿素转化成脱镁叶绿素的转化率高于70%，就出现显著的褐变。通常含水量较高的茶叶在直接受光、湿度较高的情况下，叶绿素的含量就会大幅下降。

(2) 香气成分的变化。茶叶存放时间过长，香气明显下降，主要是由于很多新鲜芳香物质（正壬醛、顺-3-己烯己酸酯等）含量下降的缘故。如果茶叶含水量高、储藏温度较高，香气物质就会明显下降。据测定，红茶储藏31周后，含水量不同的茶叶，其香气物质含量的差异很显著，含水量高，香气物质的逸散幅度就越大。

(3) 茶汤滋味的变化。在茶叶储藏存放过程中茶多酚的自动氧化仍在继续（表1-1-8）。含水量高的茶叶，茶多酚的氧化作用尤其明显；当温度较高时，茶多酚下降幅度更大。对于红茶，茶多酚的含量决定着茶汤滋味强度的高低。茶多酚含量下降有损于茶叶滋味，滋味淡薄，失去鲜爽性，这都与含水量有关。

表1-1-8 同年代普洱茶标准样茶多酚含量测定

名称	年份	茶多酚含量/(%)	名称	年份	茶多酚含量/(%)
宫廷	2004	11.62	宫廷	2005	17.92
宫廷特级	2004	11.36	宫廷特级	2005	17.51
宫廷1级	2004	11.42	宫廷1级	2005	17.11
宫廷3级	2004	11.46	宫廷3级	2005	18.25
宫廷5级	2004	9.52	宫廷5级	2005	17.07
宫廷7级	2004	10.41	宫廷7级	2005	18.41
宫廷9级	2004	9.71	宫廷9级	2005	17.61
龙生3级	2003	16.32	龙生3级	2004	18.06
风庆沱茶	1997	12.11	风庆沱茶	1999	12.34
下关甲沱	2000	10.62	下关甲沱	2002	12.25

第2章

蛋白质

知识目标

1. 了解氨基酸的分子结构特点、理化性质。

2. 掌握蛋白质的化学组成、分子结构和分类方法。

3. 理解和掌握蛋白质的理化性质。

4. 理解和掌握蛋白质在食品加工和储藏中发生的物理、化学和营养变化以及如何利用或防止这些变化。

5. 掌握常见食品蛋白质的特点及其在食品工业上的具体应用。

素质目标

把蛋白质的基本理论与食品生产实践结合起来，培养生产安全、健康、质优的食品的社会责任感。

能力目标

掌握和应用蛋白质在食品加工和储藏过程中的变化原理，以保证和提高食品的质量，开发新的食品资源，并能够解决实际加工中的问题。

蛋白质是由侧链结构和性质各不相同的氨基酸以肽键(酰胺键)连接而成的结构复杂的高分子有机化合物，相对分子质量在一万至几百万。根据元素分析，蛋白质由碳、氢、氧、氮、硫、磷以及某些金属元素(锌、铁)、碘等组成。多数蛋白质的元素组成为：碳50%～55%，氢6%～7%，氧20%～23%，氮12%～19%(平均值为16%)，硫0.2%～3%，磷0～3%。

蛋白质是生命的物质基础，在生物体系中起着核心作用，其三大基础生理功能是构成和修复组织、调节生理功能和供给能量。从食品科学角度看，蛋白质是三大产能营养素之一，并提供必需氨基酸；蛋白质是食品的主要成分，对食品的色、香、味、组织结构和加工性状产生重大影响；一些蛋白质具有生物活性功能，是开发功能性食品的原料之一。

2.1 蛋白质的组成、结构与分类

2.1.1 氨基酸

蛋白质虽然是复杂大分子，但从其化学组成上来看，都含有共同的基本结构单元——氨基酸。自然界氨基酸种类很多，但组成天然蛋白质的氨基酸一般只有20种左右。除脯氨酸外，所有的氨基酸都是α-氨基酸，并且多以L-构型存在，其结构通式为

$$\begin{array}{c} H \\ | \\ R-C-COOH \\ | \\ NH_2 \end{array}$$

式中的R为氨基酸的侧链。不同的氨基酸有着不同结构的侧链，这些侧链基团影响着氨基酸的理化性质以及蛋白质的生物活性。

根据氨基酸侧链R基团极性的不同，可将氨基酸分为4类(表1-2-1)：① 非极性R基团氨基酸，它们在水中的溶解度较极性氨基酸小，而且疏水程度随脂肪族侧链的增长而增大；② 不带电荷的极性R基团氨基酸，其中极性基团能与适宜的分子(如水)形成氢键；③ 带正电荷的极性R基团氨基酸，在pH值为7.0时具净正电荷；④ 带负电荷的极性R基团氨基酸，在pH值为7.0时具净负电荷。

表1-2-1 蛋白质中氨基酸的分类和结构

分类	名 称	缩写符号	结 构 式	相对分子质量	等电点
非极性R基团氨基酸	丙氨酸 (alanine)	Ala (A)	$CH_3-\underset{NH_2}{\underset{\mid}{CH}}-COOH$	89.09	6.00
	缬氨酸 (valine)	Val (V)	$CH_3-\underset{CH_3}{\underset{\mid}{CH}}-\underset{NH_2}{\underset{\mid}{CH}}-COOH$	117.15	5.96
	亮氨酸 (leucine)	Leu (L)	$CH_3-\underset{CH_3}{\underset{\mid}{CH}}-CH_2-\underset{NH_2}{\underset{\mid}{CH}}-COOH$	131.17	5.98
	异亮氨酸 (isoleucine)	Ile (I)	$CH_3-CH_2-\underset{CH_3}{\underset{\mid}{CH}}-\underset{NH_2}{\underset{\mid}{CH}}-COOH$	131.17	6.20
	脯氨酸 (proline)	Pro (P)	吡咯烷环(N—H)—COOH	115.10	6.30

续表

分类	名称	缩写符号	结构式	相对分子质量	等电点
非极性R基团氨基酸	苯丙氨酸(phenylalanine)	Phe(F)	$C_6H_5-CH_2-CH(NH_2)-COOH$	165.19	5.46
	色氨酸(tryptohan)	Trp(W)	吲哚基(NH)$-CH_2-CH(NH_2)-COOH$	204.22	5.89
	蛋氨酸(methionine)	Met(M)	$CH_3-S-(CH_2)_2-CH(NH_2)-COOH$	149.21	5.74
不带电荷的极性R基团氨基酸	甘氨酸(glycine)	Gly(G)	$H-CH(NH_2)-COOH$	75.05	5.97
	丝氨酸(serine)	Ser(S)	$HO-CH_2-CH(NH_2)-COOH$	105.09	5.68
	苏氨酸(threonine)	Thr(T)	$CH_3-CH(OH)-CH(NH_2)-COOH$	119.12	6.16
	半胱氨酸(cysteine)	Cys(C)	$HS-CH_2-CH(NH_2)-COOH$	121.12	5.07
	酪氨酸(tyrosine)	Tyr(Y)	$HO-C_6H_4-CH_2-CH(NH_2)-COOH$	181.19	5.66
	天冬酰胺(asparagine)	Asn(N)	$H_2N-C(=O)-CH_2-CH(NH_2)-COOH$	132.13	5.41
	谷氨酰胺(glutamine)	Gln(Q)	$H_2N-C(=O)-(CH_2)_2-CH(NH_2)-COOH$	146.15	5.65
带正电荷的极性R基团氨基酸	精氨酸(arginine)	Arg(R)	$H_2N-C(=NH)-NH-(CH_2)_3-CH(NH_2)-COOH$	174.20	10.76
	组氨酸(histidine)	His(H)	咪唑基(NH)$-CH_2-CH(NH_2)-COOH$	155.16	7.59
	赖氨酸(lysine)	Lys(K)	$NH_2-(CH_2)_4-CH(NH_2)-COOH$	146.19	9.74

续表

分类	名　　称	缩写符号	结　构　式	相对分子质量	等电点
带负电荷的极性R基团氨基酸	天冬氨酸 (aspartic acid)	Asp (D)	$HOOCCH_2CH(NH_2)COOH$	133.10	2.77
	谷氨酸 (glutamic acid)	Glu (E)	$HO—C(=O)—(CH_2)_2—CH(NH_2)—COOH$	147.13	3.22

氨基酸分子中存在着极性基团，故氨基酸一般溶于水，不溶或微溶于醇，不溶于乙醚。熔点一般超过 200 ℃，个别可达 300 ℃以上。除甘氨酸外，其他氨基酸都含有不对称的 α-碳原子，因而具有立体旋光活性。氨基酸都不吸收可见光，但芳香族氨基酸(酪氨酸、色氨酸和苯丙氨酸)在 250～300 nm 处吸收紫外光，且在紫外区还显示荧光。氨基酸多具有不同的味感，D-氨基酸多有甜味，而 L-氨基酸有甜、苦、鲜、酸 4 种味感，例如甘氨酸、丙氨酸、丝氨酸、苏氨酸、脯氨酸等具有较强的甜味，缬氨酸、亮氨酸、异亮氨酸、蛋氨酸、苯丙氨酸、色氨酸、精氨酸、组氨酸等具有苦味，另外味精就是 L-谷氨酸的钠盐。

氨基酸同时含有氨基(碱性)和羧基(酸性)，为两性电解质，在不同的 pH 值条件下存在 3 种不同的解离状态。氨基酸净电荷为零时的 pH 值为氨基酸的**等电点**。氨基酸在等电点(pI)为两性离子，pH 值高于等电点(pI)时为阴离子，低于等电点(pI)时为阳离子。

$$\underset{\text{阳离子}(pH<pI)}{R—\underset{NH_3^+}{\underset{|}{C}}HCOOH} \underset{H^+}{\overset{OH^-}{\rightleftharpoons}} \underset{\text{两性离子}(pH=pI)}{R—\underset{NH_3^+}{\underset{|}{CH}}—COO^-} \underset{H^+}{\overset{OH^-}{\rightleftharpoons}} \underset{\text{阴离子}(pH>pI)}{R—\underset{NH_2}{\underset{|}{CH}}—COO^-}$$

在组成天然蛋白质的这 20 种氨基酸中，有 8 种氨基酸是人和动物机体不能合成或者合成不足的，必须从食物或饲料中供给，如果食物或饲料中缺乏这些氨基酸，就会影响机体的正常生长和健康，它们被称为**必需氨基酸**，主要有赖氨酸、缬氨酸、蛋氨酸、色氨酸、亮氨酸、异亮氨酸、酪氨酸和苯丙氨酸。此外，组氨酸对于婴儿的营养也是必需的。这些必需氨基酸在蛋白质中的数量及其有效性可用来评价蛋白质的营养价值。一般来说，动物蛋白质含有的必需氨基酸多于植物蛋白质，故动物蛋白质比植物蛋白质的营养价值高。

2.1.2　蛋白质的结构

蛋白质的分子结构非常复杂，有一级结构、二级结构、三级结构和四级结构之分。一级结构也称为低级结构或化学结构，二、三、四级结构也称为高级结构或空间结构。

(1) 一级结构。根据国际理论化学和应用化学协会(IUPAC)的规定，蛋白质一级结构是指蛋白质肽链中氨基酸的排列顺序，包括二硫键的位置。在蛋白质分子中氨基酸之间通过酰胺键(或者称为肽键)彼此连接形成多肽链，这些氨基酸的种类、数量及排布次序的不同决定了蛋白质的区别，也使得不同的蛋白质具有多种多样的三维空间结构和不同的理化性质、功能性质。目前许多蛋白质的一级结构已经被确定,如牛胰岛素、细胞色素C、血红蛋白等。下面是由两个氨基酸分子脱水形成的二肽。

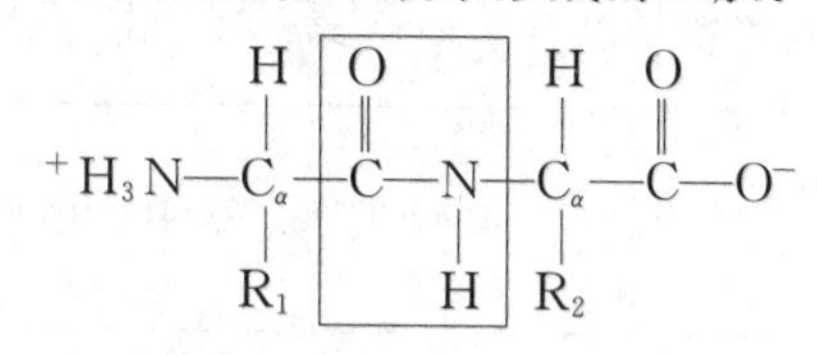

S-S(A链6—A链11)

A链 H_2N-甘-异亮-缬-谷-谷酰-半胱-半胱-苏-丝-异亮-半胱-丝-亮-酪-谷酰-亮-谷-天冬酰-酪-半胱-天冬酰-COOH
1 2 3 4 5 6 7 8 9 10 11 12 13 14 15 16 17 18 19 20 21

S-S(A链7—B链7);S-S(A链20—B链19)

B链 H_2N-苯丙-缬-天冬酰-谷酰-组-亮-半胱-甘-丝-组-亮-缬-谷-丙-亮-酪-亮-缬-半胱-甘-谷-精-甘-苯丙-苯丙-
1 2 3 4 5 6 7 8 9 10 11 12 13 14 15 16 17 18 19 20 21 22 23 24 25

酪-苏-脯-赖-丙-COOH
26 27 28 29 30

牛胰岛素的一级结构

(2) 二级结构。蛋白质的二级结构是指多肽链主链本身通过氢键沿一定方向盘绕、折叠而形成的构象。天然蛋白质的二级结构主要有α-螺旋、β-折叠、β-转角和自由卷曲等。蛋白质多肽链有规则地周期性地排列着酰胺基和羰基,酰胺基中的氮原子和羰基中的氧原子所形成的氢键起着稳定二级结构构象的作用。

(3) 三级结构。多肽链在二级结构的基础上,主链构象和侧链构象相互作用,进一步盘旋折叠形成特定的复杂球形分子的结构,称为蛋白质的三级结构。稳定蛋白质三级结构的作用力有氢键、离子键、二硫键和范德华力。在大部分所研究的球形蛋白分子中,极性氨基酸的R基一般位于分子表面,而非极性氨基酸的R基则位于分子内部。

(4) 四级结构。由两条或两条以上具有三级结构的多条肽链聚集而成的有特定三维结构的蛋白质构象,叫做蛋白质的四级结构,其中每条肽链称为亚基。每条亚基都有自己的一、二、三级结构,但游离的亚基无生物活性,只有聚集成四级结构后才有完整的生物活性。四级结构的形成是多肽链之间特定的相互作用的结果,维持四级结构的力主要是疏水键和范德华力。

蛋白质的一、二、三、四级结构如图1-2-1所示。

2.1.3 蛋白质的分类

蛋白质的种类繁多,其分类方法也很多。常用的分类方法有:根据蛋白质分子的形状划分为球状蛋白质和纤维状蛋白质;根据蛋白质的化学组成划分为简单蛋白质和结合蛋白质;根据蛋白质的生物功能划分为酶、运输蛋白质、营养和储藏蛋白质、收缩蛋白质或运动蛋白质、结构蛋白质和防御蛋白质等。在食品科学中,一般是根据蛋白质的化学组成和溶解度的不同进行分类,将蛋白质分为简单蛋白质、结合蛋白质和衍生蛋白质三大类。

1. 简单蛋白质

简单蛋白质是水解后仅产生氨基酸的蛋白质,根据其溶解度不同可分为如下几类。

(1) 清蛋白(也称白蛋白)。能溶于水及稀盐、稀酸、稀碱溶液,可被饱和硫酸铵沉淀,

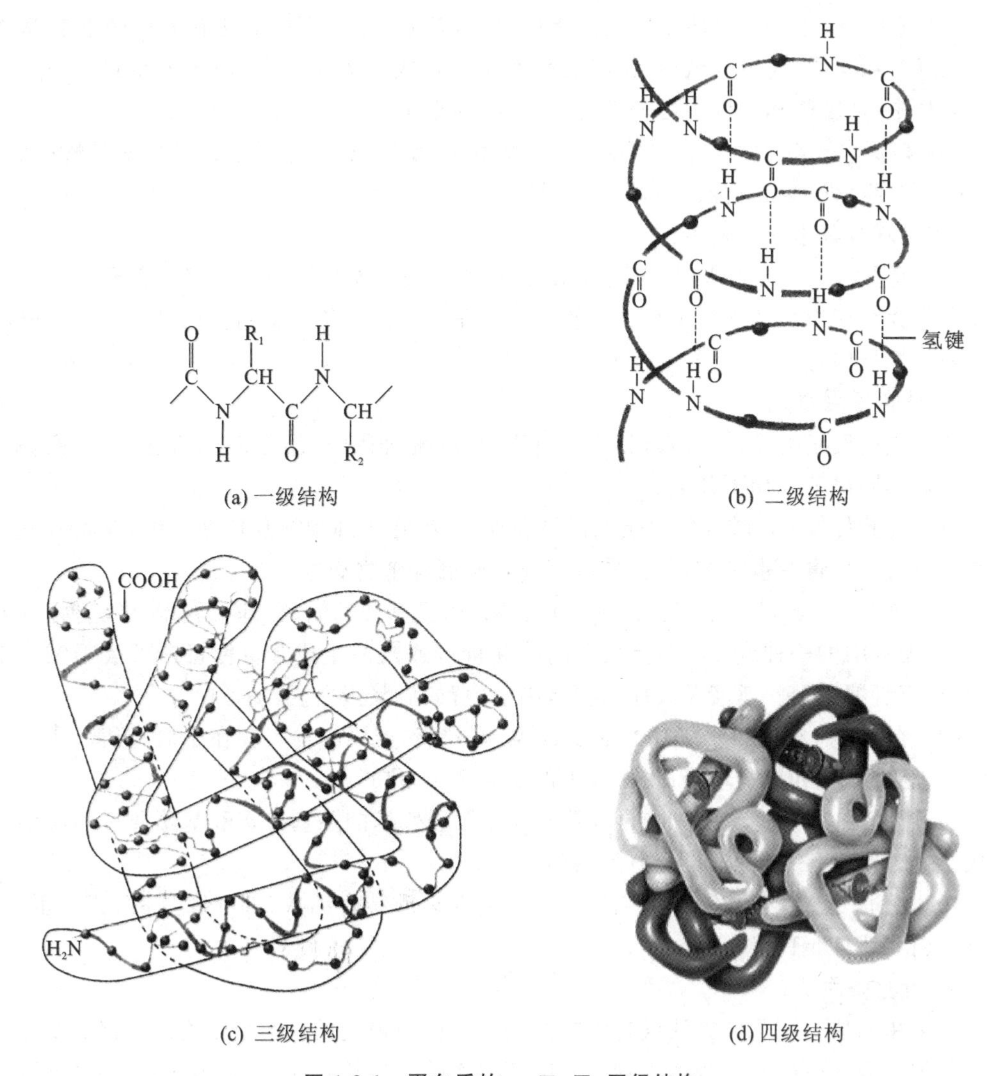

(a) 一级结构　(b) 二级结构　(c) 三级结构　(d) 四级结构

图 1-2-1　蛋白质的一、二、三、四级结构

加热凝固。在化学组成上含色氨酸较多。普遍存在于动、植物组织中，如蛋清蛋白、乳清蛋白、血清蛋白、豆清蛋白、麦清蛋白等。

(2) 球蛋白。不溶于水，但可溶于稀盐、稀酸和稀碱溶液，可被半饱和硫酸铵沉淀。在化学组成上色氨酸含量较低，而精氨酸含量较高。普遍存在于动、植物组织中，动物球蛋白遇热凝固，称为优球蛋白，如血清球蛋白、乳清球蛋白、肌球蛋白等；植物球蛋白加热不凝固，称为拟球蛋白，如植物种子球蛋白。

(3) 谷蛋白。不溶于水、盐溶液及乙醇，能溶于稀碱和稀酸溶液。在化学组成上含谷氨酸较多。仅存在于植物组织中，如麦谷蛋白、米谷蛋白等。

(4) 醇溶蛋白。不溶于水、盐溶液及无水乙醇，能溶于70%～80%乙醇溶液和稀酸、稀碱溶液，加热不凝固。在化学组成上含脯氨酸和酰胺较多，分子结构含非极性侧链较多。仅存在于谷物种子中，如小麦醇溶蛋白、玉米醇溶蛋白、大麦醇溶蛋白等。

(5) 组蛋白。溶于水和稀酸溶液,能被氨水沉淀。化学组成上含有大量碱性氨基酸(如组氨酸、赖氨酸)而呈弱碱性,常与酸性物质结合成盐类而存在,加热不凝固。一般存在于动物中,从脑腺和胰腺中可分离得到,如脑腺组蛋白、小牛胸腺组蛋白等。

(6) 精蛋白。溶于水与稀酸溶液,能被稀氨水沉淀。化学组成上含碱性氨基酸(精氨酸、赖氨酸、组氨酸)比组蛋白更高,分子呈强碱性,加热不凝固。属于动物性蛋白,在鱼精、鱼卵和脑腺等组织中较多。

(7) 硬蛋白。不溶于水、盐溶液及稀酸、稀碱溶液并能抵抗酶的水解。主要存在于动物体内作为结缔组织及支柱组织(骨、软骨、腮、角、毛发、丝等),如角蛋白、胶原蛋白、网硬蛋白和弹性蛋白等。

2. 结合蛋白质

结合蛋白质是由简单蛋白质和非蛋白质成分(辅助因子)结合而成的蛋白质,根据辅助因子的不同可分为如下几类。

(1) 核蛋白。由核酸与简单蛋白质结合而成,存在于细胞核及核糖体中,如脱氧核糖核酸、核糖体,病毒中也有核蛋白,如烟草花叶病毒等植物病毒。

(2) 糖蛋白。辅助因子部分是碳水化合物,由氨基葡萄糖、氨基半乳糖、半乳糖、甘露糖、海藻糖等中的一种或多种与蛋白质间的共价键或羟基生成苷。糖蛋白可溶于碱性溶液,存在于骨骼、肌腱、唾液及其他动物体黏液中,如血浆蛋白、卵黏蛋白等。

(3) 脂蛋白。辅基部分是中性脂肪或类脂(磷脂、类固醇等),存在于血、蛋黄、乳、脑、神经及细胞膜中,如卵黄球蛋白、血清中的 α 和 β-脂蛋白。

(4) 磷蛋白。由简单蛋白质的丝氨酸或苏氨酸残基的羟基与磷酸基团通过酯键结合而成,如卵黄磷蛋白、乳酪蛋白、胃蛋白酶等。

(5) 色蛋白。由简单蛋白质与含金属的色素物质结合而成,如叶绿蛋白、黄素蛋白、血红蛋白和肌红蛋白等。

3. 衍生蛋白质

衍生蛋白质是用化学方法或酶学方法处理蛋白质得到的一类衍生物。根据其变化程度可分为一级衍生物和二级衍生物。一级衍生物的改性程度较小、不溶于水,如凝乳酶凝结的酪蛋白。二级衍生物改性程度较大,包括脲、胨和肽。这些降解产物因在大小和溶解度上有所不同,溶于水、加热不凝集,在许多食品加工过程中如干酪成熟时易生成肽这类降解产物。

2.2 蛋白质的理化性质

蛋白质的物理、化学性质多种多样,这些性质与其分子大小、结构及组成氨基酸的性质密切相关。本节主要讨论一些与食品和食品加工关系比较密切的理化性质。

2.2.1 蛋白质的两性解离和等电点

蛋白质由氨基酸组成，蛋白质分子中绝大多数的氨基和羧基已经相互结合成肽键，但仍然存在一些未结合的氨基和羧基，另外还有一些其他极性基团（如羟基、胍基、巯基等），在一定条件下能与酸或碱作用，故蛋白质与氨基酸类似，是一种两性电解质，可以发生两性解离。

$$\underset{\text{阳离子(pH<pI)}}{P\begin{cases}COOH\\NH_3^+\end{cases}} \underset{H^+}{\overset{OH^-}{\rightleftharpoons}} \underset{\text{两性离子(pH=pI)}}{P\begin{cases}COO^-\\NH_3^+\end{cases}} \underset{H^+}{\overset{OH^-}{\rightleftharpoons}} \underset{\text{阴离子(pH>pI)}}{P\begin{cases}COO^-\\NH_2\end{cases}}$$

调节蛋白质溶液的 pH 值，蛋白质分子可为阳离子、阴离子或两性离子。当蛋白质溶液在某一特定 pH 值时，蛋白质分子为两性离子，它所带的正电荷与负电荷恰好相等，在电场中不作定向移动，此时溶液的 pH 值即为蛋白质的等电点（pI）。由于不同蛋白质的氨基酸组成的数目和种类不同，所以不同的蛋白质具有不同的等电点（表 1-2-2）。

表 1-2-2 几种常见食品蛋白质的等电点

蛋白质	等电点	蛋白质	等电点
酪蛋白	4.6	肌球蛋白	5.4
卵清蛋白	4.6	麦醇溶蛋白	6.5
明胶	4.9	麦谷蛋白	7.0
乳球蛋白	5.1		

蛋白质分子处于等电点时，其分子上的净电荷为零，所以具有一些特殊的性质，如溶解度最小，易沉淀，黏度、渗透压降为最低值，与酸、碱的结合力也最小等。

2.2.2 溶胶与凝胶

蛋白质是高分子化合物，相对分子质量很大，在水中形成单分子颗粒，直径在 1～100 nm，符合胶体颗粒范围的大小，其水溶液具有胶体溶液的典型性质，如丁达尔现象、布朗运动、不能通过半透膜以及具有吸附能力等。溶于水的蛋白质能被水分散形成稳定的亲水胶体，统称为蛋白质溶胶。影响蛋白质溶胶稳定性的因素主要如下。① 蛋白质的水化作用。蛋白质分子表面分布着各种不同的极性基团，主要是肽键和一些氨基酸侧链，这些极性基团同水分子之间相互吸引，使得水溶液中的蛋白质分子成为高度水化的分子，蛋白质颗粒外围形成一层水化膜，将蛋白质颗粒彼此隔开，不致因相互碰撞凝聚而沉淀。一般来说，1 g 蛋白质可以结合 0.3～0.5 g 水。② 在一定 pH 值条件下所带的同性电荷的排斥作用。蛋白质分子具有两性性质，在非等电点状态时，相同蛋白质颗粒带有同性电荷，同性电荷相互排斥，使蛋白质颗粒之间保持一定距离，不致相互凝聚而沉淀。

一定浓度的蛋白质溶胶在某些条件下能够发生胶凝作用形成凝胶,蛋白质凝胶具有一定的形状和弹性,具有半固体的性质。蛋白质形成凝胶的性质在许多食品的制备中起着重要作用,如果冻、豆腐、肉糜制品和鱼制品等。蛋白质溶胶是蛋白质分子颗粒分散在水中所形成的胶体体系,而蛋白质凝胶是水分散在蛋白质分子颗粒之中形成的胶体体系,如豆浆是溶胶,而豆腐则是凝胶。蛋白质的胶凝作用除可以形成固体弹性凝胶外,还可增稠、提高吸水性与颗粒黏结性和提高乳浊液或泡沫的稳定性。制备食品蛋白质凝胶时,通常是首先加热蛋白质溶液使得蛋白质分子变性,然后变性蛋白分子互相作用,以氢键、疏水作用、静电作用或共价键交联在一起,形成一个高度有组织的空间网状结构,水分充满网状结构之间的空间,且其他成分也存在于其中,均不易被挤压出来。食品蛋白质凝胶可以分为以下几种类型:① 加热后再冷却而形成的凝胶,这种凝胶多为热可逆凝胶,如明胶凝胶;② 在加热条件下所形成的凝胶,这种凝胶多为不透明且不可逆凝胶,如蛋清蛋白在加热中形成的凝胶;③ 由钙盐等二价离子盐形成的凝胶,如豆腐;④ 不加热而经部分水解或 pH 值调整到等电点而形成的凝胶,如用凝乳酶制作干酪、乳酸发酵制作酸奶和皮蛋生产中碱对蛋清蛋白的部分水解等。

2.2.3 蛋白质的溶解度

蛋白质的溶解是一个慢慢达到平衡的过程,蛋白质的溶解度就是蛋白质-蛋白质和蛋白质-溶剂相互作用达到平衡的热力学表现形式。

蛋白质-蛋白质+溶剂-溶剂⟸⟹蛋白质-溶剂

蛋白质的溶解度随 pH 值、离子强度、温度和蛋白质浓度而变化。

大多数食品蛋白质以其溶解度对 pH 值作图,可得到一条 U 形曲线,溶解度最小的 pH 值在蛋白质的等电点附近。当溶液的 pH 值高于等电点时,蛋白质带有净的负电荷,低于等电点则带净的正电荷,带电荷的氨基酸残基的水合作用和静电推斥促进了蛋白质的溶解。但是一些食品蛋白质,如 β-乳球蛋白(pI=5.2)和牛血清蛋白(pI=5.3),即使在它们的等电点时仍具有高的溶解度,这是因为在这些蛋白质表面亲水性氨基酸残基的数量远高于疏水性氨基酸残基的数量,故在等电点(电中性)时它们也仍然带有电荷,只不过分子表面的净电荷为零。大多数蛋白质是酸性蛋白,在 pH 值为 4~5(等电点)时的溶解度最低,在碱性(pH 值为 8~9)时的溶解度最大,生产中常以 pH 值为 8~9 碱性水溶液从植物资源中浸提蛋白质,然后利用等电点沉淀法将 pH 值调至 4.5~4.8,从提取液中回收蛋白质。

当中性盐的离子强度较低(小于 0.5)时,其中的离子中和蛋白质表面的电荷作用,从而产生了电荷屏蔽效应,并从两方面影响蛋白质的溶解度。如果蛋白质含有高比例的非极性区域,那么此电荷屏蔽效应将会降低蛋白质的溶解度;反之,溶解度则提高。当中性盐的离子强度大于 1.0 时,盐对蛋白质溶解度的影响具有特异的离子效应,硫酸盐和氟化物(盐)逐渐降低蛋白质的溶解度,并产生沉淀(盐析),而硫氰酸盐和过氯酸盐则逐渐提高蛋白质的溶解度(盐溶)。

当 pH 值和离子强度恒定时,大多数蛋白质的溶解度在 0~40 ℃范围内随温度的升高而提高。然而一些高疏水性蛋白质,例如 β-酪蛋白和某些谷类蛋白质,它们的溶解度和温度呈负相关关系。当温度超过 40 ℃时,由于热导致蛋白质结构的展开(变性),促进了聚集和沉淀作用,使蛋白质的溶解度下降。

水溶性有机溶剂(如丙酮、乙醇等)可降低水介质的介电常数,提高了蛋白质分子内和分子间的静电作用力(排斥和吸引),导致蛋白质分子结构的展开。在此展开状态下,介电常数的降低有利于暴露的肽基团之间氢键的形成和带相反电荷的基团之间的静电相互吸引。这些分子间的相互作用均导致蛋白质在有机溶剂-水体系中溶解度减少甚至沉淀。

2.2.4 蛋白质的变性作用

天然蛋白质因受物理或化学因素的影响,其分子构象发生变化,致使蛋白质的理化性质和生物学功能随之发生变化,这种现象称为**蛋白质的变性作用**,变性后的蛋白质称为变性蛋白。蛋白质变性后,往往发生以下现象:生物活性丧失(例如失去催化功能,血红蛋白丧失载氧能力);由于疏水基团暴露在分子表面,引起溶解度降低;失去结晶能力;特征黏度增大;扩散系数降低;改变对水结合的能力,易絮凝;分子内部侧链基团暴露,出现光谱变化;分子结构伸展松散,肽键暴露,易被蛋白酶攻击而水解。蛋白质的变性是维持蛋白质空间构象的次级键被破坏,空间结构发生了改变,使蛋白质分子多肽链从有规律的排列变成较混乱的、松散的排列,但其一级结构并没有变化,只是二、三、四级结构的变化。当变性因素除去后,变性蛋白又重新恢复到天然构象的现象称为蛋白质的复性。

在食品加工和储藏过程中,有控制的、适度的蛋白质变性可能有利于发挥蛋白质的营养属性和功能性质,例如,豆类中胰蛋白酶抑制剂的热变性,可显著提高动物食用豆类时的消化率和生物有效性,部分变性蛋白质则比天然状态更易消化,或具有更好的乳化性、起泡性和胶凝性。然而强烈的变性则会破坏蛋白质的功能性质,给食品的性状带来不利。引起蛋白质变性的因素很多,有物理因素和化学因素两大类。物理因素有温度、紫外线、压力、剧烈振荡等,化学因素有酸、碱、有机溶剂、重金属盐等。

加热是最常见的一种引起蛋白质变性的因素,它使得维系蛋白质空间结构的氢键断裂。不同蛋白质变性温度不同,一般在 55~60 ℃,少数蛋白质需要较高的温度。低温处理也可导致蛋白质的变性。冷冻过程中水形成冰晶,蛋白质周围盐的浓度逐渐变高,蛋白质发生凝集和沉淀。

揉捏、搅打等机械处理,由于高速机械剪切,产生的剪切力破坏了蛋白质分子的 α-螺旋,使蛋白质的网络结构发生改变而导致其变性。面团的揉制就是典型的例子。

剧烈振荡、放射线(紫外线、X 射线)等因素由于增大了蛋白质分子的动能,使氢键破坏,也会导致蛋白质变性。

常温下大多数蛋白质在 pH 值为 4~10 范围内是稳定的,然而超出此范围,蛋白质就会发生变性。酸、碱使得蛋白质溶液 pH 值改变,导致蛋白质多肽链中某些基团的解离发生变化,破坏了维系蛋白质空间结构的静电作用力,而使空间结构遭破坏。

大多数有机溶剂属于蛋白质变性剂,它们能降低溶液的介电常数,从而使保持蛋白质稳定的静电作用力发生变化。非极性有机溶剂渗入疏水区,与分子内部的疏水基团结合,

可破坏疏水相互作用,促使蛋白质变性。

汞、铜、铅、铁等重金属离子和生物碱等可以和蛋白质分子中的羧基、巯基等基团形成稳定的复合物,使蛋白质空间结构解体而变性。

2.2.5 蛋白质的颜色反应

蛋白质分子中含有某些特殊的结构(如肽键)和氨基酸的各种残余基团,因此它能与一些试剂作用,生成有色物质,这些颜色反应广泛应用于蛋白质的定性和定量测定。

(1) 黄色反应。黄色反应是苯丙氨酸、酪氨酸、色氨酸等含苯环氨基酸及组成中有这些氨基酸的蛋白质所特有的颜色反应。在蛋白质溶液中加入浓硝酸,蛋白质先沉淀析出,加热沉淀溶解。这些氨基酸中苯环与浓硝酸发生硝化反应,形成黄色硝基化食物。

(2) 双缩脲反应。双缩脲是两分子脲经加热脱去一分子氨而得到的产物,双缩脲与硫酸铜的碱溶液作用生成紫红色配合物,称为双缩脲反应。凡含有两个或两个以上肽键的化合物,均能发生双缩脲反应。分子中肽键越多颜色越深,肽键较多时显紫色,较少时显红色,二肽则不显色,故此反应除用来进行蛋白质的定性与定量分析外,还常用于测定蛋白质的水解程度。

(3) 茚三酮反应。蛋白质含有 α-氨基酸。与氨基酸类似,蛋白质与水合茚三酮一起加热至沸腾可生成蓝色化合物。α-氨基酸与水合茚三酮共热,氨基酸被茚三酮氧化成醛、二氧化碳和氨,茚三酮变为还原型茚三酮,还原型茚三酮再与茚三酮、氨作用产生蓝色物质。

(4) 米伦反应。米伦试剂是汞溶于浓硝酸制得的硝酸、亚硝酸和硝酸汞的混合物。在蛋白质溶液中加入米伦试剂,加热后生成砖红色沉淀,这是酪氨酸中酚基的特有反应。蛋白质一般含有酪氨酸,故也可用于测定蛋白质。

2.3 食品加工过程中蛋白质的变化

食品在生产加工过程中通常需要施加一系列的处理,如加热、冷却、干燥、化学试剂处理、发酵和辐照等。食品中的蛋白质将随之发生不同程度的物理、化学和营养变化,这些变化可能使食品产生一些我们所期望的或不期望的效应,充分地了解食品加工过程中蛋白质的变化,有助于在食品加工中选择恰当的处理方式和条件,避免蛋白质发生不利的变化并促使蛋白质发生有利的变化。

2.3.1 蛋白质在热处理下的变化

热处理是食品加工过程中最常见的一种处理方法,它对蛋白质的影响非常大。蛋白质经过热处理会发生一系列的物理和化学变化,有些对于食品品质和加工过程是有利的,有些会降低蛋白质的营养价值，其影响的性质和程度取决于热处理的时间、温度、水分以及有无其他物质存在等因素。

经过温和的热处理，绝大多数蛋白质的营养价值会得到提高，因为在适宜的加热条件下，蛋白质发生热变性，原有的卷曲甚至成球状的肽链由于受热而造成弱键断裂，使原来折叠部分的肽链松散，容易受到消化酶的作用，提高了蛋白质的消化率和必需氨基酸的生物有效性。热烫和蒸煮能使食品组织中的某些酶（如蛋白酶、脂酶、脂肪氧合酶、淀粉酶、多酚氧化酶等）失活，避免食品在储藏期间发生酶促反应而造成酸败、变色、不良风味或质构变化。豆类和油料种子中常常存在一些蛋白质类的抗营养因子——胰蛋白酶、胰凝乳蛋白酶等消化酶的抑制剂，这些抗营养因子通过对消化酶的作用而降低食物蛋白质的消化率，同时豆类和油料种子蛋白质也含有一些外源凝集素，能导致血红细胞凝集；豆类和油料种子经烘烤和大豆粉经湿热处理后能够使这些物质失活，使它们不会发生不利于营养物质消化吸收或其他不利的作用。

高温处理会对蛋白质产生不良影响，主要表现在氨基酸结构（残基）发生变化，导致营养价值降低。在无还原物质存在下蛋白质受到高温热加工，L-氨基酸不可避免地外消旋至D-氨基酸，D-氨基酸不利于人体内酶的作用，人体难于吸收，导致蛋白质的消化率和生物有效性降低，营养价值降低50%左右；含硫氨基酸脱硫而被破坏，产生硫化氢气体；碱性氨基酸（如赖氨酸、精氨酸等）发生脱氨反应，这种反应对于蛋白质的营养价值没有多大伤害，但释放出的氨会导致蛋白质荷电性和功能性质的改变。高温处理蛋白质还会使得其侧链上游离的氨基和游离的羧基相互作用，脱水形成类似肽键的结构（异肽健），使蛋白质分子间产生交联，降低了蛋白质的利用率。经激烈热处理的蛋白质还可能生成环状衍生物，而环状衍生物可能具有一定的诱变作用，例如色氨酸通过环化可转变成为α、β和γ-咔啉及其衍生物。

另外，在加热的条件下，蛋白质还可以与食品中的其他成分（如糖类、脂类、食品添加剂等物质）发生反应，产生各种有利和不利的结果。总的来说，热处理对食品蛋白质品质的影响是有利方面大于有害方面。

2.3.2 蛋白质在低温处理下的变化

食品在低温下储藏可以达到延缓或阻止微生物生长、抑制酶的活性、降低化学反应速度的目的。一般食品在冷却（温度略高于冰点）时其蛋白质比较稳定，在冷冻（一般为－18 ℃）时对食品的风味多少有些影响，但如果控制得好，对蛋白质的营养价值无太大影响。冰点以下的冷冻温度会引起蛋白质变性和损害其功能性质。肉类食品经冷冻、解冻，细胞及细胞膜被破坏，酶被释放出来，随着温度的升高酶活性增强，导致蛋白质降解，而且蛋白质之间的不可逆结合代替了水和蛋白质间的结合，使蛋白质的质地变硬，保水性降低，但对蛋白质的营养价值影响很小。鱼蛋白非常不稳定，经冷冻和冷藏后，组织中肌球蛋白变性，并与肌动球蛋白结合，导致肌肉变硬和持水性降低，因此解冻后鱼肉变得干而强韧，同时鱼脂肪中不饱和脂肪酸含量高，极易发生自动氧化反应，生成过氧化物和自由基，再与肌肉蛋白作用使蛋白聚合，氨基酸破坏。蛋黄能冷冻并贮于－6 ℃，解冻后呈胶

状结构,黏度也增大,若在冷冻前加 10%的糖或盐则可防止此现象。牛乳中的酪蛋白在冷冻后,极易形成不易分散的沉淀物。

冷冻使蛋白质变性主要是由于蛋白质质点分散密度加大引起的。部分水分冻结造成蛋白质分子的水化膜减少甚至消失,使蛋白质侧链暴露出来,蛋白质分子键相互作用而聚沉,同时水结成冰晶挤压蛋白质质点相互靠近聚沉。蛋白质在冷冻条件下的变性程度与冷冻速度有关。一般来说,冷冻速度越快,形成的冰晶越小,挤压作用也越小,变性程度也就越小。故在食品加工中一般采用快速冷冻避免蛋白质变性,尽量保持食品的原有质地和风味。

2.3.3 蛋白质在碱处理下的变化

蛋白质的浓缩、分离常加以碱处理,蛋白质的起泡、乳化或使溶液中的蛋白质连成纤维状也要靠碱处理。食品加工中应用碱处理,尤其是伴随热处理同时进行,蛋白质可以发生多种变化,导致氨基酸种类变化和交联反应的发生,严重影响食品中蛋白质的营养价值。蛋白质经过碱处理后,半胱氨酸、赖氨酸、丝氨酸等必需氨基酸会生成一些新的氨基酸,如赖氨酰丙氨酸、羊毛硫氨酸、鸟氨酰丙氨酸,含硫氨基酸与赖氨酸在许多食品中是限制氨基酸,故碱处理对蛋白质的营养价值有很大影响。在碱性条件下进行热处理,还可使得蛋白质分子中的赖氨酸、半胱氨酸或鸟氨酸等残基和脱氢丙氨酸残基缩合,形成分子间或分子内的共价交联,这些交联产物往往不易消化或具有毒性。因此,在食品加工中应避免强碱性条件,尽量控制 pH 值在 11 以下,或短时间、低温处理。

2.3.4 蛋白质在氧化处理下的变化

食品工业中常常使用一定量的氧化剂来进行杀菌、漂白和去毒。例如,使用过氧化氢、过氧化乙酸和过氧化苯甲酰等作为“冷灭菌剂”和漂白剂,用于食品储藏、无菌包装系统的包装容器杀菌,面粉、乳清粉、鱼浓缩蛋白等的漂白,含黄曲霉毒素的谷物、豆类、种子壳皮可以用过氧化氢脱毒。此外,脂类自动氧化产生的氢过氧化物、过氧自由基和氧化产物常常存在于很多食品体系之中,这些过氧化物和氧化剂在高温下会导致蛋白质的氨基酸残基发生氧化反应和交联反应,由此降低蛋白质的营养作用,使之失去食用价值,甚至产生有害物质。对氧化反应最敏感的氨基酸残基是含硫氨基酸和芳香族氨基酸,易氧化程度的排序为:蛋氨酸>半胱氨酸>胱氨酸和色氨酸。含硫氨基酸的氧化主要涉及含硫侧链的氧化,含芳香环的氨基酸的氧化主要涉及芳香环所在侧基的氧化。为防止蛋白质被氧化,可采取加抗氧化剂、除氧等措施。

2.3.5 蛋白质在脱水处理下的变化

食品经过脱水干燥,质量减小,水分活度降低,稳定性增加,有利于储藏和运输。但是在食品脱水过程中,特别是过度脱水时蛋白质的结合水膜被破坏,由于蛋白质-蛋白质的相互作用，常常引起蛋白质大量聚集，特别是在高温下除去水分，可使蛋白质变性、溶解度和表面活性剧烈降低，导致食品的复水性降低、品质变劣。

不同的脱水方法引起蛋白质变化的程度也不相同。

(1) 热风干燥。以自然的温热空气干燥，脱水后的肉类会变得坚硬、萎缩且回复性差，烹调后感觉坚韧而无其原来风味。

(2) 真空干燥。这种方法较传统脱水法对肉的品质损害较小，因无氧气存在，所以氧化反应较慢，而且在低温下可减少非酶褐变及其他化学反应。

(3) 冷冻干燥。食品冷冻后在低压下使水分由冰直接升华去除，可使食品保持原形及大小，具有多孔性，有较好的回复性，是肉类脱水最好的方法，但仍会使部分蛋白质变性，肉质坚韧、保水性差，但其必需氨基酸含量及消化率与新鲜肉类的差异不大。

(4) 喷雾干燥。这是蛋乳常用的脱水方法，将液体以雾状喷入快速移动的热空气中形成小颗粒，对蛋白质损害较小。

(5) 鼓膜干燥。将原料置于蒸汽加热的旋转鼓表面，脱水而成薄膜，此法往往不易控制而使产品略有焦味，蛋白质的溶解度也降低。

2.3.6 蛋白质在辐照处理下的变化

辐照是许多国家新近发展起来保藏食品的一种方法。辐照首先使水分子裂解成自由基(·OH 与 H·)和水合自由电子，再与蛋白质中的氨基酸残基作用发生脱氢反应、脱氨反应、脱羧反应而使氨基酸分解。蛋白质中的含硫氨基酸残基和芳香族氨基酸残基最易发生分解。另外，蛋白质受到γ射线辐照时氨基酸残基α-碳上形成自由基，随后发生聚合反应，形成分子间或分子内的共价交联。γ射线还可引起低水分食品的多肽链断裂。在辐照作用下有过氧化氢酶存在时酪氨酸会发生氧化交联生成二酪氨酸残基。蛋白质的二、三、四级结构均不被辐照破坏，在规定的剂量范围内，对蛋白质和氨基酸的营养价值影响不大。

2.3.7 蛋白质在机械处理下的变化

磨碎、剪切、挤压等机械处理对食品中的蛋白质有较大的影响。充分干燥磨碎的蛋白质粉末或浓缩物可形成小的颗粒和大的表面积，与未磨碎的对照物相比较，其吸水性、溶解性、脂肪吸收能力和起泡性均有一定程度的提高。对蛋白质悬浊液或溶液体系施加强烈的剪切力作用(如液态乳均质)，蛋白质聚集体(胶束)会碎裂成亚单位，这种处理能够提高蛋白质的乳化能力；然而在气-液分界面施加剪切力，通常会引起蛋白质变性和聚集。适度搅打造成的蛋白质变性可以提高泡沫的稳定性，但过度搅打蛋白质(如搅打鸡蛋清)使得蛋白质过度聚集，使形成泡沫的能力和泡沫稳定性下降。在蛋白质织构化过程中，例如面团的形成、纤维丝的形成和挤压加工，剪切力能够促使蛋白质改变分子的定向排列、二硫键交换和蛋白质网络的形成。

2.4 食品中的常见蛋白质

2.4.1 动物蛋白质

1. 肉类蛋白质

所谓肉类是指畜禽的骨骼肌,其蛋白质占湿重的18%~20%,多为完全蛋白质,是优质蛋白质的来源。肌肉中的蛋白质一般可分为肌浆蛋白质、肌原纤维蛋白质和基质蛋白质三大类。

肌浆蛋白质是肌肉细胞质(即肌浆)中的蛋白质,占肉类蛋白质总量的20%~30%。肌浆蛋白质能溶解于水或稀盐溶液而易于从肌肉中提取出来,且提取液黏度很低,故常称为肌肉的可溶性蛋白质。肌浆蛋白质不直接参与肌肉收缩,其主要功能是参与肌细胞中的物质代谢,包括肌溶蛋白、肌红蛋白以及大量的肌浆酶(如糖解酶)。肌溶蛋白可溶于水,55~65 ℃变性凝固。肌红蛋白由一分子珠蛋白和一分子亚铁血色素结合而成,参与活肌肉的氧运输,还是肌肉红色的主要成分。

肌原纤维蛋白质是构成肌原纤维的蛋白质,支撑着肌纤维的形状,故也称为肌肉的结构蛋白质,占肉类蛋白质总量的51%~53%,直接参与肌肉的收缩过程,且与肉及肉制品的食用品质(如嫩度)密切相关。肌原纤维蛋白质主要包括肌球蛋白、肌动蛋白和肌动球蛋白等。肌球蛋白占肌原纤维蛋白质的55%,是肉中含量最多的一种蛋白质,在肉类腌制加工中肌球蛋白溶解于盐溶液可提高肉的黏着性。肌球蛋白与肌动蛋白可结合成肌动球蛋白,反映肌肉的收缩与松弛。

基质蛋白质主要存在于结缔组织中,不溶于水和盐溶液,属于硬蛋白类,为不完全蛋白。主要包括胶原蛋白、弹性蛋白和网状蛋白等。胶原蛋白约占肌肉的2%,是动物体内最丰富的简单蛋白质。胶原蛋白在80 ℃热水中长时间加热可转变为明胶。明胶溶于热水,冷却时形成高弹性的凝胶,广泛应用于食品、医药及其他行业中。弹性蛋白是略带黄色的纤维状物质。网状蛋白是一种精细结构物质,非常类似于胶原蛋白。

2. 乳蛋白质

牛乳中含有大约33 g/L的蛋白质,乳蛋白质是牛乳中的主要营养成分,含有人体必需氨基酸,是一种全价蛋白质。乳蛋白质主要包括酪蛋白、乳清蛋白质和少量脂肪球膜蛋白质。

将脱脂乳加酸处理,在20 ℃下调节其pH值至4.6时,可有一类蛋白质凝聚沉淀,即酪蛋白。酪蛋白是一种磷蛋白,占了乳蛋白质的80%。酪蛋白不溶于水、酒精及有机溶剂,但溶于碱溶液。酪蛋白与钙结合形成酪蛋白酸钙,再与磷酸钙形成酪蛋白酸钙-磷酸钙复合体,以胶体(酪蛋白胶团)悬浮液的状态存在于牛乳中,胶团微粒呈球形,直径范围为10~300 nm。酪蛋白胶团对环境因素的变化很敏感,酸、许多盐、凝乳酶、酒精均能使酪蛋白游离并发生凝固。工业上可利用皱胃酶等凝乳酶生产干酪，利用乳酸菌发酵乳糖形成乳酸生产酸奶。

用酸使牛乳中的酪蛋白沉淀后的上层清液就是乳清，其中的蛋白质即为乳清蛋白质，占乳蛋白质的18%～20%。乳清蛋白质具有良好的溶解度、分散性高，在牛乳中呈高分子溶液状态。乳清蛋白质有许多组分，其中含量最多的是β-乳球蛋白和α-乳白蛋白，它们对热不稳定，乳清煮沸20 min，pH值为4.6时，便产生沉淀。β-乳球蛋白含有游离的—SH，加热易产生H_2S，使牛乳产生蒸煮臭；另外加热、加钙、pH值大于8.6等均能使其变性。α-乳白蛋白相对比较稳定，以直径为1.5～5.0 μm的微粒分散在乳中，对酪蛋白起保护胶体作用。

脂肪球膜蛋白质是在乳脂肪球的外膜中吸附的少量蛋白质，对脂肪球分散体系的稳定性有影响，多为磷酸脂蛋白、糖蛋白等。脂肪球膜蛋白质常常在牛乳的离心过程中随着脂肪一起被脱去。

3. 鸡蛋蛋白质

鸡蛋蛋白质具有较高的生物学价值，属于完全蛋白质。利用鸡蛋加工食品除了利用鸡蛋蛋白质的营养功能，还利用了其独特的功能性质。鸡蛋蛋白质可分为蛋清蛋白质和蛋黄蛋白质，其组分见表1-2-3和表1-2-4。

表1-2-3 蛋清蛋白质组成与性质

组 成	大致含量/(%)	等电点	特 性
卵清蛋白	54	4.6	易变性，含巯基
伴清蛋白	13	6.0	与铁复合，能抗微生物
卵类黏蛋白	11	4.3	能抑制胰蛋白酶
溶菌酶	3.5	10.7	为分解多糖的酶，抗微生物
卵黏蛋白	1.5	—	具黏性，含唾液酸，能与病毒作用
黄素蛋白-脱辅基蛋白	0.8	4.1	与核黄素结合
蛋白酶抑制剂	0.1	5.2	抑制细菌蛋白酶
抗生物素	0.05	9.5	与生物素结合，抗微生物
未确定的蛋白质成分	8	5.5,7.5	主要为球蛋白
非蛋白质氮	8	8.0,9.0	其中一半为糖和盐(性质不明确)

表1-2-4 蛋黄蛋白质组成与性质

组 成	大致含量/(%)	特 性
卵黄蛋白	5	含有酶，性质不明
伴黄高磷蛋白	7	含10%的磷
卵黄脂蛋白	21	乳化剂

由表1-2-3和表1-2-4可见，蛋清蛋白质中的溶菌酶、蛋白酶抑制剂、抗生物素等具有抑菌能力，可保护鸡蛋不受细菌的侵染，我国中医外科就常用蛋清调制药物用于贴疮的膏

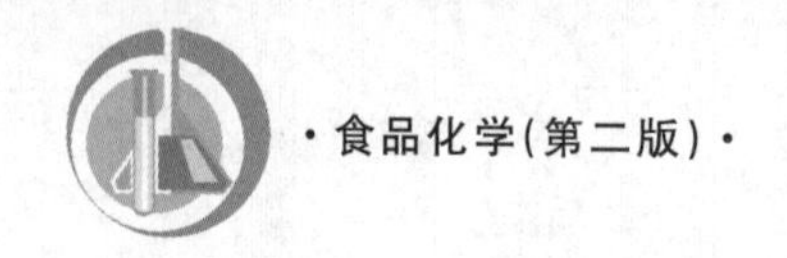

药;卵清蛋白、球蛋白、伴清蛋白、卵类黏蛋白等都具有良好的搅打起泡性,在焙烤食品生产中常用鲜蛋或蛋清来形成泡沫。蛋黄蛋白质大部分是脂蛋白,具两亲性,拥有极佳的乳化性质,对保持焙烤食品的网状结构具有重要意义;蛋黄蛋白质作乳化剂的另外一个典型例子是生产蛋黄酱。

2.4.2 植物蛋白质

1. 小麦蛋白质

小麦中蛋白质的含量一般在12%~14%范围。小麦一般在磨成面粉后用于加工成各类食品,随着加工精度的提高,小麦面粉中蛋白质含量有着不同程度的下降,如标准粉含量在9.9%~12.2%范围,特制粉含量在7.2%~10.5%范围。小麦蛋白质为非优质蛋白,其氨基酸组成中赖氨酸含量少,是限制氨基酸,若能配以牛乳、大豆等其他优质蛋白则可弥补其不足。小麦中的蛋白质主要分为麦醇溶蛋白、麦谷蛋白、麦清蛋白、麦球蛋白等四种。

麦清蛋白和麦球蛋白共占面粉蛋白质总量的10%~15%,它们的氨基酸平衡很好,赖氨酸、色氨酸和蛋氨酸在其中的含量较高,具有凝聚性和发泡性,但是它们易溶于水而流失。麦清蛋白的相对分子质量很低,一般在12 000~26 000;而麦球蛋白的相对分子质量可高达100 000,但多数低于40 000。

麦醇溶蛋白和麦谷蛋白被称为面筋蛋白,约占面粉蛋白质总量的85%,在面粉中两者含量大致相等,它们不溶于水,其独特性质是在室温下与水混合并揉捏后能够形成强内聚力和黏弹性糊状物面团。麦醇溶蛋白可溶于70%~90%乙醇,以一条单链存在,含有链内二硫键,相对分子质量在35 000~75 000;麦谷蛋白不溶于水和乙醇而溶于酸或碱,由多个亚基组成,既含有链内二硫键又含有链间二硫键,相对分子质量可达数百万。面筋蛋白的氨基酸组成中赖氨酸、色氨酸和蛋氨酸的含量很低;但富含谷氨酰胺(33%以上)、脯氨酸(15%~20%)和羟基氨基酸(丝氨酸、苏氨酸),因而易于形成氢键,使面筋蛋白具有吸水能力和黏着性质。面筋蛋白中还含有较多的非极性氨基酸(约30%),有利于水化面筋蛋白质分子的聚集作用和与脂肪的有效结合。另外,面筋蛋白质中还含有众多的半胱氨酸和胱氨酸(占面筋总量的2%~3%),可形成许多二硫键,有利于蛋白质分子之间在面团中的紧密连接,使面团产生坚韧性。具体来说,麦谷蛋白决定着面团的弹性、黏合性和扩张强度;麦醇溶蛋白具有促进面团流动性、伸展性和膨胀性的作用。

当面粉和水混合并被揉搓时,面筋蛋白开始水化、定向排列成行和部分伸展,促进了分子内和分子间二硫键的交换反应并增强了疏水的相互作用。当最初面筋蛋白颗粒变成薄膜时,二硫键使水化面筋形成了三维空间的黏弹性蛋白质网络,于是便起到截留淀粉粒和其他面粉成分的作用。

2. 大豆蛋白质

大豆种子中平均含有高达40%左右的蛋白质,位居植物性食品原料之首。从营养学的观点来看,大豆蛋白质的营养价值并不亚于高质量的动物蛋白质,大豆蛋白质含有全部8种人体必需氨基酸,而且氨基酸组成比较合理,尤其是赖氮酸的含量特别丰富,可弥补谷类食物中的赖氨酸不足。但是大豆种子中存在一些蛋白质类抗营养因子,适当地加热处理并控制时间和湿度即可破坏或抑制这些抗营养因子而提高大豆制品的营养价值。大豆蛋白质不仅营养价值高，而且在食品加工中具有多方面的功能特性。

（1）大豆蛋白质的组成及分类。

根据溶解性的不同，大豆蛋白质可分为清蛋白和球蛋白。球蛋白是大豆蛋白质中最重要的蛋白质，约占大豆蛋白质的 90%以上（以粗蛋白计），可溶于水、碱或食盐溶液，加酸调 pH 值至 4.5～4.8 或加硫酸铵至饱和，则沉淀析出，故又称为酸沉蛋白。大豆水提取液用酸沉淀后所留在溶液中的蛋白质即为清蛋白。清蛋白占大豆蛋白质的 5%左右，一般在豆制品水洗和压滤加工过程中流失掉。

根据沉降速度法，可将水提取的大豆蛋白质分为 4 个组分：2S、7S、11S、15S（表 1-2-5）。其中 7S 球蛋白和 11S 球蛋白最为重要，它们与大豆蛋白质的加工性能关系密切，决定了大豆蛋白质的胶凝性、乳化性、发泡性、水合性等加工功能特性。11S 球蛋白是大豆中含量最多的蛋白质组分，一般称为大豆球蛋白，是一种糖蛋白，结合有 0.8%的糖类，含有较多的谷氨酸、天冬酰胺。7S 球蛋白也是一种糖蛋白，结合有 3.8%的甘露糖和 1.2%的氨基葡萄糖，其色氨酸、蛋氨酸、胱氨酸含量较 11S 球蛋白略低，而赖氨酸含量较高，因此 7S 球蛋白能够代表大豆蛋白质的氨基酸组成。

表 1-2-5　水提取大豆蛋白质的超离心分级

沉降系数（S_{w20}）	占用蛋白质的质量分数	已 知 组 分	相对分子质量
2S	22	2S 球蛋白	18 200～32 000
		胰蛋白酶抑制剂	8 000～21 500
		细胞色素 C	12 000
7S	37	血球凝集素	110 000
		脂肪氧合酶	102 000
		β-淀粉酶	61 700
		7S 球蛋白	180 000～210 000
11S	31	11S 球蛋白	350 000
15S	11	—	600 000

（2）大豆蛋白质的功能特性。

① 胶凝性。一定浓度的大豆蛋白质溶液，经加热、冷却后可形成凝胶，这一性质在豆腐的制作以及用作畜肉、鱼肉制品添加剂方面起着重要的作用。大豆蛋白质的浓度及其组成影响着凝胶的形成。大豆蛋白质浓度大于 7%才可能形成凝胶，浓度越大，凝胶强度也越大。在大豆蛋白质中，只有 7S 球蛋白和 11S 球蛋白才有凝胶性，11S 球蛋白形成的凝胶硬度和组织性高于 7S 球蛋白，故 7S 球蛋白含量高的豆腐比较细嫩，而 11S 球蛋白含量高的豆腐结实且有黏着性。

② 乳化性。大豆蛋白质是表面活性物质，能够降低油-水界面的表面张力，促使油在水中形成稳定的 O/W 型乳状液，其乳化能力在等电点附近最小，远离等电点则增加。在焙烤食品、冷冻食品和汤类食品中，可利用大豆蛋白质作为乳化剂。一般 7S 球蛋白的乳化特性比 11S 球蛋白要好，大豆蛋白制品中大豆分离蛋白的乳化能力是大豆浓缩蛋白的 7 倍。

③ 发泡性。大豆蛋白质既能降低水与油之间的表面张力,又能减低空气与水之间的表面张力,具有一定的发泡性。大豆蛋白质在溶液中可形成一层表面活化的可溶蛋白薄膜,包裹住许多空气小滴组成泡沫,这在蛋糕、冰淇淋等食品中非常重要,增强其产品的疏松度。大豆蛋白质的发泡性与乳化性相似,在等电点附近减少,泡沫的破坏率在等电点处最高,稳定性最低。另外,随着大豆蛋白质浓度的增加,其泡沫形成能力增强而稳定性减小。

④ 水合性。大豆蛋白质的水合性包括吸水性和保水性。大豆蛋白质的多肽链结构中含有许多极性基团,能够与水分子相互作用而发生水化作用,吸收水分并保留水分。pH 值的变化可以改变大豆蛋白质极性基团的解离,从而影响大豆蛋白质的水合性,当pH 值在 4.5(等电点)附近时,保水性最低。另外,温度在 35～55 ℃时保水性较高。在肉制品、焙烤食品、糖果等食品中添加大豆蛋白质能够增加产品的水合性,维持产品中的水分,减少收缩,使产品的保鲜时间延长。

⑤ 织构化。大豆蛋白质等植物蛋白不像畜肉那样具有有序的组织结构和咀嚼性,但大豆蛋白质在一定条件下加工处理后能够发生织构化作用,形成具有咀嚼性和良好保水性的片状或纤维状产品,并且在以后的水合和加热处理中仍具有保持这些性质的能力。大豆粉和大豆分离蛋白织构化后具有和肉相类似的组织,一般用来仿造肉或作肉类的代用品及填充物。使大豆蛋白质织构化的方法很多,如纺丝法、挤压蒸煮法、湿式加热法、冻结法以及胶化法等。

学习小结

蛋白质是由 20 种氨基酸通过肽键连接而成的生物大分子。在食品科学领域,蛋白质不但保证了食品的营养价值,而且决定了食品的色、香、味等质量特征。对蛋白质的结构、性质及其在食品加工过程中所发生的理化变化进行深入研究具有重要的实际意义。

知识题

1. 解释下列名词:

必需氨基酸　　等电点　　凝胶　　盐溶和盐析

2. 组成天然蛋白质的氨基酸有哪些?哪些是必需氨基酸?它们的理化性质如何?

素质题

1. 填空题

(1) 在高等动物中,下列哪种氨基酸是非必需氨基酸?(　　)

A. 苯丙氨酸　　B. 赖氨酸　　C. 酪氨酸　　D. 亮氨酸

(2) 蛋白质的主链构象属于(　　)。

A. 一级结构　　B. 二级结构　　C. 三级结构

D. 四级结构　　E. 空间结构

(3) 测得某蛋白质样品的氮含量为0.40 g,此样品约含蛋白质(　　)g。

A. 2.00　　B. 2.50　　C. 6.25　　D. 3.50

(4) 蛋白质变性是由于(　　)。

A. 氨基酸排列顺序的改变　　B. 氨基酸组成的改变

C. 肽键的断裂　　D. 蛋白质空间构象的破坏

(5) 注射时用70%的酒精消毒是使细菌蛋白质(　　)。

A. 变性　　B. 溶解　　C. 沉淀　　D. 解离

(6) 体内大多数蛋白质的等电点为(　　)。

A. 10以上　　B. 7～10　　C. 5～7　　D. 4～5

(7) 误食重金属盐而引起中毒,急救的方法是(　　)。

A. 服用大量的生理盐水　　B. 服用大量的牛奶和豆浆

C. 服用Na_2SO_4溶液　　D. 服用可溶性硫化物

(8) 能使蛋白质从溶液中析出,又不使蛋白质变性的方法是(　　)。

A. 加饱和硫酸钠溶液　　B. 加福尔马林

C. 加75%的酒精　　D. 加氯化钡溶液

2. 判断题

(1) 天然氨基酸都具有一个不对称α-碳原子。

(2) 一个化合物如能和茚三酮反应生成紫色,说明此化合物是氨基酸、肽或蛋白质。

(3) 在水溶液中,蛋白质溶解度最小时的pH值通常就是它的等电点。

(4) 到目前为止,自然界发现的氨基酸有20种左右。

(5) 蛋白质变性后,它的空间结构由高度紧密状态变成松散状态。

(6) 蛋白质变性后溶解度降低,主要是电荷被中和以及水膜被去除所引起的。

(7) 氨基酸在水溶液中或在晶体状态下都以两性离子形式存在。

(8) 盐析法可使蛋白质沉淀,但不引起变性,所以盐析法常用于蛋白质的分离制备。

(9) 所有的蛋白质都有四级结构。

(10) 大豆蛋白和花生蛋白中都含有人体必需的八种氨基酸,是优质植物蛋白。

3. 简答题

(1) 什么是蛋白质的变性?哪些因素引起蛋白质的变性?

(2) 牛乳中主要含哪种蛋白质?其特点有哪些?

(3) 食品蛋白质的功能性质包括哪几方面?

(4) 食品蛋白质在加工过程中营养和安全性有哪些变化?

技　能　题

下列加工工艺采用了什么原理?

(1) 大豆蛋白用热处理去毒素; (2) 大豆蛋白凝胶的形成需加钙离子;

(3) 皮蛋的加工原理；　　(4) 高蛋白质饮料中加乳化剂；
(5) 酸奶的制作。

资料收集

1. 收集本地含蛋白质的食品原料的应用方面的资料。
2. 收集检测食品中违规添加的三聚氰胺方法。

查阅文献

[1] 迟玉杰. 鸡蛋蛋清蛋白质改性的研究[J]. 农产食品科技，2008，2(4)：3-8.
[2] 翁武银，等. 鱼皮明胶蛋白膜的制备及其热稳定性[J]. 水产学报，2011，(12)：1890-1896.
[3] 雷泽夏，等. 食品中蛋白质的含量方法测定[J]. 现代食品，2016，(6)：100-101.
[4] 赵维高，等. 食品加工中蛋白质起泡性的研究[J]. 农产品加工，2012，(11)：69-72.

知识拓展

"大头娃娃"事件

2004年初，安徽阜阳农村的村民发现，从2003年开始，村里一百多名儿童陆续患上了一种怪病：本来健康的孩子在喂养期间开始出现四肢短小，身体瘦弱的现象，尤其是这些婴儿的脑部显得偏大，当地人称这些婴儿为"大头娃娃"。一些婴儿因为这种怪病而夭折。后经查证，罪魁祸首竟是本应为他们提供充足"养料"的奶粉。这些劣质婴儿奶粉主要是以各种廉价的食品原料(如淀粉、蔗糖等)全部或部分替代乳粉，再用奶香精等添加剂进行调香调味制成的，并没有按照国家有关标准添加婴儿生长发育所必需的维生素和矿物质。按照国家规定，婴幼儿的奶粉蛋白质含量只有达到12%以上才属于合格的奶粉，而这些劣质奶粉的蛋白质含量只有2%，根本没有营养。婴儿食用这种奶粉相当于在喝水，这对于没有添加辅食的婴幼儿来说是致命的。

阜阳劣质奶粉事件曝光后，"大头娃娃"一时在全国各地相继"惊现"——湖北、陕西、河南、山东、江苏、浙江、湖南、黑龙江等地都相继发现了因服食劣质奶粉导致重度营养不良的患婴。惨剧，无情地在全国近半数的省份上演。

"肾结石娃娃"事件

2008年中秋节，一起毒奶粉事件成为充斥假期的最大的社会事件，这个被定性为"重大事故"的事件引起了国内外各界的高度关注，内地、香港、台湾三地同时对该品牌的奶粉进行了查封，美国食品与药品管理局(FDA)更是发布警告，禁止从中国进口奶粉制品。

事件源起于2008年9月8日的一则报道：甘肃几个市县发现多名患有肾结石的婴儿，这些婴儿多在一岁以内，症状都是急性肾衰竭，进院时基本上都到了中晚期，有的甚至有生命危险。虽然事发地点不一样，但这些婴儿自出生后都是一直在吃“三鹿”品牌的奶粉。患儿的父母们联名上书，要求甘肃省卫生厅彻查病因。

与此同时，北京、上海、广东、湖南、湖北、河南、河北、江西、江苏、山东、安徽、陕西、宁夏以及新疆等几乎所有省、市、自治区都发现患有肾病的婴儿，让人痛心的是，一个患儿离世时刚刚一岁，不知情的家人在他去世前还在给他喂食这种奶粉。

时隔三天，9月11日，生产“三鹿”奶粉的厂家发出声明，经自检发现部分批次的“三鹿”婴幼儿奶粉受三聚氰胺污染，数量达700 t。至此，消费者们的受害词典中又多了“三聚氰胺”这个名词。

三聚氰胺，俗称“蛋白精”，是一种低毒性的有机化工原料，一般用来制造板材，不得用于食品。它进入动物体内会对膀胱和肾脏产生影响，引发动物膀胱炎、膀胱结石、肾脏炎症等。由于三聚氰胺的毒性不高，如果摄入量不高，会很快代谢不会残留在体内。根据美国食品与药品管理局的安全标准，婴幼儿配方奶粉中的安全阈值应为15 mg/kg。然而，该问题品牌的婴幼儿奶粉中，三聚氰胺含量高达2 563 mg/kg。大多数患儿食用这种奶粉3～6个月就会发病。

事件一经披露，相关部门立即组织调查。经过调查，此次事件的根源是一些牧场挤奶厅的经营者在鲜奶中违规添加了三聚氰胺，以便通过检查。由于这种物质中含有大量氮元素，添加在奶粉中可以提高其中蛋白质检测数值。说得更明白些，三聚氰胺并不能提高蛋白质含量，由于目前奶粉检测蛋白质含量是通过含氮量推算出的，因此，不法经营者针对蛋白质检测方式上的漏洞，利用三聚氰胺中的氮使检测结果“显示”蛋白质含量达标。

那么，为什么鲜奶的蛋白质含量不达标？主要原因是往鲜奶中加水。

此次事件并非个案，9月16日，国家质检总局对全国109家婴幼儿奶粉生产企业进行检验，发现22家企业69批次检出含量不同的三聚氰胺。可见，添加三聚氰胺并非个案，出事企业的员工也坦言，由于奶粉原料涨价，加入三聚氰胺的企业多了。

第3章

碳水化合物

知识目标

1. 了解碳水化合物的概念。
2. 掌握葡萄糖、果糖、麦芽糖、蔗糖等化合物的结构、理化性质、加工特性及用途。
3. 了解淀粉、纤维素的结构与加工特性。
4. 通过对单糖、二糖和多糖之间相互转化的学习，掌握糖类物质的相互转化方法。

素质目标

通过对糖类、碳水化合物的概念的学习比较，进行透过现象看本质等辩证唯物主义教育。通过对糖类物质概念和组成、结构的学习，培养探索身边化学物质、研究与人类生活密切相关的化学物质的兴趣。通过"碳水化合物""糖类"等名称了解人类对糖类物质的认识过程，从中了解人类认识化学物质过程中由浅入深的认识历程。通过了解糖类的来源以及糖类物质跟人类生活的密切关系，提升学习化学、应用化学、研究化学的志趣。

能力目标

在食品加工中能正确选择不同的糖类。

3.1 食品中的碳水化合物

碳水化合物又称糖类化合物，是自然界中分布较广、含量较高的一类有机物质，是食品主要组成成分之一，也是植物光合作用的直接产物。葡萄糖、蔗糖、淀粉和纤维素等都属于碳水化合物。碳水化合物是一切生物体维持生命活动所需能量的主要来源。动物体内不能制造碳水化合物，是以食用植物的碳水化合物为能源的，因此，碳水化合物主要由植物性食品供给。碳水化合物在植物体中含量丰富，用途广泛，而且价格低廉。

早期认为，碳水化合物是由碳、氢、氧三种元素组成的，其中氢和氧之比为2∶1，与水组成相同，一般用$C_n(H_2O)_m$的通式表示，统称为糖类。但后来发现，在自然界中存在的脱氧核糖($C_5H_{10}O_4$)和鼠李糖($C_6H_{12}O_5$)并不符合上述通式，并且有些碳水化合物含有N、S、P等成分，还有些化合物，如乙酸($C_2H_4O_2$)、甲醛(CH_2O)、乳酸($C_3H_6O_3$)等虽然分子组成符合通式，但从结构及性质上与碳水化合物完全不同。显然用碳水化合物的名称代替糖类名称已经不适当，但由于沿用已久，至今还在使用这个名称。从化学结构特点来说，**碳水化合物**是多羟基的醛、酮或多羟基醛、酮的缩聚物的总称。人类摄取食物的总能量中大约80%由碳水化合物来提供，因此它是人类及动物的生命源泉。我国传统膳食习惯是以富含碳水化合物的食物为主食，但近年来随着人们生活水平的提高以及食品工业的发展，膳食结构也在发生着变化。

3.1.1 碳水化合物的来源与分类

碳水化合物是生物体维持生命活动所需能量的主要来源，是构成食品的主要成分，也是合成其他化合物的基本原料，占人类膳食营养素总量的大部分，产生的能量可以维持人体体温，供给生命活动所需。碳水化合物也是构成生物体内组织的重要物质，陆地植物和海藻干重的3/4由糖类构成；谷物、蔬菜、果实和可供食用的其他植物都含有糖类(表1-3-1)。碳水化合物不仅是营养物质，而且有些还具有特殊的生物活性。例如，肝脏中的肝素有抗凝血作用，血液中的糖与免疫活性有关。此外，核酸的组成成分中也含有糖类化合物——核糖和脱氧核糖。因此，糖类化合物对生命来说，具有更重要的意义。糖类化合物与食品加工和储藏关系更是十分密切，可改善食品的气味及色泽等。例如，某些低分子糖可作为甜味剂，大分子糖类物质能形成凝胶、糊或作为增稠剂、稳定剂。此外，碳水化合物是食品在加工过程中产生香味和着色物质的前体。

表1-3-1 水果蔬菜中碳水化合物的含量

名 称	碳水化合物质量分数/(%)		
	总糖	单糖和二糖	多糖
苹果	14.5	葡萄糖1.17，果糖6.04，蔗糖3.78，甘露糖微量	淀粉1.5，纤维素1.0
葡萄	17.3	葡萄糖5.35，果糖5.33，蔗糖1.32，甘露糖2.19	纤维素0.6
胡萝卜	9.7	葡萄糖0.85，果糖0.85，蔗糖4.25	淀粉7.8，纤维素1.0
洋葱	8.7	葡萄糖2.07，果糖1.09，蔗糖0.89	纤维素0.71
甜玉米	22.1	蔗糖12～17	纤维素0.7
甘蔗汁	14～28	葡萄糖和果糖4～8，蔗糖10～20	—

食品中的碳水化合物种类多、含量高，根据其水解产生单糖的多少分类。

1. 单糖

单糖指不能被水解为更小单位的糖类物质。食品中的单糖主要有葡萄糖、果糖、甘露糖、半乳糖等。天然食品中单糖较少，加工食品中则因人为添加而有多有少。单糖的许多化学反应特性与分子中活泼的醛、酮基相关。

2. 低聚糖

低聚糖指由 2～10 个单糖以糖苷键结合成的糖。自然界以双糖为最多。

由相同的单糖形成的二糖称为均匀二糖，如麦芽糖、纤维二糖、异麦芽糖、龙胆二糖、海藻糖等。其中，龙胆二糖因主要存在于龙胆属植物中而得名，海藻糖存在于海藻、真菌等体内。

由不同的单糖形成的二糖称为非均匀二糖，如蔗糖、乳糖、蜜二糖等。其中，乳糖主要是哺乳动物乳汁中主要成分，蜜二糖是一些锦葵属树皮分泌物成分。

其他低聚糖主要分布在豆科植物及块茎植物中，其中棉籽糖、水苏糖和松三糖等可引起胃肠胀气和腹泻，因为人体不能吸收，在结肠中被产气杆菌等微生物发酵而产生二氧化碳、氢气，因这些糖的渗透压高而阻止肠中水分向血浆扩散而导致腹泻。有些低聚糖可作为功能性添加剂开发，不被人体消化酶分解，不为龋齿菌分解利用，促使肠道有益菌(如双歧杆菌)活化增殖，用作低热量甜味剂。

此外，还有食品中开发生产的功能性低聚糖(如低聚果糖、异麦芽糖等)；环糊精是食品中广泛应用的一类功能性成分，如用于掩蔽食品中的苦味成分等。

3. 多糖

多糖指由 10 个以上的单糖聚合而成的糖，或水解后能产生 10 个以上的单糖的糖。

按组成分：多糖
- 同多糖(淀粉、糖原、纤维素等)——均一性多糖
- 异多糖(果胶、半纤维素等)——混合多糖

按功能分：多糖
- 储藏性多糖(淀粉、糖原)
- 结构性多糖(纤维素、果胶)

按营养价值分：多糖
- 可消化多糖(淀粉、糖原)
- 不可消化多糖(可溶性膳食纤维、不可溶性膳食纤维)

3.1.2 食品中碳水化合物的作用

碳水化合物的功能有以下几个方面。

(1) 储存和供给能量。糖原是肌肉和肝脏内碳水化合物的储存形式，肝脏约储存机体内 1/3 的糖原。当机体需要时，肝脏中的糖原分解为葡萄糖进入血液循环，提供机体，尤其是红细胞、脑和神经组织对能量的需要。肌肉中的糖原只供自身的能量需要。体内的糖原储存只能维持数小时，必须从膳食中不断得到补充。每克葡萄糖产热 16 kJ，人体

摄入的碳水化合物在体内经消化变成葡萄糖或其他单糖参加机体代谢。每个人膳食中碳水化合物的比例没有规定具体值,我国营养专家认为碳水化合物产热量占总热量的60%～65%为宜。平时摄入的碳水化合物主要是多糖,在米、面等主食中含量较高,摄入碳水化合物的同时,能获得蛋白质、脂类、维生素、矿物质、膳食纤维等其他营养物质;而摄入单糖或二糖(如蔗糖),除能补充热量外,不能补充其他营养素。

(2) 构成细胞和组织。碳水化合物同样是机体重要的构成成分之一。每个细胞都有碳水化合物,其含量为2%～10%,主要以糖脂、糖蛋白和蛋白多糖的形式存在,分布在细胞膜、细胞浆以及细胞间质中。另外,DNA和RNA中分别含有脱氧核糖和核糖,在遗传中起着重要的作用。

(3) 节省蛋白质作用。当机体内碳水化合物供给不足时,机体为了满足自身对葡萄糖的需要,则通过糖异生作用产生葡萄糖。由于脂肪一般不能转变成葡萄糖,所以机体不得不动用蛋白质来满足机体活动所需的能量,甚至是器官中的蛋白质,如肌肉、肝、心脏中的蛋白质,对人体及各器官造成损害。节食减肥的危害与此有关。因此,完全不吃主食,只吃肉类是不适宜的,因肉类中含碳水化合物很少,这样机体组织将用蛋白质产热,对机体没有好处。因此,减肥病人或糖尿病患者摄入的碳水化合物不要低于150 g主食。当摄入足够的碳水化合物时,可以防止体内和膳食中的蛋白质转变为葡萄糖,这就是所谓的节省蛋白质作用。

(4) 维持脑细胞的正常功能。葡萄糖是维持大脑正常功能的必需营养素,当血糖浓度下降时,可因脑组织缺乏能源而使脑细胞功能受损,造成功能障碍,并出现头晕、心悸、出冷汗,甚至昏迷。

(5) 提供膳食纤维。膳食纤维的最好来源是天然的食物,如豆类、谷类、新鲜水果和蔬菜等。大多数纤维素具有促进肠道蠕动和吸水膨胀的特性。一方面,可使肠道平滑肌保持健康和张力;另一方面,粪便因含水分较多而体积增加和变软,这样非常有利于粪便的排出。反之,肠道蠕动缓慢,粪便少而硬,造成便秘。可溶性膳食纤维可以减缓食物由胃进入肠道的速度,且有吸水作用,从而产生饱腹感而减少能量的摄入,达到控制体重和减肥的作用。另外,可溶性膳食纤维可减少小肠对糖的吸收,使血糖不致因进食而快速升高,因此也可减少体内胰岛素的释放,而胰岛素可刺激肝脏合成胆固醇,所以胰岛素释放的减少可以使血浆胆固醇水平受到影响。

3.2 单糖

3.2.1 单糖结构

单糖是碳水化合物的最小组成单位,是不能水解的最简单糖类,一般是分子中含有3

~6 个碳原子的多羟基醛或多羟基酮,如葡萄糖、果糖等。

1. 单糖的链状结构

实验发现,在溶液中单糖存在如下链状结构:

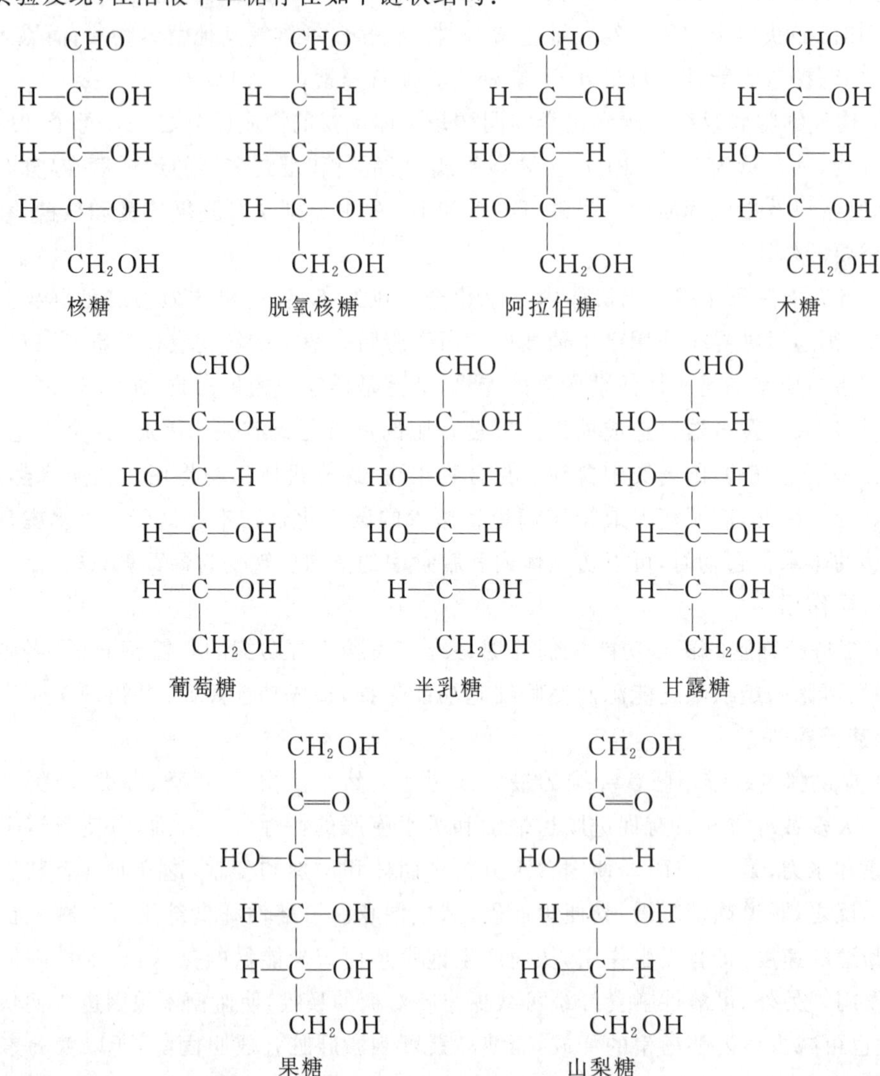

开链醛糖和开链酮糖皆含有羟基和不对称碳原子,所不同的是 D-果糖分子比 D-葡萄糖分子少一个不对称碳原子,D-果糖第 2 碳位为酮基(也称羰基),而 D-葡萄糖分子的第 1 碳位为醛基。这些特殊功能基团是决定单糖特性的基础。

2. 单糖的环状结构

单糖不仅以链状形式存在,在溶液中主要以环状形式存在。单糖分子的羰基可以与糖分子本身的羟基发生脱水反应,形成分子内的半缩醛,形成五元呋喃糖环或更稳定的六元吡喃糖环,天然的糖多以六元环的形式存在,如葡萄糖可形成立体构型不同的 α 和 β 两种异构物,其环状结构如下:

吡喃型　　呋喃型　　吡喃型　　呋喃型

α-D-葡萄糖　　　　β-D-葡萄糖

3.2.2 单糖的物理性质

单糖的性质是由它的结构决定的。单糖分子具有下列几个特点:有不对称的碳原子;有醇性羟基,环状结构尚有半缩醛羟基;链状结构有自由醛基或自由酮基。因此,单糖具有以下的物理性质。

1. 旋光性

旋光性是物质使偏振光的振动平面发生旋转的一种特性。一切单糖都含有不对称碳原子,所以都有旋光的能力,能使偏振光的平面向左或向右旋转。

以甘油醛为例,分子中的2位碳是不对称碳原子,分别与四个互不相同的原子和基团—H、—CH_2OH、—OH、—CHO连接。这样的结构有两种安排:一种是D-甘油醛,另一种是L-甘油醛。把羟基放在右边的称为D型结构,羟基放在左边的称为L型结构。D-甘油醛的旋光是右旋,L-甘油醛是左旋。D-甘油醛与L-甘油醛是立体异构体,它们的构型不同。D型与L型甘油醛为对映体,具有对映体的结构又称手性结构。

由于旋光方向与程度是由分子中所有不对称原子上的羟基方向所决定,而构型只和分子中离羰基最远的不对称碳原子的羟基方向有关,因此单糖的构型D与L并不一定与右旋和左旋相对应。单糖的旋光用(+)表示右旋,(−)表示左旋。除丙酮糖外,单糖分子中都含有不对称碳原子,因此其溶液都具有旋光性。

糖的旋光性用比旋光度$[\alpha]_D^{20}$(又称比旋度或旋光率)来表示的。比旋光度是单位浓度的某物质溶液(g/mL)在1 dm长旋光管内,20 ℃、钠光下的旋光读数,是物质的一种物理常数,与糖的性质、实验温度、光源的波长和溶剂的性质都有关。比旋光度可按式(1.3.1)求得。

$$[\alpha]_D^{20}=\frac{\alpha\times 100}{l\times c} \qquad (1.3.1)$$

式中:α——从旋光仪测得的读数;l——所用旋光管的长度,以dm表示;c——糖(光活性的)溶液的浓度(g/100 mL),溶剂为水;20——表示20 ℃,因为糖的比旋光度多数是在20 ℃测定的;D——表示所用光源为钠光。

不同种类的糖其比旋光度不同,据此可鉴定糖的种类。表1-3-2列出几种糖的比旋光度。

表 1-3-2　几种糖在 20 ℃(钠光)时的比旋光度

糖类名称	比旋光度$[\alpha]_D^{20}$
D-果糖	－92.4
D-葡萄糖	＋52.2
D-半乳糖	＋80.2
D-木糖	＋8.8
D-甘露糖	＋14.2
D-阿拉伯糖	－105.0
L-阿拉伯糖	＋104.5

一个旋光体溶液放置后其比旋光度改变的现象，称为变旋现象。糖溶液具有变旋现象。糖刚溶解于水时，其比旋光度是处于变化中的，但糖溶液放置一段时间后就稳定在一恒定的比旋光度上。这是因为刚溶解于水的糖分子从 α 型变成 β 型，或相反地从 β 型变成 α 型。因此，对有变旋光性的糖，在测定其比旋光度时，必须使糖液静置一段时间(24 h)再测定。

2. 甜味

甜味是由物质分子的构成所决定的，单糖都有甜味，绝大多数二糖和一些三糖也有甜味，多糖则无甜味。甜味是糖的重要物理性质，甜味的强弱用甜度来表示，但甜度目前不能用物理或化学方法定量测定，只能采用感官比较法，因此所获得的数值只是一个相对值，通常以蔗糖(非还原糖)为基准物。

糖甜度的高低与糖的分子结构、相对分子质量、分子存在状态及外界因素有关。单糖有甜味，但甜度大小不同，如以蔗糖为标准定为 100 度，其他糖类的相对甜度如表 1-3-3 所示。

表 1-3-3　糖的甜度

糖类名称	甜　度	糖类名称	甜　度
果糖	173.3	鼠李糖	32.5
转化糖	130	麦芽糖	32.5
蔗糖	100	半乳糖	32.1
葡萄糖	74.3	棉籽糖	22.6
木糖	40	乳糖	16.1

由表 1-3-3 可知，果糖甜度最大，乳糖甜度最小，各种糖类的甜度大小次序如下：

果糖＞转化糖＞蔗糖＞葡萄糖＞木糖＞鼠李糖＞麦芽糖＞半乳糖＞棉籽糖＞乳糖

转化糖(水解后的蔗糖，含自由葡萄糖和果糖)及蜂蜜糖一般较甜，是因为含有一部分果糖。蜂蜜含有 83％的转化糖。糖的甜度与其化学结构有关，是由于糖分子中的某些原子基团对舌尖味觉神经所起的刺激而引起的。多糖无甜味，是因为分子太大，不能透入舌尖的味觉细胞。

3. 溶解度

溶解度指一定温度下每 100 g 水中溶解某物质的质量(g)。溶解度一般随温度升高而加大。单糖分子中含有多个羟基,这增加了它的水溶性,尤其是在热水中的溶解度,但它不能溶于乙醚、丙酮等有机溶剂。各种单糖的溶解度不同,果糖的溶解度最高,其次是葡萄糖(表 1-3-4)。

表 1-3-4 糖的溶解度(20℃)

糖类名称	溶解度/(g/100 g(水))	浓度/(%)
果糖	374.78	78.94
蔗糖	199.4	66.60
葡萄糖	87.67	46.64

果汁、蜜饯类食品利用糖作保存剂,需要糖具有高溶解度以达到 70%以上的浓度,这样才能抑制酵母、霉菌的生长,因为高浓度则有高渗透压和低水分活度。

因此,室温下果糖浓度达到 70%以上,具有较好的保存性;葡萄糖仅约 50%的浓度,不足以抑制微生物的生长,只有在提高温度以增加溶解度的前提下葡萄糖才具有较好的储藏性;其他溶解度低的糖可与果糖混合使用,达到增加溶解度的效果。

4. 吸湿性、保湿性及结晶性

吸湿性指糖在空气湿度较大的情况下吸收水分的性质。**保湿性**指糖在空气湿度较大时吸收水分和在较低湿度时散失水分的性质。这两种性质对于保持食品的柔软性、弹性、储藏及加工有着重要意义。

不同种类的糖吸湿性不同,同等条件下,吸湿性高低顺序为果糖、转化糖>葡萄糖、麦芽糖>蔗糖。各种食品对糖的吸湿性和保湿性的要求是不同的。例如:硬质糖果要求吸湿性低,储藏时要避免遇潮湿天气因吸收水分而溶化,故宜选用蔗糖为原料;而软质糖果则需要保持一定的水分,避免在干燥天气干缩,应选用转化糖和果葡糖浆为宜;面包、糕点类食品也需要保持松软,应用转化糖和果葡糖浆为宜。

不同种类的糖,其结晶性有所不同。葡萄糖易结晶,但晶体细小;蔗糖也易结晶,且体积较大;淀粉糖浆是葡萄糖、低聚糖和糊精的混合物,不能结晶,并能防止蔗糖结晶。淀粉糖浆由于成分中不含果糖,所以吸湿性较转化糖低,糖果在储藏过程中保存性较好。由于淀粉糖浆中含有糊精,能有效地增加糖果的韧性、强度和黏性,使糖果不易碎裂,保持较好的产品外观。同时,淀粉糖浆的甜度较低,能冲淡蔗糖的甜度,使产品甜味更加圆润、可口。但淀粉糖浆的用量不能过多,若产品中糊精含量过多,则产品韧性过强,影响糖果的脆性。

5. 黏度

通常情况下,糖的黏度随着温度的升高而下降,但葡萄糖的黏度则随着温度升高而增大。葡萄糖和果糖溶液的黏度较蔗糖溶液低,淀粉糖浆的黏度较高,淀粉糖浆的黏度随转化程度增高而降低。在食品生产中,可以利用调节糖的黏度来提高食品的稠度和可口性。

在相同浓度下,溶液的黏度有以下顺序:葡萄糖、果糖<蔗糖<淀粉糖浆,且淀粉糖浆的黏度随转化度的增大而降低。与一般物质溶液的黏度不同,葡萄糖溶液的黏度随温度

的升高而增大,但蔗糖溶液的黏度则随温度的增大而降低。根据糖类物质的黏度不同,在产品中选用糖类时就要加以考虑,如清凉型的就要选用蔗糖,果汁、糖浆等则选用淀粉糖浆。

3.2.3 单糖的化学性质

单糖的化学性质是由其分子结构决定的。单糖在水溶液中一般是以链状结构和环状结构的平衡混合物存在,故单糖的化学性质便由这两种形式的结构所决定。从单糖的链状结构可以看出,单糖是由烃基和官能团两部分组成的,由于它们是一些复合官能团化合物,每一种单糖分子中同时存在着两类官能团:羟基(—OH)和羰基(—C ═O),所以它们的主要化学性质由这两类官能团来决定。羟基是醇的官能团,因此,单糖应具有醇的主要化学性质,例如,能发生酯化反应、氧化反应和脱水反应等;而羰基是醛或酮的官能团,因此,单糖也应具有醛或酮的主要化学性质,例如,可以发生羰基双键的加成反应、还原反应、氧化反应等。但是,有机分子是一个整体,由于分子内各基团的相互影响,必然产生一些新的性质。单糖的主要化学性质如下。

1. 氧化反应

单糖无论是醛糖或酮糖,在不同氧化条件下,均可被氧化生成各种不同的产物。当有强氧化剂存在时,糖完全被氧化生成二氧化碳和水。与弱的氧化剂(如 Tollens 试剂、Fehling 试剂和 Benedict 试剂)作用,生成金属或金属的低价氧化物。上述三种试剂都是碱性的弱氧化剂,单糖在碱性溶液中加热,生成复杂的混合物。单糖易被碱性弱氧化剂氧化说明它们具有还原性,所以把它们叫做还原糖。

单糖在酸性条件下氧化时,由于氧化剂的强弱不同,单糖的氧化产物也不同。例如,葡萄糖被溴水氧化时,生成葡萄糖酸;而用强氧化剂硝酸氧化时,则生成葡萄糖二酸。

溴水氧化能力较弱,它把醛糖的醛基氧化为羧基。当醛糖中加入溴水,稍加热后,溴水的棕色即可褪去,而酮糖则不被氧化,因此可用溴水来区别醛糖和酮糖。

生物体内在酶作用下,有些醛糖(如葡萄糖)可以保持醛基不被氧化,仅仅第 6 碳原子上的伯醇基被氧化生成羧基而形成葡萄糖醛酸(也称糖尾酸)。葡萄糖醛酸具有很重要的生理意义。生物体中某些有毒的物质,可以和 D-葡萄糖醛酸结合成苷类,随尿液排出体外,从而起到解毒作用;人体内过多的激素和芳香类物质也能与葡萄糖醛酸生成苷类从体内排出。

2. 酯化反应

单糖分子中含多个羟基,这些羟基能与脂肪酸在一定条件下作用生成酯。人体内的葡萄糖在酶作用下生成葡萄糖磷酸酯,如 1-磷酸吡喃葡萄糖和 6-磷酸吡喃葡萄糖等。单糖的磷酸酯在生命过程中具有重要意义,它们是人体内许多代谢的中间产物。

单糖的磷酸酯除具有乳化作用外,还具有防止蛋白质变性,以及对耐热性菌的抗菌效果等作用,常常被用于罐装咖啡或红茶等,可使脂肪球稳定,防止乳蛋白变性及沉淀现象发生。很多单糖酯化后的产物在人体胃肠道内不被胰脂酶分解,不为人体胃肠道吸收,既可替代传统食用油用于烹调,又不具有被人体吸收的热量。

3. 非酶褐变反应

食品褐变反应分为氧化褐变和非氧化褐变两种。氧化褐变或酶促褐变是多酚氧化酶催化酚类和氧之间的反应，这是苹果、香蕉、梨及莴苣在切开时所发生的普通褐变现象，这种反应与糖类化合物无关。非氧化褐变或非酶褐变反应是食品中常见的一类重要反应。

直接加热糖类化合物特别是糖或糖浆，可产生一类称为焦糖化的复杂反应，少量的酸或某些盐类对这类反应有促进作用。温和加热或初期热分解能引起异构移位、环的大小改变和糖苷键断裂以及生成新的糖苷键。共轭双键具有吸收光和产生颜色的特性，在不饱和环体系中，通常可发生缩合反应使之聚合，从而使食品产生色泽和风味变化。

美拉德反应又称羰氨反应，是一种非酶褐变反应（与酶无关的褐变反应），主要指糖类的羰基与氨基化合物（蛋白质、氨基酸）的氨基进行缩合、聚合，最终生成类黑色素物质的反应。由于此反应最初是法国化学家美拉德（Maillard）于 1912 年在将甘氨酸与葡萄糖的混合液共热时发现的，故以他的名字命名。这种褐变反应不是由酶引起的，所以属于非酶褐变。

对非氧化褐变或非酶褐变的美拉德反应至今还没有一个确切的定义，已知美拉德反应必须有极少量氨基化合物存在，通常是氨基酸、肽、蛋白质、还原糖和少量水作为反应物。美拉德反应生成可溶和不溶的高聚物等，由于有还原酮和荧光物质形成，因而体系的还原能力和滴定酸度增高。

美拉德反应的主要反应物包括还原糖、氨基化合物和水；生成可溶和不溶的高聚物等，并有 CO_2 放出；反应初期的溶液是无色的，以后逐渐变黄，直至最后变为红棕色、棕色至深色；产物的检测方法一般是在波长 420 nm 或 490 nm 处比色定量测定所形成的黄色或棕色色素，用色谱法分离鉴定产物，测定释放出的 CO_2 含量，以及紫外、红外光谱分析测定等。

美拉德反应是食品在加热（不太高的温度即可）或长期储存后发生褐变的主要原因。几乎所有食品都有可能发生该反应（只要有这两类反应基团存在），有时是需宜性的，如焙烤面包产生的金黄色，酿造啤酒的黄褐色，酿制酱油与醋的褐黑色、松花皮蛋蛋清的茶褐色等，只要有类似两种基团存在的化合物相遇就会发生类似的反应。有时是不利于食品质量要求的，则需控制该反应，控制食品中美拉德反应的程度是十分重要的，这不仅是因为反应超出一定限度会给食品的风味带来不利的影响，而且因为其降解产物可能属于有害物质。

影响美拉德反应的主要因素如下。

(1) 糖的结构。戊糖＞己糖＞二糖；醛糖＞酮糖；半乳糖＞甘露糖＞葡萄糖。

(2) pH 值。适合于 7.9～9.2，pH 值 3 以上随着 pH 值升高而加强。高酸性食品（如泡菜）不易发生褐变。蛋粉加热干燥前加酸降低 pH 值，复溶时再加碳酸钠以恢复 pH 值，有利于抑制蛋粉褐变。

(3) 水分。水分活度为 0.6～0.7（10%～15%水分）时最适于此类反应发生。非液态食品可从降低水分加以控制。使水分活度降低至 0.2 以下就能抑制这种反应的发生。但有脂肪且含 5%以上的水分时，由于脂肪氧化加快而褐变加快。

(4) 温度。一般在 30 ℃以上褐变明显，每升高 10 ℃，褐变速度增加 3～5 倍，100～

150 ℃时褐变严重。

(5) 氧。80 ℃以下,氧能促进褐变,低温真空可延缓褐变。

(6) 氨。胺类较氨基酸易褐变;碱性氨基酸较中、酸性氨基酸易褐变;氨基离 α 位越远越易褐变;蛋白质不如氨基酸的褐变快。

(7) 褐变抑制剂。加褐变抑制剂(如亚硫酸盐)可抑制褐变,钙处理(能同氨基酸结合为不溶性化合物)也抑制褐变。

(8) 金属离子的影响。铁、铜离子可促进褐变。

(9) 生物化学方法。食品中的少量糖可加酵母发酵分解除糖,也可加葡萄糖氧化酶生成葡萄糖酸后不再发生褐变。

非酶褐变不仅改变食品的色泽,而且对食品营养和风味也有一定的影响,所以非酶褐变与食品质量关系密切。

非酶褐变对食品营养的主要影响是:氨基酸因形成色素被破坏而损失;色素以及与糖结合的蛋白质不易被酶所分解,故氮的利用率降低,尤其是赖氨酸在非酶褐变中最易损失;奶粉和脱脂大豆粉中加糖储藏,随着褐变蛋白质的溶解度也随之降低。

由于非酶褐变过程中伴随有二氧化碳的产生,会造成罐装食品出现不正常的现象,如粉末酱油、奶粉等装罐密封,发生非酶褐变后,会出现"膨听"现象。非酶褐变的产物中有一些是呈味物质,它们能赋予食品以优或劣的气味和风味。

3.3 低聚糖

低聚糖又称为寡糖,是由 2～10 个单糖分子经脱水缩合而成的化合物。即醛糖 C(1)(酮糖则在 C(2)上)上半缩醛羟基(—OH)和其他单糖的羟基(也可以是半缩醛羟基)脱水,通过糖苷键结合而成的。低聚糖可水解成单糖。

低聚糖广泛存在于很多天然食物中,尤其以植物性食物中为多,如水果、牛奶、蜂蜜、蔬菜、豆科植物种子和一些植物块茎中。

3.3.1 低聚糖的分类

低聚糖的分类方式有很多。根据其水解后生成的单糖分子数目,低聚糖可分为二(双)糖、三糖、四糖等,其中以二糖最为常见,如蔗糖、麦芽糖、乳糖等。根据其组成的单糖分子是否相同,低聚糖可分为均低聚糖和杂低聚糖,前者是由同一种单糖聚合而成的,如麦芽糖、环状糊精等,后者则是由不同的单糖聚合而成的,如蔗糖、乳糖、棉子糖等。根据其是否有还原性(即低聚糖分子结构中是否保留了半缩醛羟基),低聚糖可分为还原性低聚糖和非还原性低聚糖,食品中重要的还原性低聚糖如麦芽糖、乳糖等,非还原性低聚糖如蔗糖、海藻糖等。

低聚糖除了上述分类方式外,还可以根据其是否具有保健功能,分为普通低聚糖和功能性低聚糖两大类。如蔗糖、麦芽糖、乳糖等属于食品中普通低聚糖，它们可被机体消化、吸收；食品加工应用中，普通低聚糖在食品的色、香、味、形上也发挥着重要的作用。低聚异麦芽糖、乳酮糖、低聚果糖、低聚木糖等则属于功能性低聚糖，它们不能被机体消化、吸收，而是直接进入人体肠道内被双歧杆菌等有益菌利用，是有益菌的增殖因子；功能性低聚糖也可作为功能性甜味剂用来代替食品中部分的蔗糖，在人体发挥独特的生理保健功能。

3.3.2 低聚糖的性质

低聚糖可溶于水，其溶解度和聚合度成反比；有甜味，随着聚合度的增加，低聚糖的甜度逐渐降低；有黏性，二糖的黏度比单糖的高，聚合度大的低聚糖黏度更高；多数低聚糖的吸湿性较小，可作为糖衣材料，防止糖制品的回潮；可水解，低聚糖在与稀酸共同加热时或在酶的作用下，可以水解成单糖；还原性低聚糖具有还原性，可与费林试剂反应，其水溶液有变旋现象，但非还原性低聚糖则无此特性。

3.3.3 食品中普通低聚糖

1. 蔗糖

蔗糖广泛分布于植物的果实和枝叶中，是高能量食物的主要成分。

蔗糖是由1个α-D-吡喃葡萄糖分子和1个β-D-呋喃果糖分子的两个半缩醛羟基失水而成的。蔗糖分子中没有保留半缩醛羟基，因此蔗糖属于非还原糖，它没有还原性，其水溶液也没有变旋现象。

(1) 性质。

① 甜味：蔗糖是最常用的甜味剂，其甜味仅次于果糖。

② 溶解性：它为无色透明结晶，易溶于水，在水中的溶解度随着温度的升高而增大，较难溶于乙醇。

③ 熔点：纯净蔗糖的熔点为185～186℃，商品蔗糖的熔点为160～186℃。

④ 受热脱水：加热至200℃时即脱水形成焦糖。焦糖色素常作为酱油、醋、饮料、糖果等的增色剂和增香剂。

⑤ 旋光度：蔗糖是右旋糖，其16%水溶液的比旋光度是+66.5°。

⑥ 水解：蔗糖在稀酸或酶的作用下水解，生成等量的葡萄糖和果糖的混合物，这种混合物称为转化糖。

$$蔗糖+H_2O \longrightarrow D\text{-}葡萄糖+D\text{-}果糖$$

促进这种转化的酶称为转化酶，在蜂蜜中大量存在，故蜂蜜中含有大量的果糖，其甜度较大，比葡萄糖的甜度几乎大一倍。这种转化也存在于面团发酵过程的早期。

蔗糖可以被酵母菌分泌的蔗糖酶所水解，在烘制面包的面团中，蔗糖是不可缺少的添加剂，因为它不仅有利于面团的发酵，而且在烘烤过程中，所发生的焦糖化反应能增进面包的色泽。

⑦ 再结晶:蔗糖溶液在过饱和时,不但能形成晶核,而且蔗糖分子会有序地排列,被晶核吸附在一起,从而重新形成晶体。这种现象称为蔗糖的再结晶。烹饪中制作挂霜菜就是利用了这一原理。

⑧ 无定形态:蔗糖溶液在熬制过程中,随着浓度的升高,其含水量逐渐降低,当含水量为2%左右时,停止加温并冷却,这时蔗糖分子不易结晶,而只能形成非结晶态的无定形态——玻璃体。玻璃体易被压缩、拉伸,在低温时呈透明状,并具有较大的脆性。烹饪中拔丝菜的制作就依据于此。

(2) 在食品加工中的应用。

蔗糖是食品工业中最重要的甜味剂,常用的白砂糖、绵白糖、冰糖的主要成分均是蔗糖。制糖的原料为甘蔗或甜菜,甘蔗中蔗糖的含量为16%~25%,甜菜中为12%~15%。

蔗糖广泛用于含糖食品加工中。高浓度的蔗糖溶液对微生物有抑制作用,可用于蜜饯、果酱、糖果等的生产。

2. 麦芽糖

麦芽糖是由2个D-葡萄糖分子通过1,4糖苷键结合而成的。麦芽糖分子中保留了一个半缩醛羟基,麦芽糖属于还原糖。

(1) 性质。

① 物理性质:麦芽糖为白色针状结晶,熔点为160~165℃,易溶于水而微溶于乙醇,甜度仅为蔗糖的46%。

② 发酵性:麦芽糖是可发酵性糖,直接、间接发酵均可。

③ 水解:在面团发酵时,麦芽糖能被麦芽糖酶所水解生成两分子葡萄糖,葡萄糖则是酵母菌生长所需的养料。

(2) 在食品加工中的应用。

麦芽糖在新鲜的粮食中并不游离存在,只有谷类种子发芽或淀粉储存时受到麦芽淀粉酶的作用水解才大量产生。利用大麦芽中的淀粉酶,可使淀粉水解为糊精和麦芽糖的混合物,其中麦芽糖占1/3,这种混合物称为饴糖。饴糖具有一定的黏度,流动性好,有较高的亮度。在制作北京烤鸭时,将饴糖涂在鸭皮上,待糖液晾干后进烤炉,在烤制过程中糖的颜色发生变化,使鸭皮产生诱人的色泽。

3. 乳糖

乳糖是由1个β-D-半乳糖分子和1个α-D-葡萄糖分子以β-1,4糖苷键结合而成,属于还原糖。

(1) 性质。

乳糖为白色结晶,在水中的溶解度较小,其相对甜度仅为蔗糖的39%左右。

在乳糖分子的结构中具有半缩醛羟基,因此乳糖具有还原性,其水溶液有变旋现象,能被酸、苦杏仁酶和乳糖酶水解。

乳糖是哺乳动物乳汁中的主要糖分。人乳中含乳糖5%~7%,牛、羊乳中含乳糖4%~5%。

(2) 在食品加工中的应用。

乳糖不能被酵母菌发酵,但能被乳酸菌作用产生乳酸发酵。酸奶的形成就是依据于此。乳糖的存在可以促进婴儿肠道中双歧杆菌的生长。

乳糖容易吸收香气成分和色素，故可用它来传递这些物质。如在面包制作时加入乳糖，则它在烘烤时因发生羰氨反应而形成面包皮的金黄色。

3.3.4 食品中功能性低聚糖

在全球性的保健品热潮中，低聚糖由于其功能的多样性和独特性，作为一种功能性食品基料而受到消费者的青睐，这刺激了新型低聚糖的研究和开发，使低聚糖的开发研究成为近几年来食品界的研究热点。

迄今为止，已知的功能性低聚糖有1 000多种，自然界中只有少数食品中含有天然的功能性低聚糖，并由于受到生产资源条件的限制，所以除大豆低聚糖等少数几种由提取法制取外，大部分是由来源广泛的淀粉原料经生物技术合成的。

目前，国际上已研究开发成功的低聚糖有70多种，主要有低聚异麦芽糖、大豆低聚糖、低聚果糖、低聚木糖、低聚麦芽糖、帕拉金糖、乳酮糖、低聚半乳糖、海藻糖、偶合糖等。

因为功能性低聚糖不会被人体中的消化酶分解，可以避免吸收过多的糖分，所以过去一般作为低热值甜味剂而被广泛应用。后来研究发现，功能性低聚糖能促进肠道内的有益菌双歧杆菌的活化和增殖，抑制腐败菌生长，有通便、抑菌、防癌、减轻肝脏负担、提高营养吸收率等作用，使越来越多的低聚糖作为健康食品或健康食品配料出现在市场上。

1. 典型功能性低聚糖

低聚糖广泛存在于各种天然食物中，如水果、牛奶、蜂蜜、蔬菜等。在过去十几年中，低聚糖作为低热值甜味剂被广泛应用，日本、欧洲应用较普遍。1991年日本政府为“特殊健康用途的食品(FOUHU)”立法，低聚果糖、低聚半乳糖、大豆低聚糖和帕拉金糖被列于其中，同年有450种产品使用了低聚糖。到1996年FOUHU又批准了58种食品，有34种低聚糖被列为功能性食品添加剂，如乳酮糖、乳果糖、低聚木糖、异麦芽糖。低聚糖的主要作用是使肠道内双歧杆菌增殖，保持良好的肠道环境，同时低聚糖又是一种膳食纤维。日本食品专家指出，低聚糖是功能性食品基料中最有发展前途的产品。日本是生产低聚糖最主要的国家，而低聚糖的使用则遍布世界各地。

除大豆低聚糖和乳酮糖外，其他低聚糖都采用酶法生产，多是以简单的乳糖、蔗糖等二糖为底物，由转移酶催化合成，或是由多糖(如淀粉、木聚糖等)限制性水解制得，其生成的产物是单糖和不同链长的低聚糖，可用膜分离、色谱分离的方法除去低分子糖以达到纯化的目的。

(1) 低聚异麦芽糖。低聚异麦芽糖又称分支低聚糖，是指葡萄糖以α-1,6糖苷键结合而成的单糖数在2～5的一类低聚糖，分子中除了α-1,6糖苷键外，还有α-1,4糖苷键及α-1,3糖苷键等分支状，自然界中低聚异麦芽糖极少以游离状态存在，而作为支链淀粉、右旋糖和多糖等的组成部分，在某些发酵食品(如酱油、酒)或酶法葡萄糖浆中有少量存在。低聚异麦芽糖有甜味，异麦芽三糖、异麦芽四糖、异麦芽五糖等随着聚合度的增加，其甜味降低甚至消失。低聚异麦芽糖是功能性低聚糖研究开发中影响最大、产量最大的品种，一般以淀粉为原料，用全酶法进行生产。

(2) 乳酮糖。与低聚半乳糖一样,也以乳糖为原料。乳糖经碱石灰处理后得乳酮糖,乳糖是由半乳糖和葡萄糖组成的,而乳酮糖则是由半乳糖与果糖以 β-1,4 糖苷键合形成的二糖。乳酮糖在小肠内不被消化吸收,到达大肠被双歧杆菌利用,具有较高的增殖活性,因此乳酮糖被列为低热值甜味剂和功能性食品添加剂。乳酮糖除用作食品添加剂外,还在医药上用于治疗便秘和静脉系统的病。

(3) 低聚果糖。从产量上看,低聚果糖是低聚糖家族中重要的成员。低聚果糖的生产方法有两种,最终产物也略有不同。第一种方法以蔗糖做底物,采用 β-呋喃果糖苷酶转果糖基作用,在蔗糖分子的 β-1,2 糖苷键上与 1～3 个果糖分子结合,形成的蔗果三糖(GF2)、蔗果四糖(GF3)、蔗果五糖(GF4)属于果糖和蔗糖构成的直链杂低聚糖;产物中还有果糖、葡萄糖和反应不完全的底物蔗糖。采用色谱法除去单糖和二糖可制得高纯度的低聚果糖。

(4) 帕拉金糖。帕拉金糖也叫异麦芽酮糖,是麦芽酮糖合成酶作用于蔗糖生成的。帕拉金糖是二糖,甜度比蔗糖低,不会引起龋齿,可被小肠消化吸收,因此不是双歧杆菌增殖因子。然而帕拉金糖分子内脱水缩合形成帕拉金低聚糖,则不被人胃肠消化吸收而达到大肠,促进双歧杆菌的增殖。

(5) 葡萄糖基蔗糖。葡萄糖基蔗糖又叫偶合糖,是以麦芽糖和蔗糖为原料,通过环状糊精合成酶合成的三糖。葡萄糖基蔗糖的甜度是蔗糖的一半,与其他低聚糖一样,可以作为甜味剂的替代物,可以预防龋齿,可被肠道酶水解,因而减少了肠道内双歧杆菌对其的利用率,然而在食品中葡萄糖基蔗糖的另一重要特性是可以防止结晶和褐变反应发生及极强的保水性能。

(6) 低聚木糖。低聚木糖是由 2～7 个木糖以 β-1,4 糖苷键结合而成的低聚糖。一般以富含木聚糖的植物(玉米芯、蔗渣、棉籽壳和麸皮)为原料,通过木聚糖酶的水解作用然后分离精制而成。有许多霉菌和细菌能产生木聚糖酶,工业上多采用球毛壳霉,产生内切型木聚糖酶进行木聚糖的水解,然后分离制得低聚木糖。低聚木糖产品的主要成分为木糖、木二糖、木三糖和三糖以上木寡糖,其中以木二糖为主要有效成分。低聚木糖的生产工艺包括木聚糖的提取和精制、木聚糖的水解和低聚木糖的纯化。

2. 低聚糖的功能

低聚糖的功能可分为初级、次级和三级。初级功能是指作为营养源;次级功能是指能提供甜味,低聚糖的甜度为蔗糖的 30%～50%;三级功能是指它的双歧因子、低热量、抗蛀牙等作用。下面着重讨论其备受关注的三级功能。

(1) 刺激双歧杆菌的增殖。双歧杆菌是人类的生理性细菌,它与人终生相伴,但呈动态变化,双歧杆菌的存在和含量是人体健康的一个标志。双歧杆菌具有多方面的生理效应,研究表明:它可以调整肠功能的紊乱;可以调整腹泻与便秘;可起双向调节功能,降低血内毒素,降低胆固醇浓度,对防止动脉硬化和高血压起一定作用;抗肿瘤作用,提供机体免疫功能和延年益寿。

双歧杆菌从发现到现在已有 100 多年的历史,通过培养、发酵等生物技术,在全世界范围内生产了众多的双歧制品。双歧制品的生产需要双歧因子,双歧因子是指双歧杆菌生长发育所需要的生长因子,可作双歧因子的物质很多,但用得最多的是低聚糖。实验证明：低聚果糖、低聚半乳糖、蜂蜜、菊粉等在体外均能促进长双歧杆菌、短双歧杆菌、婴儿双歧杆菌、两歧双歧杆菌、青春双歧杆菌的生长，而蜂蜜与菊粉中均含有许多低聚糖类。不同种类和数量的低聚糖对不同的双歧杆菌的增殖效果是不同的，成人每天摄入 5～8 g 低聚果糖，两周后每克粪便中双歧杆菌数可增加 10～100 倍，如食用低聚木糖 0.7 g，就会有明显效果。目前，有关功能性低聚糖作为双歧因子已引起了科学家和消费者的极大关注。用得最多的双歧因子有低聚果糖、大豆低聚糖、菊糖、乳酮糖、低聚异麦芽糖等。

（2）低热量。低聚糖很难或不能被人体消化吸收，所提供的能量值很低或根本没有，这是由于人体不具备分解消化低聚糖的酶系统。一些功能性低聚糖，如低聚异麦芽糖、低聚果糖、低聚乳果糖有一定程度的甜味，是一种很好的功能性甜味剂，可在低能量食品中发挥作用，如减肥食品、糖尿病患者食品、高血压病人食品。

（3）不会引起牙齿龋变。龋齿是一种常发病，其发生与口腔中的微生物有关，主要致病菌是突变链球菌，功能性低聚糖不是这些口腔微生物的合适底物，因此不会引起牙齿龋变。

功能性低聚糖的开发已开辟了许多新的工业应用领域，2002 年全球的低聚糖产量已达到 15 万吨，创造了 400 亿美元的功能食品市场，100 亿美元的功能饲料市场，而低聚糖药物展现了无限商机，低聚糖农药、低聚糖肥料同样引人注目，功能性低聚糖已成为全球生物技术产业中的亮点。我国具有低聚糖产业发展的特色与资源优势，在健康、农业、环境等领域需求的背景下，应抓住机遇，充分跟进先进理论，大力发展自主技术，功能性低聚糖的研究及应用不仅有助于提高我国的学术地位，并将在我国形成新的明星产业。

3.4 多糖

多糖是糖单元连接在一起而形成的长链聚合物，超过 10 个单糖的聚合物称为多糖（表 1-3-5）。按质量计，多糖约占天然糖类的 90%以上。植物体内由光合作用生成的单糖经缩合生成多糖，作为储存物质或结构物质。动物将摄入的多糖先经消化变为单糖，以供机体的需要，而多余部分则重新构成特有的多糖（肝糖），储存于肝脏中。

表 1-3-5 食品中常见的多糖

名称		结构单糖	结构	溶解性	相对分子质量	存在形式
同多糖	直链淀粉	D-葡萄糖	α-1,4-葡聚糖直链上形成支链	稀碱溶液	10^4～10^5	谷物和其他植物
	支链淀粉	D-葡萄糖	直链淀粉的直链上连有 α-1,6 键构成的支链	水	10^4～10^6	淀粉的主要组成成分
	纤维素	D-葡萄糖	聚 β-1,4-葡聚糖直链，有支链	—	10^4～10^5	植物结构多糖
	几丁质	*N*-乙酰-D-葡糖胺	β-1,4 键形成的直链状聚合物，有支链	稀、浓盐酸、硫酸，碱溶液	—	甲壳类动物，昆虫的表皮

续表

名称		结构单糖	结构	溶解性	相对分子质量	存在形式
同多糖	糖原	D-葡萄糖	类似支链淀粉的高度支化结构 α-1,4 和 α-1,6 键	水	3×10^5～4×10^6	动物肝脏
	木聚糖	D-木糖	β-1,4 键结合构成直链结构	稀碱溶液	1×10^4～2×10^4	玉米芯等植物的纤维素
	果胶	D-半乳糖醛酸	α-1,4-D-吡喃半乳糖	水	2×10^4～4×10^5	—
杂多糖	海藻酸	D-甘露糖醛酸和 L-古洛糖醛酸的共聚物		碱溶液	10^5	藻类细胞壁的结构多糖
	阿拉伯胶	D-半乳糖、D-葡萄糖醛酸、L-鼠李糖、L-阿拉伯糖组成		水	10^5～10^6	金合欢属植物皮的渗出物
	瓜尔豆胶	D-甘露糖和 D-半乳糖组成的半乳甘露聚糖,组成比 2∶1,甘露糖以 β-1,4 键连接成主链,每隔一个糖单位连接一个 α-1,6-半乳糖		水	2×10^5～3×10^5	瓜尔豆种子
	葡甘露聚糖	D-甘露糖和 D-葡萄糖由 2∶1、3∶2 或 5∶3 组成,依植物种类不同而异。甘露糖和葡萄糖以 β-1,4 键连接成主链,在甘露糖 C(3)位上存在 β-1,3 键连接的支链		水	1×10^5～1×10^6	魔芋的主要成分
	果胶	β-1,4-D-吡喃半乳糖醛酸单元组成的聚合物,主链上存在 α-L-鼠李糖残基		水	2×10^4～4×10^5	植物细胞壁构成多糖

多糖分为直链多糖和支链多糖两种。直链多糖和支链多糖都是单糖分子通过糖苷键相互结合形成的高分子化合物,一般有 1,4 糖苷键和 1,6 糖苷键两种。多糖可据其水解后生成相同或不同的单糖而分为均一多糖和混合多糖。还可根据多糖水解后产物,仅产生糖类的称为单纯多糖;水解产物中还有糖以外的成分的多糖称为复合多糖。

多糖广泛存在于动物、植物、微生物中,多糖中的纤维素、半纤维素、果胶、壳质、硫酸软骨素等作为结构物质起着支撑作用;淀粉、糖原等作为储藏物质起着储藏作用。在动物体内,过量的葡萄糖的多糖是以糖原的形式储存,而多数植物葡萄糖的多糖是以淀粉的形式储存,细菌和酵母葡萄糖的多糖是以葡聚糖的形式储存。在不同的情况下,这些多糖是营养的仓库,当机体需要时,多糖被降解,形成的单糖产物经代谢得到能量。

多糖命名时,系统命名法要将单糖名先叫出,后面冠之"聚糖"即可,如甘露聚糖。不过多用习惯名称,如淀粉、纤维素。

多糖广泛分布于自然界,食品中多糖有淀粉、糖原、纤维素、半纤维素、果胶质和植物胶等。大部分膳食多糖不溶于水,也不易被消化,它主要是蔬菜、水果等的纤维素和半纤维素,但它对健康是有益的。

3.4.1 多糖的性质

食品中各种多糖分子的结构、大小以及次级链相互作用的方式均不相同，这些因素对多糖的特性起着重要作用。膳食中大量的多糖是不溶于水和不能被人体消化的，它们是组成蔬菜、果实和种子细胞壁的纤维素和半纤维素。它们使某些食品具有物理紧密性、松脆性和良好的口感，还有利于肠道蠕动。多糖在食品中起着各种不同的作用，例如硬性、松脆性、紧密性、增稠性、黏着性、形成凝胶和产生口感，并且使食品具有一定的结构和形状，以及松脆或柔软，溶胀或胶凝，或者完全可溶解的特性。

1. 多糖的溶解性

多糖结构中含有大量的羟基，每个羟基均可和一个或多个水分子形成氢键，因而多糖具有较强的亲水性，易于水合和溶解。在食品体系中多糖能控制和改变水的流动性，同时水又是影响多糖物理和功能特性的重要因素。因此，食品的许多功能性质，包括质地都与多糖和水有关。

水与多糖的羟基是通过氢键结合的，在结构上产生了显著的变化，这些水由于使多糖分子溶剂化从而使自身运动受到限制，这种水称为塑化水，在多糖中起着增塑剂的作用。它们仅占凝胶和新鲜组织食品中总含水量很少的部分，这部分水能自由地与其他水分子迅速发生交换。

多糖是高分子化合物，由于自身的性质而不能增加水的渗透性，它不会显著降低冰点，因而在低温下是一种冷冻稳定剂。例如，淀粉溶液冻结时形成了两相体系：一种相是结晶水（即冰），另一种相是由70%淀粉分子与30%非冷冻水组成的玻璃体。非冷冻水是高度浓缩的多糖溶液的组成部分，由于黏度很高，因而水分子的运动受到限制；当大多数多糖处于冷冻浓缩状态时，水分子的运动受到了极大的限制，水分子不能吸附到晶核或结晶长大活性位置，因而抑制冰晶的长大，能有效地保护食品的结构与质构不受破坏，从而有利于提高产品的质量与储藏稳定性。这是因为控制了冰晶周围的冷冻浓缩无定形介质的数量（特别是存在低相对分子质量碳水化合物的情况下）与结构状态（特别是存在碳水化合物的情况下）。

除了高度有序具有结晶的多糖不溶于水外，大部分多糖不具有结晶，因而易于水合和溶解。在食品工业和其他工业中使用的水溶性多糖与改性多糖被称为胶或亲水胶体。

2. 多糖的黏度和稳定性

可溶性大分子多糖都可以形成黏稠溶液。多糖（亲水胶体或胶）主要具有增稠和胶凝的功能，此外还能控制流体食品与饮料的流动性质与质构以及改变半固体食品的形态及O/W乳浊液的稳定性。在食品加工中一般使用0.25%～0.5%的胶用量即能产生极大的黏度，甚至形成凝胶。

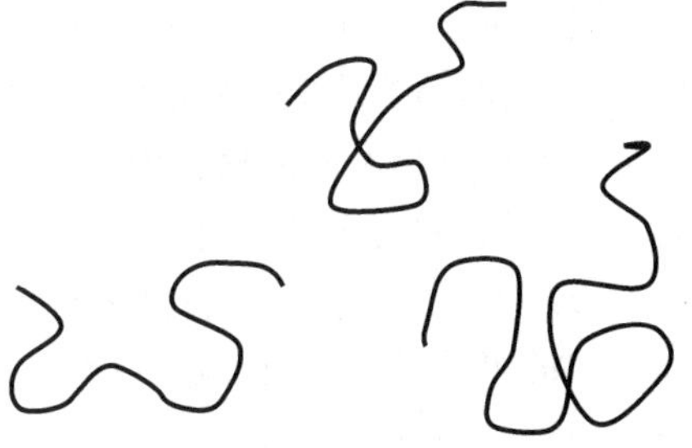

图1-3-1 多糖分子的无规则线团状

多糖分子的大小、形状、所带净电荷和在溶液中的构象决定了大分子溶液的黏度。一般多糖分子在溶液中呈现无序的无规则线团状（图1-3-1），但是大多数多糖的状态与典型的无规线团不同；

线团的性质与单糖的组成、连接有关,有的结构紧密,有的伸展疏松。

溶液中线性高聚物分子旋转时占有很大空间,分子间碰撞频率高,易产生摩擦,因而具有很高黏度,甚至当浓度很低时,其溶液的黏度仍会很高。黏度与高聚物的相对分子质量大小、溶剂化高聚物链的形状及柔顺性有关。大多数亲水胶体溶液随温度升高黏度下降,但是黄原胶溶液除外,黄原胶溶液在0~100 ℃内黏度基本保持不变。因而利用此性质,可在高温下溶解较高含量的胶,溶液冷下来后就变稠。

3. 多糖的凝胶性

多糖的另一重要特性即凝胶性。在食品加工中,多糖分子可通过氢键、范德华力、疏水作用或共价键等相互作用,在多个分子间形成多个联结区,网孔中充满液相,液相是由低相对分子质量溶质和部分高聚物组成的水溶液。

凝胶既具固体性质,又具液体性质。海绵状三维网状凝胶结构(图1-3-2)是具有黏弹性的半固体,显示部分弹性与部分黏性。凝胶不像连续液体具有完全的流动性,而是一种能保持一定形状,可显著抵抗外界应力作用,具有黏性液体某些特性的黏弹性半固体。虽然多糖凝胶只含有1%的高聚物和99%的水分,但能形成很强的凝胶,例如甜食凝胶、果冻、肉冻、鱼冻等。

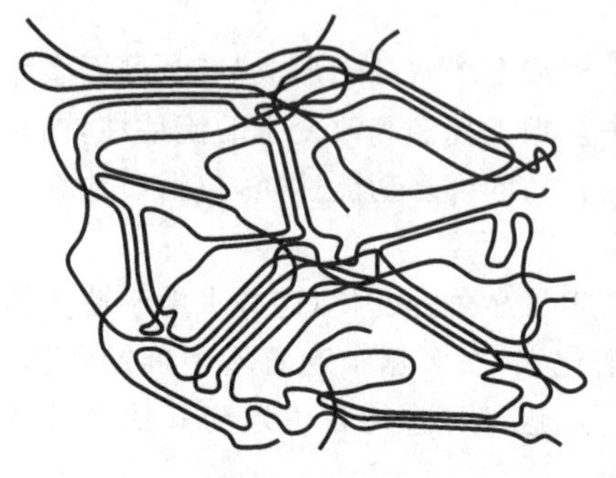

图1-3-2 三维网络凝胶结构

4. 多糖的水解

在食品加工和储藏过程中,多糖没有蛋白质稳定,在一定的条件下易水解。在酸或酶的催化下,低聚糖和多糖的糖苷键易发生水解,并伴随黏度降低。

多糖水解的程度除了与其结构有关外,还受到pH值、时间、温度和酶活力等因素的影响。在食品加工和储藏过程中,糖类的水解很重要,它能使食品的色泽发生变化,并使多糖失去凝胶能力。

3.4.2 食品中主要的多糖

1. 淀粉

淀粉主要以颗粒形式分布在植物的种子、根部、块茎和果实中。淀粉颗粒结构比较紧密,因此不溶于水,但在冷水中能少量水合。它们分散于水中,形成低黏度浆料,甚至淀粉浓度增大至35%,仍易于混合和管道输送。当淀粉浆料烧煮时,黏度显著提高,起到增稠作用。例如,将5%淀粉颗粒浆料边搅拌边加热至80 ℃,黏度大大提高。大多数淀粉颗粒是由两种结构不同的聚合物组成的混合物:一种是线性多糖,称为直链淀粉;另一种是高支链多糖,称为支链淀粉。

(1) 淀粉的结构。淀粉是多糖中最重要的一种物质。它在自然界中广泛地存在。组成淀粉的单糖是葡萄糖。在酸性溶液中用麦芽糖酶来水解淀粉可得出一系列的物质:淀粉→各种糊精→麦芽糖→α-D-(+)-葡萄糖。淀粉按化学结构可分为直链淀粉和支链淀粉,它们都是以糖苷键相结合。直链淀粉是以α-1,4糖苷键结合的方式相结合。

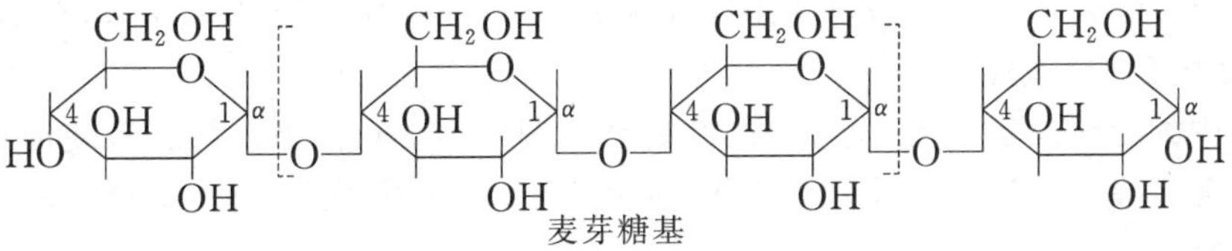

直链淀粉的结构（α-1，4 糖苷键）的一部分

支链淀粉的分子比较复杂。它的结构特点是除 α-C(1)—C(4)键外（1，4 结合），还有 α-C(1)—C(6)键（1，6 结合）。

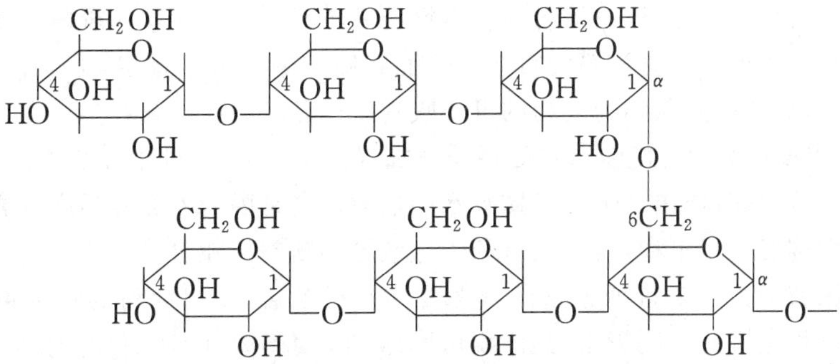

支链淀粉的结构（α-1，4 糖苷键和 α-1，6 糖苷键）的一部分

淀粉具有独特的化学与物理性质以及营养功能。淀粉和淀粉的水解产品是人类膳食中可消化的碳水化合物，它为人类提供营养和热量，而且价格低廉。淀粉存在于谷物、面粉、水果和蔬菜中，淀粉消耗量远远超过所有其他的食品亲水胶体。商品淀粉是从谷物（如玉米、小麦、米）以及块根类（如马铃薯、甘薯以及木薯等）制得的。淀粉与改性淀粉在食品工业中应用极为广泛，可作为黏着剂、混浊剂、成膜剂、稳泡剂、保鲜剂、胶凝剂、持水剂以及增稠剂等。

（2）淀粉的糊化。淀粉在常温下不溶于水，但当水温升至 53 ℃以上时，淀粉的物理性能发生明显变化。淀粉在高温下溶胀、分裂形成均匀糊状溶液的现象称为**淀粉的糊化**。

生淀粉在水中加热至胶束结构全部崩溃，淀粉分子形成单分子，并为水所包围而成为溶液状态。由于淀粉分子是链状甚至分支状，彼此牵扯，结果形成具有黏性的糊状溶液。淀粉糊化必须达到一定的温度，不同淀粉的糊化温度不一样，同一种淀粉，颗粒大小不一样，糊化温度也不一样，颗粒大的先糊化，颗粒小的后糊化。

还可用酶法糊化。例如，双酶法水解淀粉制淀粉糖浆，是以 α-淀粉酶使淀粉中的α-1，4 糖苷键水解生成小分子糊精，然后再用糖化酶将糊精、低聚糖中的 α-1，6 糖苷键和α-1，4 糖苷键切断，最后生成葡萄糖。

影响淀粉糊化的因素如下。

① 淀粉的种类和颗粒大小。

② 食品的含水量。

③ 添加物：高浓度糖降低淀粉的糊化，脂类物质能与淀粉形成复合物降低糊化程度，提高糊化温度，食盐有时会使糊化温度提高，有时会使糊化温度降低。

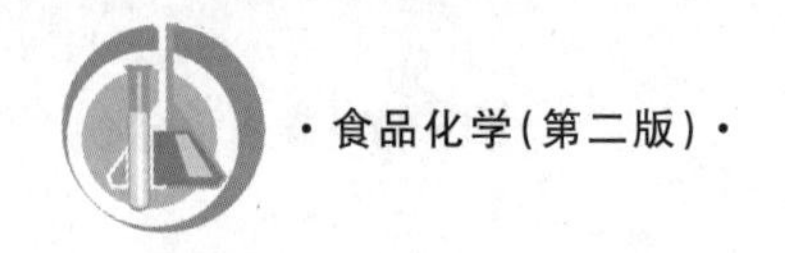

④ 酸度:在 pH 值为 4～7 的范围内,酸度对糊化的影响不明显,当 pH 值大于 10.0 时,降低酸度会加速糊化。

食物中的淀粉或者勾芡、上浆中的淀粉在烹调中因受热而吸水膨胀致使淀粉发生糊化。淀粉要完成整个糊化过程,必须要经过三个阶段:可逆吸水阶段、不可逆吸水阶段和颗粒解体阶段。

① 可逆吸水阶段。淀粉处在室温条件下,即使浸泡在冷水中也不会发生任何性质的变化。存在于冷水中的淀粉经搅拌后则成为悬浊液,若停止搅拌,淀粉颗粒又会慢慢重新下沉。在冷水浸泡的过程中,淀粉颗粒虽然由于吸收少量的水分使得体积略有膨胀,但未影响到颗粒中的结晶部分,所以淀粉的基本性质并不改变。处在这一阶段的淀粉颗粒,进入颗粒内的水分子可以随着淀粉的重新干燥而将吸入的水分子排出,干燥后仍完全恢复到原来的状态,故这一阶段称为淀粉的可逆吸水阶段。

② 不可逆吸水阶段。淀粉与水处在受热加温的条件下,水分子开始逐渐进入淀粉颗粒内的结晶区域,这时便出现了不可逆吸水的现象。这是因为外界的温度升高,淀粉分子内的一些化学键变得很不稳定,从而有利于这些键的断裂。随着这些化学键的断裂,淀粉颗粒内结晶区域则由原来排列紧密的状态变为疏松状态,使得淀粉的吸水量迅速增加。淀粉颗粒的体积也因此急剧膨胀,其体积可膨胀到原始体积的 50～100 倍。处在这一阶段的淀粉如果重新干燥,其水分也不会完全排出而恢复到原来的结构,故称为不可逆吸水阶段。

③ 颗粒解体阶段。淀粉颗粒经过第二阶段的不可逆吸水后,很快进入第三阶段——颗粒解体阶段。因为这时淀粉所处的环境温度还在继续提高,所以淀粉颗粒仍在继续吸水膨胀。当其体积膨胀到一定限度后,颗粒便出现破裂现象,颗粒内的淀粉分子向各方向伸展扩散,溶出颗粒体外,扩展开来的淀粉分子之间会互相联结、缠绕,形成一个网状的含水胶体。这就是淀粉完成糊化后所表现出来的糊状体。

在许多食品加工过程中,淀粉和蛋白质间的相互作用对食品的质构产生重要的影响。淀粉和蛋白质在混合时形成了面筋,在有水存在的情况下加热,淀粉糊化而蛋白质变性,使焙烤食品具有一定的结构。

(3) 淀粉的老化。热的淀粉糊冷却时,常会产生黏弹性的稳定刚性凝胶,凝胶中联结区的形成表明淀粉分子开始结晶,并失去溶解性。淀粉糊冷却或储藏时,淀粉分子通过氢键相互作用的再缔合产生沉淀或不溶解的现象称为**淀粉的老化**,俗称“淀粉的返生”。老化是糊化的逆过程,老化过程的实质是:在糊化过程中,已经溶解膨胀的淀粉分子重新排列组合,形成一种类似天然淀粉结构的物质。值得注意的是:淀粉老化的过程是不可逆的,比如生米煮成熟饭后,不可能再恢复成原来的生米。老化后的淀粉,不仅口感变差,消化吸收率也随之降低。

淀粉的老化首先与淀粉的组成密切相关,含直链淀粉多的淀粉易老化,不易糊化;含支链淀粉多的淀粉易糊化不易老化。玉米淀粉、小麦淀粉易老化,糯米淀粉老化速度缓慢。

食物中淀粉含水量为 30%～60%时易老化,含水量小于 10%时不易老化。面包含水 30%～40%,馒头含水 44%,米饭含水 60%～70%,它们的含水量都在淀粉易发生老化反应的范围内,冷却后容易发生返生现象。淀粉老化的速度也与食物的储存温度有关,一般淀粉变性老化最适宜的温度是 2～10 ℃,储存温度高于 60 ℃或低于－20 ℃时都不会发生淀粉的老化现象。

(4) 淀粉的水解。淀粉同其他多糖分子一样,其糖苷键在酸的催化下受热而水解,糖苷键水解是随机的。淀粉分子用酸进行轻度水解,只有少量的糖苷键被水解,这个过程即为变稀,产物也称为酸改性淀粉或变稀淀粉。酸改性淀粉提高了所形成凝胶的透明度,并增加了凝胶强度。它有多种用途,可作为成膜剂和黏结剂。在食品加工中,由于它们具有较好的成膜性和黏结性,通常用作焙烤果仁和糖果的涂层、风味保护剂或风味物质微胶囊化的壁材和微乳化的保护剂。

目前淀粉水解的方法有酸水解法、酶水解法和酸酶水解法。工业上利用此反应生产淀粉糖浆。淀粉水解的程度通常用 DE 值表示,DE 值是指还原糖所占干物质的百分数。DE＜20 的产品为麦芽糊精,DE 值在 20～60 的为淀粉糖浆。

2. 纤维素和半纤维素

(1) 纤维素。纤维素是由葡萄糖组成的大分子多糖,不溶于水及一般有机溶剂,是植物细胞壁的主要成分。纤维素是自然界中分布最广、含量最多的一种多糖,占植物界碳含量的 50％以上。棉花的纤维素含量接近 100％,为最纯的天然纤维素来源。一般木材中,纤维素占 40％～50％,还有 10％～30％的半纤维素和 20％～30％的木质素。此外,麻、麦秆、稻草、甘蔗渣等,都是纤维素的丰富来源。纤维素是重要的造纸原料。此外,以纤维素为原料的产品也广泛用于塑料、炸药、电工及科研器材等方面。食物中的纤维素(即膳食纤维)对人体的健康也有着重要的作用。

纤维素不溶于水和乙醇、乙醚等有机溶剂,能溶于铜氨($Cu(NH_3)_4(OH)_2$)溶液和铜乙二胺($[NH_2CH_2CH_2NH_2]Cu(OH)_2$)溶液等。水可使纤维素发生有限溶胀,某些酸、碱和盐的水溶液可渗入纤维结晶区,产生无限溶胀,使纤维素溶解。纤维素加热到约 150 ℃时不发生显著变化,超过这温度会由于脱水而逐渐焦化。纤维素与较浓的无机酸起水解作用生成葡萄糖等,与较浓的苛性碱溶液作用生成碱纤维素,与强氧化剂作用生成氧化纤维素。

(2) 半纤维素。半纤维素是由几种不同类型的单糖构成的异质多聚体,这些糖是五碳糖和六碳糖,包括木糖、阿拉伯糖、甘露糖和半乳糖等。半纤维素木聚糖在木质组织中占总量的 50％,它结合在纤维素微纤维的表面,并且相互连接,这些纤维构成了坚硬的细胞相互连接的网络。

半纤维素具有亲水性能,这将造成细胞壁的润胀,可赋予纤维弹性。

3. 果胶

果胶是一组聚半乳糖醛酸。它具有水溶性,其相对分子质量为 5 万～30 万。在适宜条件下,其溶液能形成凝胶和部分发生甲氧基化(甲酯化,也就是形成甲醇酯),其主要成分是部分甲酯化的 α-1,4-D-聚半乳糖醛酸。残留的羧基单元以游离酸的形式存在或形成钾、钠和钙等盐。

果胶存在于植物的细胞壁和细胞内层,为内部细胞的支撑物质。不同的蔬菜、水果口感有区别,主要是由它们含有的果胶含量及果胶分子的差异决定的。柑橘、柠檬、柚子等果皮中约含30%果胶,是果胶的最丰富来源。

按果胶的组成,可有同质多糖和杂多糖两种类型:同质多糖型果胶如D-半乳聚糖、L-阿拉伯聚糖和D-半乳糖醛酸聚糖等;杂多糖果胶最常见,是由半乳糖醛酸聚糖、半乳聚糖和阿拉伯聚糖以不同比例组成,通常称为果胶酸。不同来源的果胶,其比例也各有差异。部分甲酯化的果胶酸称为果胶酯酸。天然果胶中20%~60%的羧基被酯化,相对分子质量为2万~4万。果胶的粗品为略带黄色的白色粉状物,溶于20份水中,形成黏稠的无味溶液,带负电。

果胶是一种天然高分子化合物,具有良好的胶凝化和乳化稳定作用,已广泛用于食品、医药、日化及纺织行业。适量的果胶能使冰淇淋、果酱和果汁凝胶化。

柚果皮富含果胶,其含量达6%左右,是制取果胶的理想原料。

4. 微生物多糖

微生物多糖是由微生物合成的食用胶,例如葡聚糖和黄原胶。葡聚糖是由α-D-吡喃葡萄糖单位构成的多糖,各种葡聚糖的糖苷键和数量都不相同。葡聚糖可提高糖果的保湿性、黏度,在口香糖和软糖中作为胶凝剂,并可防止糖结晶,在冰淇淋中抑制冰晶的形成,对布丁混合物可提供适宜的黏性和口感。

学习小结

碳水化合物主要由单糖、低聚糖和多糖组成;单糖的主要功能是作为甜味剂及保湿剂;低聚糖的主要功能是赋予风味、稳定剂及保健功能;多糖的主要功能是提供能量;褐变反应主要由氧化褐变和非氧化褐变组成,是使食品变色的主要原因之一,同时提供食品特殊的风味;淀粉的主要性质是糊化和老化,食品加工过程中经常利用淀粉糊化和老化这些性质。

复习思考题

知识题

1. 糖类一般分为________、________和________。
2. 低聚糖中可作为食品香味稳定剂的是____________。
3. 果胶物质主要是由____________单位组成的聚合物。
4. 影响淀粉糊化的外因有________、________、________、________和________。
5. 直链淀粉和支链淀粉中更易糊化的是____________。
6. 淀粉的糊化温度是指________________。淀粉糊化的实质是________________。
7. 淀粉的老化是指________________,其实质是____________,与生淀粉相比,糊化淀粉经老化后，晶化程度________。老化淀粉在食品工业中可生产________。

8. 木糖醇作为甜味剂，可防止________以及作为________病人食品的甜味剂。

9. 单、二糖分子中含有许多________基团，赋予了它们良好的亲水性。

10. 淀粉是由________聚合而成的多糖，均由 α-1,4 糖苷键连接而成的为________淀粉，如果还有 α-1,6 糖苷键连接的为________淀粉。其中较易糊化的是________。

素 质 题

1. 糖类是食品的主要成分之一，在我们周围有哪些含糖食品原料有待开发？提出自己的开发设想，并开展讨论。

2. 为什么高浓度的糖溶液可用于食品保藏？

3. 为什么方便面用开水冲泡即可食用？

技 能 题

1. 淀粉糊化过程发生什么变化？怎样测定淀粉糊化？

2. 天然果胶有几类？各自在什么条件下胶凝？

资料收集

1. 上网查阅环糊精在食品加工中的作用。

2. 改性淀粉的研究进展。

3. 具有保健作用的糖类研究进展。

查阅文献

[1] 杭瑜瑜，王玉杰，等. 菠萝皮渣果胶的盐析法提取及理化性质研究[J]. 中国食品添加剂，2016，(7)：103-110.

[2] 于玮，等. 兔皮明胶提取工艺优化[J]. 食品科学，2016，(10)：1-5.

[3] 王迎春. 方便面中不需要添加防腐剂的调查研究[J]. 天津科技，2014，(6)：102-103.

[4] 孙敬捧. 亲水胶体和 α-淀粉酶对馒头冷藏期间品质变化的影响[J]. 现代面粉工业，2016，(2)：51.

[5] 曾祥燕，等. 桔子皮渣中膳食纤维的提取研究[J]. 现代食品科技，2011，(6)：658-660.

[6] 何学勇，等. 冷却条件对馒头储藏过程理化指标的影响[J]. 粮食加工，2014，(6)：36-39.

[7] 钱平，等. 方便米饭的新型组合干燥工艺[J]. 食品与发酵工业，2013，(6)83-89.

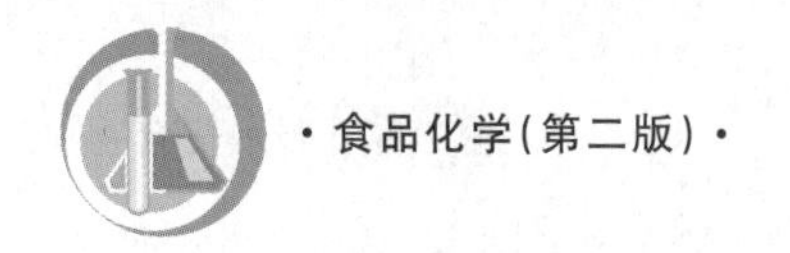

知识拓展

生物活性多糖

生物活性多糖是指从生物体中提取出来的具有生物活性的多糖类物质，其分子中一般含有7个以上的一种或多种单糖，在植物、动物、真菌、细菌内都存在。20世纪60年代以后，人们逐渐意识到许多种多糖都具有多方面的生物活性，且多数无毒，是比较理想的药物。到目前为止，已有近300种多糖类化合物从天然产物中被分离提取出来。这些活性多糖的生物活性、化学结构以及构效关系成为多糖研究的前沿阵地，并取得了很大的进展。

1. 活性多糖的结构

多糖也称多聚糖，是10个以上单糖残基用糖苷键相连而成的聚合体。多糖在自然界中的分布非常广泛，如植物中的一些果胶、淀粉、纤维素、半纤维素等，动物中的甲壳质、黏性物质、糖原等都是多糖或由多糖组成。多糖的生物活性主要得益于其特定的结构，因此要利用和开发多糖就需要了解多糖的结构。多糖的结构分类与蛋白质的相似，包括一级结构和高级结构，高级结构又包括二级、三级及四级结构。

主链糖单元的组成决定了多糖的种类，多糖的类型不同，其生物活性也不同。多糖分为杂多糖和同多糖两类。杂多糖是指2种或2种以上单糖连接而成的多糖，同多糖是指由一种单糖缩合而成的多糖。从真菌中提取的活性多糖多是由葡萄糖构成的，如灰树花多糖、香菇多糖、裂褶多糖等。构成多糖的基本单元一般为葡聚糖。

多糖的生物活性是由其特定空间构象决定的，如香菇中的裂褶多糖具有抗肿瘤的活性，是由于其具有的β-二股绳状螺旋型立体构型，如果加入一定量的二甲亚砜或尿素，则多糖的分子构型会发生改变从而丧失抗肿瘤的活性，这说明立体构型对多糖活性有非常重要的影响。又如向不溶的裂褶多糖中添加尿素或氢氧化钠，可以诱导产生规则的空间构象，从而表现出抗肿瘤活性。

2. 活性多糖的生物学功能

糖类可以作为能源或结构材料，部分多糖还可以参与细胞的代谢及生理调节，使其产生多种生物学功能。目前，对保健食品功能因子的研究焦点之一就是活性多糖的保健功能。近年来，多糖的保健功能报道主要包括多糖的抗肿瘤、降血脂、抗病毒、抗氧化、提高机体免疫功能等。

多糖提高机体免疫功能的途径包括以下几个方面：一是增强巨噬细胞的吞噬能力，诱导产生白细胞介素1和肿瘤坏死因子；二是促进T细胞增殖，诱导其分泌白细胞介素2；三是促进淋巴因子激活的杀伤细胞(LAK)活性；四是提高B细胞活性，增加多种抗体的分泌量，加强机体的体液免疫功能；五是通过不同途径激活补体系统；六是抗肿瘤多糖，主要有两大类，一类是抗肿瘤活性多糖，作为生物免疫反应调节剂通过增强机体的免疫功能而间接抑制或杀死肿瘤细胞，另一类是具有细胞毒性的多糖，直接杀死肿瘤细胞。

3. 现状与展望

目前，国内外主要研究植物多糖的结构和功能，并将其应用于医药领域，以生产出更多有益于人类健康的药品。我国对多糖的研究主要侧重于药用植物和药用真菌中的多糖提取和功能。生产上多糖已经广泛应用于开发功能性食品、改善食品感官及营养价值、研制新型高效植物药品、水产养殖等，另外多糖可以开发为免疫调节剂、疫苗、药物、保健品等，具有广阔的市场前景。

第4章

油　　脂

知识目标

1. 了解油脂的化学结构与种类。
2. 掌握油脂及脂肪酸的性质。
3. 了解油脂自动氧化的机制及防止措施。
4. 掌握油脂品质鉴评的几项重要参数的概念及意义。
5. 了解油脂提取及精制的化学原理及工艺特点。

素质目标

明确油脂作为三大能源物质之一在食品及食品加工中的重要作用，同时强化油脂生产、加工上的安全意识。

能力目标

1. 能够根据油脂的品质指标鉴别各种食用油脂的质量优劣。

2. 根据油脂在热加工以及油脂改良中的化学结构的变化对人体健康的影响，指导人们科学地使用油脂。

3. 利用油脂独特的物理和化学性质，在食品加工中利用油脂作为原料增进或改善食品的口感、外观及风味等感官特性。

脂类化合物（又称脂质）是生物体内一大类不溶于水而溶于有机溶剂（如氯仿、乙醚、丙酮、苯等）的化合物。所有的脂类化合物都由生物体产生并能为生物体所利用。在化学结构上，脂类化合物是脂肪酸与醇类所形成的化合物及其衍生物、萜类、类固醇类及其衍生物的总称。根据其结构特点，脂类化合物可分为五类（表1-4-1）。

表 1-4-1　脂类化合物的分类

类　别		组　成	举　例
单纯脂类(简单脂类):由脂肪酸和醇所形成的酯	油脂(脂肪)	脂肪酸与甘油所成的酯	大豆油、花生油、猪油等
	蜡	脂肪酸与高级一元醇所成的酯	蜂蜡、羊毛蜡等
复合脂类		由脂肪酸、醇和其他物质所成的酯	卵磷脂(由脂肪酸、甘油、磷酸和胆碱组成)
萜类、类固醇类及其衍生物		此类化合物一般不含脂肪酸,都是非皂化性物质	胆固醇、麦角固醇等
衍生脂类		上述脂类物质的水解产物	甘油、脂肪酸等
结合脂类		由脂类物质和其他物质(如糖、蛋白质等)结合而成的化合物	糖脂、脂蛋白等

食用油脂是生物体中最重要的一类脂类化合物。人们日常食用的动物油脂(如猪油、牛羊油脂、奶油等)和植物油脂(如豆油、菜籽油、花生油、芝麻油、茶油、棉籽油等)都属于食用油脂。一方面,食用油脂为人体提供热量(1 g 油脂含热量 38 kJ)和必需脂肪酸,具有重要营养价值;另一方面,食用油脂是食品加工(如焙烤食品)的重要原料,它能使食品具有润滑的口感、光润的外观以及香酥的风味,对改善食品的口味具有重要的作用。

4.1　油脂的化学结构与种类

4.1.1　油脂的化学结构

油脂是由甘油和脂肪酸按物质的量比 1∶3 反应所生成的酯。甘油醇的羟基与脂肪酸的羧基结合的键 $-O-\overset{\displaystyle O}{\overset{\|}{C}}-$ 称为酯键。

$$
\begin{array}{l}
CH_2O\ \boxed{H\quad HO}-\overset{O}{\overset{\|}{C}}-R \\
\quad | \\
CH-O\ \boxed{H+HO}-\overset{O}{\overset{\|}{C}}-R \\
\quad | \\
CH_2O\ \boxed{H\quad HO}-\overset{O}{\overset{\|}{C}}-R
\end{array}
\longrightarrow
\begin{array}{l}
{}^{1或\alpha}CH_2\underbrace{O-COR}_{酯键} \\
\quad | \\
{}^{2或\beta}CHO-COR \\
\quad | \\
{}^{3或\alpha}CH_2O-COR
\end{array}
\qquad
\begin{array}{l}
CH_2O-COR_1 \\
\quad | \\
CHO-COR_2 \\
\quad | \\
CH_2O-COR_3
\end{array}
$$

甘油　　脂肪酸　　单纯三酰甘油　　混合三酰甘油

油脂的化学结构

脂肪中的 3 种脂肪酸可以是相同的,也可以是不同的。若构成甘油酯的 R_1、R_2、R_3 相

同，则称为单纯甘油酯(或单纯三酰甘油)；若 R_1、R_2、R_3不同，则称为混合甘油酯(或混合三酰甘油)。

天然脂肪中单纯甘油酯很少，只有少数脂肪例外，如橄榄油中 70%以上是三油酸甘油酯。一般天然脂肪都是混合甘油酯的混合物，如可可脂是 6 种甘油酯的混合物(表 1-4-2)。

表 1-4-2　可可脂中的甘油酯的种类与含量

甘油酯种类	含量/(%)
油酸软脂酸硬脂酸甘油酯	51.9
油酸二硬脂酸甘油酯	18.4
硬脂酸二油酸甘油酯	12.0
软脂酸二油酸甘油酯	8.7
油酸二软脂酸甘油酯	6.5
二软脂酸硬脂酸甘油酯	2.5
合　计	100.0

4.1.2　油脂的种类

天然食用油脂可分为植物油脂和动物油脂两类。

1. 植物油脂

植物油脂中不饱和脂肪酸含量较高(超过 70%)，具有较低的凝固点(或熔点)，在常温下是液态，习惯上称为“油”，主要包括大豆油、棉籽油、花生油、芝麻油、橄榄油、棕榈油、菜籽油、玉米油、米糠油、椰子油、可可油、向日葵油等。

2. 动物油脂

动物油脂中不饱和脂肪酸含量较低，具有较高的凝固点(或熔点)，在常温下是固态，称为“脂”，如猪脂、牛脂等(但现在习惯上也称为猪油、牛油)。

(1) 黄油(奶油)。含有各种脂肪酸；饱和脂肪酸的软脂酸含量最多，也含有分子中只有 4 个碳原子的丁酸和其他挥发性脂肪酸；不饱和脂肪酸中以油酸最多，亚油酸较少；熔点 31～36 ℃，口中熔化性好；含有多种维生素；具有独特的风味。由于以上特征，它是高级面包、饼干、蛋糕中很好的原材料。

(2) 猪油。熔点为 35～40 ℃。猪油的起酥性较好，但融合性稍差，稳定性也欠佳。

(3) 牛油。牛油起酥性不好，但融合性比较好。

4.2　脂肪酸

脂肪酸是脂类化合物的主要成分之一。根据排列组合的规律，当一种脂肪中含有 3 种脂肪酸时，就可能有 10 种不同的甘油酯存在，而若有 10 种脂肪酸时，不同甘油酯的数目将达220种。因此,脂肪的性质与其中所含脂肪酸有很大关系。

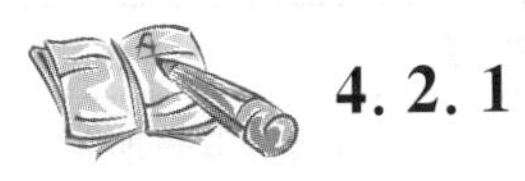

4.2.1 脂肪酸的种类

目前从动物、植物、微生物中分离出的脂肪酸有近200种,大多数是偶数碳原子的直链脂肪酸,带侧链者很少,奇数碳原子的也少见,但在微生物产生的脂肪中有相当量的C_{15}、C_{17}及C_{19}的脂肪酸,还有少数含环状烃基的脂肪酸,脂肪酸的碳氢键有的是饱和的,有的是不饱和的,含有一个或几个双键。

1. 饱和脂肪酸

不含双键的脂肪酸称为饱和脂肪酸。根据分子中碳原子的数目,饱和脂肪酸又可分为低级饱和脂肪酸和高级饱和脂肪酸。分子中碳原子数不大于10的脂肪酸称为低级饱和脂肪酸,在常温下为液态,易挥发,又称挥发性脂肪酸,主要为丁酸、己酸、辛酸、癸酸。低级脂肪酸在乳脂和椰子油中常见(占全部脂肪酸的10%~20%,而其他油脂中不到1%)。分子中碳原子数大于10的脂肪酸称为高级饱和脂肪酸,常温下为固态,常见的有十六酸(软脂酸)、十八酸(硬脂酸)等。

常见的饱和脂肪酸的名称、结构式等见表1-4-3。

表1-4-3 常见的饱和脂肪酸

类别	名称	结构式	熔点/℃	存在
低级饱和脂肪酸	丁酸	C_3H_7COOH	−7	乳脂
	己酸	$C_5H_{11}COOH$	−3.4	乳脂、椰子油
	辛酸	$C_7H_{15}COOH$	16.5	乳脂、椰子油
	癸酸	$C_9H_{19}COOH$	32	乳脂、椰子油
高级饱和脂肪酸	十二酸(月桂酸)	$C_{11}H_{23}COOH$	44	月桂油、椰子油、乳脂
	十四酸(豆蔻酸)	$C_{13}H_{27}COOH$	54	豆蔻油、椰子油
	十六酸(软脂酸、棕榈酸)	$C_{15}H_{31}COOH$	63	动、植物油
	十八酸(硬脂酸)	$C_{17}H_{35}COOH$	70	动、植物油
	二十酸(花生酸)	$C_{19}H_{39}COOH$	76.5	花生油
	二十二酸(山嵛酸)	$C_{21}H_{43}COOH$	81.5	山嵛、花生油
	二十四酸	$C_{23}H_{47}COOH$	84	花生油

2. 不饱和脂肪酸

不饱和脂肪酸指分子中含有一个或一个以上的不饱和键的脂肪酸,通常为液态,不饱和键通常为双键。根据分子中不饱和键的数目,不饱和脂肪酸又可分为单不饱和脂肪酸和多不饱和脂肪酸。只含有一个双键的脂肪酸称为单不饱和脂肪酸,主要有油酸、棕榈油酸、芥酸等。含有两个以上双键的脂肪酸称为多不饱和脂肪酸,主要有亚油酸(2个双键)、亚麻酸(3个双键)、花生四烯酸(4个双键)等。

常见的不饱和脂肪酸的名称、结构式等见表1-4-4。

表 1-4-4　常见的不饱和脂肪酸

名　称	简　记	结构式	熔点/℃	存　在
十八碳一烯酸(油酸)	18∶1△[9]	$CH_3(CH_2)_7CH=CH(CH_2)_7COOH$	13.4	动、植物油脂(橄榄油、猪油含量较高)
二十二碳一烯酸(芥酸)	22∶1△[13]	$CH_3(CH_2)_7CH=CH(CH_2)_{11}COOH$	33.8	菜籽油、芥子油
十八碳二烯酸(亚油酸)	18∶2△[9,12]	$CH_3(CH_2)_4CH=CHCH_2CH=CH(CH_2)_7COOH$	−5	棉籽油、亚麻仁油
十八碳三烯酸(亚麻酸)	18∶3△[9,12,15]	$CH_3CH_2CH=CHCH_2CH=CHCH_2CH=CH(CH_2)_7COOH$	−11	亚麻仁油
二十碳四烯酸(花生四烯酸)	20∶4△[5,8,11,14]	$CH_3(CH_2)_4CH=CHCH_2CH=CHCH_2CH=CHCH_2CH=CH(CH_2)_3COOH$	−50	卵黄、卵磷脂、花生油
二十碳五烯酸(EPA)	20∶5△[5,8,11,14,17]	$CH_3CH_2(CH=CHCH_2)_5(CH_2)_2COOH$	—	深海鱼油
二十二碳六烯酸(DHA)	22∶6△[4,7,10,13,16,19]	$CH_3CH_2(CH=CHCH_2)_5CH=CH(CH_2)_2COOH$	—	深海鱼油

植物油中天然存在的脂肪酸最常见的有 8 种，即月桂酸、豆蔻酸、软脂酸、硬脂酸、油酸、亚油酸、亚麻酸和芥酸，约占脂肪酸总量的 97%。存在于动物和鱼油中的脂肪酸主要有软脂酸、硬脂酸、油酸、花生四烯酸、EPA、DHA 等。常见食用油脂中的脂肪酸组成见表 1-4-5。

表 1-4-5　常见食用油脂中的脂肪酸组成

(单位:%)

脂肪酸	乳脂	猪油	可可脂	椰子油	棕榈油	棉籽油	花生油	芝麻油	大豆油
己酸	1.4～3.0	—	—	—	—	—	—	—	—
辛酸	0.5～1.7	—	—	—	—	—	—	—	—
癸酸	1.7～3.2	—	—	—	—	—	—	—	—
月桂酸	2.2～4.5	0.1	—	48	—	—	—	—	—
豆蔻酸	5.4～14.6	1	—	17	0.5～6	0.5～1.5	0～1	—	—
软脂酸	26～41	26～32	24	9	32～45	20～23	6～9	7～9	8
硬脂酸	6.1～11.2	12～16	35	2	2～7	1～3	3～6	4～5	4
油酸	18.7～33.4	41～51	38	7	38～52	23～45	53～71	37～49	28
亚油酸	0.9～3.7	3～14	2.1	1	5～11	42～54	13～27	35～47	53
亚麻酸	—	0～1	—	—	—	—	—	—	6

4.2.2 脂肪酸结构的表示方法

(1) 脂肪酸结构的简明写法:先写出碳原子的数目,再写出双键的数目,最后表明双键的位置。例如:棕榈酸用16∶0表示,表明棕榈酸含16个碳原子,无双键;油酸用18∶1(9)或18∶1$\triangle^9$表示,表明油酸为18个碳原子,在第9、10位之间有一个不饱和双键。

(2) ω系列脂肪酸:从脂肪酸分子的末端甲基的碳原子(即ω-碳原子)开始确定第一个双键的位置,这样油酸的双键在第9号位,则油酸属于ω-9脂肪酸;亚油酸的第一个双键的碳在第6号位,则亚油酸属于ω-6脂肪酸。根据此规则,常见的不饱和脂肪酸中,亚麻酸、EPA、DHA属于ω-3脂肪酸,花生四烯酸属于ω-6脂肪酸。

4.2.3 必需脂肪酸

人体能够合成大部分脂肪酸,但有几种不饱和脂肪酸是机体生命活动所必需的,而自身不能合成,必须由食物提供,这些脂肪酸称为必需脂肪酸。从营养学的观点看,属于必需脂肪酸的有亚油酸、亚麻酸和花生四烯酸等。亚油酸是最主要的必需脂肪酸,必须由食物供给,亚麻酸和花生四烯酸可由亚油酸转变而来。

血清中胆固醇水平的高低与心血管疾病之间有密切的联系。胆固醇的熔点较高,在血清中主要以脂肪酸酯的形式存在。饱和脂肪酸与胆固醇形成的酯熔点高,不易乳化也不易在动脉血管中流动,因而较易形成沉淀物沉积在动脉血管壁上,久而久之就发展为硬化症状。相反,多不饱和脂肪酸与胆固醇形成的酯熔点较低,易于乳化、输送和代谢,因此不易在动脉血管壁上沉积。大量的研究证实,用富含多不饱和脂肪酸的油脂代替膳食中富含饱和脂肪酸的动物脂肪,可明显降低血清胆固醇水平。

亚油酸是分布最广的一种多不饱和脂肪酸。常见植物油中亚油酸的含量为:红花子油75%、月见草油70%、葵花子油60%、大豆油50%,玉米胚芽油50%、小麦胚芽油50%、棉籽油45%、芝麻油45%、米糠油35%、花生油25%、辣椒子油72%。

亚油酸的主要生理功能为:① 降低血清胆固醇;② 维持细胞膜功能;③ 作为某些生理调节物质(如前列腺素)的前体物;④ 保护皮肤免受射线损伤。

亚麻酸存在于许多植物油中,在月见草油中含3%~15%,琉璃苣油中含15%~25%,在黑加仑的种子中含量为15%~20%。此外,母乳、螺旋藻中也含有较多的亚麻酸。

亚麻酸的主要生理功能如下。① 合成前列腺素的前体物质。亚麻酸在增碳酶和脱氢酶的作用下,能合成前列腺素E_1和E_2,而前列腺素调控多种生理过程,例如扩张血管,抑制血液凝固,调节体内胆固醇的合成与代谢,并能增强免疫功能。② 降低血清胆固醇。除前列腺素的降压作用外,亚麻酸还具有升高高密度脂蛋白、降低低密度脂蛋白的作用,从而防止胆固醇在血管壁上的沉积。③ 参与细胞膜的化学组成。④ 改善过敏性皮炎的症状。

正常情况下,人体不缺乏亚麻酸,但有些人为的或生理的因素(如酗酒、嗜烟、肥胖、糖尿病、高胆固醇血症、长期精神紧张和年龄增长等)会损害人体内亚麻酸的正常合成,这时就需从外界补充亚麻酸。

EPA 和 DHA 主要来自海洋动物的油脂中，特别是鱼油中含量较高。EPA 和 DHA 的主要生理功能为：① 预防心血管疾病；② 健脑和预防老年性痴呆；③ 预防免疫性疾病；④ 保护视力；⑤ 预防癌症。有研究表明，DHA 可能对神经系统的作用更强一些，而 EPA 对心血管系统的作用较为明显。

4.3 油脂的物理性质

4.3.1 气味和色泽

纯净的脂肪酸及其甘油酯是无色的，天然油脂中的色泽(如棕色、黄绿色、黄褐色等)是由于其中溶有色素物质(如类胡萝卜素)造成的。天然油脂(如芝麻油、花生油、豆油等)具有特殊的气味和滋味。天然油脂的气味除了极少数由短链脂肪酸挥发所致外，多数是由其中溶有的非脂成分引起的，如椰子油的香气主要是由于含有壬基甲酮，而棕榈油的香气则部分地是由于含有 β-紫罗酮。

4.3.2 熔点和沸点

脂肪酸的熔点随着碳链增长及饱和度的增高而不规则地增高。双键引入可显著降低脂肪酸的熔点，如 C_{18} 的四种脂肪酸中，硬脂酸为 70 ℃，亚油酸为 −5 ℃，亚麻酸为 −11 ℃。顺式异构体低于反式异构体，如顺式油酸为 16.3 ℃，而反式油酸为 43.7 ℃。脂肪酸的沸点随链长增加而升高，饱和度不同但碳链长度相同的脂肪酸沸点相近。

由于脂肪是甘油酯的混合物，而且其中含有其他物质，所以没有确切的熔点和沸点。一般油脂的熔点最高在 40～50 ℃，而且与组成的脂肪酸有关。油脂的沸点一般在 180～200 ℃，也与组成的脂肪酸有关。几种常见食用油脂的熔点范围见表 1-4-6。

表 1-4-6　几种常见食用油脂的熔点范围

油脂	大豆油	花生油	葵花子油	猪油	牛油
熔点/℃	−18～−8	0～3	−19～−16	28～48	40～50

4.3.3 液晶和油水乳化

一般固态为有序排列，液态为无序排列。但油脂处于某些特定条件下，如提高到某一温度，其极性区由于有较强的氢键而保持有序排列，而非极性区由于分子间作用力小变为无序状态，这种同时具有固态和液态两方面物理特性的相称为液晶相。

乳状液是两互不相溶的液相组成的体系，其中一相以液滴形式分散在另一相中，液滴的直径为0.1～50 μm。以液滴形式存在的相称为内相或分散相，液滴分散于其中的介质就称为外相或连续相。液滴分散得越小，两液相间界面积就越大。1 mL油以1 μm直径的粒子分散在水内得到1.9×10^{17}个球粒，它的总面积为6 m^2。油水乳化体系是最多见的乳状液，常用O/W表示油分散在水中(水包油)，W/O表示水分散在油中(油包水)。乳、稀奶油、蛋黄酱、色拉调味料、冰淇淋都是O/W类型乳状液；奶油是W/O类型乳状液。在乳中分散相体积占总体积的2%～3%，而在蛋黄酱中分散相占65%～80%。

乳状液在热力学上是不稳定的，常有液滴聚结而减少分散相界面积的倾向，最终导致两相破乳(分层)。一般可通过加入乳化剂来稳定乳状液。乳化剂(见食品添加剂部分)一般是表面活性物，在结构特点上具有两亲性，即分子中既有亲油的基团，又有亲水的基团，因而它易被吸附在界面上，在分散相周围形成了液晶多层，为分散相的聚结提供了一种物理阻力，从而提高了乳状液的稳定性。形成的液晶多层的类型在很大程度上取决于乳化剂的性质。

*4.4 食用油脂的劣变反应

油脂储存过久或储存条件不当，会产生酸臭，口味变苦涩，颜色也逐渐变深，这种现象称为**油脂的酸败**。油脂酸败是由于油脂中的不饱和脂肪酸被空气中的氧所氧化，生成氢过氧化物，氢过氧化物继续分解产生低分子的醛、酮、酸，这些产物使油脂具有令人不快的哈喇味。酸败严重的油脂，一方面营养价值降低，另一方面会对健康造成影响，严重的可能引起食物中毒。

4.4.1 油脂的自动氧化

不饱和油脂易发生自由基的自动氧化反应。凡具有未成对电子的原子或基团称为自由基。例如，氯气(Cl_2)在光或高温的诱导下产生两个氯自由基(通常记为Cl·)。自由基非常活泼，它到处夺取其他物质的一个电子，使自己成为稳定的物质。

油脂的自由基氧化反应历程包括以下几个阶段。

第一步：链引发(诱导期，慢)。

$$\underset{\text{脂肪或脂肪酸}}{RH}\xrightarrow[\text{热、光、金属元素}]{\text{活化}}\underset{\text{自由基}}{R\cdot+H\cdot}$$

式中的RH代表脂肪或脂肪酸。那么，脂肪酸上的诸多氢原子中，哪一个氢原子最易形成自由基呢？一般以双键的α-亚甲基上的H原子较为活泼，最易形成自由基。

例如：油酸只有一个双键，其双键的α-亚甲基上的H原子为第8和第11碳原子上的氢原子，因此，油酸可以形成2个自由基；亚油酸有2个双键，第11碳原子上的氢原子是两个双键共同的α-亚甲基上的H原子，因此其最容易形成自由基，也比油酸更容易发生自动氧化反应。

第二步:链传递(活性氧吸收期,快)。

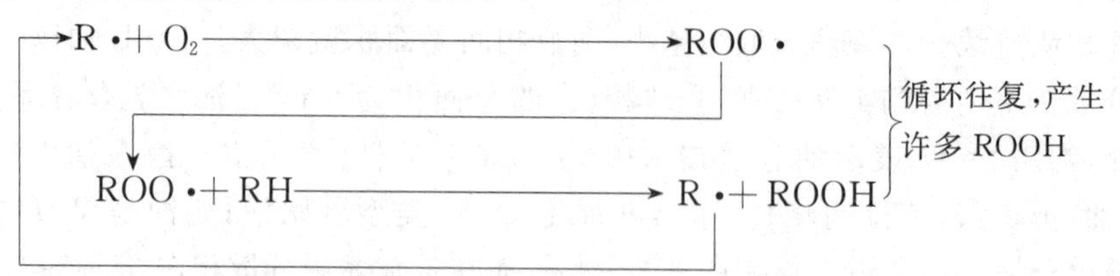

由于自由基(R·)非常活泼,一旦产生后,就立即与氧气作用生成过氧化物自由基;过氧化物自由基也十分活泼,与油脂中的脂肪酸作用生成自由基(R·)和氢过氧化物。自由基(R·)再重复以上过程,循环往复,脂肪酸不断地减少,氢过氧化物不断增多。例如,油酸经过链传递后生成2种氢过氧化物。

第三步:氢过氧化物分解。

$$ROOH \longrightarrow R'COOH + RCHO + RCOR'\text{等}$$

ROOH是脂类氧化的主要初期产物,无味,但不稳定,经过一定的积累后,ROOH会慢慢分解,生成各种分解和聚合产物,如醛、酮、醇、酸等。油脂酸败后产生的特殊气味就是因为ROOH分解形成的挥发性物质所产生。

第四步:链终止。

$$ROO\cdot + X \xrightarrow{\text{自由基失活剂}} \text{稳定化合物}$$

4.4.2 自动氧化的防止和抗氧化剂

油脂的自动氧化是自由基反应历程,许多影响自由基生成的因素都会影响油脂的自动氧化反应。因此,采用适宜的措施控制这些因素就可以有效地防止油脂的自动氧化。

(1)脂肪酸的组成。油脂中的饱和脂肪酸和不饱和脂肪酸都能发生氧化,但饱和脂肪酸的氧化需要较特殊的条件,所以油脂中所含的多不饱和脂肪酸比例越高,则越容易发生自动氧化;油脂中游离脂肪酸含量增加(酸值增加)时,会加快油脂氧化的速度。几种脂肪酸的相对氧化速度如表1-4-7所示。

表1-4-7 油脂的不饱和程度与相对氧化速度的关系

脂肪酸	双键数目	诱导期/h	相对氧化速度
硬脂酸	0	—	1
油酸	1	82	100
亚油酸	2	19	1 100
亚麻酸	3	1.3	2 500

(2)氧。氧在油脂的自动氧化中起着很关键的作用。空气中氧的分压越大,油脂的自动氧化速度越快。但当氧的分压增加到一定值后,自动氧化的速度将保持不变,不再随氧分压的增加而增大。因此,为了阻止油脂及含脂食品的氧化变质,最普遍的方法是排除O_2、采用真空或充N_2的包装方式。

(3) 温度。高温能促进自由基的生成,也可以促进氢过氧化物的进一步变化,所以降低温度可以延缓油脂的自动氧化。

(4) 光。自由基的产生需要能量,光及射线都是链引发的诱导剂,能提高自由基的生成速度,促进油脂的自动氧化。因此,油脂及其制品在保存时应注意避光,可采用透气性低的有色或遮光的包装材料。

(5) 水分活度。水分活度对油脂自动氧化的影响比较复杂。过高或过低的水分活度都可加速氧化过程。水分过低时,增加了油脂与氧的接触,有利于氧化的进行;当水分增加时,溶氧量增加,氧化速度也加快。实验表明,当水分活度控制在0.3～0.4时,食品中油脂的氧化速度最低。值得指出的是,冷冻食品常常还存在油脂的氧化,这是由于在冷冻状态下水分以冰晶形式析出,使油脂失去水膜的保护。

(6) 金属离子。金属离子(如Fe、Cu、Mn等元素的离子)也是链引发的诱导剂,能加速氧化过程。因此,油脂在加工时尽可能避免混入Fe、Cu等金属元素的离子,包装时应用玻璃瓶装,避免用金属灌装。

(7) 抗氧化剂。抗氧化剂是能防止或延缓食品的氧化变质,提高食品的稳定性,延长食品储藏期的物质。抗氧化剂主要是通过抑制自由基的生成和终止链式反应以达到抑制氧化反应的作用。常用的抗氧化剂有天然的和合成的两种。天然抗氧化剂主要有维生素E、β-胡萝卜素、茶多酚等;合成抗氧化剂主要有没食子酸丙酯(PG)、丁基羟基茴香醚(BHA)、二丁基羟基甲苯(BHT)和特丁基对苯二酚(TBHQ)等。在实际应用中,常将几种抗氧化剂按照一定比例混合使用,可提高抗氧化效果。需要注意的是,抗氧化剂只能阻碍氧化作用,延缓油脂开始氧化的时间,但不能改变已经氧化酸败的后果。因此,使用抗氧化剂时,应注意在油脂未受氧化作用或刚开始氧化时就加入抗氧化剂,以发挥其抗氧化作用。因为油脂在自动氧化过程中出现过氧化物要经过相当长一段时间的诱导期,一旦生成了过氧化物,则此过氧化物即以自己的催化作用促使氧化反应迅速进行,所以尽早使用抗氧化剂就可能尽早地切断其反应链。否则,即使加入量很大,也不会起抗氧化效果,而且还可能发生相反的作用。

4.4.3 油脂的加热氧化、聚合

油脂经高温或长时间加热后,其色泽变深,黏度增大,易发烟,并且产生一些有毒、有害的物质,其食品品质及营养价值严重下降。这是由于油脂在高温条件下,发生聚合与分解等化学反应,形成许多聚合、分解产物。

(1) 热聚合。油脂在无氧条件下加热到200～300 ℃时,主要发生热聚合反应,生成具有一个双键的六元环状化合物。聚合作用可以发生在同一分子的脂肪酸残基之间,也可发生在不同分子的脂肪酸残基之间。游离的脂肪酸也可发生这种热聚合反应。

(2) 热氧化。如果油脂在空气中有氧状态下加热到200～300 ℃,可以发生热氧化反应。热氧化反应的机理与自动氧化没有本质的区别,只是在热氧化过程中,饱和脂肪酸的反应速度也很快,而且氢过氧化物的分解也很快,几乎立即分解为低级醛、酮、酸、醇等。在氧化过程中产生的自由基能聚合成氧化聚合物,成为另一条聚合途径,而且以碳碳聚合

为主要产物。这种氧化、聚合产物复杂多样，部分产物为有毒物质。

(3) 分解反应。在无氧条件下，当油脂在相对更高的温度(350 ℃)下加热时，油脂发生热分解，生成丙烯醛、脂肪酸、二氧化碳、甲基酮及小分子的酯等；在有氧条件下，伴随热氧化过程中的分解能形成多种烃、醛、甲基酮、内酯等。

(4) 水解与缩合。高温油炸过程中，由于水分的引入，油脂分子与水接触的部位发生水解，水解产物之间可以缩合成醚型化合物。

油脂热变性后会产生一些有毒物质。长期食用这样的油脂会影响人体健康，轻者呕吐、腹泻，重者使肝脏肿大。为了减弱油脂的热变质，工艺上要求加热油脂时，温度控制在180 ℃左右。

4.5 油脂品质鉴评

1. 过氧化值(POV)

油脂与空气中的氧发生氧化后首先生成氢过氧化物，当积累到一定程度后，会逐渐分解为醛、酮、醇、酸等化合物。因此，氢过氧化物是油脂初期氧化程度的标志。氢过氧化物无味，但对人体健康有害。**过氧化值**是用来表征油脂氧化初期氢过氧化物含量的一个指标，它是指1 kg油脂中氢过氧化物的毫摩尔数，单位为mmol /kg。测定原理是被测油脂与碘化钾作用生成游离碘，以硫代硫酸钠标准溶液滴定析出的碘分子，以消耗硫代硫酸钠的物质的量(mmol)来确定氢过氧化物的物质的量(mmol)。一般新鲜的精制油过氧化值低于1。过氧化值升高，表示油脂开始氧化。过氧化值超标的油脂不能食用。《GB 1535—2003 大豆油》规定，一级大豆油的过氧化值不能大于5 mmol/kg。

氢过氧化物为油脂自动氧化的主要初始产物，油脂氧化初期，POV值随氧化程度加深而增高，而当油脂深度氧化时，氢过氧化物的分解速度超过其生成速度，导致POV值下降。因此，POV值仅适合油脂氧化初期的测定。

2. 碘值

油脂中的不饱和键可与卤素发生加成作用，生成卤代脂肪酸，这一作用称为卤化作用。**碘值**是指100 g脂肪所能吸收的碘的克数，用来表示脂肪酸或脂肪的不饱和程度。碘值越高，不饱和程度越高；反之，碘值越低，不饱和程度越低。例如，大豆油(饱和脂肪酸12%～15%，不饱和脂肪酸85%～88%)的碘值为124～139 g/100 g，而猪油(饱和脂肪酸38%～48%，不饱和脂肪酸52%～62%)的碘值为46～66 g/100 g。

3. 酸值

酸值(价)指中和1 g油脂中的游离脂肪酸所消耗的KOH的毫克数。酸值用来表示油脂中游离脂肪酸的含量。油脂的酸值高，表明油脂中的游离脂肪酸含量高，易于发生氧化酸败。为了保障食用油脂的品质和食用价值，我国食用植物油质量标准中都对酸值作了规定：食用植物油的酸值不得超过5 mg(KOH)/g。《GB 1535—2003 大豆油》规定，一级大豆油的酸值不能大于0.20 mg(KOH)/g(相当于含游离油酸0.1%)。

4. 皂化值

油脂在酸、碱或酶的作用下可水解成甘油和脂肪酸。油脂在碱性溶液中水解的产物不是游离脂肪酸而是脂肪酸的盐类(习惯上称为肥皂)。因此,把油脂在碱性溶液中的水解称为皂化作用。

$$\begin{array}{l} CH_2O-\overset{\overset{O}{\|}}{C}-R \\ |\\ CHO-\overset{\overset{O}{\|}}{C}-R \\ | \\ CH_2O-\overset{\overset{O}{\|}}{C}-R \\ \text{脂肪} \end{array} + 3H_2O \xrightarrow[\text{(或酸、蒸汽)}]{\text{酯酶}} \begin{array}{l} CH_2OH \\ | \\ CHOH \\ | \\ CH_2OH \\ \text{甘油} \end{array} + \underset{\text{脂肪酸}}{3R-COOH}$$

$$\begin{array}{l} CH_2O-\overset{\overset{O}{\|}}{C}-R \\ |\\ CHO-\overset{\overset{O}{\|}}{C}-R \\ | \\ CH_2O-\overset{\overset{O}{\|}}{C}-R \\ \text{脂肪} \end{array} + \underset{\text{(或NaOH)}}{3KOH} \longrightarrow \begin{array}{l} CH_2OH \\ | \\ CHOH \\ | \\ CH_2OH \\ \text{甘油} \end{array} + \underset{\text{肥皂}}{3R-COOK}$$

皂化值指完全皂化 1 g 油脂所消耗的氢氧化钾的毫克数。皂化值可用来判断油脂相对分子质量的大小。油脂相对分子质量越大,皂化值越低;反之,油脂相对分子质量越小,皂化值越高。例如,椰子油皂化值为 250～260 mg/g,是所有油脂中皂化值最高的,这是由于椰子油中的脂肪酸组成为辛酸 5%～10%,癸酸 5%～11%,十二酸 50%,十四酸 13%～18%,其低级脂肪酸含量较高,高级脂肪酸中十二酸和十四酸含量很高,十六酸以上的脂肪酸几乎没有,因此其平均相对分子质量较低,皂化值较高。又如,牛乳脂肪的低级脂肪酸含量也较高(5%～14%),平均相对分子质量较低,皂化值 218～235 mg/g,仅次于椰子油。其他油脂中,猪油为 193～200 mg/g,大豆油为 189～194 mg/g。

5. 酯值

皂化 1 g 纯油脂所需要的氢氧化钾的毫克数称为**酯值**,这里不包括游离脂肪酸的作用。因此,酯值等于皂化值减去酸值。

4.6 油脂加工的化学原理

4.6.1 油脂的提取

一般油脂的提取方法有熬炼法(一般用于动物油脂的提取)、机械分离法(一般用于从

牛乳中分离乳脂肪)、压榨法和浸出法(一般用于植物油脂的提取)。本节重点介绍植物油脂的提取方法。

1. 植物油料的分类

凡是油脂含量达10%以上,具有制油价值的植物种子和果肉等均称为油料。根据植物油料的植物学属性,可将植物油料分成4类。

(1) 草本油料:常见的有大豆、菜籽、棉籽、花生、芝麻、葵花子等。

(2) 木本油料:常见的有棕榈、椰子、油茶子等。

(3) 农产品加工副产品油料:常见的有米糠、玉米胚芽、小麦胚芽等。

(4) 野生油料:常见的有野茶子、松子等。

2. 油料种子的主要化学成分

油料种子的种类很多,其化学成分及含量不尽相同,但各种油料种子中一般含有油脂、蛋白质、糖类、脂肪酸、磷脂、色素、蜡质、烃类、醛类、酮类、醇类、油溶性维生素、水分及灰分等物质。几种常见油料种子的主要化学成分见表1-4-8。

表1-4-8 几种常见油料种子的主要化学成分 (单位:%)

名　称	水　分	脂　肪	蛋白质	磷　脂	碳水化合物	粗纤维	灰　分
大豆	9~14	16~20	30~45	1.5~3.0	25~35	6	4~6
花生仁	7~11	40~50	25~35	0.5	5~15	1.5	2
棉籽	7~11	35~45	24~30	0.5~0.6	—	6	4~5
菜籽	6~12	14~25	16~26	1.2~1.8	25~30	15~20	3~4
芝麻	5~8	50~58	15~25	—	15~30	6~9	4~6
葵花子	5~7	45~54	30.4	0.5~1.0	12.6	3	4~6
米糠	10~15	13~22	12~17	—	35~50	23~30	8~12
玉米胚芽	—	35~56	17~28	—	5.5~8.6	2.4~5.2	7~16
小麦胚芽	14	14~16	28~38	—	14~15	4.0~4.3	5~7

3. 植物油料的预处理

为使油料具有最佳的制油性能,以满足不同制油工艺的要求,在制油前应对油料进行一系列的预处理,通常包括清理、除杂、剥壳、破碎、软化、轧坯、膨化、蒸炒等过程。

4. 机械压榨法制油

机械压榨法制油就是借助机械外力把油脂从料坯中挤压出来的过程。

该方法的优点是:① 工艺简单,配套设备少;② 对油料品种适应性强,生产灵活;③ 油品质量好,在生产过程中不添加任何其他化学物质,油中各种成分保持较为完全,色泽浅,风味纯正。

该方法的缺点是:压榨后的饼残油量高,出油效率较低,动力消耗大,零件易损耗。

一般用于可产生特殊风味油脂的油料,如花生油、芝麻油等。

5. 浸出法制油

用溶剂将含有油脂的油料料坯进行浸泡或淋洗,使料坯中的油脂被萃取溶解在溶剂中，经过滤得到含有溶剂和油脂的混合油。加热混合油，使溶剂挥发并与油脂分离得到毛油。挥发出来的溶剂气体，经过冷却回收，循环使用。

该方法的优点是：① 出油率高，采用浸出法制油，粕中残油可控制在1%以下，出油率明显提高；② 粕的质量好，由于溶剂对油脂有很强的浸出能力，浸出法取油完全可以不进行高温加工而取出其中的油脂，使大量水溶性蛋白质得到保护，饼粕可以用来制取植物蛋白；③ 加工成本低，劳动强度小。

该方法的缺点是：① 一次性投资较大；② 浸出溶剂一般为易燃、易爆和有毒的物质，生产安全性差；③ 浸出制得的毛油所含非脂成分数量较多，色泽深，质量较差。

目前我国普遍采用的浸出溶剂为6号溶剂油，俗称浸出轻汽油。6号溶剂油对油脂的溶解能力强，在室温条件下可以任何比例与油脂互溶；对油中非脂肪物质的溶解能力较小，因此浸出的毛油比较纯净。6号溶剂油物理、化学性质稳定，对设备腐蚀性小，不产生有毒物质，与水不互溶，沸点较低，易回收，来源充足，价格低，能满足大规模工业生产的需要。

4.6.2 油脂的精制

经压榨或浸出法得到的未经精炼的植物油脂一般称为毛油（粗油）。毛油的成分除含有混合脂肪酸甘油三酯（俗称中性油）外，还含有机械杂质、磷脂、游离脂肪酸、色素等各类非甘油三酯成分，统称为油脂的杂质。

（1）机械杂质的去除。机械杂质是指在制油或储存过程中混入油中的泥沙、料坯粉末、饼渣、纤维、草屑及其他固态杂质。这类杂质不溶于油脂，故可以采用过滤、沉降、离心等方法除去。

（2）脱胶。脱除毛油中胶体杂质的工艺过程称为脱胶，而毛油中的胶体杂质以磷脂为主，故油厂常将脱胶称为脱磷。磷脂是一类营养价值较高的物质，但混入油中会使油色变深暗、混浊。磷脂遇热（280 ℃）会焦化发苦，吸收水分促使油脂酸败，影响油品的质量和利用。最常用的脱胶的方法为水化法。水化法脱胶是利用磷脂分子中含有亲水基的结构特点，将一定数量的热水或稀的酸、碱、盐及其他电解质水溶液加到油脂中，使胶体杂质吸水膨胀并凝聚，从油中沉降析出而与油脂分离的一种精炼方法。沉淀出来的胶质称为油脚。其他脱胶方法还有加热法、加酸法以及吸附法等。

（3）脱酸。油脂中游离脂肪酸的存在会影响油品的风味和食用价值，促使油脂酸败，因此也必须将其除去。常用的方法为加碱中和法，即利用加碱中和油脂中的游离脂肪酸，生成脂肪酸盐（肥皂）和水，肥皂吸附部分杂质而从油中沉降分离的一种精炼方法。形成的沉淀物称为皂脚。用于中和游离脂肪酸的碱有氢氧化钠、碳酸钠和氢氧化钙等。油脂工业生产上普遍采用的是氢氧化钠。

（4）脱色。纯净的甘油三酯在液态时无色，在固态时为白色。但常见的各种油脂中含有数量和品种都不相同的色素，使毛油带有不同的颜色，影响油脂的外观和稳定性。油脂脱色的方法很多，工业生产中应用最广泛的是吸附脱色法。它就是将某些具有吸附能力强的表面活性物质加入油中，在一定的工艺条件下吸附油脂中色素及其他杂质，经过滤

除去吸附剂及杂质,达到油脂脱色净化目的的过程。常用的吸附剂有天然漂土(一种膨润土,又称为酸性白土)、活性白土、活性炭等。

(5) 脱臭。纯净的甘油三酯是没有气味的,但各种植物油脂都有其特有的风味和气味,而这些气味一般是由挥发性物质所组成的,主要包括某种微量的非甘油酯成分,例如酮类、醛类、烃类等的氧化物。脱臭的目的主要是除去油脂中引起臭味的物质。脱臭的方法有真空蒸汽脱臭法、气体吹入法、加氢法、聚合法和化学药品脱臭法等几种。其中真空蒸汽脱臭法是目前国内外应用得最为广泛、效果较好的一种方法。它是利用油脂内的臭味物质和甘油三酯的挥发度的极大差异,在高温、高真空条件下,借助水蒸气蒸馏的原理,使油脂中引起臭味的挥发性物质在脱臭器内与水蒸气一起逸出而达到脱臭的目的。

(6) 其他特殊成分。某些油脂中还含有一些特殊成分,如棉籽油中含棉酚,菜籽油中含芥子苷分解产物等,它们不仅影响油品质量,还危害人体健康,也必须在精炼过程中除去。

4.6.3 油脂的改良

1. 氢化植物油

在金属催化剂(如铂)的作用下,把氢加到甘油三酯的不饱和双键上,这种化学反应称为油脂的氢化反应,简称**油脂氢化**。

油脂氢化分为部分氢化和完全氢化两种方式。部分氢化是在金属催化剂(Ni、Pt等)、加压(1.5~2.5 atm,1 atm=101.325 kPa)及加热(125~190 ℃)下,使油脂中的部分双键氢化的反应,在食品工业中用于氢化油(如人造奶油、起酥油)的制造。完全氢化是在Ni催化剂存在下,采用更高的压力(8 atm)和温度(250 ℃)使油脂双键全部氢化的反应,用于肥皂的工业生产。

氢化是使不饱和的液态脂肪酸加氢成为饱和固态脂肪酸的过程。油脂氢化后其碘值下降,熔点上升,固体脂数量增加,稳定性提高,颜色变浅,风味改变,便于运输和储存,制造起酥油、人造奶油等。但油脂氢化后多不饱和脂肪酸含量下降,脂溶性维生素被破坏并且会产生对人体健康不利的反式脂肪酸。

2. 人造奶油

人造奶油指精制食用油添加水及其他辅料,经乳化、急冷捏合成具有天然奶油特色的可塑性制品。目前人造奶油用的油脂原料主要是植物油氢化以后的食用氢化油,含油脂量一般在80%左右。人造奶油生产工艺包括原料准备和冷却塑化两道工序:前道工序为油相和水相的分别混合、计量以及油相和水相的混合乳化,为后道工序做好供料准备;后道工序主要进行连续冷却塑化以及产品包装等,可分为原辅料的调和、乳化、急冷捏合、包装、熟成5个阶段。近年国际上人造奶油新产品不断出现,其规格在很多方面已超过了传统规定,在营养价值及使用性能等方面超过了天然奶油。我国人造奶油的起步较晚,产量不高,大部分用于食品工业。

3. 起酥油

起酥油是指精炼过的动植物油脂、氢化油或上述油脂的混合物,经急冷捏合制造的固态油脂或不经急冷捏合加工出来的固态或流动态的油脂产品。起酥油具有可塑性、起酥性、乳化性等加工性能。起酥油是19世纪末在美国作为猪油代用品出现的。1910年，美国从欧洲引进了氢化油技术，把植物油和海产动物油加工成硬脂肪，使起酥油生产进入一个新的时代。用氢化油制的起酥油，其加工面包、糕点的性能比猪油更好。我国工业生产起酥油起始于20世纪80年代初期。

传统的起酥油是具有可塑性的固体脂肪，它与人造奶油的区别主要在于起酥油没有水相。新开发的起酥油有流动状、粉末状产品，均具有与可塑性产品相同的用途和性能。因此，起酥油的范围很广。起酥油一般不宜直接食用，而是用来加工糕点、面包或煎炸食品，要求具有良好的加工性能。

4. 调和油

调和油就是将2种或2种以上的高级食用油脂，按科学的比例调配成的高级食用油。调和精炼油的原料油主要是高级烹调油或色拉油，并使用一些具有特殊营养功能的一级油，如玉米胚芽油、红花子油、紫苏油、浓香花生油等。各种油脂的调配比例主要是根据单一油脂的脂肪酸组成及其特性而定，调配成不同营养功效的调和油，以满足不同人群的需要。在满足一定营养功效的前提下，尽量采用当地丰富的、价廉的油脂资源，以提高经济效益。

调和油的品种很多。根据我国人民的食用习惯和市场需求，可以生产出多种调和油。

(1) 风味调和油。将菜籽油、米糠油、棉籽油等全精炼，然后与香味浓郁的花生油、芝麻油按一定比例调和，制成轻味花生油或轻味芝麻油。

(2) 营养调和油。利用玉米胚芽油、葵花子油、红花子油、米油、大豆油配制而成，其亚油酸和维生素E含量都高，是比例均衡的营养健康油，供应高血压、冠心病患者以及患必需脂肪酸缺乏症者。

(3) 煎炸调和油。利用氢化油和经全精炼的棉籽油、菜籽油、猪油或其他油脂调配成的油脂，可组成平衡、起酥性能好、烟点高的炸油。

调和油的技术含量主要在于配方，加工较简便，不需增添特殊设备，在一般的全精炼油车间均可调制。调制风味调和油时，先计量全精炼的油脂，将其在搅拌的情况下升温到35～40 ℃，按比例加入浓香味的油脂或其他油脂，继续搅拌30 min，即可储藏或包装。如要调制高亚油酸营养油，则需在常温下进行调和，并加入一定量的维生素E。如要调制饱和程度较高的煎炸油，则调和时温度要高些，一般为50～60 ℃，最好再按规定加入一定量的抗氧化剂。

学习小结

食用油脂(又称脂肪)是生物体中最重要的一类脂类化合物。食用油脂不仅具有重要的营养价值，而且是食品加工的重要原料，对改善食品的感官品质等具有重要的作用。本章介绍了油脂的化学组成与种类、脂肪酸的种类、油脂的物理性质、食用油脂的劣变反应及防止措施、油脂品质鉴评指标以及植物油脂加工的化学原理等，为油脂在食品加工和日常生活中的使用提供科学指南及依据。

复习思考题

知识题

一、选择题

1. 油脂在加热过程中冒烟多和易起泡沫的原因是油脂中含有________。

A. 磷脂　　B. 不饱和脂肪酸　　C. 色素　　D. 脂蛋白

2. 亚油酸是________。

A. 十八碳三烯酸　　B. 十八碳二烯酸　　C. 二十二碳六烯酸　　D. 二十碳四烯酸

3. 下列脂肪酸中，非必需脂肪酸是________。

A. 亚油酸　　B. 亚麻酸　　C. 油酸　　D. 花生酸

4. 下列指标中，判断油脂的不饱和度的是________。

A. 酸值　　B. 碘值　　C. 酯值　　D. 皂化值

5. 油脂的脱胶主要是脱去油脂中的________。

A. 明胶　　B. 脂肪酸　　C. 磷脂　　D. 糖类化合物

6. 下列质地的容器中，在油的储藏中最好选用________。

A. 塑料瓶　　B. 玻璃瓶　　C. 铁罐　　D. 不锈钢罐

二、名词解释

必需脂肪酸　酸值　碘值　皂化值　氢化油　起酥油

素质题

1. 油脂自动氧化历程包括哪几步？影响脂肪氧化的因素有哪些？

2. 油脂精炼的步骤和原理是什么？

3. 根据所学的知识说明用洗净的玻璃瓶装油是否要将瓶弄干？储存油脂时应注意些什么？

4. 测定油脂的酸值、碘值、过氧化值有何意义？

技能题

1. 已知250 mg纯橄榄油样品完全皂化需要47.5 mg的KOH，计算橄榄油中甘油三酯的平均相对分子质量。

2. 测得某甘油三酯的皂化值为200 mg/g，碘值为60 g/100 g。求：

(1) 甘油三酯的平均相对分子质量；

(2) 甘油三酯中平均有多少个双键。

3. 根据相关国家标准，分别对新鲜的色拉油以及经过反复油炸过的色拉油进行相关指标品质鉴定。

资料收集

1. 收集常见食品的配方，看看是否添加了油脂原料，分析这些油脂原料在食品中的作用。

2. 注意收集功能性油脂的发展趋势和研究进展方面的资料。

3. 搜集“潲水油”的检测方法。

查阅文献

[1]《中国油脂》(期刊)，国家粮食储备局西安油脂科学研究设计院主办。

[2]《粮食与油脂》(期刊)，上海市粮食科学研究所主办。

[3] 石亚新，等. 地沟油甄别检测技术研究进展[J]. 食品科学，2016，(7)：276-281.

知识拓展

反式脂肪酸与人体健康

2006年1月，美国强制要求所有食品包装上必须标注反式脂肪酸含量，要求反式脂肪酸含量不得超过2%。麦当劳(中国)有限公司随后也发表了声明，声称在中国内地，麦当劳薯条使用的是棕榈油，而棕榈油不含反式脂肪酸。2006年11月1日，美国5 500家肯德基加盟店声明将在美国所有肯德基连锁店停止使用人造反式脂肪酸。目前，市场出售的食品包装上直接出现“反式脂肪酸”的食品几乎没有，但事实上，在食品配料表中若标注着人工黄油(奶油)、人造植物黄油(奶油)、人造脂肪、麦淇淋、氢化油、起酥油等的食品都含有反式脂肪酸。

我们知道，脂肪酸有饱和与不饱和两种。饱和与不饱和脂肪酸的构象有很大的差别，饱和脂肪酸是完全伸展的构象，这时邻近原子间的空间障碍最小；不饱和脂肪酸双键不能自由转动，顺式双键使碳氢链发生弯曲，而反式双键的构象则近似于饱和链的伸展形式。

大多数不饱和脂肪酸都是顺式构型，极少数为反式构型。反式脂肪酸的构型呈直链，不转折，类似饱和脂肪酸，熔点也类似饱和脂肪酸，在室温会凝固，对人体健康的影响也与饱和脂肪酸类似。

反式脂肪酸对人体健康的影响主要有以下几个方面：反式脂肪酸能升高LDL(低密度脂蛋白胆固醇)，同时降低HDL(高密度脂蛋白胆固醇)，而LDL正是引发血压升高、动脉硬化等心血管疾病的元凶；反式脂肪酸不容易被人体消化，更容易在腹部积累，从而导致肥胖；反式脂肪酸对生长发育期的婴幼儿和成长中的青少年也有不良影响，胎儿通过胎盘、新生婴儿通过母乳均可以吸收反式脂肪酸，这会影响对必需脂肪酸的吸收；反式脂肪酸还会对青少年的中枢神经系统的生长发育造成不良影响，抑制前列腺素的合成。

如何减少摄取反式脂肪酸呢？一是在超市选购食物时，尽量避免购买食物标签中标有“植物氢化油”“人造黄(奶)油”“人造植物黄(奶)油”“人造脂肪”“氢化油”“起酥油”等字样的食物；二是平常炒菜时，多使用未氢化的植物油，如豆油、菜籽油、橄榄油等。另外，由于顺式脂肪酸可以通过高温向反式脂肪酸转化，因此，公众在日常烹饪菜肴时要避免对植物油加热过度。

多不饱和脂肪酸与人体健康

多不饱和脂肪酸(PUFA)是指含两个或两个以上双键、碳链长度在18或18以上的脂肪酸，根据其结构又分为 ω-6 和 ω-3 两大系列。前者主要有亚油酸(18：2)、γ-亚麻酸(18：3)、花生四烯酸(20：4)等；后者主要有 α-亚麻酸(18：3)、二十碳五烯酸(EPA，20：5)、二十二碳六烯酸(DHA，22：6)等。

1. 多不饱和脂肪酸的保健功能

(1) 多不饱和脂肪酸对免疫功能的影响。ω-6 PUFA 在免疫的同时具有抑制和刺激作用。亚油酸在体内能被代谢为花生四烯酸，可以进一步氧化为二十烷类，如 PGE2、白三烯、血栓烷等，对免疫调节有重要作用。ω-3 PUFA 对免疫有抑制效果，富含 ω-3 PUFA 的食品具有抗炎作用与免疫抑制作用。

(2) 多不饱和脂肪酸与心血管疾病的防治。研究表明，膳食中 ω-3 PUFA 摄入量与心血管疾病发病率和死亡率成负相关关系。在日常膳食中合理补充鱼油，对心血管疾病的防治可产生较明显的作用。

(3) 多不饱和脂肪酸其他作用。ω-3 系列脂肪酸中的 EPA 和 DHA 主要来源于深海鱼油，α-亚麻酸来自于植物油脂，它们不仅能抑制血小板聚集，防止血栓形成，降低血清总胆固醇、低密度脂蛋白、极低密度脂蛋白和升高血清高密度脂蛋白，还能抑制癌症的产生和转移。

2. 富含多不饱和脂肪酸的功能性油脂

(1) 小麦胚芽油。小麦胚芽油含质量分数达 80％的不饱和脂肪酸，其中亚油酸质量分数在 50％以上，油酸为 12％～28％，此外，其维生素 E 含量较高。小麦胚芽油还含有二十三、二十五、二十六和二十八烷醇，这些高级醇特别是二十八烷醇对降低血液中胆固醇、减轻肌肉疲劳、增加爆发力和耐力等有一定功效。

(2) 米糠油。米糠油是从米糠中提取的。米糠油含有质量分数为 75％～80％的不饱和脂肪酸，其中油酸为 40％～50％，亚油酸为 29％～42％，亚麻酸为 1％。米糠油中维生素 E 含量也较高，还含有一定数量的谷维素。

(3) 玉米胚芽油。玉米中的脂肪有 80％以上存在于玉米胚芽中，从玉米胚芽中提取的玉米胚芽油是一种多功能的营养保健油，它含有丰富的多不饱和脂肪酸和维生素 E、β-胡萝卜素等营养成分，对降低血清胆固醇，预防和治疗高血压、心脏病、动脉硬化及糖尿病具有特殊的功能。

(4) 红花子油。红花子油是从红花子中提取的，亚油酸质量分数高达75％～78％。另外还含有油酸 10％～15％，α-亚麻酸 2％～3％等。动物实验表明，红花子油不仅能明显降低血清胆固醇和甘油三酯水平，且对防治动脉粥样硬化有较明显的效果。

(5) 月见草油。月见草油是从月见草籽中提取的，含质量分数90%以上的不饱和脂肪酸，其中73%左右为亚油酸，5%～15%为γ-亚麻酸。含γ-亚麻酸的功能性食品已成为婴幼儿、老年人和恢复期病人使用的营养滋补品。

(6) 深海鱼油。深海鱼油中主要含DHA和EPA，因两者往往同时存在，故制品也是两者的混合物。深海鱼油主要存在于深海洄游的鱼类脂肪中。例如，沙丁鱼脂肪中DHA可达20%，EPA可达8%左右。深海鱼油的主要功能是降血脂。

(7) 其他功能性油脂。功能性油脂还包括亚麻子油、葵花子油、茶油、橄榄油、核桃油、沙棘油、枸杞子油、葡萄子油、猕猴桃子油等，这些新开发的食用油脂正在逐渐进入市场。

第5章 维 生 素

知识目标

1. 掌握维生素的概念以及水溶性维生素和脂溶性维生素的种类。

2. 掌握维生素A、维生素D、维生素E、维生素C、维生素B_1和维生素B_2的主要食物来源及缺乏时的症状。

3. 了解食品中影响维生素含量变化的因素。

4. 熟悉在食品加工、储藏中所发生的物理化学变化及其对食品品质产生的影响。

素质目标

能根据所学维生素知识，解决生活、生产中存在的问题。

能力目标

1. 能运用食品加工中影响维生素含量变化的知识，指导食品加工生产。

2. 能根据人体出现的一些症状判断所缺乏的维生素。

5.1 概述

维生素(vitamin)是人和动物维持正常生理功能所必需的一类微量小分子有机化合物。

维生素不参与机体内各种组织器官的组成，也不能为机体提供能量，它们主要以辅酶形式参与细胞的物质代谢和能量代谢过程，缺乏时会引起机体代谢紊乱，导致特定的缺乏症或综合征。有些维生素还可作为自由基的清除剂、风味物质的前体、还原剂以及参与褐变反应，从而影响食品的某些属性。

人体所需的维生素大多数在体内不能合成，或即使能合成但合成的速度很慢，不能满足需要，加之维生素本身也在不断地代谢，所以必须由食物供给。食物中的维生素含量较低，许多维生素稳定性差，在食品加工、储藏过程中常常损失较大。因此，要尽可能地保存食品中的维生素，避免其损失或与食品中其他组分发生反应。

食物中维生素的含量较少，人体的需要量也不多，但是绝不可少的物质。膳食中如缺乏维生素，就会引起人体代谢紊乱，以致发生维生素缺乏症。例如：缺乏维生素 A 会出现夜盲症、干眼病(眼干燥症)和皮肤干燥；缺乏维生素 D 可患佝偻病；缺乏维生素 B_1 可得脚气病；缺乏维生素 B_2 可患唇炎、口角炎、舌炎和阴囊炎；缺乏维生素 PP(烟酸)可患癞皮病；缺乏维生素 B_{12} 可患恶性贫血；缺乏维生素 C 可患坏血病。

维生素的发现是 20 世纪的伟大发现之一，Wagnerhe 和 Flokers 将维生素的研究大致分为三个历史阶段。第一阶段用特定食物治疗某些疾病。例如古希腊、罗马和阿拉伯人发现，在膳食中添加动物肝脏可治疗夜盲症。16 世纪和 18 世纪，人们发现橘子和柠檬可治疗坏血病。1882 年日本的 Takaki 将军观察到许多船员发生的脚气病与摄食大米有关。当在膳食中添加肉、面包和蔬菜后，发病人数大大减少。第二阶段用动物诱发缺乏病。1987 年，荷兰医生 Eijikman 观察到给小鸡饲喂精米会出现类似于人的脚气病的多发性神经炎；若补充糙米或米糠可预防这种疾病。Boas 发现饲喂卵白的大鼠发生一种严重皮炎、脱毛和神经肌肉机能异常的综合征，用肝脏可治疗这种病。1907 年，Holst 和 Frohlich 报道了实验诱发的豚鼠坏血病。第三阶段是人和动物必需营养因子的发现。1881 年，Lunin 研究发现含有乳蛋白、碳水化合物、脂类、食盐和水分的高纯合饲粮不能满足动物需要，认为可能与某些未知成分有关。1912 年，Hopkins 报道人和动物需要某些必需营养因子才能维持正常的生命活动，若缺乏会导致疾病。同年，Funk 通过对因日粮而诱发的疾病的研究，成功地分离出抗脚气病因子，命名为"vitamines"(即与生命有关的胺类)，后来改为"vitamin"。1929 年，Eijikman 和 Hopkins 因在维生素研究领域的重大贡献而获诺贝尔医学奖。Hodgkin 用 X 射线晶体学阐明了维生素 B_{12} 的化学结构而获 1964 年诺贝尔化学奖。

维生素是个庞大的家族，就目前所知的维生素就有几十种。在维生素发现早期，因对它们了解甚少，一般按其先后顺序命名，如 A、B、C、D、E 等；或根据其生理功能特征或化学结构特点等命名，例如维生素 C 称抗坏血病维生素，维生素 B_1 因分子结构中含有硫和氨基，称为硫胺素。后来人们根据维生素在脂类溶剂或水中溶解性特征将其分为两大类：水溶性维生素和脂溶性维生素。前者包括 B 族维生素和维生素 C，后者包括维生素 A、D、E、K。有些物质在化学结构上类似于某种维生素，经过简单的代谢反应即可转变成维生素，此类物质称为维生素原。例如：β-胡萝卜素能转变为维生素 A；7-脱氢胆固醇可转变为维生素 D_3。但要经许多复杂代谢反应才能成为尼克酸的色氨酸则不能称为维生素原。

5.1.1 水溶性维生素

水溶性维生素易溶于水而不易溶于非极性有机溶剂，从肠道吸收后，通过循环到机体需要的组织中，多余的部分大多由尿排出，在体内储存甚少。

1. 维生素C

维生素C又名抗坏血酸(ascorbic acid,AA),1907年由挪威化学家霍尔斯特在柠檬汁中发现,1934年才获得纯品,现已可人工合成。

维生素C是一个羟基羧酸的内酯,具烯二醇结构,有较强的还原性。维生素C有四种异构体:D-抗坏血酸、D-异抗坏血酸、L-抗坏血酸和L-脱氢抗坏血酸。其中以L-抗坏血酸生物活性最高。

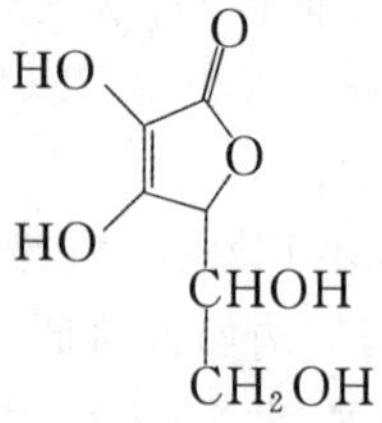

L-抗坏血酸 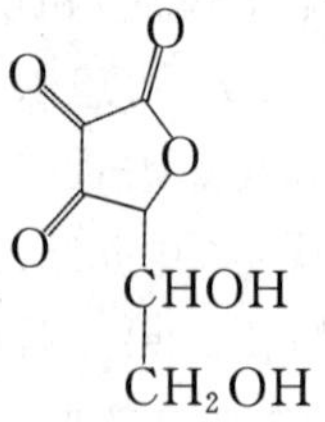　　　　L-脱氢抗坏血酸

维生素C为无色晶体,熔点为190～192 ℃,易溶于水,水溶液呈酸性,化学性质较活泼,遇热、碱和重金属离子容易分解。维生素C具有很强的还原性,故极不稳定,容易被热或氧化剂破坏,在食物储藏或烹调过程中,甚至切碎新鲜蔬菜时维生素C都能被破坏。光、Cu^{2+}和Fe^{2+}等加速其氧化,pH值、氧浓度和水分活度等也影响其稳定性。此外,含有Fe^{2+}和Cu^{2+}的酶(如抗坏血酸氧化酶、多酚氧化酶、过氧化物酶和细胞色素氧化酶)对维生素C也有破坏作用。水果受到机械损伤、成熟或腐烂时,其细胞组织被破坏,导致酶促反应的发生,使维生素C降解。某些金属离子螯合物对维生素C有稳定作用,亚硫酸盐对维生素C具有保护作用。

维生素C降解最终阶段中的许多物质参与风味物质的形成或非酶褐变。降解过程中生成的L-脱氢抗坏血酸和二羰基化合物与氨基酸共同作用生成糖胺类物质,形成二聚体、三聚体和四聚体。维生素C降解形成风味物质和褐色物质的主要原因是二羰基化合物及其他降解产物按糖类非酶褐变的方式转化为风味物和类黑素。维生素C的降解过程如下。

维生素C广泛用于食品中。它可保护食品中其他成分不被氧化;可有效抑制酶促褐变和脱色;在腌制肉品中促进发色并抑制亚硝胺的形成;在啤酒工业中作为抗氧化剂;在焙烤工业中作面团改良剂;对维生素E或其他酚类抗氧化剂有良好的增效作用;能捕获单线态氧和自由基,抑制脂类氧化;作为营养添加剂有抗应激、加速伤口愈合、参与体内氧化还原反应和促进铁的吸收等。维生素C能够预防动脉硬化、风湿病等疾病。此外,它还能增强免疫、对皮肤、牙龈和神经也有好处。

植物及绝大多数动物均可在自身体内合成维生素C。人、灵长类动物及豚鼠因缺乏将L-古洛酸转变成维生素C的酶类,不能合成维生素C,故必须从食物中摄取,成人每天需摄入50～100 mg。如果在食物中缺乏维生素C,就会发生坏血病。

迄今,维生素C被认为没有害处,因为肾脏能够把多余的维生素C排泄掉,但是美国有研究报告指出,体内有大量维生素C循环不利于伤口愈合。每天摄入的维生素C超过1 000 mg会导致腹泻、肾结石的不育症,甚至还会引起基因缺损。随着维生素C的用量

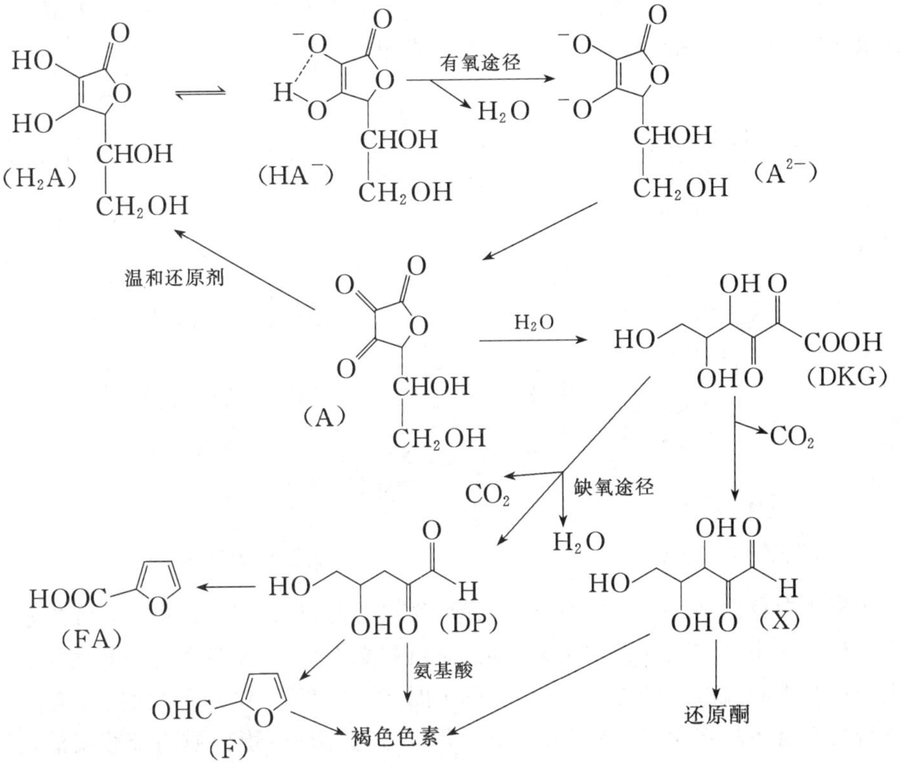

日趋增大，产生的不良反应也愈来愈多。每日服用 1～4 g 维生素 C，即可使小肠蠕动加速，出现腹痛、腹泻等症。长期大量口服维生素 C，会发生恶心、呕吐等现象。同时，由于胃酸分泌增多，能促使胃及十二指肠溃疡疼痛加剧，严重者还可酿成胃黏膜充血、水肿，导致胃出血。大量维生素 C 进入人体后，绝大部分被肝脏代谢分解，最终产物为草酸，草酸从尿排泄成为草酸盐；研究发现，每日口服 4 g 维生素 C，在 24 h 内，尿中草酸盐的含量会由 58 mg 激增至 620 mg。若继续服用，草酸盐不断增加，极易形成泌尿系统结石。痛风是由于体内嘌呤代谢发生紊乱引起的一种疾病，主要表现为血中尿酸浓度过高，致使关节、结缔组织和肾脏等处发生一系列症状。大量服用维生素 C 可引起尿酸剧增，诱发痛风。怀孕妇女连续大量服用维生素 C，会使胎儿对该药产生依赖性。出生后，若不给婴儿服用大量维生素 C，可发生坏血病，如出现精神不振、牙龈红肿出血、皮下出血；甚至有胃肠道、泌尿道出血等症状。儿童若大量服用维生素 C，可罹患骨科病，且发生率较高。育龄妇女长期大量服用维生素 C(如每日剂量大于 2 g 时)，会使生育能力降低。长期大量服用维生素 C，能降低白细胞的吞噬功能，使机体抗病能力下降。主要表现为皮疹、恶心、呕吐，严重时可发生过敏性休克，故不能滥用。

维生素 C 主要存在于水果和蔬菜中。猕猴桃、刺梨和番石榴中含量高，柑橘类、番茄、辣椒及某些浆果中也较丰富。动物性食品中只有牛奶和肝脏中含有少量维生素 C。

2. 维生素 B_1

维生素 B_1 又称硫胺素(thiamin)，是第一个以纯粹形式获得的维生素。硫胺素分子包含一个嘧啶和一个噻唑环，通过亚甲基桥连接而成。各种结构的硫胺素均具有维生素 B_1

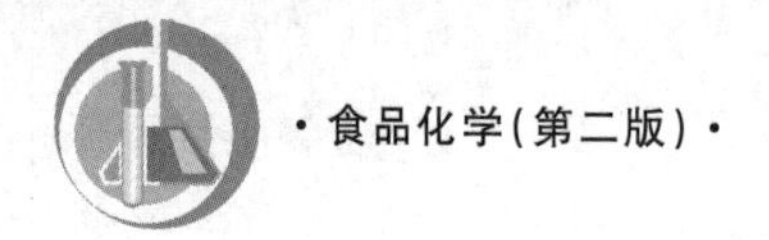

的活性。硫胺素分子中有两个碱基氮原子:一个在初级氨基基团中,另一个在具有强碱性质的四级胺中。因此,硫胺素能与酸类反应形成相应的盐。

硫胺素

硫胺素焦磷酸盐

硫胺素盐酸盐

硫胺素单硝酸盐

硫胺素为白色结晶,溶于水,微溶于乙醇,气味似酵母。硫胺素是B族维生素中最不稳定的一种。在中性或碱性条件下易降解,对热和光不敏感,酸性条件下较稳定。食品中其他组分也会影响硫胺素的降解。例如:单宁能与硫胺素形成加成物而使之失活;SO_2或亚硫酸盐对其有破坏作用;胆碱使其分子裂开,加速其降解;蛋白质与硫胺素的硫醇形式形成二硫化物阻止其降解。

在食品加工和储藏中硫胺素也有不同程度的损失。例如:面包焙烤破坏20%的硫胺素;牛奶巴氏消毒损失3%~20%;高温消毒损失30%~50%;喷雾干燥损失10%;滚筒干燥损失20%~30%。部分食品在加工后硫胺素损失见表1-5-1。

表1-5-1 食品加工后硫胺素的保留率

食　品	加工方法	硫胺素的保留率/(%)
谷物	膨化	48~90
马铃薯	浸没水中16 h后炒制	55~60
	浸没亚硫酸盐中16 h后炒制	19~24
大豆	水中浸泡后在水中或碳酸盐中煮沸	23~52
蔬菜	各种热处理	80~95
肉	各种热处理	83~94
冷冻鱼	各种热处理	77~100

硫胺素在低a_w和室温下储藏表现出良好的稳定性,而在高a_w和高温下长期储藏损失较大(图1-5-1)。

当a_w在0.1~0.65及37 ℃以下时,硫胺素几乎没有损失;温度上升到45 ℃且a_w高于0.4,尤其a_w在0.5~0.65时,硫胺素损失加快;当a_w高于0.65时,硫胺素的损失又降低。因此,储藏中温度是影响硫胺素稳定性的一个重要因素,温度越高,硫胺素的损失越大(表1-5-2)。

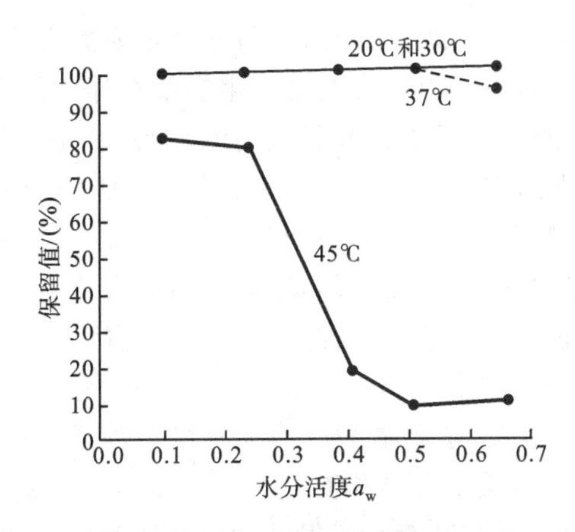

图 1-5-1 水分活度与温度对模拟早餐食品中硫胺素的保留情况的影响

表 1-5-2 食品储藏中硫胺素的保留率

食品	储藏 12 个月后的保留率/(%)	
	38 ℃	1.5 ℃
杏	35	72
青豆	8	76
利马豆	48	92
番茄汁	60	100
豌豆	68	100
橙汁	78	100

硫胺素在一些鱼类和甲壳动物类中不稳定。过去认为是硫胺素酶的作用，但现在认为至少应部分归因于含血红素的蛋白对硫胺素降解的非酶催化作用。在降解过程中，硫胺素的分子未裂开，可能发生了分子修饰。现已证实，热变性后的含血红素的蛋白参与了金枪鱼、猪肉和牛肉储藏加工中硫胺素的降解。

硫胺素的热降解通常包括分子中亚甲基桥的断裂，其降解速率和机制受 pH 值和反应介质影响较大。当 pH 值小于 6 时，硫胺素热降解缓慢，亚甲基桥断裂释放出较完整的嘧啶和噻唑组分；pH 值在 6～7 时，硫胺素的降解加快，噻唑环碎裂程度增加；当 pH 值为 8 时，降解产物中几乎没有完整的噻唑环，而是许多种含硫化合物等。因此，硫胺素热分解产生“肉香味”可能与噻唑环释放下来后进一步形成硫、硫化氢、呋喃、噻唑和二氢噻吩有关。

硫胺素的吸收主要在空肠，吸收方式为主动转运和被动扩散。进入细胞后的硫胺素即被磷酸化而成为磷酸酯。硫胺素的磷酸酯形式包括硫胺素一磷酸(TMP)、硫胺素焦磷酸(TPP)以及硫胺素三磷酸(TTP)。在动物组织中游离的硫胺素和其磷酸化形式均以不同数量存在，以 TPP 最为丰富，约占总硫胺素的 80%，TTP 占 5%～10%，其余为 TMP 和硫胺素。在动物体内，这 4 种形式都可以互相转化。成人体内有 25～30 mg 硫胺素，广泛分布于各种组织中，以肝脏、肾脏、心脏为最高。

TPP是硫胺素的主要辅酶形式,在体内参与两个重要的反应,即α-酮酸的氧化脱羧反应和磷酸戊糖途径的转酮醇作用。前者是发生在线粒体中的生物氧化过程的关键环节,TPP作为丙酮酸脱氢酶和α-酮戊二酸脱氢酶的辅酶,参与丙酮酸和α-酮戊二酸的氧化脱羧作用。从葡萄糖、脂肪酸、支链氨基酸衍生来的丙酮酸和α-酮戊二酸需经氧化脱羧产生乙酰CoA和琥珀酰CoA,才能进入柠檬酸循环,并产生维持生命必需的能量,这是能量代谢中最复杂和最重要的反应之一,因此,缺乏硫胺素时,会对机体造成广泛的损伤。除TPP外,也需要下列辅助因素:含有泛酸的辅酶A、含有尼克酸的烟酰胺腺嘌呤二核苷酸(NAD)、镁离子和硫辛酸。

TPP也与转酮醇作用有关,这是磷酸戊糖途径的一种重要的反应,通过胞浆酶转酮醇酶进行催化反应,把2或3碳部分转移而发生3、4、5、6、7-碳糖类的可逆的互交。转酮醇作用不是碳水化合物代谢中主要糖酵解循环的一个直接途径,但它是核酸合成中的戊糖以及脂肪酸合成中的NADPH的一个重要来源。因在硫胺素缺乏时,转酮醇酶的活性会很快下降,所以测定红细胞中转酮醇酶活性可用来作为评价硫胺素营养状况的一种可靠方法。

硫胺素在维持神经、肌肉特别是心肌的正常功能以及维持正常食欲、胃肠道的蠕动和消化液的分泌等,都有明显的作用。这种功能属于非辅酶功能,可能与TPP直接激活神经细胞的氯化物通道,通过控制有功能的通道的数量而控制神经传导的启动。

维生素B_1摄入不足和酒精中毒是硫胺素缺乏的最常见的原因。人及多种动物硫胺素摄入不足最终导致脚气病。发病早期病人可有体弱疲倦、烦躁、头痛、食欲不振及其他胃肠症状,持续缺乏时则会出现心血管系统和神经系统症状。心血管系统的表现包括心脏肥大和扩张(尤其是右心室)、心动过速、呼吸窘迫以及腿部水肿;神经系统症状有腱反射亢进、多发性神经炎,其肌肉软弱无力和疼痛,并有抽搐,“灼足综合征”常发生于多发性神经炎的早期。硫胺素缺乏严重时,神经和心血管系统症状可能同时出现,还可致命。在发达国家硫胺素的亚临床缺乏较普遍,症状不明显,主要有疲倦、头痛、劳动能力降低等。在人的中枢神经系统方面,硫胺素缺乏可能引起韦尼克(Wernicke)脑病和科尔萨科夫(Korsakoff)精神病,这两种情况是酒精中毒者的典型体征。韦尼克脑病出现的特点是精神错乱、共济失调、眼肌麻痹、精神病及昏迷等,科尔萨科夫精神病是一种遗忘性精神病。酒精中毒患者由于硫胺素摄入量低、吸收和利用受损,还可能有硫胺素排泄量增加,因而引起硫胺素的缺乏。另外一些有患此病危险的人是经过长期透析治疗的肾病患者、静脉输液持续较长时间的病人以及慢性发烧的传染病人。饮茶太多或吃大量生鱼的人也有发生缺乏症的危险。

硫胺素过量摄入除可能使胃感到不适外未见有其他毒性反应,但在通过皮下、肌肉或静脉内注射达每日推荐摄入量100～200倍时可发生过敏性反应,应予注意。

硫胺素体内储存很少,需要经常摄取。由于硫胺素与能量代谢有密切关系,因而过去曾认为硫胺素的供给应与每日的能量供给成正比,但很多学者的观察认为,两者的相关性并不明显,故不以能量作为依据。对于婴儿按每日硫胺素摄入量与良好的健康状况制定其适宜摄入量(AI);对于成人,根据控制膳食中硫胺素较低水平而每日补给不同量硫胺素,检测尿或血中的营养评价而得出平均需要量(EAR),并算出推荐摄入量(RNI)。

硫胺素广泛分布于动、植物食品中，其中在动物内脏、鸡蛋、马铃薯、核果及全粒小麦中含量较丰富。

3. 维生素 B_2

维生素 B_2 又称核黄素，是具有糖醇结构的异咯嗪衍生物。自然状态下常常磷酸化，在机体代谢中起辅酶作用。核黄素的生物活性形式是黄素单核甘酸(flavin mononucleotide，FMN)和黄素腺嘌呤二核甘酸(flavin adenine dinucleotide，FAD)，两者是细胞色素还原酶、黄素蛋白等的组成部分。FAD 起电子载体的作用，在葡萄糖、脂肪酸、氨基酸和嘌呤的氧化中起重要作用。两种活性形式之间可通过食品中或胃肠道内的磷酸酶催化而相互转变。

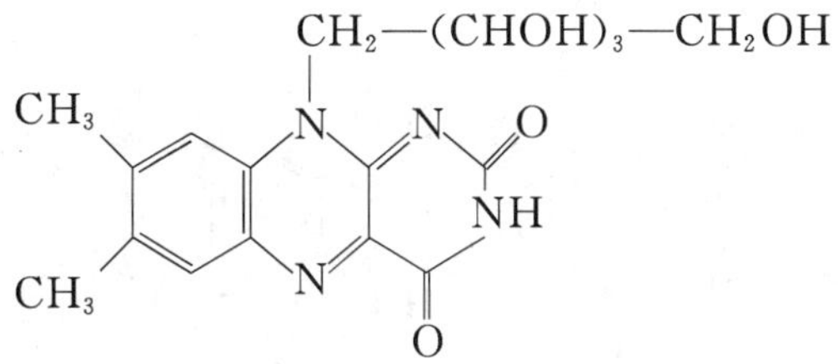

核黄素

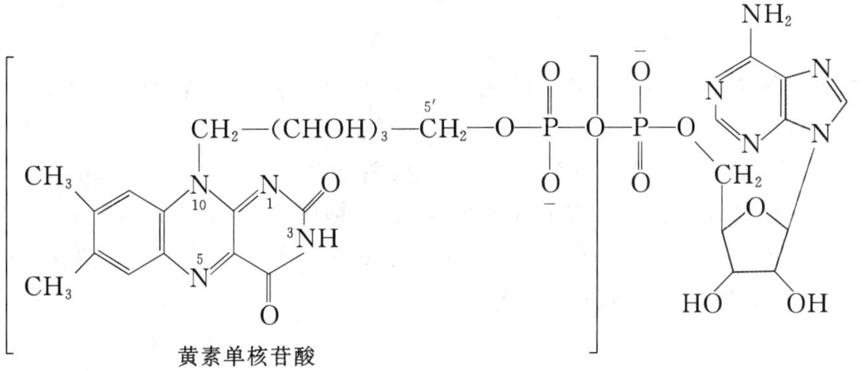

黄素单核苷酸

黄素腺嘌呤二核苷酸

食品中核黄素与硫酸和蛋白质结合形成复合物。动物性食品富含核黄素，尤其是肝、肾和心脏；奶类和蛋类中含量较丰富；豆类和绿色蔬菜中也含一定量的核黄素。

核黄素在酸性条件下最稳定，中性时稳定性降低，在碱性介质中不稳定。核黄素对热稳定，在食品加工、脱水和烹调中损失不大。引起核黄素降解的主要因素是光，光降解反应分为两个阶段：第一阶段是在光辐照表面的迅速破坏阶段；第二阶段为一级反应，系慢速阶段。光的强度是决定整个反应速度的因素。酸性条件下，核黄素光解为光色素，碱性或中性条件下光解生成光黄素。光黄素是一种强氧化剂，对其他维生素尤其是抗坏血酸有破坏作用。核黄素的光氧化与食品中多种光敏氧化反应关系密切。例如，牛奶在日光下存放 2 h 后核黄素损失 50%以上；放在透明玻璃器皿中也会产生“日光臭味”，导致营养价值降低。若改用不透明容器存放就可避免这种现象的发生。

核黄素参与机体内许多氧化还原反应，一旦缺乏将影响机体呼吸和代谢，出现溢出性皮脂炎、口角炎和角膜炎等病症。

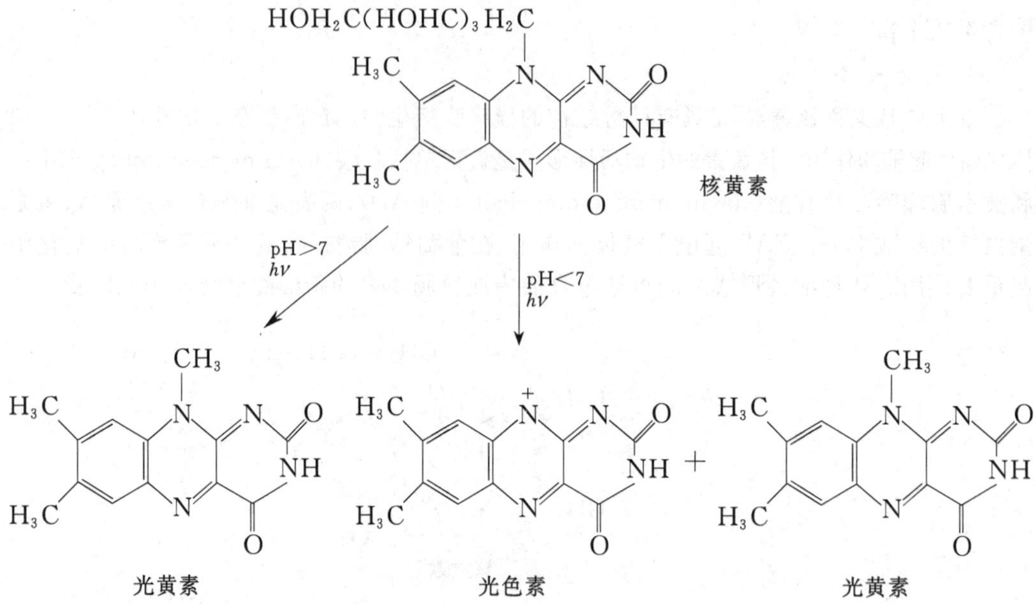

$HOH_2C(HOHC)_3H_2C$

核黄素

pH>7 $h\nu$　　pH<7 $h\nu$

光黄素　　光色素　　光黄素

4. 烟酸

烟酸又称维生素 B_5 或维生素 PP,包括尼克酸和尼克酰胺。它们的天然形式均有相同的烟酸活性。在生物体内其活性形式是烟酰胺腺嘌呤二核苷酸(nicotinamide adenine dinucleotide,NAD)和烟酰胺腺嘌呤二核苷酸磷酸(nicotinamide adenine dinucleotide phosphate,NADP)。它们是许多脱氢酶的辅酶,在糖酵解、脂肪合成及呼吸作用中发挥重要的生理功能。烟酸广泛存在于动、植物体内,酵母、肝脏、瘦肉、牛乳、花生、黄豆中含量丰富,谷物皮层和胚芽中含量也较高。

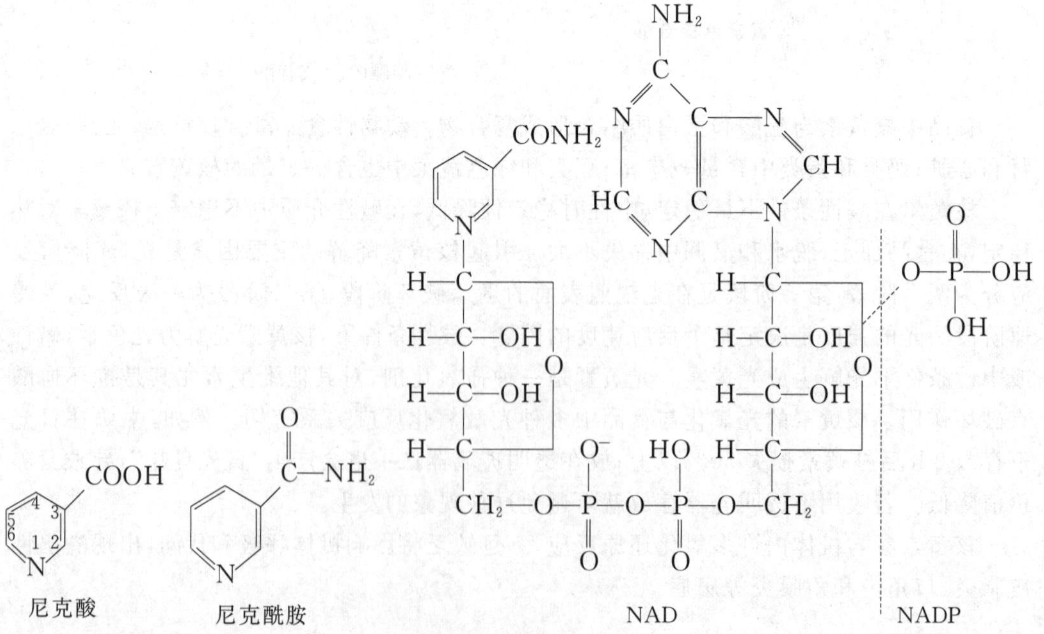

尼克酸　　尼克酰胺　　NAD　　NADP

烟酸是最稳定的维生素，对光和热不敏感，在酸性或碱性条件下加热可使烟酰胺转变为烟酸，其生物活性不受影响。烟酸的损失主要与加工中原料的清洗、烫漂和修整等有关。

烟酸具有抗癞皮病的作用。当缺乏时会出现癞皮病，临床表现为“三D症”，即皮炎(dermatitis)、腹泻(diarrhea)和痴呆(dementia)。这种情况常发生在以玉米为主食的地区，因为玉米中的烟酸与糖形成复合物，阻碍了在人体内的吸收和利用，碱处理可以使烟酸游离出来。

5. 维生素 B_6

维生素 B_6 是指在性质上紧密相关、具有潜在维生素 B_6 活性的三种天然存在的化合物，包括吡哆醛、吡哆醇和吡哆胺。三者均可在5′-羟甲基位置上发生磷酸化，三种形式在体内可相互转化。其生物活性形式以磷酸吡哆醛为主，也有少量的磷酸吡哆胺。它们作为辅酶参与体内的氨基酸、碳水化合物、脂类和神经递质的代谢。

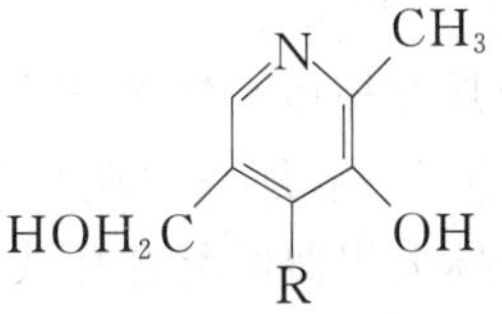

吡哆醛：R＝CHO

吡哆醇：R＝CH_2OH

吡哆胺：R＝CH_2NH_2

维生素 B_6 在蛋黄、肉、鱼、奶、全谷、白菜和豆类中含量丰富。其中，谷物中主要是吡哆醇，动物产品中主要是吡哆醛和吡哆胺，牛奶中主要是吡哆醛。

维生素 B_6 的各种形式对光敏感，光降解最终产物是4-吡哆酸或4-吡哆酸-5′-磷酸。这种降解可能是自由基中介的光化学氧化反应，但并不需要氧的直接参与，氧化速度与氧的存在关系不大。维生素 B_6 的非光化学降解速度与pH值、温度和其他食品成分关系密切。在避光和低pH值下，维生素 B_6 的三种形式均表现出良好的稳定性，吡哆醛在pH值为5时损失最大，吡哆胺在pH值为7时损失最大。

在食品加工中维生素 B_6 可发生热降解和光化学降解。吡哆醛能与蛋白质中的氨基酸反应生成含硫衍生物，导致维生素 B_6 的损失；吡哆醛与赖氨酸的ε-氨基反应生成Shiff碱，降低维生素 B_6 的活性。维生素 B_6 可与自由基反应生成无活性的产物。在维生素 B_6 三种形式中，吡哆醇最稳定，常被用于营养强化。

6. 叶酸

叶酸包括一系列结构相似、生物活性相同的化合物，分子结构中含有蝶呤、对氨基苯甲酸和谷氨酸三部分。其商品形式中含有一个谷氨酸残基，称为蝶酰谷氨酸，天然存在的蝶酰谷氨酸有3～7个谷氨酸残基。

绿色蔬菜和动物肝脏中富含叶酸，乳中含量较低。蔬菜中的叶酸呈结合型，而肝中的叶酸呈游离态。人体肠道中可合成部分叶酸。

叶酸

叶酸对热、酸较稳定,但在中性和碱性条件下很快被破坏,光照时更易分解。各种叶酸的衍生物以叶酸最稳定,四氢叶酸最不稳定,当被氧化后失去活性。亚硫酸盐使叶酸还原裂解,硝酸盐可与叶酸作用生成 *N*-10-硝基衍生物,对小白鼠有致癌作用。Cu^{2+} 和 Fe^{3+} 催化叶酸氧化,且 Cu^{2+} 作用大于 Fe^{3+};柠檬酸等螯合剂可抑制金属离子的催化作用;维生素 C、硫醇等还原性物质对叶酸具有稳定作用。

7. 维生素 B_{12}

维生素 B_{12} 由几种密切相关的具有相似活性的化合物组成,这些化合物都含有钴,又称钴胺素,是一种红色的晶体。维生素 B_{12} 是一共轭复合体,中心为钴原子。分子结构中主要包括两部分:一部分是与铁卟啉很相似的复合环式结构,另一部分是与核苷酸相似的5,6-二甲基-1-(α-D-核糖呋喃酰)苯并咪唑-3′磷酸酯。

R=CN,CH_3,H_2O,OH,NO_2或其他配基

维生素 B_{12}

维生素 B_{12} 在 pH 值为 4~7 时最稳定;在接近中性条件下长时间加热可造成较大的损失;碱性条件下酰胺键发生水解生成无活性的羧酸衍生物;pH 值低于 4 时,其核苷酸组分发生水解,强酸下发生降解。

抗坏血酸、亚硫酸盐、Fe^{2+}、硫胺素和烟酸可促进维生素 B_{12} 的降解。辅酶形式的维生素 B_{12} 可发生光化学降解生成水钴胺素,但生物活性不变。食品加工过程中热处理对维生素 B_{12} 影响不大,例如肝脏在 100 ℃水中煮制 5 min 维生素 B_{12} 只损失 8%;牛奶巴氏消毒只破坏很少的维生素 B_{12};冷冻方便食品(如鱼、炸鸡和牛肉)加热时可保留 79%~100%的维生素 B_{12}。

植物性食品中维生素 B_{12} 很少,其主要来源是菌类食品、发酵食品以及动物性食品(如肝脏、瘦肉、肾脏、牛奶、鱼、蛋黄等)。人体肠道中的微生物也可合成一部分供人体利用。通过放线菌(如灰链霉菌等)可大量合成维生素 B_{12},工业上利用此类菌的培养液生产维生

素 B_{12}。维生素 B_{12} 的全合成已于 1973 年由 R. B. 伍德沃德完成，这在有机合成上是一件非常突出的工作。

维生素 B_{12} 缺乏时，红细胞的生存时间有中度缩短，骨髓内虽然各阶段的巨幼细胞增多，但不发生代偿，因而出现贫血。

8. 泛酸

泛酸的结构为 D-(+)-*N*-2,4-二羟基-3,3-二甲基丁酰-*β*-丙氨酸，它是辅酶 A 的重要组成部分。泛酸在肉、肝脏、肾脏、水果、蔬菜、牛奶、鸡蛋、酵母、全麦和核果中含量丰富，动物性食品中的泛酸大多呈结合态。

泛酸

泛酸在 pH 值为 5～7 时最稳定，在碱性溶液中易分解。食品加工过程中，随着温度的升高和水溶流失程度的增大，泛酸损失 30%～80%。热降解的原因可能是 *β*-丙氨酸和 2,4-二羟基-3,3-二甲基丁酸之间的连接键发生了酸催化水解。食品储藏中泛酸较稳定，尤其是低 a_w 的食品。

9. 生物素

生物素的基本结构是脲和带有戊酸侧链噻吩组成的五元骈环，有八种异构体，天然存在的为具有活性的 D-生物素。

生物素

生物素广泛存在于动、植物食品中，在肉、肝、肾、牛奶、蛋黄、酵母、蔬菜和蘑菇中含量丰富。生物素在牛奶、水果和蔬菜中呈游离态，而在动物内脏和酵母等中与蛋白质结合。人体肠道细菌可合成相当部分的生物素。生物素可因食用生鸡蛋清而失活，这是由一种称为抗生物素的糖蛋白引起的，加热后就可破坏这种拮抗作用。

生物素对光、氧和热非常稳定，但强酸、强碱会导致其降解。某些氧化剂（如过氧化氢）使生物素分子中的硫氧化，生成无活性的生物素或生物素硫氧化物。此外，生物素环上的羰基也可与氨基发生反应。食品加工和储藏中生物素的损失较小，所引起的损失主要是溶水流失，也有部分是由于酸碱处理和氧化造成。

5.1.2 脂溶性维生素

维生素 A、D、E、K 均不易溶于水而易溶于非极性有机溶剂，因此称脂溶性维生素。

在食物中多与脂质共存，可随脂肪被人体吸收并在体内储积，排泄率不高。

1. 维生素 A

维生素 A 是一类分子内含 20 个碳原子的具有活性的不饱和碳氢化合物，有多种形式。其羟基可被酯化或转化为醛或酸，也能以游离醇的状态存在。主要有维生素 A_1(视黄醇)及其衍生物(醛、酸、酯)、维生素 A_2(脱氢视黄醇)。

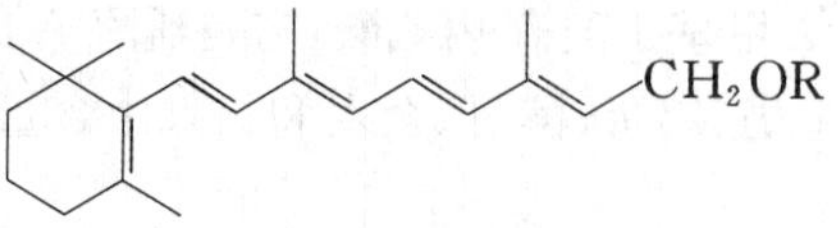

CH_2OR　　CH_2OR

维生素A_1 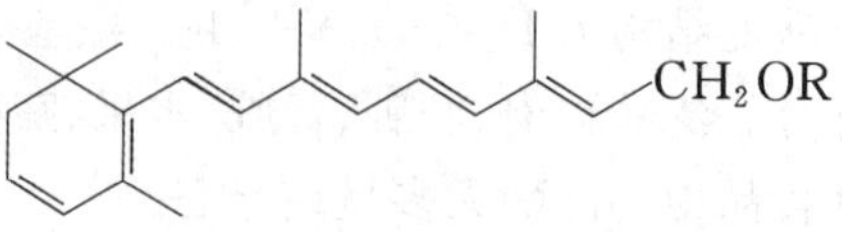　　维生素A_2

R=H、$COCH_3$(乙酸酯)、$CO(CH_2)_{14}CH_3$(棕榈酸酯)

维生素 A_1结构中存在共轭双键(异戊二烯类)，有多种顺反立体异构体。食物中的维生素 A_1主要是全反式结构，生物效价最高。维生素 A_2的生物效价只有维生素 A_1的 40%，而 1,3-顺异构体(新维生素 A)的生物效价是维生素 A_1的 75%。新维生素 A 在天然维生素 A 中占 1/3 左右，而在人工合成的维生素 A 中很少。维生素 A_1主要存在于动物的肝脏和血液中，维生素 A_2主要存在于淡水鱼中。蔬菜中没有维生素 A，但含有的胡萝卜素进入体内后可转化为维生素 A_1，通常称为维生素 A 原或维生素 A 前体，其中以 β-胡萝卜素转化效率最高，1 分子的 β-胡萝卜素可转化为 2 分子的维生素 A。

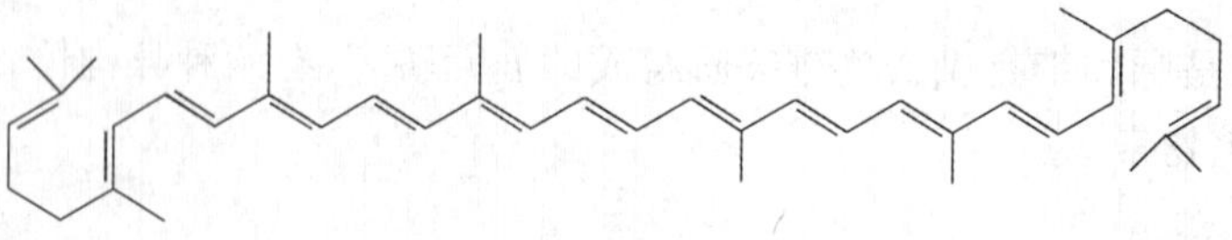

番茄红素

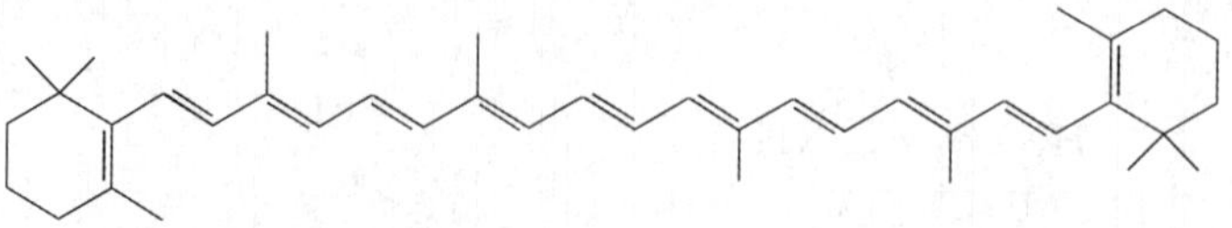

β-胡萝卜素

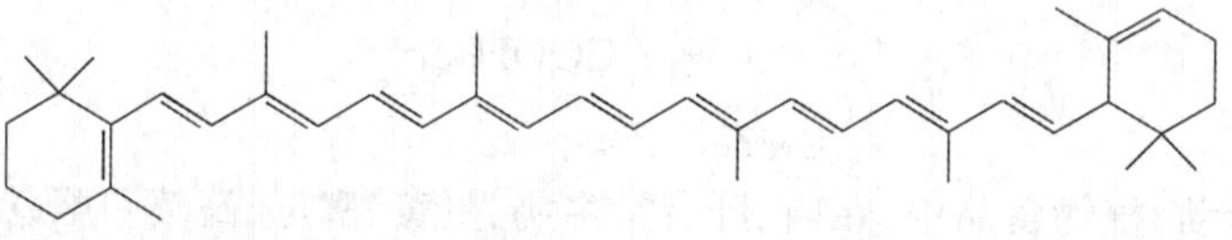

α-胡萝卜素

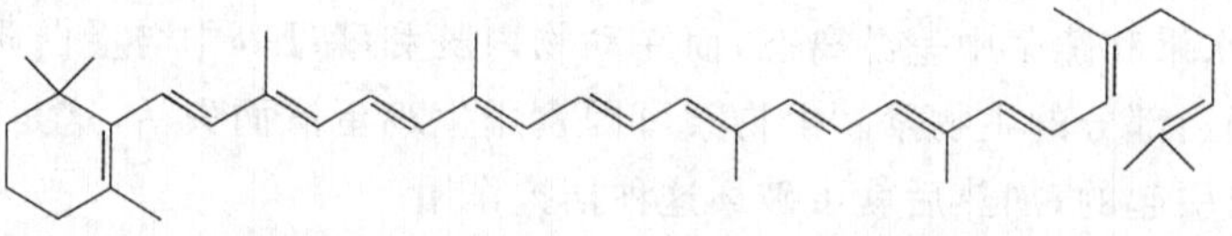

γ-胡萝卜素

几种胡萝卜素的结构式

维生素 A 的含量可用国际单位(IU)或美国药典单位(USP)表示。1 IU=0.344 μg 维生素乙酸酯=0.549 μg 棕榈酸酯=0.600 μg β-胡萝卜素。国际组织采用了生物当量单位来表示维生素 A 的含量，即 1 μg 视黄醇=1 标准维生素 A 视黄醇当量(RE)。

在食品加工和储藏中，维生素 A 对光、氧和氧化剂敏感，高温和金属离子可加速其分解，在碱性和冷冻环境中较稳定，储藏中的损失主要取决于脱水的方法和避光情况。

在无氧条件下，β-胡萝卜素通过顺反异构作用转变为新 β-胡萝卜素，例如蔬菜的烹调和罐装。有氧时，β-胡萝卜素先氧化生成 5,6-环氧化物，然后异构为 5,8-环氧化物。光、酶及脂质过氧化物的共同氧化作用导致 β-胡萝卜素的大量损失。光氧化的产物主要是5,8-环氧化物。高温时 β-胡萝卜素分解形成一系列芳香化合物,其中最重要的是紫罗烯,它与食品风味的形成有关。

人和动物感受暗光的物质是视紫红质,它的形成与生理功能的发挥与维生素 A 有关。当体内缺乏时引起表皮细胞角质、夜盲症等。引起维生素 A 缺乏的原因不仅在于摄入不足,而且可以由于小肠吸收不良或维生素 A 源的转变较低(如发生肝病时)。另外,缺锌也可影响维生素 A 的代谢而引起维生素 A 不足。长期进食低脂食物的人,其维生素 A 源的利用不良,也能造成维生素 A 缺乏。肠道疾病(如重度痢疾、腹腔疾病、胰腺囊性纤维化等)都限制维生素 A 的吸收。每天摄入 3 mg 维生素 A,就有导致骨质疏松的危险。长期每天摄入 3 mg 维生素 A 会使食欲不振、皮肤干燥、头发脱落、骨骼和关节疼痛,甚至引起孕妇流产。

维生素 A 只存在于动物性食品(肝、蛋、奶、肉)中,尤其以鱼肝油含量最为丰富。植物中不含维生素 A,但是在很多植物性食品尤其是黄绿色植物中含有类胡萝卜素物质,如胡萝卜、红辣椒、菠菜、芥菜等有色蔬菜和水果中也含有较多的这种具有维生素 A 效能的物质。每 100 g 鲜胡萝卜肉中,含 9.9 mg 胡萝卜素,其中 7.7 mg 为 β-胡萝卜素。它们被吸收后,在小肠、肝脏内可转变为维生素 A。胡萝卜素有近 10 种异构体,但 β-胡萝卜素最重要。尽管理论上 1 分子 β-胡萝卜素可以生成 2 分子维生素 A,但因为胡萝卜素的吸收不良,转变有限,所以实际上 6 μg β-胡萝卜素才具有 1 μg 维生素 A 的生物活性。

冷藏食品可保持大部分维生素 A,而经过日光暴晒过的食品其维生素 A 则大量被破坏。天然食品中维生素 A 含量较稳定,脱水食品中则大量被破坏。

2. 维生素 D

维生素 D 是一类固醇衍生物。天然的维生素 D 主要有维生素 D_2(麦角钙化醇)和维生素 D_3(胆钙化醇)。

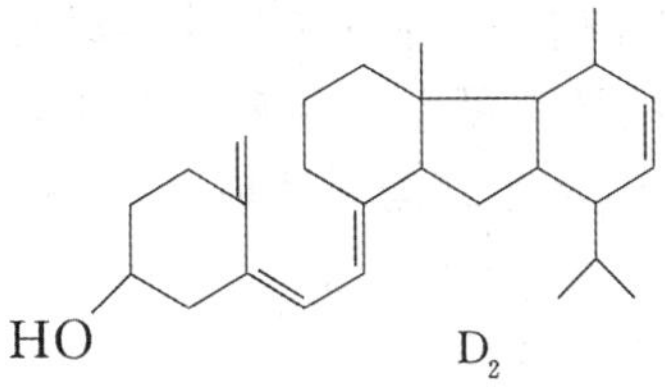

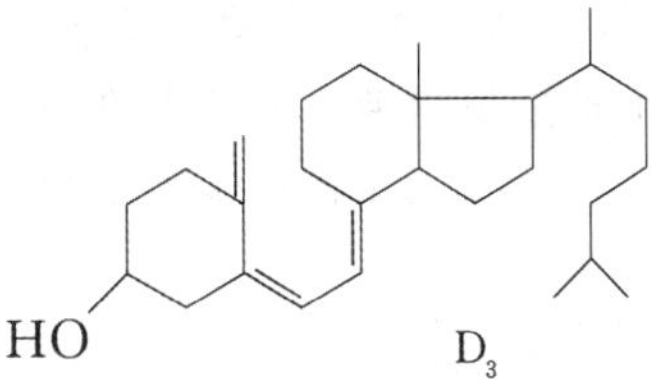

HO D_2 HO D_3

植物及酵母中的麦角固醇经紫外线照射后转化为维生素 D_2,鱼肝油中也含有少量的维生素 D_2。人和动物皮肤中的 7-脱氢胆固醇经紫外线照射后可转化为维生素 D_3。维生素 D_3 广泛存在于动物性食品中,以鱼肝油中含量最高,鸡蛋、牛乳、黄油、干酪中含量较少。

维生素 D 的生物活性形式为 1,25-二羟基胆钙化醇,1 μg 维生素 D 相当于 40 IU。维生素 D 十分稳定,消毒、煮沸及高压灭菌对其活性无影响;冷冻储存对牛乳和黄油中维生素 D 的影响不大。维生素 D 的损失主要与光照和氧化有关。其光解机制可能是直接光化学反应或由光引发的脂肪自动氧化间接涉及反应。维生素 D 易发生氧化主要因为分子中含有不饱和键。

维生素 D 主要与钙、磷代谢有关。维生素 D 可激活钙蛋白酶,使牛肉嫩化。维生素

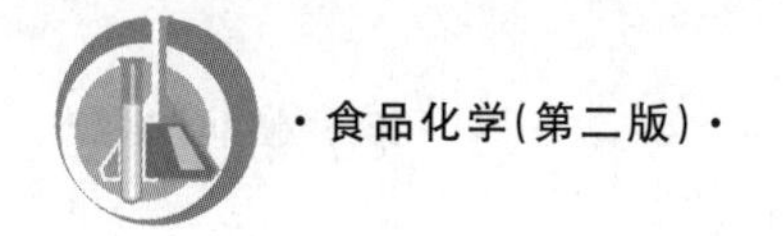

D能调节并促进小肠对食物中钙和磷的吸收，维持血中钙和磷的正常浓度，促进骨骼和牙齿的钙化作用。

缺乏维生素D时，儿童易患佝偻病，成人可引起骨质疏松症，特别是孕妇和乳母更是如此。肾脏、肝脏是维生素D的重要代谢器官，慢性肝病、肾病患者易缺乏维生素D。婴幼儿及孕妇也易缺乏。正常成人所需要的维生素D主要来源于胆固醇，它可以脱氢转变为7-脱氢胆固醇并储存于皮肤内，也可直接由乙酰CoA合成。7-脱氢胆固醇经紫外线照射可再转变为维生素D_3，并运输到全身各器官。只要充分接受阳光照射，即完全可以满足生理需要。因此，日光浴是预防维生素D缺乏的主要方法之一，适当的日光浴和户外运动可预防佝偻病的发生。如果不适当地过量服用维生素D可引起中毒症状。急性中毒症状经过数天(2～8天)发生，表现为食欲下降、恶心、呕吐、腹泻、头疼、多尿等。

在鱼肝油中维生素D含量丰富，在肝脏、奶、蛋黄、肾、皮肤等器官组织中含量也较多。

3. 维生素E

维生素E是具有α-生育酚类似活性的生育酚和生育三烯酚的总称。生育三烯酚与母育酚结构上的区别在于其侧链的3′、7′和11′处有双键。

母育酚

α-生育酚

维生素E的活性成分主要是α、β、γ和δ四种异构体。这几种异构体具有相同的生理功能，以α-生育酚最重要。母育酚的苯并二氢吡喃环上可有一到多个甲基取代物。甲基取代物的数目和位置不同，其生物活性也不同，其中α-生育酚活性最大。

	R_1	R_2	R_3
α	CH_3	CH_3	CH_3
β	CH_3	H	CH_3
γ	H	CH_3	CH_3
δ	H	H	CH_3
生育酚	H	H	H

生育酚异构体

维生素E广泛分布于种子、种子油、谷物、水果、蔬菜和动物产品中。植物油和谷物胚芽油中含量高。

维生素E易受分子氧和自由基的氧化。各种维生素E的异构体在未酯化前均具有抗氧化剂的活性。它们通过贡献一个酚基氢和一个电子来淬灭自由基。在肉类腌制中，亚硝胺的合成是通过自由基机制进行的，维生素E可清除自由基，防止亚硝胺的合成。

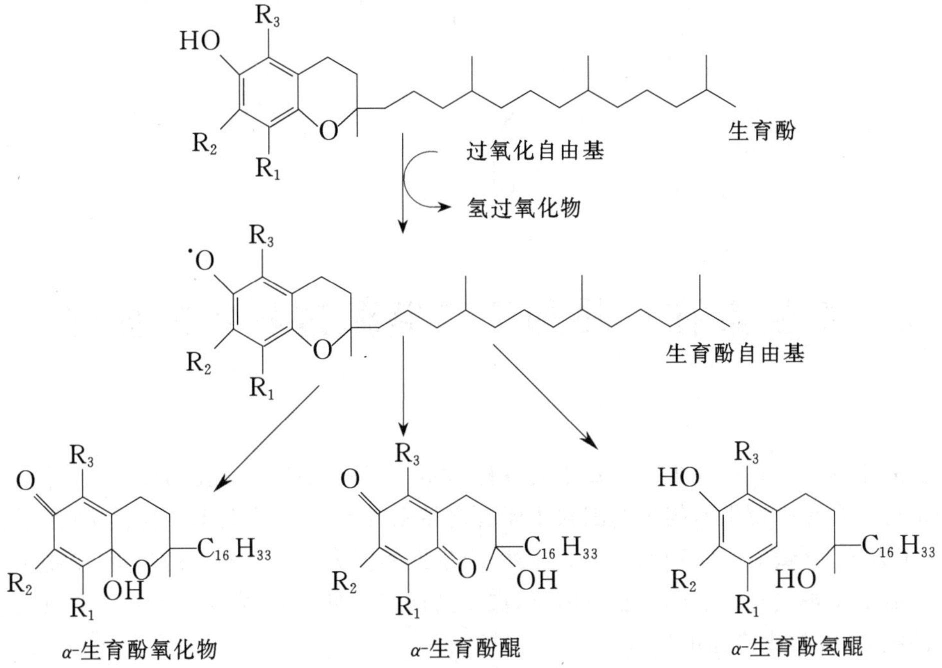

α-生育酚的氧化降解途径

生育酚是良好的抗氧化剂，广泛用于食品中，尤其是动、植物油脂中。它主要通过淬灭单线态氧而保护食品中其他成分。在生育酚的几种异构体中，与单线态氧反应的活性大小依次为$\alpha>\beta>\gamma>\delta$，而抗氧化能力大小顺序为$\delta>\gamma>\beta>\alpha$。维生素E和维生素$D_3$共同作用可获得牛肉最佳的“色泽-嫩度”。

在食品加工储藏中常常会造成维生素E的大量损失。例如，谷物机械加工去胚时，维生素E大约损失80%；油脂精炼也会导致维生素E的损失；脱水可使鸡肉和牛肉中维生素E损失36%～45%；肉和蔬菜罐头制作中维生素E损失41%～65%；油炸马铃薯在23 ℃下储存一个月维生素E损失71%，储存两个月损失77%。此外，氧气、氧化剂和碱对维生素E也有破坏作用，某些金属离子（如Fe^{2+}等）可促进维生素E的氧化。

4. 维生素K

维生素K是由一系列萘醌类物质组成。常见的有维生素K_1（即叶绿醌）、维生素K_2（即聚异戊烯基甲基萘醌）和维生素K_3（即2-甲基-1，4萘醌）。K_1主要存在于植物中，K_2由小肠合成，K_3由人工合成。K_3的活性比K_1和K_2高。

维生素K对热相当稳定，遇光易降解。其萘醌结构可被还原成氢醌，但仍具有生物活性。维生素K具有还原性，可清除自由基，保护食品中其他成分（如脂类）不被氧化，并减少肉品腌制中亚硝胺的生成。维生素K控制血液凝结，是四种凝血蛋白（凝血酶原、转变加速因子、抗血友病因子和司徒因子）在肝内合成必不可少的物质。缺乏维生素K会延迟血液凝固，引起新生儿出血。

牛肝、鱼肝油、蛋黄、乳酪、优酪乳、优格、海藻、紫花苜蓿、菠菜、甘蓝菜、莴苣、花椰菜、豌豆、香菜、大豆油、螺旋藻、藕中含维生素K较多。

维生素K

K_1：R=

K_2：R=

K_3：R=H

5.2 维生素在食品加工与储藏过程中的变化

食品中的维生素在加工与储藏中受各种因素的影响，其损失程度取决于各种维生素的稳定性。食品中维生素损失的因素主要有食品原料本身，如品种和成熟度、加工前预处理、加工方式、储藏的时间和温度等。此外，维生素的损失与原料栽培的环境、植物采后或动物宰后的生理也有一定的关系。因此，在食品加工与储藏过程中应最大限度地减少维生素的损失，并提高产品的安全性。

5.2.1 维生素在食品加工中的变化

1. 食品加工前预处理

加工前的预处理与维生素的损失程度关系很大。水果和蔬菜的去皮、整理常会造成浓集于表皮或老叶中的维生素的大量流失。据报道，苹果皮中维生素C的含量比果肉高3～10倍；柑橘皮中的维生素C比汁液高，莴苣和菠菜外层叶中维生素B和维生素C比内层叶中高。在清洗水果和蔬菜时，一般维生素的损失很少，但要注意避免挤压和碰撞；也尽量避免切后清洗造成水溶性维生素的大量流失。对于化学性质较稳定的水溶性维生素(如泛酸、烟酸、叶酸、核黄素等)，溶水流失是最主要的损失途径。

2. 食品加工过程的影响

1) 碾磨

碾磨是谷物所特有的加工方式。谷物在磨碎后，其中的维生素比完整的谷粒中含量有所降低，并且与种子的胚乳和胚、种皮的分离程度有关。因此，粉碎对各种谷物种子中维生素的影响不一样。

此外，不同的加工方式对维生素损失的影响也有差异，谷物精制程度越高，维生素损失越严重。例如，小麦在碾磨成面粉时，出粉率不同，维生素的存留也不同(图1-5-2)。有人测定了不同出粉率的面粉中维生素存留情况，发现加工越精细，维生素损失越多。以维生素B_1为例，当出粉率为90%时，只损失4%，出粉率为80%时，损失为10%，随着出粉率进一步降低，B族维生素的损失越来越多，出粉率为70%、60%、50%和40%时，维生素B_1损失分别达到76%、90%、94%和97%。

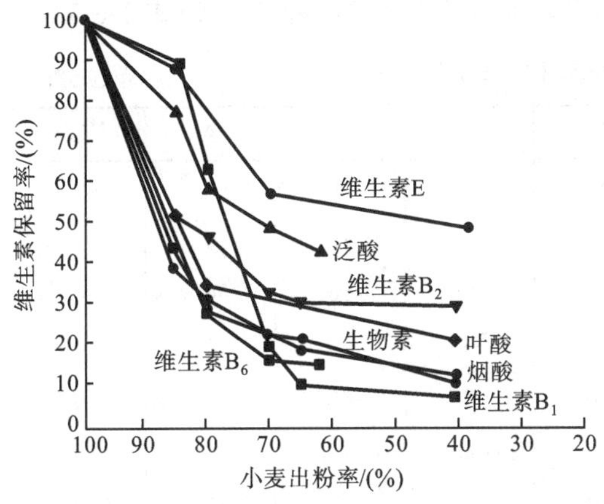

图 1-5-2 小麦出粉率与面粉中维生素保留率之间的关系

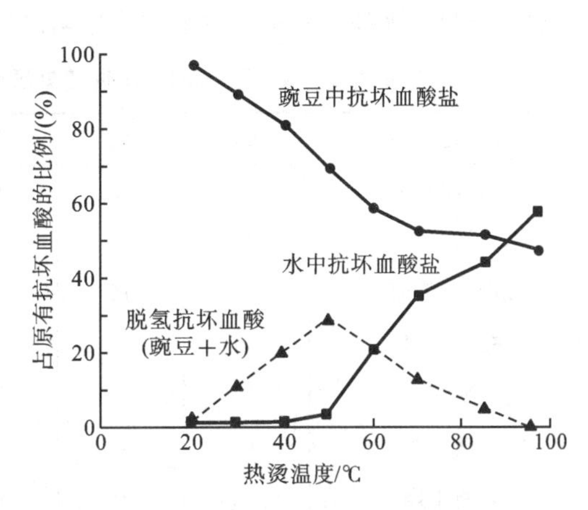

图 1-5-3 豌豆在不同温度水中热烫 10 min 后维生素 C 的变化

2）热处理

（1）烫漂。烫漂是水果和蔬菜加工中不可缺少的处理方法。通过这种处理可以钝化影响产品品质的酶类、减少微生物污染及除去空气，有利于食品储存期间保持维生素的稳定（表 1-5-3）。但烫漂往往造成水溶性维生素大量流失。其损失程度与 pH 值、烫漂的时间和温度（图 1-5-3）、含水量、切口表面积、烫漂类型及成熟度有关。通常，短时间高温烫漂维生素损失较少，烫漂时间越长，维生素损失越大。产品成熟度越高，烫漂时维生素 C 和维生素 B_1 损失越少；食品切分越细，单位质量表面积越大，维生素损失越多。不同烫漂类型对维生素影响的顺序为沸水＞蒸汽＞微波。

表 1-5-3 青豆烫漂后储存维生素的损失 （单位：%）

处理方式	维生素 C	维生素 B_1	维生素 B_2
烫漂	90	70	40
未烫漂	50	20	30

（2）干燥。脱水干燥是保藏食品的主要方法之一。具体方法有日光干燥、烘房干燥、隧道式干燥、滚筒干燥、喷雾干燥和冷冻干燥。维生素 C 对热不稳定，干燥损失为 10%～15%，但冷冻干燥对其影响很小。喷雾干燥和滚筒干燥时乳中硫胺素的损失大约为 10% 和 15%，而维生素 A 和维生素 D 几乎没有损失。蔬菜烫漂后空气干燥时硫胺素的损失平均为豆类 5%、马铃薯 25%、胡萝卜 29%。

（3）加热。加热是延长食品保藏期最重要的方法，也是食品加工中应用最多的方法之一。热加工有利于改善食品的某些感官性状（如色、香、味等），提高营养素在体内的消化和吸收，但热处理会造成维生素不同程度的损失。高温加快维生素的降解，pH 值、金属离子、反应活性物质、溶氧浓度以及维生素的存在形式影响降解的速度。隔绝氧气、除去某些金属离子可提高维生素 C 的保留率。

为了提高食品的安全性，延长食品的货架期，杀死微生物，食品加工中还常采用灭菌方法。高温短时杀菌不仅能有效杀死有害微生物，而且可以较大程度地减少维生素的损失(表 1-5-4)。罐装食品杀菌过程中维生素的损失与食品及维生素的种类有关(表 1-5-5)。

表 1-5-4　不同热处理牛奶中维生素的损失

(单位:%)

热　处　理	B_1	B_2	H	B_{12}	C	A	D
63 ℃,30 min	10	0	0	10	20	0	0
72 ℃,15 s	10	0	0	10	10	0	0
超高温杀菌	10	10	0	20	10	0	0
瓶装杀菌	35	0	0	90	50	0	0
浓缩	40	0	10	90	60	0	0
加糖浓缩	10	0	10	30	15	0	0
滚筒干燥	15	0	10	30	30	0	0
喷雾干燥	10	0	10	20	20	0	0

表 1-5-5　罐装食品加工时维生素的损失

(单位:%)

食　　品	生物素	叶酸	B_6	泛酸	A	B_1	B_2	尼克酸	C
芦笋	0	75	64		43	67	55	47	54
青豆		57	50	60	52	62	64	40	79
甜菜		80	9	33	50	67	60	75	70
胡萝卜	40	59	80	54	9	67	60	33	75
玉米	63	72	0	59	32	80	58	47	58
蘑菇	54	84		54		80	46	52	33
青豌豆	78	59	69	80	30	74	64	69	67
菠菜	67	35	75	78	32	80	50	50	72
番茄	55	54		30	0	17	25	0	26

3) 冷却或冷冻

热处理后的冷却方式不同对食品中维生素的影响不同。空气冷却比水冷却时维生素的损失少,主要是因为水冷却时会造成大量水溶性维生素的流失。

冷冻通常认为是保持食品的感官性状、营养及长期保藏的最好方法。冷冻一般包括预冻结、冻结、冻藏和解冻。预冻结前的蔬菜烫漂会造成水溶性维生素的损失;预冻结期间只要食品原料在冻结前储存时间不长,维生素的损失就小。冷冻对维生素的影响因食品原料和冷冻方式而异。冻藏期间维生素损失较多(表 1-5-6),损失量取决于原料、预冻结处理、包装类型、包装材料及储藏条件等。冻藏温度对维生素 C 的影响很大。据报道,温度在 −18～−7 ℃,温度上升 10 ℃可引起蔬菜(如青豆、菠菜等)维生素 C 以 6～20 倍加速降解,水果(如桃和草莓等)维生素 C 以 30～70 倍加速降解。动物性食品(如猪肉)在冻藏期间维生素损失大,其原因有待于进一步研究。解冻对维生素的影响主要表现在水溶性维生素,动物性食品损失的主要是 B 族维生素。

表 1-5-6 蔬菜冻藏期间维生素 C 的损失

食品	鲜样中含量/(mg/g)	−18 ℃储存 6～12 个月的损失率(平均值与范围)/(%)
芦笋	0.33	12(12～13)
青豆	0.19	45(30～68)
青豌豆	0.27	43(32～67)
菜豆	0.29	51(39～64)
嫩茎花椰菜	1.13	49(35～68)
花椰菜	0.78	50(40～60)
菠菜	0.51	65(54～80)

总之，冷冻对食品中维生素的影响通常较小，但水溶性维生素由于冻前的烫漂或肉类解冻时汁液的流失损失 10%～14%。

4）辐照

辐照是利用原子能射线对食品原料及其制品进行灭菌、杀虫、抑制发芽和延期后熟等以延长食品的保存期，尽量减少食品中营养的损失。

辐照对维生素有一定的影响。水溶性维生素对辐照的敏感性主要取决于它们是处在水溶液中还是食品中，或是否受到其他组分的保护等。维生素 C 对辐照很敏感，其损失随辐照剂量的增大而增加(表 1-5-7)，这主要是水辐照后产生自由基破坏的结果。B 族维生素中，B_1 最易受到辐照的破坏。辐照对烟酸的破坏较小，经过辐照的面粉烤制面包时烟酸的含量有所增高，这可能是因为面粉经辐照加热后烟酸从结合型转变成游离型。脂溶性维生素对辐照的敏感程度大小依次为维生素 E>胡萝卜素>维生素 A>维生素 D>维生素 K。

表 1-5-7 不同辐照剂量对维生素 C 和烟酸的影响

吸收剂量/kGy	维生素浓度/(μg/mL)	保留率/(%)
0.1	100	98
0.25	100	85.6
0.5	100	68.7
1.5	100	19.8
2.0	100	3.5
4.0	50	100
4.0	10	72.0
4.0	10	14.0(烟酸)、71.8(维生素 C)

注：吸收剂量为受照物质单位质量所吸收的能量，国际单位为戈瑞(Gy)，1 戈瑞表示 1 千克(kg)物质吸收 1 焦耳(J)能量，1 kGy=1 kJ/kg。

5.2.2 产品储藏中维生素的损失

在食品储藏期间，维生素的损失与储藏温度关系密切。罐头食品冷藏保存一年后，维生素 B_1 的损失低于室温保存。包装材料对储存食品维生素的含量有一定的影响。例如，透明包装的乳制品在储藏期间会发生维生素 B_2 和维生素 D 的损失。

食品中脂类的氧化作用产生的氢过氧化物、过氧化物和环过氧化物会引起胡萝卜素、维生素 E 和维生素 C 等的氧化，也能破坏叶酸、生物素、维生素 B_{12} 和维生素 D 等；过氧化物与活化的羰基反应导致维生素 B_1、B_6 和泛酸等的破坏；碳水化合物非酶褐变产生的高度活化的羰基对维生素同样有破坏作用。

5.2.3 加工中化学添加物和食品成分对维生素的影响

1. 添加剂

在食品加工中为防止食品腐败变质及提高感官性状，通常加入一些添加剂，其中有些对维生素有一定的破坏作用。例如，维生素 A、C 和 E 易被氧化剂破坏。因此，在面粉中使用漂白剂会降低这些维生素的含量或使它们失去活性；SO_2 或亚硫酸盐等还原剂对维生素 C 有保护作用，但因其亲核性会导致维生素 B_1 的失活；亚硝酸盐常用于肉类的发色与保藏，但它作为氧化剂引起类胡萝卜素、维生素 B_1 和叶酸的损失；果蔬加工中添加的有机酸可减少维生素 C 和硫胺素的损失；碱性物质会增加维生素 C、硫胺素和叶酸等的损失。

不同维生素间也相互影响。例如，辐照时烟酸对活化水分子的竞争、破坏增大，保护了维生素 C。此外，维生素 C 对维生素 B_2 也有保护作用。食品中添加维生素 C 和维生素 E 可降低胡萝卜素的损失。

2. 食品原料本身的影响

1）成熟度

水果和蔬菜中维生素随着成熟度的变化而变化，选择适当的原料品种和成熟度是果蔬加工中十分重要的问题。例如，番茄在成熟前维生素 C 含量最高（表 1-5-8），而辣椒成熟期时维生素 C 含量最高。

表 1-5-8 番茄不同成熟期维生素 C 的含量

开花期后周数	平均质量/g	色 泽	维生素 C 含量/(mg/g)
2	33.4	绿	0.107
3	57.2	绿	0.076
4	102	黄-绿	0.109
5	146	红-绿	0.207
6	160	红	0.146
7	168	红	0.101

2）不同组织部位

植物不同组织部位维生素含量有一定的差异。一般来说，维生素含量从高到低依次为叶片＞果实、茎＞根；对于水果，则表皮维生素含量最高而核中最低。

3）采后或宰后的变化

食品中维生素含量的变化是从收获时开始的。动、植物食品原料采后或宰后，其体内的变化以分解代谢为主。酶的作用使某些维生素的存在形式发生了变化，例如从辅酶状态转变为游离态。脂肪氧合酶和维生素 C 氧化酶的作用直接导致维生素的损失。例如，豌豆从收获、运输到加工厂 30 min 后维生素 C 含量有所降低，新鲜蔬菜在室温储存 24 h 后维生素 C 的含量下降 1/3 以上。因此，加工时应尽可能选用新鲜原料或将原料及时冷藏处理以减少维生素的损失。

5.3 维生素的强化

5.3.1 食品强化的定义

食品强化是指在食品中添加一种或数种营养素，且添加量足以使这些营养素成分在膳食中起主要作用。食品强化的目的主要是改进或提高食品的营养价值。维生素强化属于营养强化的一类，也就是向食品中添加维生素。为了弥补食品加工过程中损失的维生素，以及膳食中维生素供给量的不足，提供全面的维生素，可以采用纯维生素或含维生素丰富的物质来强化食品。目前，这是一种普遍的做法。

5.3.2 强化方法

维生素强化的方法，除了添加纯维生素制剂外，还有以下几种。

(1) 添加维生素复合片剂或粉剂，包括含某种维生素丰富的食物资源的抽提浓缩溶液或干粉、粗制品等。这种强化法具有成本低廉的特点。

(2) 物理学强化方法，即将存在于食品本身中的物质转变成为所需要的营养成分的方法。例如，生乳中存在麦角甾醇，可以用紫外线进行照射，使之转变为维生素 D，以增加维生素 D 的含量。

(3) 生物学强化方法。与物理学强化方法一样，本方法则是利用某些微生物的发酵作用，使食物中原本含有的物质转变为维生素。例如，对大豆食品进行发酵处理后，可以使维生素的含量大为增加。

5.3.3 强化剂量

对食品进行维生素强化，必须慎重地选择和制定强化剂量，也即纯维生素的添加量。

维生素的剂量可以划分为三种级别：

(1) 生理剂量,可以预防绝大多数人不发生缺乏症状的量；

(2) 药理剂量,可以用来治疗缺乏症状的量,一般为生理剂量的10倍；

(3) 中毒剂量,可以引起机体不良反应或中毒症状的量,一般为生理剂量的100倍。

有关维生素的剂量及其相对应的机体效应列于表1-5-9,以供参照。

表1-5-9 部分维生素的剂量及其机体效应

维生素	生理剂量	药理剂量	中毒剂量
维生素A	5 000 IU	50 000～100 000 IU,治疗粉刺、毛囊角化病	100 000～500 000 IU,头痛、恶心、呕吐
维生素B_6	2 mg	50 mg,治疗口服避孕药中毒症	100 000 mg,肝酶异常
烟酸	20 mg	200～600 mg,治疗肌甾醇血症	1 000 mg,不耐受碳水化合物；2 000～6 000 mg,胃炎、情绪不安
维生素C	30 mg	100～200 mg,治疗感冒	2 000～4 000 mg,生殖衰竭,可诱发肾石症、依赖维生素的疟候群
维生素D	400 IU	5 000～10 000 IU,治疗低磷酸盐血软骨症	20 000 IU,血钙过高(儿童)；150 000 IU,肾衰竭(成人)
维生素E	20 mg	300～1 200 mg,治疗心血管混乱	

5.3.4 强化食品种类

并不是任何食品都可以进行维生素强化的。强化必须建立在食品法规和其他有关法规条例的基础上。从食用角度来看,维生素强化可以应用于主食品的面粉、面包、面条、大米等品种,副食品的人造奶油、各类水果和蔬菜罐头、酱油和酱类,以及婴儿食品和特殊人群食品(如运动员食品、高温作业人员食品、孕妇乳母食品等)。

维生素是维持机体结构和功能所必需的营养素之一。现已知有13种维生素是人体必需的。每种维生素都有独特的结构、理化性质及生理功能。当多种原因导致某一种维生素缺乏时,将会表现出其特有的缺乏症状,统称为维生素缺乏症。

脂溶性维生素包括A、D、E、K四种,水溶性维生素则有B族维生素和维生素C。维生素A与暗视觉和维持上皮组织的结构完整密切相关,维生素D主要调节钙磷代谢,维生素E是一种活泼的抗氧化剂,维生素K能促进肝脏合成凝血因子。B族维生素主要参与辅酶或辅基的构成。维生素B_1的活性形式——焦磷酸硫胺素是α-酮酸脱氢酶系的辅酶之一,含维生素B_2的FMN、FAD及含维生素PP的NAD^+和$NADP^+$都是脱氢酶类的辅酶,维生素B_6、泛酸、生物素、叶酸和维生素B_{12}也都是不同的辅酶成分。维生素C具有还原性，参与各种羟化反应与氧化还原反应，促进细胞间质的合成，同时它还具有解毒功能。

在食品加工过程中，维生素或多或少会流失掉。此外，在储藏、运输、烹调等环节也会造成维生素和其他营养素的不同损失。为了保证人体对这些营养素的需要，不致因缺乏而患病，必须对某些种类的食品进行强化，添加维生素等。这是要用维生素强化食品的第一个原因。第二个原因是膳食中的天然维生素有时不能满足人们的需要。如高山寒冷地区、远洋航行途中，缺少新鲜蔬菜供应，人体易发生维生素 C 缺乏症。常食精制大米和白面的人，会导致维生素 B_1 缺乏症。因各种原因缺乏或不食乳品、蛋、肉类等动物性食物者，可能会出现维生素 A、B_1、B_2、B_{12} 等的不足。对于这些因平时膳食中缺少各种维生素供给量的人，应采用强化的方法补给维生素。但值得注意的是不要把维生素当成“补药”，盲目乱用维生素，必然会使维生素走向其反面，危害健康。食用新鲜蔬菜和水果是最简单而安全的补充维生素的方法，千万不要长期大剂量服用维生素保健品！

复习思考题

知识题

1. 维生素 D_3 在动物体内的活性形式是________。

2. 维生素________能加速血液凝固。________离子能促进凝血酶原转变为凝血酶。

3. 维生素根据其溶解性分为________和________两种。

4. 维生素 B_6 有________、________和________三种，它们的磷酸酯是________的辅酶。

5. 视紫红蛋白的辅基是________。

6. 维生素 D 原和胆固醇的化学结构中都具有________的结构。

7. TPP^+ 的中文名称________，它是由维生素________转化来的。

8. NAD^+ 的中文名称是________，$NADP^+$ 的中文名称是________，它们是由维生素________转化来的。

9. FMN 的中文名称是________，FAD 的中文名称是________，它们是由维生素________转化来的。

10. 辅酶 A 是由维生素________转化来的，分子中的活性基团是________。患神经炎是由于缺乏维生素________，患夜盲症是由于缺乏维生素________。

11. 脂溶性维生素包括________、________、________和________。

12. 脂溶性维生素中，与钙调节相关的是________；与视觉有关的是________，对氧最敏感的是________，因此它是有效的抗氧化剂。

13. 维生素 E 又叫________，其中________效价最高。维生素中最稳定的一种是________。

素 质 题

1. 简述维生素的概念、分类及特点。

2. 在食品加工中哪些维生素容易损失？如何避免或降低维生素的损失？

3. 简述维生素 C 和 E 的稳定性以及在食品工业中的作用。

4. 哪些维生素是人体易缺乏的？怎样弥补维生素的不足？

技 能 题

如何合理加工烹调蔬菜，才能有效地保存蔬菜中的维生素？

1. 收集常见食品的配方，看看是否添加了维生素等营养强化成分，分析这些成分的作用。

2. 收集维生素发展趋势和研究进展方面的资料。

3. 搜集食品中维生素的检测方法。

查 阅 文 献

[1] 王刚. 维生素全书[M]. 天津：天津科学技术出版社，2013.

[2] 邢亚东. 营养素补充剂类保健食品中维生素类成分检测方法研究[D]. 安徽中医药大学，2015.

[3] 周筱丹，董晓芳，佟建明. 维生素 E 的生物学功能和安全性评价研究进展[J]. 动物营养学报，2010，8.

[4] 王乃东. 九种常用维生素治疗性、诊断性监测和临床应用研究[D]. 山东大学，2015.

知识拓展

第一种维生素的发现

最早发现食物中维生素的是荷兰医生埃克曼。

19 世纪 80 年代，当时荷兰统治下的东印度群岛上的居民们长期受着脚气病的折磨，为解除这种病对荷属东印度群岛的威胁，1896 年，荷兰政府成立了一个专门委员会，开展研究防治脚气病的工作。埃克曼也参加了这个委员会的工作。当时科学家和医生们认为脚气病是一种多发性的神经炎，并从脚气病人血液中分离出了一种细菌，便认为是这种细菌导致了脚气病的蔓延，它是一种传染病。然而埃克曼总感觉问题没有得到完全解决。这种病如何防治？是否真是传染病？这些问题一直在他脑海盘旋，于是，他继续着这种病的研究工作，并担任了新成立的病理解剖学和细菌学的实验室主任。

1896年，就在埃克曼做实验的陆军医院里养的一些鸡病了，这些鸡得的就是"多发性神经炎"，发病症状和脚气病状相同。这一发现使埃克曼很高兴，他决心从病鸡身上找出得病的真正原因。起先他想在病鸡身上查细菌。他给健康的鸡喂食从病鸡胃里取出的食物，也就是让健康的鸡"感染"脚气病菌，结果健康的鸡竟然全部安然无恙，这说明病菌并不是引起脚气病的原因。

究竟是怎么一回事呢？就在埃克曼继续着他的实验的时候，医院里的鸡忽然一下子都好了。原来在鸡患病之前，喂鸡的人一直用医院病人吃剩的食物喂鸡，其中包括白米饭。后来，这个喂鸡的人调走了，接替他的人觉得用人吃的上好的食物来喂鸡太浪费了，便开始给鸡吃廉价的糙米。意想不到的是，鸡的病反而好了。埃克曼分析：稻米生长的时候，谷粒外包裹着一层褐色的谷皮，这种带皮的米就是糙米。碾去谷皮，就露出白色的谷粒，这就是白米。这里的人喜欢吃白米饭，给鸡吃的剩饭也正是这种白米饭。结果一段时间后，就会得"多发性神经炎"。这样说来，很可能在谷皮中有一种重要的物质，人体一旦缺乏后，就会得"多发性神经炎"。考虑了这些情况后，埃克曼决定再作一番实验。他选出几只健康的鸡，开始用白米饭喂它们。过了一阵子，鸡果然患了"多发性神经炎"。他随即改用糙米来喂鸡，很快，这些鸡都痊愈了。埃克曼反复这样的实验，最后，他可以随心所欲地使鸡随时患病，随时复原。于是，埃克曼把糙米当做"药"，给许多得了脚气病的人吃，果然这种"药"医好了他们。

1897年，埃克曼把上述的研究成果写成了学术论文公开发表。他的论文发表后，引起了世界各国的轰动，大家都对研究这个问题很感兴趣，并争先恐后地开展了研究。1911年，埃克曼和另一个科学家终于成功地从米糠中提炼出这种物质。这是一种可以溶于水或强酒精的物质。它能透过薄膜，这表明它是相对分子质量比较小的物质。它可以用来治疗脚气病。

这是人类第一次发现的维生素。后来，波兰的生物化学家芬克把它称为"生命胺"，现在我们称它为硫胺素，即维生素 B_1。

埃克曼的发现在营养学中起到了领先的作用，他发现了食物中含有人体和生命所必需的微量营养物质，开辟了研究维生素的新领域。

"伪"维生素

在维生素的发现过程中，有些化合物被误认为是维生素，但是并不满足维生素的定义，还有些化合物因为商业利益而被故意错误地命名为维生素。B族维生素中有一些化合物曾经被认为是维生素，如维生素 B_4（腺嘌呤）等。

1. 维生素F

最初是用于表示人体必需而又不能自身合成的必需脂肪酸，因为脂肪酸的英文名称(fatty acid)以F开头。但是因为它其实是构成脂肪的主要成分，而脂肪在生物体内也是一种能量来源，并组成细胞，所以维生素F在正式的介绍上

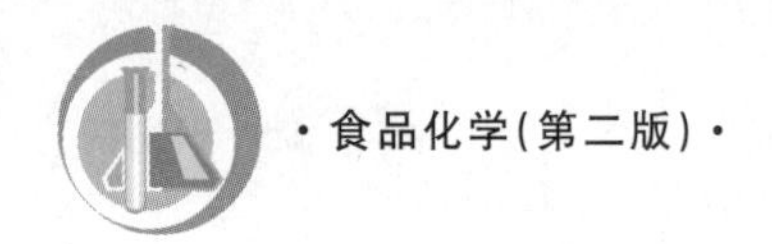

不称为维生素。

2. 维生素K

氯胺酮作为镇静剂在某些娱乐性药物(毒品)的成分中被标为维生素K,但是它并不是真正的维生素K,它被俗称为"K它命"。

3. 维生素Q

有些专家认为泛醌(辅酶Q10)应该被看做一种维生素,其实它可以通过人体自身少量合成。

4. 维生素S

有些人建议将水杨酸(邻羟基苯甲酸)命名为维生素S("S"是salicylic acid(水杨酸)的首字母)。

5. 维生素T

在一些自然医学的资料中被用来指代从芝麻中提取的物质,它没有单一而固定的成分,因此不可能成为维生素。另外,它的功能和效果也没有明确的判断。在某些场合,维生素T作为睾酮的俚语称呼。

6. 维生素U

某些制药企业使用维生素U来指代氯化甲硫氨基酸,这是一种抗溃疡剂,主要用于治疗胃溃疡和十二指肠溃疡,它并不是人体必需的营养素。

在实际生活中,维生素经常被泛指为补充人体所需维生素和微量元素或其他营养物质的药物或其他产品,如很多生产多维元素片的厂商都将自己的产品直接标为维生素。

第6章

矿　物　质

知识目标

1. 了解矿物质元素的分类及矿物质元素在食品中的存在形式。
2. 掌握重要矿物质元素的生理功能。
3. 掌握重要矿物质元素的损失原因及强化方法。

素质目标

关注生活中的有关矿物质元素,以及矿物质与人体健康的联系。

能力目标

会应用矿物质元素的有关知识解决人体健康的相关问题。

6.1　概述

人体是一个有机的生命体,在所有的生命活动过程中,需要各种物质的参与,这些物质的种类和数量与地球表面的元素组成基本一致。目前已知,自然界存在90余种化学元素。存在于人体及其他生物体内,以现在的化学分析技术水平已经查明的元素成分达到了60多种,并且认为,维持生命的必需元素有O、C、H、N、Ca、P、S、K、Na、Cl、Mg、Fe、Cu、Zn、I、Mn、Mo、Co、Se、Cr、Ni、Sn、Si、F、V等25种元素。由于食品来自于植物、动物,因此,可以从食品中发现这25种元素。此外,生命系统还可以从它们所处的环境中积累非必需元素,因而食品中除了这25种元素外还含有其他元素。另外,这些元素也会在食品原料的收获、加工和储存过程中进入食品中,也存在于食品添加剂中。

在食品化学上,**矿物质**通常是指食品中除了C、H、O和N这4种主要以有机物形式存在的元素外,其余的存在人体内不论含量多少的元素。由于食品经过灼烧后,有机物成为气体(CO、CO_2、NO、NO_2、NH_3、H_2O等)逸去,而无机物大部分为不挥发性的残渣,故矿物质又称灰分,或称无机盐。食品中矿物质的含量通常以灰分的多少来衡量。在人体和动物体内,O、C、H、N约占体重的96%,它们主要以有机化合物的形式存在;其余的Ca、P、S、K、Na、Cl、Mg、Fe、Cu、Zn、I、Mn、Mo、Co、Se、Cr、Ni、Sn、Si、F、V总量只占体重的4%,这就是矿物质,矿物质总量虽只有体重的4%,却是不可缺少的成分。有这样的一个实验事实:在1873年德国的Forster用纯的低盐饲料喂养实验动物(狗和鸽子),发现几周内即死亡。他认为他的实验证明某些矿物质是维持生命所必需的。也有以不含矿物质的食物饲养小鼠的实验,不久小鼠也会死亡。实验表明矿物质的重要性。人体所需的矿物质,一部分从食物的动、植物中获得,另一部分从饮用水和食盐中摄取。矿物质不能在人体内合成,所摄取的矿物质通过代谢,每天有一部分随尿、粪、汗的排泄而流失,所以必须给予补充,尤其要注意Ca、P、K、S、Na、Cl、Mg、Fe、I、Co等的供给量。一般情况下,其摄入与排出是平衡的,但是生长发育中的未成年人及孕妇和乳母的吸收要相对增加。

6.2 食品中矿物质的分类

1. 根据矿物质在人体的含量或每天需要量来分类

根据元素在人体的含量或人体每天需要量的多少,将矿物质分为两大类。

(1) 常量元素(或宏量元素)。在人体内的元素其含量大于体重0.01%者为常量元素。也有人说每天需要量在100 mg以上者为常量元素。在人体含量较多的有钙、磷、硫、钾、钠、氯、镁等7种元素,占人体总灰分的60%~80%。

(2) 微量元素(或痕量元素)。在人体内的元素其含量小于体重0.01%者为微量元素。也有人说每天的需要量仅是数毫克者为微量元素。有铁、铜、锌、碘、锰、钼、钴、硒、铬、镍、锡、硅、氟、钒等14种元素。其他的如铷、锂、溴、砷也可能是机体必需的。当然矿物质对维持机体正常功能起非常重要的作用,但是摄入过多会引起中毒,并且生理剂量浓度和中毒剂量的间距非常小。

2. 根据矿物质对人体生理作用来分类

还可根据矿物质对人体的生理作用将其分为必需元素、非必需元素及有毒元素三类。必需元素是指存在于机体健康组织中,对机体自身稳定起重要作用,缺乏时可使机体组织或功能出现异常,补充后又恢复正常的矿物质元素。目前已确定的人体必需元素有21种,它们是钙、磷、硫、钾、钠、氯、镁、铁、铜、碘、锰、氟、钴、锌、镍、铬、硒、钒、钼、硅、锡。非必需元素是指在机体组织中,存在与缺乏时机体组织或功能不会出现多大的异常的元素。一般认为它们是锂、硼、铝、钛、溴、铷等。有毒元素是指那些能显著毒害机体组织或功能的元素。现在认为是铅、镉、汞、砷、铬、铍、铊、钡等。常见的有毒元素为汞、镉、铅、砷,当它们污染食品、被人体大量摄入后,会对机体的生理功能及正常代谢产生阻碍作用,造成人体中毒。

当然,必需元素和有毒元素的界限不是绝对的,往往同一元素(特别是微量元素),它既是生命的必需元素，又是生命的有毒元素，这得从两个方面考虑：一方面是与各种元素在人体内存在的形式有关，如铬，当它为正三价的铬时，它为必需元素，当它为正六价，而以铬酸根或重铬酸根的形式存在时，它为有毒元素；另一方面就是与该元素在人体内的浓度有关。

6.3 矿物质元素在食品中的存在形式

一般来说，矿物质元素在食品中主要是以无机盐形式存在，这就是通常把矿物质称为无机盐或无机质的原因。这些无机盐通常包括化合物、配合物以及水合离子。在了解矿物质元素在食品中的主要存在形式后，对食品中存在的可与矿物质元素结合的非矿物质化合物的数量和种类以及它们在食品加工和储存过程中的化学变化，对食品中矿物质多种多样的存在方式就不会奇怪了。此外，由于食品体系非常复杂，并且许多矿物质的存在形式不稳定，因此，分离和研究食品中矿物质的性质是非常困难的。人们对食品中矿物质的确切的化学存在形式了解得还非常有限，但是，我们学习过无机化学、有机化学、生物化学的基本原理，这些对我们了解食品中矿物质元素是非常有用的。

1. 矿物质元素在食品中的简单化合物

各种元素在食品中的存在形式很大程度上取决于元素本身的性质。元素周期表中的ⅠA、ⅡA和ⅦA族元素在食品中主要以游离的离子形式（如 Na^+、K^+、Ca^{2+}、I^-、Cl^- 和 F^-）存在。这些离子在水中的溶解度很高，并且与大多数配位体的作用力很弱，因此，在水溶液中主要以游离的离子形式存在。

2. 矿物质元素在食品中的复杂化合物

其他大多数矿物质元素，尤其是过渡金属元素则以配合物（尤其是螯合物）以及含氧阴离子的形式存在。许多金属离子可以与食品中有机分子的配位体或螯合剂配位形成配合物，例如血红素中的铁、细胞色素中的铜、叶绿素中的镁以及维生素 B_{12} 中的钴。具有生物活性结构的铬称为葡萄糖耐量因子（GTF），它是三价铬的一种有机配合物形式。在葡萄糖耐量生物检测中，它比无机 Cr^{3+} 离子的效能高出 50 倍。葡萄糖耐量因子除含有约 65%的铬外，还含有烟酸、半胱氨酸、甘氨酸和谷氨酸，精确的结构还不清楚。Cr(Ⅵ)无生物活性。矿物质的配合物溶解性不同于以游离的离子形式溶解的简单离子化合物的溶解性。例如：将三氯化铁溶解在水中时，因酸度不够铁很快以氢氧化铁的形式沉淀出来，而铁与柠檬酸根螯合的高价铁的溶解度却很大。相反，氯化钙是可溶的，但钙与草酸根离子螯合形成的草酸钙不溶于水。从营养学的角度看，只有氟化物、碘化物和碘酸盐、磷酸盐的负离子才是重要的。水中氟化物成分比食品中更常见，其摄入量极大地依赖于地理位置，碘以碘化物（I^-）或碘酸盐（IO_3^-）的形式存在，磷酸盐以多种不同形式存在，其中包括正磷酸盐（PO_4^{3-}）、磷酸氢盐（HPO_4^{2-}）、磷酸二氢盐（$H_2PO_4^-$）或者是磷酸（H_3PO_4）。它们的一般化学性质可以通过它们所在的元素周期表中的位置来考虑。有些金属离子从营养学的观点来说是重要的，而有些则是非常有害的毒性污染物，甚至产生致癌作用。碳酸盐和磷酸盐则比较难溶解。有些金属具有多种氧化态,如锡(+2 和+4)、汞(+1 和+2)、铁(+2 和+3)、铬(+3 和Ⅵ)和锰(+2、+3、+4、Ⅵ和Ⅶ)。

6.4 矿物质元素的主要生理功能

矿物质元素的重要意义在于人体不可能合成,而必须从食物与环境中摄入。人体所需的矿物质主要来自动、植物食品,饮用水和食盐。矿物质元素的主要生理功能表现在以下六个方面。

(1) 构成人体组织的重要原料。如钙、磷、镁、氟等是骨骼和牙齿的重要组成部分,磷和硫参与构成组织蛋白。头发、指甲、皮肤以及腺体分泌物中,都含有本身所特有的一种或多种元素。

(2) 维持组织细胞渗透压平衡。由无机盐形成的晶体渗透压与由蛋白质等大分子物质形成的胶体渗透压共同维持细胞的正常形态及功能,并维持体液的潴留与移动平衡,对体液移动和潴留过程起着重要的作用,使细胞组织保留一定量的水分,保持水平衡。

(3) 维持体液的酸碱平衡。由弱酸盐与弱酸构成缓冲对是维持机体酸碱平衡的重要机制。

(4) 维持可兴奋组织(神经、肌肉、内分泌细胞)的兴奋性。在组织液中各种无机离子,特别是保持一定比例的细胞内外不同浓度钾、钠、钙、镁离子的分布,是细胞膜电位的产生及变化、细胞膜选择性的基础,也是维持神经肌肉的兴奋性、细胞膜通透性以及所有细胞正常功能的必要条件。

(5) 参与酶的构成。特别是微量元素,是某些有特殊生理功能物质的成分,如血红蛋白和细胞色素酶系中的铁、甲状腺激素的碘、谷胱甘肽过氧化酶中的硒和存在于维生素 B_{12} 中的钴等。

(6) 酶的活化剂、辅因子或组成成分。无机离子是很多酶系统的活化剂或组成成分。例如,盐酸可活化胃蛋白酶原,或者说胃蛋白酶原需要盐酸激活,氯离子可活化唾液淀粉酶,Mg^{2+} 作为磷酸化酶的激活剂等。

6.5 食品中重要的矿物质

食品中矿物质元素的含量取决于品种。例如,乳品中的钙含量为 1 200 mg/L,猪肉中的钙含量为 90 mg/L,小麦面粉中的钙含量为 500 mg/L。除此之外,食品中矿物质元素的含量还取决于产地。下面对其生理功能、吸收与排泄以及食物的来源进行讨论。

1. 钙

在矿物质元素中,钙是人体中含量最多的元素,它是仅次于氧、碳、氢、氮的第五种最丰富的元素。钙的总含量在成人体内约为 1 200 g,占人体总体重的 1.5%~2.0%。其中

99%是以羟基磷灰石($Ca_3(PO_4)_2 \cdot CaCO_3$和$Ca_3(PO_4)_2 \cdot Ca(OH)_2$)的形式存在于骨骼和牙齿中,其余的1%是以游离或可溶性结合状态存在于软组织细胞内液、细胞间液及血液中,此部分称为混溶钙池。混溶钙池中的钙与骨骼、牙齿中的钙保持着动态平衡,即骨骼中的钙不断从破骨细胞中释放到混溶钙池,混溶钙池中的钙又不断地沉积于成骨细胞中。血钙的来源是通过消化道吸收的钙以及骨骼中的钙(骨骼是人体钙的"大仓库",当摄入钙不足时,则动用"库存"应急),这一切通过甲状旁腺分泌升血钙素和降血钙素来加以调节。钙的这种循环方式随年龄增长而减慢,比如幼儿的骨骼更新周期为1~2年,而成年人则需要10~12年。

人体内钙除了构成骨骼和牙齿外,还能维持毛细管与细胞膜的渗透性,以及神经肌肉的正常兴奋和心跳规律,还和镁相互作用,维持健康的心脏和血管。成人骨骼中的钙每年都有20%被再吸收和更换。若血钙下降,则会引起神经肌肉兴奋性增强,从而产生手足抽搐;血钙增高可引起心脏、呼吸衰竭。所以说适量的钙是一种天然的镇静剂。此外,钙还参与血液的凝血过程,对多种酶有激活作用,当然血液的凝固是一个复杂的过程,其中一个重要原因是凝血酶原转化为具有活性的凝血酶,需要有钙来激活。

钙是中国人特别是中国妇女最容易缺乏的矿物质。钙与维生素A、D,镁和磷一起作用效果更佳。20岁之前是骨骼的生长阶段,长个子的时候。人有两个生长高峰期:1岁以前(儿童缺钙将导致诸如夜惊、夜啼、烦躁、盗汗、厌食、方颅、骨骼发育不良、出牙晚、学步晚、免疫力低下、易感染)和12~14岁(缺钙将导致腿软、抽筋、体育成绩不佳、疲倦乏力、烦躁、精力不集中、偏食、厌食、蛀牙、牙齿发育不良、易感冒、易过敏、身材矮小)。缺钙还会诱发儿童的多动症。在儿童和青少年期,骨钙的沉积速率大于吸收速率,所以容易缺钙。儿童若缺钙,易患佝偻病,青少年缺钙会引起神经肌肉兴奋性增强,从而产生手足抽搐,这时的血清钙有可能低于70 mg/L。20岁以后骨质依然在增加。40岁以后骨钙逐渐流失,尤其是对老年人,则是吸收速率高于沉积速率,易导致身材变矮、腰酸背痛、小腿痉挛、骨质疏松和骨质增生、骨质软化、各类骨折、高血压、心脑血管病、糖尿病、结石、肿瘤等。缺钙还会降低软组织的弹性和韧性,例如皮肤显得松垮,眼睛晶状体缺弹性,易近视、老花,血管缺弹性易硬化。缺钙会导致神经性偏头痛,特别是女性,烦躁不安、失眠等。日常生活中,如果钙摄入不足,人体就会出现生理性钙透支,造成血钙水平下降。当血钙水平下降到一定阈值时,就会促使甲状旁腺分泌甲状旁腺素。甲状旁腺素具有破骨作用,即将骨骼中的钙反抽调出来,用以维持血钙水平。

食物中钙的最好来源是乳及乳制品,因为它具备含量丰富、吸收率高的特点。其次为小虾、小鱼,海带、紫菜等海产品。再次是植物性食品中绿叶蔬菜、豆类、芝麻酱及花生仁,但是植物性食品中钙的吸收率不高。蛋类的钙主要存在于蛋黄中,但是蛋黄中的卵磷蛋白影响其吸收。通常人体消化道对钙的吸收率很低,仅占摄入量的20%~30%,膳食中的钙大部分留存于粪便中排出。吸收方式在十二指肠上部以主动吸收方式进行,在小肠其他部位也有钙的被动吸收现象。另外,只有水溶性钙盐才能被吸收。影响钙吸收的因素如下。① 植物性食物中的植酸、草酸与钙形成不溶性钙盐,降低其吸收率。② 脂肪摄入量过高,因为大量脂肪酸能与钙形成不溶性的皂化物,随粪便排出,同时,也降低了脂肪的吸收而导致脂溶性维生素特别是维生素D的损失。③ 食物纤维的螯合作用结合大量的钙,降低其吸收率。④ 与机体的年龄及功能状态有关:随年龄增长,钙的吸收率逐渐降低;胃酸分泌降低或腹泻等也会影响钙的吸收,而机体缺钙时,吸收率会增高。⑤ 维生素D对钙的主动和被动吸收过程都有促进作用,一方面促进肠道对钙的吸收使血钙升高,另一方面也促进钙在骨骼中的沉积。维生素D可从两个方面获得,即皮肤内形成和食物摄取。维生素D有"阳光维生素"之称,这正是其独特之处。皮肤能在阳光紫外线的作用下合成维生素D。因此,适当地接受阳光的照晒,有助于吸收钙。值得一提的是,玻璃对紫外线有很好的吸收作用,在户内晒太阳会削弱维生素D的合成。⑥ 乳糖与钙螯合成低相对分子质量可溶性配合物而促进吸收。⑦ 膳食中蛋白质供给充分,促进钙的吸收,并且蛋白质分解的氨基酸和钙形成可溶性的钙盐,有利于钙的吸收。

钙营养状况的指标:正常婴儿和成人的血清钙浓度为85～115 mg/L,平均值为100 mg/L。

2. 磷

正常成人体内含磷总量为600～900 g,约占体重的1%,其中有80%以上的磷是以磷酸盐形式与钙一起存在于骨骼和牙齿之硬组织中。其余的20%中大多数是以有机磷化合物形式存在于细胞中。

磷是机体极为重要的元素之一,对人的生理功能是多种多样的,因为它是所有细胞中的核糖核酸、脱氧核糖核酸的构成元素之一,对生物体的遗传、代谢、生长发育、能量供应等方面都是不可缺少的。磷也是生物体所有细胞的必需元素,是维持细胞膜的完整性、发挥细胞机能所必需的。磷脂是细胞膜上的主要脂类成分,与膜的通透性有关。它促进脂肪和脂肪酸的分解,预防血中聚集太多的酸或碱,磷的功能也影响血浆及细胞中的酸碱平衡,促进物质吸收,刺激激素的分泌,有益于神经和精神活动。磷能刺激神经肌肉,使心脏和肌肉有规律地收缩。磷能帮助细胞分裂、增殖及蛋白质的合成,将遗传特征从上一代传至下一代。磷对于碳水化合物、脂类和蛋白质的代谢是必需的,它作为辅助因子作用于广泛的酶体系,也存在于高能磷酸化合物中。例如,三磷酸腺苷(ATP)、磷酸肌酸等具有储存和转移能量的作用。在骨的发育与成熟过程中,钙和磷的平衡有助于无机盐的利用。磷酸盐能调节维生素D的代谢,维持钙的内环境稳定。

磷在食物中存在很广泛,一般与钙共存。磷的主要来源有乳和乳制品、肉类、鱼类、海产品、羊肉、肝、蛋黄、核桃、果仁、南瓜子、花生、大多数的蔬菜和白面粉、脂肪、果汁、饮料、新鲜水果等。磷的吸收率比钙的高,吃混合膳食的普通成人其吸收率为摄入量的50%～70%,而钙的吸收率只占摄入量的20%～30%,所以基本上没有"磷缺乏"一说。磷在体内的吸收与排泄方式和钙大致一样。膳食中的大豆、谷类种子与蔬菜中的磷主要为植酸形式的磷,利用率低,但是可以通过食品加工的手段提高其利用率。如将谷粒用热水浸泡、面粉发酵或烘烤,植酸能被酶水解为正磷酸盐,从而降低植酸盐含量,提高其利用率。若长期食用大量谷类食品,对植物磷形成适应性,可不同程度地提高植酸磷的吸收率。食物中磷的存在形式与磷的需要量关系并不密切。食物中的磷是以无机磷和有机磷两种形式存在的,有机磷包括磷蛋白、磷糖和磷脂。不同种类的食物,无机磷和有机磷的含量也各不相同。就牛奶而言,70%为无机磷。动物组织则以有机磷为主。摄入的磷,不论是以有机磷的形式还是以无机磷的形式存在,均能在胃肠道吸收。有机磷化合物大部分在胃肠道水解后被吸收。如果食物能提供足量的无机磷,机体本身也能将其合成为有机磷。从膳食摄入的磷酸盐有70%在小肠内吸收,中段吸收最多。磷的吸收需要钠和钙离子同时存在。由于磷来源广泛,通常饮食中也能获得足够的磷,故我国未制定每日磷的推荐量。

3. 钾

钾主要存在于细胞内,约占总量的98%,其中70%的钾储存于肌肉,10%在皮肤,红细胞占6%~7%,细胞外液仅含2%。钾的日摄入量为2~5.9 g/kg,最少的日需量为782 mg,缺钾可引起许多疾病。

钾在体内的主要生理功能有:① 维持碳水化合物、蛋白质的正常代谢,葡萄糖和氨基酸经过细胞膜进入细胞合成糖原和蛋白质时,必须有适量的钾离子参与;② 与血红蛋白、碳酸氢盐、磷酸盐组成缓冲体系,维持细胞内外正常的酸碱平衡、解离平衡和正常渗透压;③ 维持神经肌肉的应激性和正常功能;④ 维持心肌的正常功能,心肌细胞内外的钾浓度对心肌的自律性、传导性和兴奋性有密切关系;⑤ 降低血压。许多研究发现,血压与膳食钾、尿钾、总体钾或血清钾有关,补钾对高血压及正常血压者有降低作用。其作用机理可能与钾直接促进尿钠排出有关。

人体内钾总量减少可引起钾缺乏症,可在神经肌肉、消化、心血管、泌尿、中枢神经等系统发生功能性或病理性改变。主要表现为肌无力及瘫痪、心律失常、肌肉断裂及肾功能障碍。肌肉无力一般是从下肢开始,表现为站立不稳、无力或上楼困难,随着钾缺乏的加重,上肢无力,甚至呼吸肌无力导致呼吸衰竭。体内缺钾的常见原因是摄入不足或损失过多,正常进食的人一般不易发生缺乏,但严重腹泻或高温作业或重体力劳动,大量出汗而使钾大量丢失。

大部分食物含有钾,人体中钾的主要来源是水果和蔬菜等植物性食物,每100 g蔬菜和水果中约含200 mg钾,水果皮含钾尤其丰富。此外,麸皮、赤豆、蚕豆、扁豆、竹笋、面包、油脂、马铃薯和糖浆中含钾也较丰富。

钾营养状况的指标:正常血清钾浓度为3.5~5.3 mmol/L。

4. 钠与氯

人体内50%的钠存在于细胞外液(请与钾相比较,钾主要存在于细胞内),如血液、淋巴液和组织液中,骨骼中的钠约为总量的40%,细胞内约10%。

钠的主要功能是维持人体酸碱平衡,调节体液的渗透压,维持机体水平衡。另外,它与神经肌肉组织的兴奋过程密切相关。它还能激活某些酶(如淀粉酶)。氯离子主要是胃酸的成分,氯化钠具有调味的作用而增进食欲。

钠与氯大部分是来自食盐,在消化道内几乎全被吸收,并且很快,摄入后3~6 min即开始吸收。钠与氯的摄入量大致相等,主要由肾脏控制钠与氯的排泄,汗液分泌也有少量的钠排出,其摄入量与排出量大致平衡。钠在食品中分布广泛,钠摄入过多、过少都会引起代谢的严重失调。正常膳食中很少缺钠盐,但是在夏季炎热气候下工作及高温职业人员出汗太多,或腹泻、呕吐,钠与氯的损失较多,会引起机体缺乏,这时应该补充,所以夏天出汗较多的时候,应该喝些冷的淡盐开水。但从营养观点来看,人们比较关心的是过多的摄入,因为钠过多会引起高血压等疾病。为了减少钠的摄入,可用无钠盐或盐的代替品膳食,后者如琥珀酸、谷氨酸、碳酸、乳酸、盐酸、酒石酸和柠檬酸等的钾、钙和镁盐。但食盐能改善食品的风味,所以也可以摄取低钠盐或限量膳食。缺钠和缺钾都会有心率不齐的症状。

5. 镁

镁是人体细胞内的主要阳离子。正常成人体内镁总含量为 20～30 g,其中 60%～65%存在于骨骼、牙齿中并结合成磷酸盐或碳酸盐,20%～30%分布于软组织多与蛋白质结合成配合物,如存在于肌肉、肝脏和胰脏中。镁主要分布于细胞内(99%)并集中在线粒体中,细胞外不超过 1%。

镁的主要生理功能是作一些水解酶和磷酸激酶的辅基,参与无氧代谢中葡萄糖的磷酸化、由硫激酶始发的脂肪酸降解、氨基酸的活化以及环磷酸腺苷的形成等。镁还参与稳定核酸的结构和蛋白质的合成。镁与钾、钠、钙协同来维持神经肌肉的正常兴奋性。镁是骨细胞结构和功能的必需元素,保持骨骼生长和维持。镁离子经过十二指肠时,可以打开胆囊的开关促使胆汁排出,所以镁有良好的利胆作用。镁可以抑制甲状旁腺分泌甲状旁腺素(PTH),甲状旁腺素可促使骨骼中钙、镁溶解释放进入血液。因此,补充镁有利于骨骼的强壮,避免钙、镁的丢失。镁存在的食物部位也多是钙所存在的部位,镁缺乏多伴有钙缺乏,在机体镁耗竭时,钙丢失也相当严重,在严重缺镁的情况下适量补充钙也可对缺镁情况有一定缓解。同理,在严重缺钙时,适量补充些镁也可缓解缺钙的症状,两者可以部分互相替代。缺镁的生理症状现象与缺钙是一样的。

许多食品中含有镁,尤其是绿色植物蔬菜、水果中,因为镁是叶绿素的重要组成之一,糙粮、豆类、薯类、小麦等食物中镁的含量丰富,但主要集中在胚及糠麸中,胚乳中含量较少,精米白面含镁量甚微。此外,某些海产品(如牡蛎)中镁的含量也很高。那缺镁是怎样产生的呢?膳食镁的摄入量相对较低,原因包括食欲减退、味觉与嗅觉不灵敏、肠对镁的吸收能力下降、肾功能衰退、对镁的排泄增多,更主要的是食物中镁含量不足。高蛋白饮食可影响肠道对镁的吸收,并促进肾对镁的排泄。蛋白质为酸性食品,镁为弱碱性,蛋白质在体内分解成氨基酸及代谢废物都为酸性,需要消耗碱性的营养素来中和其毒性,以保持体内正常碱性环境。因此吃肉越多,越应注意补充镁元素。

6. 铁

铁是人体必需的,它是含量最多的微量元素,成人体内含铁 4～5 g,其中 60%～75%的铁存在于红细胞的血红蛋白(也叫血红素)中,3%存在于肌红蛋白,0.2%存在于细胞色素、过氧化氢酶、过氧化酶、核苷酸还原酶、铁传递蛋白等化合物中,其余为储备铁,以铁蛋白的形式储存于肝脏、脾脏和骨髓网状内皮系统中。机体内的铁均与蛋白质结合在一起,无游离的铁离子存在。

(1) 铁的生理功能。铁是合成血红蛋白的主要原料之一。血红蛋白的主要功能是把新鲜氧气运送到各个组织,供新陈代谢所需。铁缺乏时不能合成足够的血红蛋白,造成缺铁性贫血。尤其是婴儿,由于母乳中铁含量较低,胎儿期从母体获得并储存在体内的铁会在生后 6 个月左右消耗完毕,如辅食添加不及时,婴儿会在出生 6 个月左右开始发生铁缺乏症,进而出现贫血症状。铁还是体内参与氧化还原反应的一些酶和电子传递体的组成部分,如过氧化氢酶和细胞色素都含有铁,它可以消除体内的过氧化氢。此外,铁还与能量代谢及促进肝脏等组织细胞的生长发育有关。食物中的铁有两种形式:一种是非血红素铁,另一种是血红素铁。铁有助于形成肌肉组织中的肌红蛋白、血红素铁,易被人体吸收,主要存在于动物肝、血液和瘦肉中;非血红素铁存在于奶、蛋、谷类、水果、蔬菜、豆类中,它们不易被人体吸收。一般膳食中血红素铁较少,所以机体由于缺铁而引起的缺铁性贫血还是比较普遍的。

(2) 铁的吸收和利用。两种形式的铁在小肠内的吸收率不同,影响它们的因素也不同。非血红素铁主要存在于植物性食物中。这种铁需要在胃酸作用下还原成亚铁离子才能被吸收。食物中的植酸盐、草酸盐、磷酸盐、鞣酸和膳食纤维都会干扰其吸收,因此吸收率很低,一般只有1%~5%被吸收。在膳食中促进铁吸收的因素包括蔬菜水果中的维生素C,某些氨基酸以及鱼、肉类中的某些成分。由于目前还未找到具体的这些成分,暂时称它为"肉类因子"。牛奶和蛋类食品中不存在"肉类因子"。血红素铁存在于动物的血液、肌肉和内脏中,其吸收率可达20%以上,且不受膳食中其他成分的影响。铁的吸收除受其化学形式和膳食因素影响外,还与身体的铁营养状况有关。体内铁储备充足时吸收率低,体内铁缺乏或需要量增高时吸收率增高。这种现象在非血红素铁的吸收中表现得更为显著。食品加工过程会对铁的生物有效性产生一定的影响。如在食品加工中去除植酸盐或添加维生素C有助于铁的吸收;而饼干的焙烤可将添加的二价亚铁离子变为三价铁离子,从而阻碍铁的吸收。铁的吸收态为二价亚铁离子,三价铁离子不能被吸收,维生素C具有还原性,它能把三价铁离子还原成二价亚铁离子。其实,人体对食物铁的吸收率很低,据资料只有10%被吸收。

(3) 铁的来源。食物中的肉类、动物血、肝脏、鸡胗、牛肾、蛋、鱼类、母乳、黑木耳、大枣、大豆、芝麻、绿色蔬菜、硬果类、山楂、核桃、草莓等是铁的良好来源。食物中的肉类、肝、肾、蛋、鱼类的含铁量高,且吸收率高。黑木耳、大枣、大豆、芝麻、绿色蔬菜、硬果类、山楂、核桃、草莓因含植酸,铁的吸收率低。此外,为了提高铁的吸收率,还应注意动、植物性食品混合食用以加强铁的吸收。一般成人吃普通膳食,铁的摄入量可以满足需要,不会出现缺铁。但是,对于满4个月以上的婴儿,体内原有储备铁几乎耗尽,而母乳中含铁量又满足不了,这时就应开始逐步补充铁丰富的食物,如肝类、蛋黄和蔬菜等。

(4) 铁营养状况的指标。血红蛋白:血液中血红蛋白含量正常值,初生儿为180~190 g/L,成人男子为120~160 g/L,成人女子为110~150 g/L。血清铁:正常值,新生儿为18~45 μmol/L,婴儿为7~18 μmol/L,儿童为9~22 μmol/L,成人男子为9~29 μmol/L,成人女子为7~27 μmol/L。

7. 铜

成人体内含铜总量约80 mg,分布于机体所有组织中,肝脏和脑中含铜量最高,其次为肾脏、心脏和头发。血浆中的铜约90%与载体蛋白结合为铜蓝蛋白。曾有人发现在缺铜草原上饲养的牛群患有贫血病,但成人很少有由此种原因引起的缺乏病。因为鱼、蛋黄、豆类、核桃、花生、蘑菇、菠菜、杏仁、茄子、小麦、牛奶,尤其是鱼类,贝壳类和动物的肝中含铜丰富,而牛乳、肉、面包中含量较低。因此,喂牛乳的婴儿有缺铜的危险。

铜主要为许多酶(如多酚氧化酶、细胞色素氧化酶、超氧化物歧化酶、铜蓝蛋白等)的成分,细胞色素氧化酶存在于线粒体电子传递链中。超氧化物歧化酶能清除O_2^-,在防御氧的毒性、抗辐射损伤、预防衰老、防止肿瘤与炎症中有重要作用。铜最重要的生理作用之一是作为体内关键酶——亚铁氧化酶、细胞色素氧化酶、铜锌超氧化物歧化酶、酪氨酸酶、赖氨酰氧化酶和多巴胺-β-羟化酶的辅助因子。铜本身也是一种氧化强化剂,能催化不饱和脂肪酸、油及维生素C的氧化,与铁相互依赖,是铁元素吸收、利用、运转的催化剂。即使体内有充足的铁,如果缺铜也会引起贫血、水肿、骨骼疾病。因为铜的缺乏会减少铁的吸收和血红素的形成,发生与缺铁类似的贫血。铜过量也会中毒,如饲料中铜添加不均或过量会导致铜中毒。动物长期摄入过量的铜,会在组织特别是肝脏蓄积。铜在肝脏蓄积过程中,并不表现临床症状,但以后会发生溶血现象,其特征是突然出现严重的溶血和伴有重度黄疸的血红蛋白溶血症,以及肝和肾脏损伤并很快死亡。过量铜引起溶血的主要原因有两个方面:其一,二价铜与血红蛋白、红细胞以及其他细胞膜的巯基结合,增加了红细胞的通透性而发生溶血;其二,铜抑制谷胱甘肽还原酶,使细胞内还原型谷胱甘肽减少,血红蛋白变性,发生溶血性贫血。钼缺乏则加重铜的毒性,适当补充含硫氨基酸、锌和铁可缓冲铜中毒。

8. 锌

锌不仅是人体必需的微量元素之一,还是植物、动物的必需元素。在人体内,锌含量仅次于铁,为2~4 g。几乎所有的机体组织都有锌分布。含量较高的为肌肉,约占62%,骨骼为28%,肝脏占2%,皮肤、头发约占1%,并且头发锌量可以反映膳食中锌的长期供给水平。血液中含锌约占总量的1.6%,其中75%~85%的锌分布于红细胞中,以碳酸酐等含锌金属酶的形式存在。红细胞中的锌浓度是血浆中的25倍,血浆中的锌主要与巨球蛋白(30%)和人血白蛋白(66%)结合,锌分布的另一特点是视觉神经中含量高,约占4%。

锌是许多重要代谢途径的酶的成分之一,据资料它是人体100多种酶的成分,例如碱性磷酸酶、醇脱氢酶、碳酸酐酶等。其次,锌又是蛋白质和核酸合成的一个重要因素,RNA(脱氧核糖核酸)聚合酶和DNA(核糖核酸)聚合酶需要锌激化,故与蛋白质合成有关。锌是胰岛素分子的成分,还与胰岛素的活性有关。此外,锌还可以加速生长发育、增强创伤的愈合能力及对味觉和食欲有明显的影响。

动物性食物中锌的生物有效性高于植物性的食品,所以牛肉、羊肉、猪肉、鱼类、蛋黄及海产品等动物性食品是锌的可靠来源,这是因为动物性蛋白质分解后所产生的氨基酸能促进锌的吸收。此外,豆类、谷类、小麦、花生、萝卜、大白菜等植物性食品也含锌,但是植酸也会影响锌的吸收。

缺锌的现象比较普遍,人体缺锌最明显的现象是食欲不振、味觉嗅觉迟钝,所以锌有"味觉元素"之称。其次是发育不良,尤其是性功能发育迟缓或不正常。锌还与大脑发育和智力有关。美国一个大学研究发现,聪明、学习好的青少年体内含锌量均比愚蠢者高。锌还有促进淋巴细胞增殖和活动能力的作用,对维持上皮和黏膜组织正常,防御细菌、病毒侵入,促进伤口愈合,减少痤疮、皮肤病变等均有妙用。胰腺中锌含量降至正常人的一半时,有患糖尿病的危险。锌缺乏时全身各系统都会受到不良影响,尤其对青春期性腺成熟的影响更为直接。中国人的膳食结构是以谷类食物为主,在谷类食物中锌的生物利用率很低,仅为20%~40%,如果儿童多吃精制食品,其中锌的含量丢失过多,更易导致锌缺乏症。病因:① 锌摄入量不足,母乳初乳中含锌量比成熟乳高,婴儿生后未哺母初乳或母乳不足,又未及时添加富锌辅食可致锌摄入不足;② 锌吸收不良,如慢性消化道疾病可影响锌的吸收利用;③ 锌需要量增加,生长发育迅速的小儿易出现锌缺乏;④ 锌丢失过多,如肾病综合征。铁、钙摄入过多则锌的丢失增加。临床表现为起病缓慢,主要症状有味觉减退,食欲不振,复发性口腔溃疡,异食癖。生长发育落后,性发育迟缓,精神不振,皮肤出现湿疹,水泡或溃疡,在皮肤和黏膜的交界处及肢端常发生经久不愈的皮炎,脱发,易并发感染性疾病,伤口愈合缓慢等。孕母锌缺乏可引起胎儿发育不良。此外,也影响维生素 A 的运转还可伴发夜盲症。诊断:根据膳食调查,临床表现,血清锌的测定以及补锌后的情况进行综合判断。预防:坚持平衡膳食是预防缺锌的主要措施,一般来说,母乳,尤其初乳中含锌最丰富,故提倡母乳喂养对预防缺锌具有重要的意义。动物性食物不仅含锌丰富,而且利用率较高,坚果类含锌也不低。治疗:① 去除引起缺锌的原因;② 调整饮食,积极补充各种富含锌的动物食物(如肝、瘦肉、蛋黄和鱼类);③ 补充锌剂。服锌剂同时应增加蛋白质摄入及治疗缺铁性贫血,可使锌缺乏改善更快。正常人的平衡饮食,每日可供人体 10～20 mg 锌,但只有 2～3 mg 可被利用。影响锌吸收的主要物质是植酸,它在肠道内能和锌形成不溶性的盐。大量的食物纤维素对锌的利用也有影响。要保证体内有足够的锌,首先是从调整饮食入手。动物性蛋白质食品如鱼、肉、肝、肾以及贝类食品,有效锌的含量均较丰富,缺锌者可在膳食中合理搭配。当然现在市场上有含锌食盐出售,这也是补锌的一种好方法。

锌营养状况的指标:血清锌正常值儿童为 7.7～27.5 μmol/L,成人为 7.7～23.0 μmol/L。

9. 碘

碘是人体必需的,成人体内含碘总量约为 20～50 mg,其中 7～8 mg(约 20%)以甲状腺素、三碘甲状腺素的形式存在于甲状腺中,其余以蛋白质结合碘的形式分布于血浆中,此外,脑、肝、肌肉、肾上腺及其他腺体内也存在碘。

碘的生理功能主要体现在参与甲状腺素的合成及对物质和能量代谢的调节。它能调节体内的能量转移,蛋白质、脂类与糖的代谢,促进生长发育,影响个体体力、智力的发展,调节神经与肌肉功能,调节皮肤与毛发生长等。

机体缺碘可造成甲状腺肿大,孕妇缺碘会引起新生儿患呆小症。幼儿缺碘则导致呆小症。食物中碘含量不足并不是造成机体缺碘的唯一原因。有些食物中本身含有抗甲状腺素物质,例如卷心菜、油菜、萝卜中含有的硫脲类化合物就具有这种性能。还有钙、镁元素和硫氰化钾、过氯酸钾、硫胺等药物抑制碘的吸收。蛋白质和维生素 A 也具有抑制甲状腺素的作用。海产品尤其是海带、紫菜、发菜、海参、海蜇等富含碘,是碘的良好来源。洋葱以及海鲜类,含碘丰富的土壤所出产的蔬菜,蛋、奶、海盐中的原盐也含一定量的碘。从此看出,近海地区居民一般不缺碘。但是,贫瘠山区人民的饮食中需要补碘。补碘最关键的时期是在胚胎期和婴幼儿期。人体最需要补碘的时期是脑神经的生长发育期。从怀孕前三个月到出生前,脑神经的形态和功能已经形成,这段时期如果缺少碘,胎儿得不到适量的甲状腺激素,脑神经组织的增殖、发育、分化就要出现障碍,轻者出现智力减退,重者是傻、矮、聋、哑、瘫的克汀病人,而且一旦造成损害,终生难治。人类的脑发育存在两个突发期,也是对碘缺乏的两个重要时期。第一个时期是在妊娠的第 12～18 周,第二个时期是在从妊娠中期开始到出生后六个月。孕妇随着妊娠时间的增长和胎儿的长大对碘的需求量逐渐增加,她们的碘摄入量要同时满足胎儿和本身的双重需要。另外,妇女妊娠后,肾脏能排出较多的碘而发生碘丢失,容易发生孕期营养不良。因此,国际组织建议孕妇每日碘摄入量不应低于 200 μg。哺乳期间,母亲如果自身缺碘,那么乳汁中碘含量会下降,最终造成婴幼儿碘缺乏。一般采用在食盐中加入碘化钾或碘酸钾的方法实现普遍补碘,这是在食盐中进行补充矿物质最早的一种方法。

10. 钼

钼也是一种必需营养微量元素。人体内肝脏、骨骼和肾脏中都含有钼。钼是形成尿酸不可缺少的微量元素,同时也是某种酶的重要构成要素,如生物固氮酶、硝酸还原酶、亚硫酸氧化酶、乙醛氧化酶和黄素氧化酶的组成部分。钼参与人体内铁的利用,可预防贫血、促进发育,并能帮助碳水化合物和脂肪的代谢。钼是将核酸转换为尿酸的酵素的重要构成要素,而尿酸是血及尿中的废物,在制造尿酸过程中钼不可或缺;此外,钼也能解体内过多的铜毒性。它在动物内脏、深绿色叶菜、豌豆、绿豆、扁豆、未精制的谷物等中含量较为丰富,而在水果中的含量相当低,一般只要饮食正常便不会匮乏。钼在食物中含量范围变化很大,而且与土壤的性质有很大关系,例如在中性或偏碱性并含有机质高的土壤中生长的作物含钼丰富,而生长在酸性沙质土壤中的作物含钼量则低。据研究,人体内钼的含量与心脏病和克山病的发病机理有密切的关系。

钼与植物体中的氮、磷和碳水化合物的转化和代谢过程有密切关系。植物吸收的硝态氮必须先转化成铵态氮以后才能合成蛋白质。钼不足时,硝态氮的转化过程就不能顺利进行。植物叶片中如有硝态氮积累,蛋白质的合成就受影响。钼又是固氮作用的催化剂——固氮酶的成分,只有钼的供给充足,固氮酶才能固氮,所以钼是固氮作用不可缺少的元素。缺钼时,豆科植物的根瘤发育不良,根瘤少而且很小,固氮作用很弱或者不能固氮。此外,钼还与维生素 B 的合成有关,施用钼肥能使植物中的维生素 B 含量增多。钼肥可以使大豆株高、分枝数、单株荚数、饱荚数、千粒重增加,其他豆科作物及绿肥施用钼肥也有较好的增产效果。在缺钼地区和土壤上,小麦、玉米、马铃薯、甜菜、番茄、菠菜等施用钼肥,都有一定增产作用。

11. 硒

硒是生物体内一种特异性非常强的抗氧化剂,是谷胱甘肽过氧化物酶的组分之一,此酶能防止毒性过氧化物在细胞中的累积,保护细胞免受损伤,而且在蛋白质合成中起一定作用,此过氧化物酶只在有硒的情况下才具有活性,才能够清除体内垃圾。最近发现硒能抵抗肝坏死病,缺硒会引起克山病。硒常与有机分子结合在一起。不同的硒化合物抵抗疾病的能力不同,最活泼的是亚硒酸盐,但它在化学上则是最不稳定的。海产品、肝、肾、麦麸、洋葱、西红柿、西兰花、芹菜、草菇、牛奶等都含有硒,也是硒的主要来源。牛乳中硒的含量为 5～1 270 μg/kg;蔬菜中硒的含量很少,约为 0.01 μg/kg;谷物食品中为 0.025～0.66 μg/g;脱脂奶粉中为0.095～0.24 μg/g;肉中为 0.1～1.9 μg/g;海产品中为 0.4～0.7 μg/g。食品中硒的含量与硒的地理分布有关。植物性食品中硒的生物有效性高于动物性食品,这是与大多数矿物质不同的地方。许多硒化合物具有挥发性,所以在烹调或加工以后会损失，如脱脂奶粉干燥时会损失5%的硒。

硒的主要生理功能是抗氧化作用、提高人体免疫机能、天然的解毒剂等。这里重点介绍天然的解毒剂方面，因为硒作为带负电荷的非金属离子，在生物体内可以与带正电荷的有害金属离子相结合，形成金属-硒-蛋白质复合物，把能诱发癌变的有害金属离子直接排至体外，或从胆汁分泌排至体外，消解了金属离子的毒性，起到解毒和排毒的作用。硒由此获得了"天然解毒剂"的美名。比如众所周知，美味的金枪鱼中含有毒的甲基汞，1970年美国政府曾下令，禁止销售鱼体中达到能使人体中毒浓度的罐制金枪鱼。后经查明，虽然鱼体内含有浓度很高的、完全可以使人体中毒的汞，但鱼体中同时存在的硒可使人体免遭汞的危害。基于这一事实，美国政府又撤销了原来发布的禁令。又如有一妇女，曾因使用含汞的油膏出现麻疹，以后又搬进一个新近用含苯基汞的乳胶颜料粉刷过的房子后，立刻感到皮肤瘙痒明显发作，很快遍及全身，继而出现湿疹性皮肤炎，时发疖疮和毛囊炎。经检查，主要发现血浆硒和红细胞谷胱甘肽过氧化物酶含量低于正常值，诊断为汞中毒。经每天口服150 μg硒治疗后，所有方面均有了明显好转，硒解除了汞毒。硒对汞引起的肾毒、神经毒及肠胃癌变等都有解毒作用。除此之外常见污染环境的有害元素，还有镉、铅等，他们所引起的多种中毒症状都能被硒消解。人类患的很多疾病都是由于生活环境的污染所造成的。硒对有害重金属离子的天然解毒作用，在人类抵御环境污染的搏斗中作用显赫。

12. 铬

铬是人体必需的微量元素。正常人体内只有6～7 mg的铬。别看它含量甚少，对人体很重要。人体的葡萄糖代谢，葡萄糖氧化成二氧化碳，葡萄糖转化为脂肪都需要铬的参与。但只是三价的铬具有活性，在生物组织中它不能氧化成六价。缺铬的实验动物不能降低体内葡萄糖的水平，这是由于外周组织对胰岛素不敏感而引起的。所谓"葡萄糖耐受因子"(GTF)为一种铬的有机物，它比铬盐活性更高，即铬是葡萄糖耐量因子的组成部分，能活化胰岛素，有助于葡萄糖的转化，铬还作用于葡萄糖代谢中的磷酸变位酶，如果缺铬，这种酶的活性就下降。长期缺铬，必然影响糖耐量，不利于糖尿病的预防和控制。人体含铬量甚微，全身仅约6 mg，并且随着年龄的增加而减少，到50岁后体内的三价铬含量就非常少了，因此，当您进入而立或不惑之年时，即便您没有糖尿病症状也应该补充适量的铬。含GTF最丰富的来源为未精制的谷类、新鲜水果、带皮的土豆、乳品、蛋、蛤类、酵母、啤酒、麦芽、牛肉、牛肝、鸡肉、粟米油、葵花子油、红糖、小米、胡萝卜、豌豆等。GTF成分中可能有尼克酸与铬的结合。铬对植物生长有刺激作用，微量铬可提高植物收获量；但浓度稍高，又可抑制土壤内有机物质的硝化作用。至今对铬在人类营养中的作用了解很少。

铬营养状况的指标：血浆中的浓度范围常为0.4～1.0 μmol/L。

13. 氟

氟为骨骼及牙齿中重要的矿物元素，人体骨骼中含氟量大致为2.6 g，氟化物是以氟离子的形式，广泛分布于自然界。骨骼和牙齿中含有人体内氟的大部分，氟化物与人体生命活动及牙齿、骨骼组织代谢密切相关。氟是牙齿及骨骼不可缺少的成分，少量氟可以促进牙齿珐琅质对细菌酸性腐蚀的抵抗力，防止龋齿，因此水处理厂一般会在自来水、饮用

水中添加少量的氟,可防止牙齿受到腐蚀。

氟的日摄入量为 1.5～4 mg/d。自然界氟的分布很广泛,但不均衡,有的地区缺氟,有的地区氟含量过高。海产品与茶叶是含氟量高的食品。缺氟的地区在自来水中加入氟 1 mg/L,能满足人对氟的需要量。但补充时一定要注意浓度不能高,长期饮用 2～7 mg/L的氟会出现牙斑,饮用 8～201 mg/L 的氟会导致骨脆,易发生骨折,因而氟含量高的地区,应通过离子交换去除过量的氟。

6.6 食品中矿物质损失的原因及强化

1. 食品中矿物质的损失

矿物元素与维生素类的有机营养素不同,加热、光照、氧化剂等能影响有机营养素的稳定性的因素,一般不会影响矿物质的稳定性。然而一些加工过程对食品中矿物元素的含量有较大的影响。

造成食品中矿物质损失的主要因素如下。

(1) 食品加工碾磨和丢弃。例如谷物加工中因碾磨去皮和胚芽,会使矿物质含量明显下降,碾磨越精,矿物质损失量越大。果蔬去皮去核等不食部分也损失矿物质。因此,食品加工中矿物质的损失是难免的,某些矿物质的增加则与加工用水、器具及包装材料有关。

(2) 烹调过程中烫漂和沥滤的损失。烫漂和沥滤对矿物元素的影响很大,这主要与其溶解度有关。例如菠菜烫漂时矿物元素损失:K 为 70%、Na 为 43%、Mg 和 P 为 36%。

此外,矿物质与食品中的其他成分之间在加工中可能会发生某些化学反应,如草酸根、植酸根类多价负离子与二价金属离子成盐,这些盐极难溶解,不能被人体吸收,实际上也造成了矿物质的损失。

2. 矿物质的强化

人体缺乏矿物质会对机体造成不同程度的危害,所以在食品中补充一些特殊的矿物质是很有必要的,尤其是钙、铁、锌、碘、硒、铬、氟等。在食品中补充某些缺少的或特需的成分称为食品的强化。

从 20 世纪 30 年代起,一些经济发达的欧、美、日等国就开始在食品中强化矿物质,以改变营养的不平衡状况。在我国由于缺碘地区较多,特别是山区,所以在食盐中强化碘是非常必要的,那就是含碘食盐。此后相继有含钙食盐、含锌食盐等。此外,在酱油、酱制品等调料副食品中也可适当添加钙、铁等。现在生产的强化面包、饼干、糕点等食品已有不少品种,乳粉及其他乳制品中也需强化铁、锌等矿物质,在代乳糕中还需强化钙。

目前对钙、铁、锌、碘、硒、氟等的补充有多种强化食品。如用钙强化食品时,常用碳酸钙、硫酸钙、磷酸钙、磷酸二氢钙、柠檬酸钙、葡萄糖酸钙及乳酸钙等,其中乳酸钙最好。此外,添加食用骨粉或蛋壳粉等含钙的天然物质,生物有效性高,是补钙的有效措施。铁作强化剂的铁化合物有硫酸亚铁、正磷酸铁和焦磷酸铁钠等。

在对食品进行矿物质强化时,应注意其生物有效性的影响。钙或铁强化剂的颗粒大小与机体的吸收、利用的情况密切相关，应选择颗粒小、溶解度大的作为强化剂。例如，胶体碳酸钙颗粒小，与水形成均匀的乳浊液，其吸收利用率好。再者，铁强化剂在食品加工中易与食品中其他成分起反应或受加工的影响发生变化，从而降低铁的生物有效性。但是，在食品强化中必须遵守有关法规，注意矿物质的摄入的安全剂量。

本章主要介绍了矿物质的基本概念、组成与分类、在食品中的存在形式，以及主要的生理功能；同时详细讨论了对生命活动起重要作用的14种矿物元素的存在、生理作用、吸收利用和安全指标等；简单介绍了食品加工中矿物质的损失及对食品进行的矿物质强化。

知识题

1. 什么是矿物质？食品中矿物质元素的分类方法一般有几种？其依据是什么？并举例。

2. 什么是碱性食品？什么是酸性食品？

素质题

1. 钙、锌、铁、碘、硒、氟等元素对人体有何功能？如何增加人体对钙、锌、铁、碘、硒、氟等元素的吸收？引起人体钙、锌、铁、碘、硒、氟等元素不足的原因是什么？

2. 试归纳矿物质的生理功能。

3. 人体最容易缺乏的矿物质元素是哪些？为什么容易缺乏？并调查所在地的情况。

4. 如何注意膳食结构中酸性和碱性食品的合理搭配？

技能题

1. 贫血可能有哪些原因？补血要吃哪些食品？

2. 哪些矿物质能够增强机体免疫力？哪些矿物质能够增强机体抗癌能力？

资料收集

1. 搜集当地矿物质食品的资源。

2. 在网页中查找：炎热夏天为什么容易缺钠？有怎样的症状？如何预防？

3. 从新闻或网页中找一篇关于重金属中毒的报道，描述中毒源、中毒途径、发病症状,查找预防措施和治疗办法。

4. 我国在食盐中加碘有些什么新规定?

查阅文献

[1] 王夔. 生命科学中的微量元素[M]. 北京:中国计量出版社,1992.

[2] 宫尾益英. 微量元素与疾病[M]. 北京:人民军医出版社,1987.

[3] 陈因. 含钼酶和钼在其中的作用[J]. 植物生理学通讯,1989,(3):67-74.

[4] 吴粤秀,赵文德. 关于我国当前全民食盐加碘安全性的探讨[J]. 中国地方病学杂志,2003,22:3.

知识拓展

矿物质元素的相互作用

人体中每时每刻都在进行着各种成分的高度精细的生物化学反应,各种物质之间存在着错综复杂的作用。例如,铁和铜元素在体内关系密切,铜促进铁的吸收和利用,促进无机铁变为有机铁,促进三价铁变为两价铁,还促进血红蛋白卟啉的合成及铁由储存部位进入骨髓。含铜血浆蛋白能促进肝脏释放铁,铁经过转铁蛋白送至正在形成的血红细胞,供给血红蛋白之用。如果缺乏铜,在生物合成机理中的铁就不可能进入血红蛋白分子。因此,不论是人还是动物,当铁充足而缺乏铜时,同样可能发生贫血病,为此,葡萄糖酸铜、硫酸铜等也被作为营养强化剂用于食品加工中。除此之外,还有取代作用。例如铁和锡共存时,铁可以减少锡的毒性。硒可以使钼酶活性增加。硒可以作为汞的特殊解毒剂。适量的氟促进钙、磷的利用,以增加骨骼的硬度,减少龋齿。这些几乎都是对人体健康有益的。但是有些是对人体健康有害的。例如人体摄入过量的锌,也可导致贫血。因为锌抑制铜的吸收,拮抗铜的正常生理功能。锶和钡可以取代同族的钙而使骨骼缺钙,引起儿童患佝偻病。砷可以取代磷,硒和碲可以取代硫。硒过多则会引起亚铁血红素合成障碍,导致缺铁性贫血等。研究矿物质元素的相互作用,特别是利用元素之间的取代作用,能给一些疑难杂症地方病的预防或治疗以新的启示。

第7章

酶

知识目标

理解酶的催化特性，掌握酶的催化机理、酶促褐变的影响因素及控制方法，熟悉食品工业中重要的酶及其应用，了解固定化酶。

素质目标

通过对酶的探究性学习，体会科学发现过程，领悟科学研究方法，培养崇尚科学的态度和实事求是的精神。

能力目标

通过本章知识的学习，培养用理论知识解决食品生产中实际问题的能力。在食品加工中学会如何防止酶促褐变的发生，正确应用食品中的重要酶。

7.1 酶的基础知识

新陈代谢是一切生命活动的基础，是生物体最基本的特征，而生物体内几乎所有的生物化学反应都是在酶的催化作用下完成的。可以说，没有酶的参与，生命活动一刻也不能进行。

7.1.1 酶的基本概念

酶是由生物活细胞产生的具有高效催化功能和高度专一性的有机高分子生物催化剂，除了少数 RNA 具有催化功能以外，绝大多数酶是蛋白质。只要不处于变性状态，无论在细胞内或细胞外酶都可发挥催化化学反应的作用。

由酶催化的化学反应称为酶促反应;酶促反应的反应物称为底物,生成物称为产物。酶催化化学反应的能力(或效率)称为催化活性(催化活力)。

7.1.2 酶的分类

1926 年 Sumner 首次从刀豆中提取脲酶结晶并率先提出酶的化学本质是蛋白质。到目前为止,纯化和结晶的酶已超过 2 000 种。根据酶的化学成分不同,可将其分为单纯酶和结合酶两类。

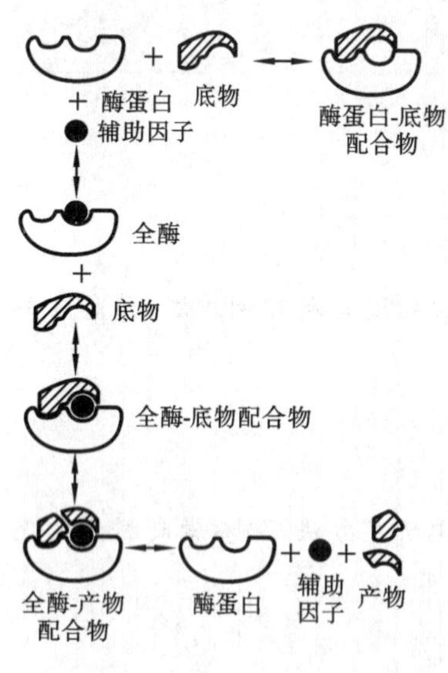

图 1-7-1 酶蛋白、辅助因子、全酶和底物之间的关系

(1) 单纯酶。这类酶的基本组成单位仅为氨基酸,此外不含其他成分,通常只有一条多肽链。它的催化活性仅仅取决于它的蛋白质结构。例如,淀粉酶、脂肪酶、蛋白酶等水解酶类均属于单纯酶。

(2) 结合酶。这类酶由蛋白质部分和非蛋白质部分组成,前者称为酶蛋白,后者称为辅助因子。酶蛋白与辅助因子结合形成的复合物称为**全酶**。酶蛋白在酶促反应中起着决定反应特异性的作用(即决定结合什么样的底物);辅助因子则决定反应的类型,参与电子、原子、基团的传递。图 1-7-1 表示酶蛋白、辅助因子、全酶和底物之间的关系。由图 1-7-1 知,仅由酶蛋白与底物结合生成的配合物不能转变成产物,辅助因子一般参与组成酶的活性中心。因此在一定情况下,没有辅助因子存在,酶蛋白就不能与底物相结合,更无法将底物转化为产物。

辅助因子的化学本质是金属离子或小分子有机化合物,按其与酶蛋白结合的紧密程度不同,可分为辅酶与辅基。辅酶与酶蛋白结合疏松,可用透析或超滤等物理方法除去;辅基则与酶蛋白结合紧密,不能通过透析或超滤将其除去。B 族维生素的衍生物是形成体内结合酶辅酶或辅基的重要成分。辅酶或辅基的作用是作为电子、原子或某些基团的载体参与反应并促进整个催化过程。金属离子在酶分子中或作为酶活性部位的成分,或帮助形成酶活性中心所必需的构象。一种辅酶常可与多种不同的酶蛋白结合而组成具有不同专一性的全酶。可见决定酶催化专一性的是酶的蛋白质部分。

7.1.3 酶催化的特性

酶作为生物催化剂,既有一般催化剂的特点,又有一般催化剂所没有的生物大分子的特征。酶和一般催化剂的共同点:① 只催化热力学上允许的化学反应,也就是说,只能催化本身能够发生的化学反应,不能催化本身不能发生的化学反应;② 能改变化学反应速率,但不能改变化学反应的平衡点;③ 在反应前后本身质量和化学性质不变。

酶作为生物催化剂，与一般催化剂相比，又有以下特性。

(1) 高效催化性。酶的催化效率比无催化剂的自发反应速度高 10^8～10^{20} 倍，比一般催化剂的催化效率高 10^7～10^{13} 倍。这种高度加速的酶促反应机制，主要是因为大幅度降低了反应的活化能。例如 1 mol 铁离子在 0 ℃时，1 s 内可催化 10^{-5} mol 过氧化氢分解，但在相同条件下，1 mol 过氧化氢酶能催化 10^5 mol 过氧化氢分解。此酶的催化能力比无机催化剂铁离子高出 100 亿倍。

(2) 高度的专一性。酶对其所催化的底物和催化的反应具有较严格的选择性，常将这种选择性称为酶的特异性或专一性。一种酶只能作用于某一类或一种特定的物质。例如，酸能催化蛋白质、淀粉的水解，也能催化脂肪水解，但淀粉酶只能催化淀粉水解，脂肪酶只能催化脂肪水解，蛋白酶只能水解蛋白质，这几种酶绝不能相互代替催化其他物质发生反应。

(3) 酶活性的可调节性。物质代谢在正常情况下处于错综复杂、有条不紊的动态平衡中。酶活性的调节作用是维持这种平衡的重要环节。生物体通过各种调控方式，如酶的生物合成的诱导和阻遏、酶的化学修饰、酶的变构调节以及神经体液因素的调节等，改变酶的催化活性，以适应生理功能的需要，促进体内物质代谢的协调统一，保证生命活动的正常进行。

(4) 高度不稳定性。酶的化学本质主要是蛋白质，酶促反应要求一定的 pH 值、温度等温和的条件，强酸、强碱、有机溶剂、重金属盐、高温、紫外线、剧烈振荡等任何使蛋白质变性的理化因素都可使酶变性而失去其催化活性。

7.1.4 酶的活性中心与催化作用机理

1. 酶的活性中心

组成酶分子的氨基酸中有许多化学基团，如—NH_2、—COOH、—SH、—OH 等，但这些基团并不都与酶活性有关。其中那些与酶的活性密切相关的基团称为酶的必需基团。这些必需基团在一级结构上可能相距很远，但在空间结构上彼此靠近，形成一个能与底物特异地结合并将底物转变为产物的特定空间区域，这一区域称为酶的活性中心。对结合酶来说，辅酶或辅基也参与酶活性中心的组成。

酶活性中心内的必需基团分两种：能直接与底物结合的必需基团称为结合基团；影响底物中某些化学键的稳定性，催化底物发生化学变化的必需基团称为催化基团。还有一些必需基团虽然不参加活性中心的组成，但为维持酶活性中心应有的空间构象所必需，这些基团是酶活性中心外的必需基团(图 1-7-2)。

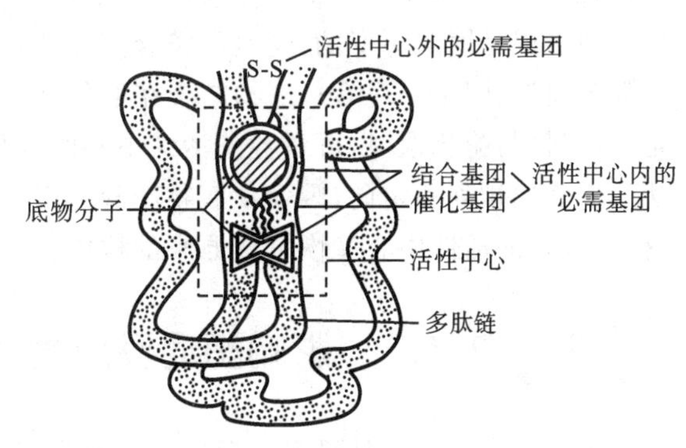

图 1-7-2 酶活性中心示意图

酶的活性中心往往位于酶分子表面或凹陷处，是酶催化作用的关键部位。

不同的酶有不同的活性中心,故对底物有高度的特异性。某些酶,特别是一些与消化作用有关的酶,在最初合成和分泌时,没有催化活性,这种没有活性的酶的前体称为**酶原**。酶原在一定条件下经适当的物质作用可转变为有活性的酶。酶原转变成酶的过程称为**酶原的激活**。这个过程实质上是酶活性部位形成或暴露的过程。相反,酶的活性中心一旦被其他物质占据或某些理化因素使酶的空间结构破坏,酶则丧失催化活性。

2. 酶催化作用机理

(1) 中间产物学说。

1913 年生物化学家 Michaelis 和 Menten 提出了酶中间产物学说。他们认为,酶降低活化能的原因是酶参加了反应而形成了酶-底物复合物。这个中间产物不但容易生成(也就是只要较少的活化能就可生成),而且容易转变为产物,释放出原来的酶,这样就把原来能阈较高的一步反应变成了能阈较低的两步反应。由于活化能降低,所以活化分子大大增加,反应速度因此迅速提高。如以 E 表示酶,S 表示底物,ES 表示中间产物,P 表示反应终产物,其反应过程可表示为

$$S+E \rightleftharpoons ES \longrightarrow E+P$$

这个理论的关键是认为酶参与了底物的反应,生成了不稳定的中间产物,因而使反应沿着活化能较低的途径迅速进行。事实上,中间产物学说已经被许多实验所证实,中间产物确实存在。

(2) 诱导契合学说。

1894 年 Emil Fischer 提出锁和钥匙模型(图 1-7-3(a))。该模型认为,底物分子或其一部分像钥匙一样,专一地楔入酶的活性中心部位,即底物分子进行化学反应的部位与酶分子活性中心具有紧密互补的关系。

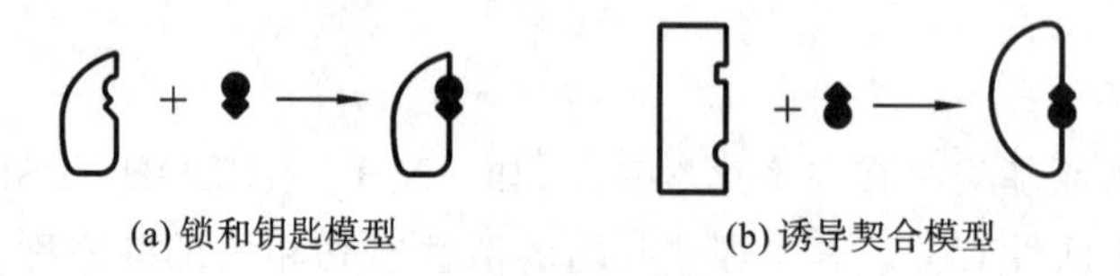
(a) 锁和钥匙模型　　(b) 诱导契合模型

图 1-7-3　底物与酶结合

科学家后来发现,当底物与酶结合时酶分子上的某些基团常常发生明显的变化。另外,酶常常能够催化同一个生化反应中正、逆两个方向的反应。因此"锁和钥匙学说"把酶的结构看成是固定不变的,这是不符合实际的。1958 年 Daniel E. Koshland Jr. 提出了诱导契合模型(图 1-7-3(b)),底物结合在酶的活性部位诱导出构象的变化。该模型的要点是:当底物与酶相遇时,可诱导酶活性中心的构象发生相应的变化,其上有关的各个基团达到正确的排列和定向,因而使底物和酶能完全契合。当反应结束后,产物从酶分子上脱落下来,酶的活性中心又恢复成原来的构象。

7.1.5　影响酶促反应速度的因素

酶促反应动力学是研究酶促反应速度及其影响因素的科学。这些因素主要包括底物

浓度、酶浓度、温度、pH 值、激活剂和抑制剂等。在研究某一因素对酶促反应速度的影响时，应该维持反应中其他因素不变，而只改变要研究的因素。

1. 底物浓度对酶促反应速度的影响

在酶的浓度不变的情况下，底物浓度对反应速度影响的作用呈现矩形双曲线（图 1-7-4）。

在底物浓度很低时，反应速度随底物浓度的增加而迅速加快，两者呈正比例关系；当底物浓度较高时，反应速度虽然随着底物浓度的升高而加快，但不再呈正比例加快；当底物浓度增高到一定程度时，如果继续加大底物浓度，反应速度不再增加，说明酶已被底物所饱和。如表 1-7-1 所示。

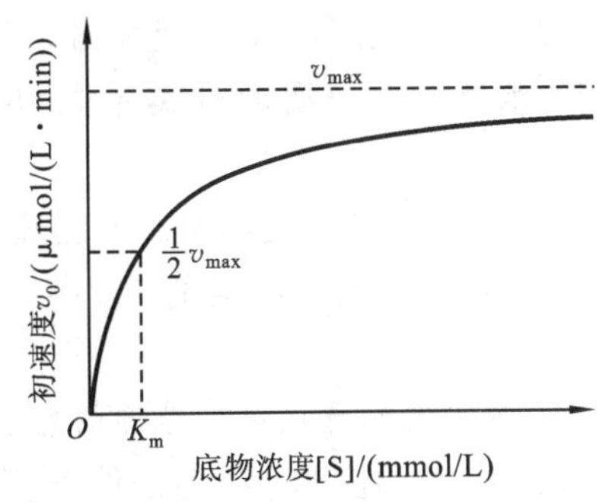

图 1-7-4 底物浓度对酶促反应速度的影响

表 1-7-1 底物浓度对酶分子饱和度的影响

作用物浓度	$S+E \rightleftharpoons ES \longrightarrow P+E$
低浓度	
可饱和 3/4 酶分子活性中心	
完全饱和酶分子活性中心	
高浓度	

酶促反应速度与底物浓度之间的变化关系，反映了 ES 的形成与生成产物 P 的过程。在[S]很低时，酶的活性中心没有全部与底物结合，增加[S]，[ES]与[P]均呈正比例增加；当[S]增高至一定浓度时，酶全部形成了 ES，此时再增加[S]也不会增加[ES]，反应速度趋于恒定。

为了解释底物浓度与酶促反应速度的关系，1913 年 Michaelis 和 Menten 归纳了酶促反应动力学最基本的数学表达式——米氏方程：

$$v=\frac{v_{max}[S]}{K_m+[S]} \tag{1.7.1}$$

式中：v_{max}——反应的最大速度；[S]——底物浓度；K_m——米氏常数；v——在某一底物浓度时相应的反应速度。

（1）当反应速度为最大速度一半时，米氏方程可以变换为

$$\frac{1}{2}v_{max}=\frac{v_{max}[S]}{K_m+[S]} \tag{1.7.2}$$

所以 K_m=[S]。因此，K_m 值等于酶促反应最大速度一半时的底物浓度。

(2) K_m 值可判断酶与底物的亲和力(K_m 值愈大,酶与底物的亲和力愈小;反之亦然)。

(3) K_m 值是酶的特征性常数,只与酶的结构、酶所催化的底物和酶促反应条件有关,与酶的浓度无关。酶的种类不同,K_m 值不同,同一种酶与不同底物作用时,K_m 值也不同。

(4) 可运用 K_m 值和米氏方程选择合适的底物浓度。

每一种酶都有其特定的 K_m 值,可测定或查阅,然后就可根据需要选择合理的反应速度。

2. 酶浓度对酶促反应速度的影响

在一定的温度和 pH 值条件下,当底物浓度足以使酶饱和时,酶的浓度与酶促反应速度呈正比例关系(图 1-7-5)。

3. 温度对酶促反应速度的影响

化学反应的速度随温度增高而加快,但酶是蛋白质,可随温度的升高而变性。在温度较低时,前一影响较大,反应速度随温度升高而加快。但温度超过一定范围后,酶受热变性的因素占优势,反应速度反而随温度上升而减慢。常将酶促反应速度最大的某一温度范围,称为酶的最适温度(图 1-7-6)。

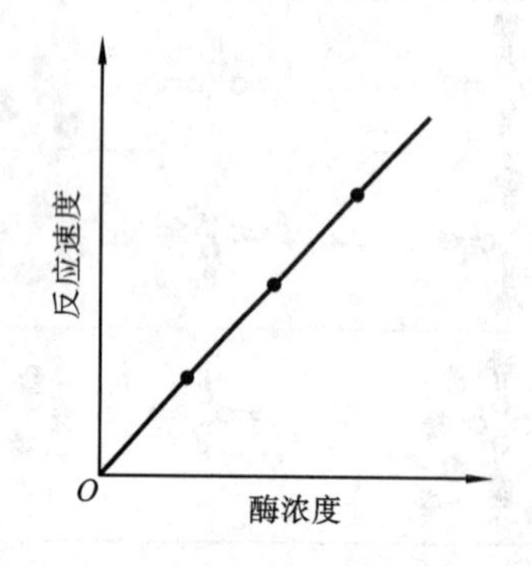

图 1-7-5 酶浓度对反应速度的影响

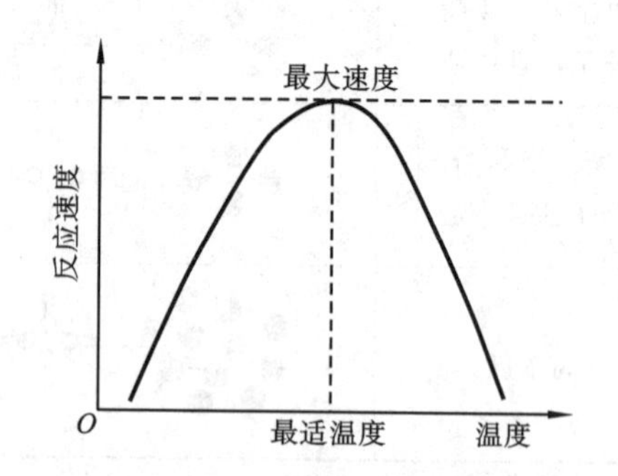

图 1-7-6 温度对酶促反应速度的影响

不同的酶,最适温度也不一样,例如植物体内的酶最适温度一般在 45~50 ℃,动物组织酶最适温度一般在 37~40 ℃。但一种酶的最适温度并不是一个恒定的值,受多种因素影响而有所改变,如作用时间的长短、作用底物的种类等。

温度对酶促反应速度的影响在食品加工实践中具有指导意义。在最适温度以上,酶活力随温度升高而降低,当温度升高到一定值以后,酶会逐渐变性而酶促反应停止。大多数酶在 70~80 ℃时会变性失活。酶变性以后,一般不会再恢复活性。食品生产中的巴氏消毒、煮沸、高压蒸汽灭菌等,就是利用高温使食品内酶和微生物酶变性,从而防止食品的腐败变质。

在低温下,酶活性微弱,但酶并没有被破坏。当温度回升时,酶活力又逐渐增大。冷冻食品进行冷冻处理的主要目的是防止微生物的生长,同时也为了尽可能地保持食品的品质。虽然在冷冻和解冻过程中许多酶发生了明显的变性,但是也有许多酶不受影响,解冻后仍然保持很大活性。

4. pH值对酶促反应速度的影响

酶反应介质的pH值可影响酶分子，特别是活性中心上必需基团的解离程度和催化基团中质子供体或质子受体所需的离子化状态，也可影响底物和辅酶的解离程度，从而影响酶与底物的结合。只有在特定的pH值条件下，酶、底物和辅酶的解离情况最适宜于它们互相结合，并发生催化作用，使酶促反应速度达最大值，这种pH值称为酶的最适pH值。在最适pH值的两侧，酶活性都骤然下降，所以一般酶促反应速度的pH值曲线呈钟形(图1-7-7)。

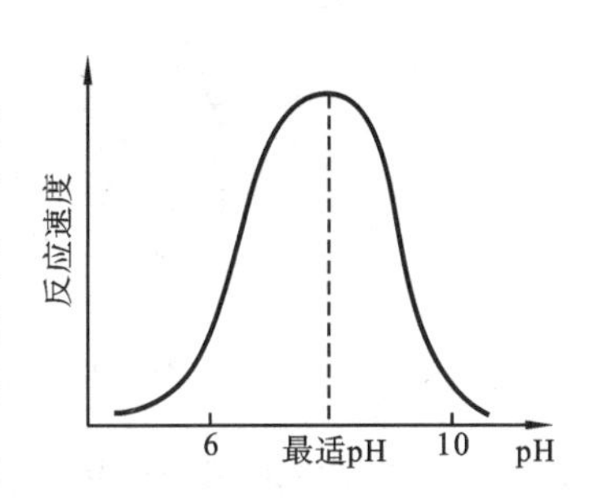

图1-7-7　pH值变化与酶促反应速度的关系

体内多数酶的最适pH值接近中性，但也有例外，如胃蛋白酶的最适pH值约1.8，肝精氨酸酶最适pH值约为9.8。溶液的pH值高于和低于最适pH值都会使酶的活性降低，远离最适pH值甚至导致酶的变性失活。所以测定酶的活性时，应选用适宜的缓冲液，以保持酶活性的相对恒定。

由于食品成分复杂，进行加工时，对pH值的控制很重要。如果某种酶的作用是必需的，则可将pH值调至其最适pH值处，使其活性达到最高；反之，如果要避免某种酶的作用，可以改变pH值而抑制此酶的活性。例如，酚酶能使果蔬产生酶促褐变，其最适pH值为6.5，若将pH值降低到3.6就可防止褐变产生，故在水果加工时常添加酸化剂，如柠檬酸、苹果酸和磷酸等。

5. 激活剂对酶促反应速度的影响

凡能提高酶的活性或使酶原转变成酶的物质均称为酶的**激活剂**。从化学本质看，激活剂包括无机离子和小分子有机物。例如，Mg^{2+}是多种激酶和合成酶的激活剂，Cl^-是唾液淀粉酶的激活剂。

大多数金属离子激活剂对酶促反应不可缺少，称为必需激活剂，如Mg^{2+}；有些激活剂不存在时，酶仍有一定活性，这类激活剂称为非必需激活剂，如Cl^-。

6. 抑制剂对酶促反应速度的影响

凡能使酶的活性降低或丧失而不引起酶蛋白变性的物质称为酶的**抑制剂**。通常将抑制作用分为不可逆性抑制和可逆性抑制两类。

(1) 不可逆性抑制。这类抑制剂与酶分子中的必需基团以共价键的方式结合，且结合后很难自发分解，从而使酶失活，其抑制作用不能用透析、超滤等方法解除。这类抑制作用随着抑制剂浓度的增加而逐渐增加，当抑制剂的量达到足以和所有的酶结合时，酶的活性就完全被抑制。有机磷、有机汞、有机砷、重金属离子、烷化剂、氰化物等都是酶的不可逆抑制剂。

(2) 可逆性抑制。抑制剂与酶以非共价键结合，在用透析等物理方法除去抑制剂后，酶的活性能恢复，即抑制剂与酶的结合是可逆的。这类抑制剂大致可分为以下两类(图1-7-8)。

① 竞争性抑制。竞争性抑制剂(I)与底物(S)结构相似，因此两者互相竞争与酶的活性中心结合，当I与酶结合后，就不能结合S，从而引起酶催化作用的抑制。竞争性抑制

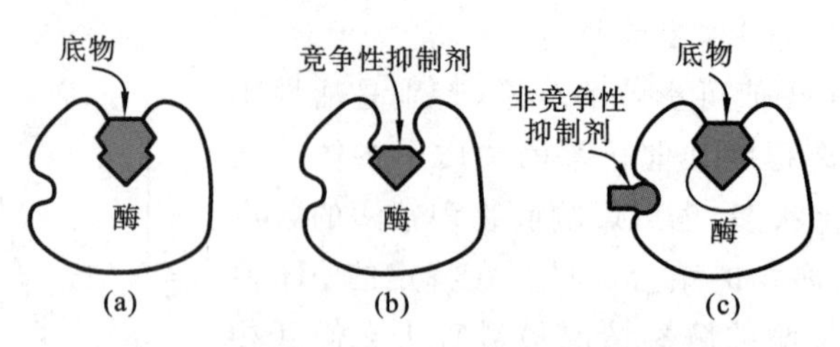

图 1-7-8　竞争性抑制与非竞争性抑制的作用机制

作用有以下特点:抑制剂结构与底物相似;抑制剂结合的部位是酶的活性中心;抑制作用的大小取决于抑制剂与底物的相对浓度,在抑制剂浓度不变时,通过增加底物浓度可以减弱甚至解除竞争性抑制作用。

② 非竞争性抑制。非竞争性抑制剂(I)和底物(S)的结构不相似,I 常与酶活性中心外的部位结合,使酶催化作用受到抑制。这种抑制作用的特点如下:抑制剂与底物结构不相似;抑制剂结合的部位是酶活性中心外;抑制作用的强弱取决于抑制剂的浓度,此种抑制不能通过增加底物浓度而减弱或消除。

7.2　食品中的酶

很久以前,人类就开始利用酶制备食品,尽管当时人类并没有任何有关酶方面的知识,然而使用酶的技术还是流传了下来。在酿造中利用发芽的大麦来转化淀粉和用破碎的木瓜树叶包裹肉以使肉嫩化,是古代制备食品时使用酶的例子。早期研究消化、发酵和水解反应中的酶都涉及食品。很长时间以来,食品科学家研究酶在食品体系中的作用,特别是能利用的酶和导致食品腐败的酶备受关注。

7.2.1　酶在食品中的作用

在生物体内,酶控制着几乎所有的生物大分子和小分子的合成和分解。由于食品加工的主要原料是生物来源的材料,因此,在食品加工中的原料部分含有种类繁多的酶,其中某些酶在原料的加工期间甚至在加工过程完成后仍然具有活性。这些酶的作用有的对食品加工是有益的。例如:牛乳中的蛋白酶,在奶酪成熟过程中能催化酪蛋白水解而赋予奶酪以特殊风味;动物在屠宰后其体内的很多酶仍具有很高的活力,仍然在进行不同的代谢,如在磷酸化酶、乳酸脱氢酶等糖酵解酶的作用下,肌肉中糖原分解成为乳酸,使其 pH 值下降。由于肌浆中 ATP 酶的作用,肌肉中 ATP 含量迅速下降,并在磷酸肌酸激酶和腺苷酸脱氨酶的作用下产生具有强烈鲜味的 IMP(次黄嘌呤核苷酸)。动物死后随着 pH 值的降低和组织破坏,组织蛋白酶被释出而发生了对肌肉蛋白质的分解作用,生成肽和游离氨基酸。这些肽和氨基酸使其在加工中形成肉的香气和鲜味。

但有些是不利的影响。例如:番茄中的果胶酶在番茄酱加工中能催化果胶物质的降解而使番茄酱产品的黏度下降；细胞破碎时多酚氧化酶被释放，使氧气与多酚化合物作用产生酶促褐变，即能生成红茶的色素，但这类变化对于水果和蔬菜(如香蕉和土豆)来说则是不良的变化，会引起产品品质的下降。这些情况需设法对酶的作用进行抑制或消除。除了在食品原料中存在着酶的作用外，在食品加工和保藏过程中还使用不同的酶，用以提高产品的产量和质量。例如使用淀粉酶和葡萄糖异构酶生产高果糖浆，又如在牛乳中加入乳糖酶，将乳糖转化成葡萄糖和半乳糖，制备适合于有乳糖缺乏症的人群饮用的牛乳。

7.2.2 食品中酶的来源

与食品加工有关的酶，根据其来源可分为内源酶和外源酶两大类。

内源酶是指作为食品加工原料的动、植物体内所含有的各种酶类。内源酶是使食品原料在屠宰或采收后成熟或变质的重要原因，对食品的储藏和加工都有着重要的影响。

食品中加工的原料多为动、植物组织或微生物。在生物细胞中存在多种多样的酶，活体中因酶的分工不同而定位于细胞的不同场所，从而使酶在不同部位发生不同的反应。尽管酶的含量不高，随着机体的生长发育、成熟，各种酶在一定的时期发挥相应的催化作用，保证了机体功能的正常进行。表1-7-2中给出了动物细胞中不同细胞器酶的分布。

表1-7-2 动物细胞中不同部位所含的酶

部　位	酶
细胞核	DNA依赖性RNA聚合酶，多聚腺嘌呤合成酶
线粒体	琥珀酸盐脱氢酶，细胞色素氧化酶，谷氨酸盐脱氢酶，苹果酸盐脱氢酶，α-酮戊二酸盐脱氢酶，丙酮酸盐脱羧酶
溶酶体	组织蛋白酶A、B、C、D、E，胶原酶，酸性核糖核酸酶，酸性磷酸酶，β-乳糖酶，唾液酸酶，溶解酵素，甘油三酯脂肪酶
过氧化物体	过氧化氢酶，尿酸盐过氧化酶，D-氨基酸氧化酶
内质网、高尔基复合体	葡萄糖-6-磷酸酶，核苷二磷酸化酶，核苷磷酸化酶
可溶性酶	乳酸脱氢酶，磷酸果糖激酶，葡萄糖-6-磷酸脱氢酶，转酮醇酶
胰腺酶原颗粒	胰凝乳蛋白酶源，脂肪酶，淀粉酶，核糖核酸酶

外源酶并非存在于作为食品加工原料的动、植物体内。它通常有两个来源：一是食品在加工储藏中污染微生物所产的酶；二是为了达到保鲜效果或者为了得到所需的产品质量人为添加的酶，称为商品酶，也叫酶制剂。

微生物在食品中的生长繁殖给食品的成分和性质带来广泛而又深刻的变化，这些变化都是在微生物分泌的各种酶的作用下发生的。有些微生物分泌的各种酶可将食品中蛋白质水解成多肽和氨基酸，并能进一步将氨基酸分解生成氨、酮酸、胺、吲哚和硫化氢等物质，从而引起食品的腐败变质。但是也有些微生物在食品或食品原料中生长繁殖，它们分泌的各种酶的作用以及代谢产物可以改善原有的营养成分、风味和质构，如发酵食品中所用的微生物。随着科技的发展，在食品工业中，酶制剂的应用日益广泛，广泛用于淀粉工业、乳品工业、焙烤食品、饮料工业、肉类加工等领域。

7.2.3 酶在食品加工中的应用

在食品加工中加入酶的目的通常包括:① 提高食品品质;② 制造合成食品;③ 增加提取食品成分的速度与产量;④ 改良风味;⑤ 稳定食品品质;⑥ 增加副产品的利用率。食品加工业中所利用的酶比起标准的生化试剂来说相当粗糙。大部分酶制剂中仍含有许多杂质,而且含有其他酶,食品加工中所用的酶制剂是由可食用的或无毒的动、植物原料和非致病、非毒性的微生物中提取的。

利用酶还能控制食品原料的储藏性品质。有一些植物原料在未完全成熟时即采收,需经过一段时间的催熟才能达到适合食用的品质。实际上是酶控制着成熟过程的变化,如叶绿素的消失、胡萝卜素的生成、淀粉的转化、组织的变软、香味的产生等。如果能了解酶在其中的作用而加以控制,就可改善食品原料的储藏性并增进其品质。下面介绍几类食品加工中重要的酶。

1. 水解酶类

1)淀粉酶类

淀粉酶是指水解淀粉分子的 α-1,4 糖苷键和 α-1,6 糖苷键的酶。在食品加工中主要用于淀粉的液化和糖化,酿造、发酵制淀粉糖,也用于面包工业以改进面包的质量。淀粉酶是糖苷水解酶中最重要的一类酶,淀粉酶又可以分为四类,即 α-淀粉酶、β-淀粉酶、葡萄糖淀粉酶和异淀粉酶(又称淀粉 1,6-糊精酶、淀粉脱支酶)。

(1) α-淀粉酶。α-淀粉酶广泛存在于动、植物组织及微生物中,发芽的种子、人的唾液、动物的胰脏内。现在工业上已经能利用枯草杆菌、米曲霉、黑曲霉等微生物制备高纯度的 α-淀粉酶。

α-淀粉酶分子含有一个结合得很牢的 Ca^{2+},Ca^{2+} 起着维持酶蛋白最适宜构象的作用,从而使酶具有最高的稳定性和最大的活力。因此,在提纯淀粉酶时常加入适量的 Ca^{2+} 促进酶的结晶和稳定。

不同来源的 α-淀粉酶最适温度不同,一般在 55～70 ℃,但也有少数细菌的 α-淀粉酶最适温度很高。α-淀粉酶是一种内切酶,它能在淀粉内部任意地水解 α-1,4 糖苷键,但不能水解 α-1,6 糖苷键。所以作用于淀粉时有两种情况:第一种情况是水解直链淀粉,直链淀粉的降解分两阶段,首先将直链淀粉随机地迅速降解成寡糖,然后把寡糖分解成终产物麦芽糖和葡萄糖,后一阶段反应速度较慢;第二种情况是水解支链淀粉,作用于这类淀粉时终产物是葡萄糖、麦芽糖和一系列含有 α-1,6 糖苷键的限制糊精或异麦芽糖。由于 α-淀粉酶能快速地降低淀粉糊的稠度,使其流动性加强,又称为液化酶。

α-淀粉酶的用途广泛。例如:在酿造工业中水解淀粉为酵母可发酵的糖;在食品加工中缩短婴儿食品的干燥时间;改进面包的体积和结构;消除啤酒中的淀粉混浊;把较低糖度的淀粉转变成为高度可发酵的糖浆等。

(2) β-淀粉酶。β-淀粉酶主要存在于大豆、小麦、大麦、甘薯等植物的种子中,少数细菌和霉菌中也有此酶。哺乳动物中尚未发现此酶。

β-淀粉酶是一种外切酶,它作用于淀粉链的非还原末端,每隔一个水解淀粉的 α-1,4

糖苷键，依次切下一个个麦芽糖单位，并将切下的 α-麦芽糖转变成 β-麦芽糖。它不能水解淀粉的 α-1,6 糖苷键。不过要说明的是 β-淀粉酶并不能完全水解直链淀粉，仍有10%～30%的淀粉不被水解，这可能是直链淀粉在制备过程中因氧化等因素而被改性。β-淀粉酶催化支链淀粉水解时，因为它不能断裂 α-1,6 糖苷键，也不能绕过支点继续作用于 α-1,4 糖苷键，因此 β-淀粉酶水解淀粉是不完全的，作用终产物是 β-麦芽糖和占整个支链淀粉40%左右的限制糊精。

用微生物 β-淀粉酶生产的高麦芽糖糖浆新工艺含麦芽糖 55%～60%，曾用于生产糖果、果脯、饼干、面包等代替饴糖和蔗糖，应用效果良好，提高了各类食品的质量，改善了风味。

(3) 葡萄糖淀粉酶。葡萄糖淀粉酶是一种糖蛋白，只存在于微生物界，根霉、曲霉中。

葡萄糖淀粉酶是一种外切酶，它不仅能水解淀粉分子的 α-1,4 糖苷键，而且能水解淀粉分子的 α-1,6 和 α-1,3 糖苷键，只是水解后两种键的速度很慢。葡萄糖淀粉酶水解淀粉时，是从非还原端开始逐次切下一个个葡萄糖单位，并将切下的 α-葡萄糖转为 β-葡萄糖。当作用到淀粉支点时，速度下降，但可切割支点。因此，葡萄糖淀粉酶作用于直链淀粉或支链淀粉时，终产物均是葡萄糖。工业上大量用葡萄糖淀粉酶来作淀粉的糖化剂，并习惯地称之为糖化酶。葡萄糖淀粉酶单独作用于支链淀粉时，水解 α-1,6 糖苷键的速度只有水解 α-1,4 糖苷键速度的 4%～10%，很难将支链淀粉完全水解，只有当 α-淀粉酶同时存在时，葡萄糖淀粉酶才可将支链淀粉较快地完全水解，比单独使用葡萄糖淀粉酶时的水解能力提高 3 倍。所以工业上糖化淀粉时常添加 α-淀粉酶。葡萄糖淀粉酶广泛应用于各种酒的生产，可增加出酒率，节约粮食，降低成本，也用于葡萄糖及果葡糖浆的制造。

(4) 异淀粉酶。异淀粉酶又称淀粉-1,6 糊精酶、淀粉解支酶、R-淀粉酶。该酶只作用于 α-1,6 糖苷键，使支链淀粉变为直链淀粉，存在于马铃薯、酵母、某些细菌和霉菌中，生产上用此酶制造糯米纸和饴糖。

图 1-7-9 为几种淀粉酶作用示意图。

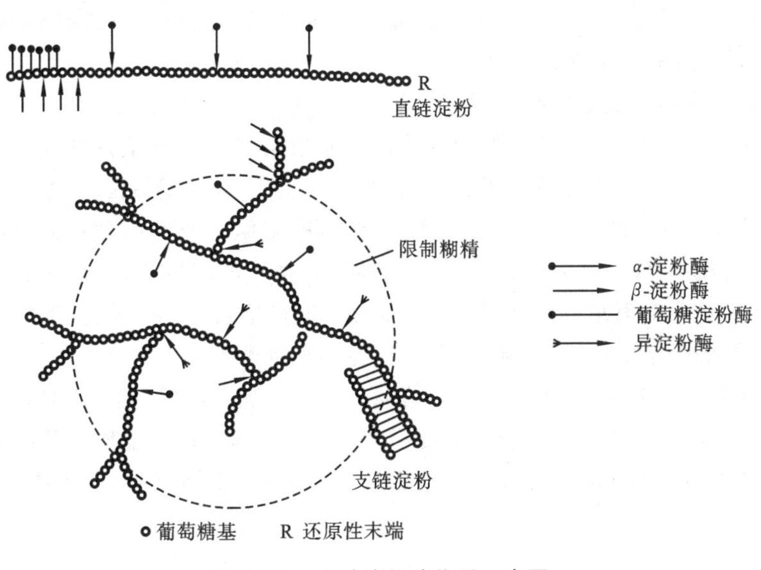

图 1-7-9 几种淀粉酶作用示意图

2) 果胶酶

果胶是一些杂多糖的化合物,在植物结构中充当结构物。果胶中最主要的成分是半乳糖醛酸,通过 α-1,4 糖苷键连接而成,半乳糖醛酸中约有 2/3 的羧基和甲醇进行了酯化反应。果胶酶可分为以下 3 种类型:

(1) 果胶酯酶存在于细菌、真菌和高等植物中,在柑橘和番茄中含量非常丰富,它对半乳糖醛酸酯具有专一性,可以水解除去果胶上的甲酯基基团;

(2) 聚半乳糖醛酸酶主要作用于分子内部的 α-1,4 糖苷键,使果胶的黏度降低,水解产物是单体的半乳糖醛酸,该产物不再有凝胶作用;

(3) 果胶裂解酶可将葡萄糖苷酸链的糖苷键裂解,果胶裂解酶是一种内切酶,只能从丝状真菌即黑曲霉中得到。

为了保持混浊果汁的稳定性,常用 HTST(高温杀菌)或巴氏消毒法使其中的果胶酶失活,因果胶是一种保护性胶体,有助于维持悬浮溶液中的不溶性颗粒而保持果汁混浊。在番茄汁和番茄酱的生产中,用热打浆法可以很快破坏果胶酯酶的活性。商业上果胶酶可用来澄清果汁、酒等。大多数水果在压榨果汁时,果胶多则水分不易挤出,且榨汁混浊,如以果胶酶处理,则可提高榨汁率,而且澄清。加工水果罐头时应先热烫使果胶酶失活,可防止罐头储存时果肉过软。在果酒制备过程中使用果胶酶制剂,不仅易于压榨、澄清和过滤,而且酒的收率和成品酒的稳定性均有提高。许多真菌和细菌产生的果胶酶能使植物细胞间隙的果胶层降解,导致细胞的降解和分离,使植物组织软化腐烂,在果蔬中称为软腐病。此外,果胶酶还可用于橘子脱囊衣、莲子去内皮、大蒜去内膜、麻料脱胶等。

3) 脂肪酶

脂肪酶又称为三酰基甘油水解酶,是一种糖蛋白,存在于动物胰腺、牛羊的可食前胃组织、高等植物的种子以及米曲霉、黑曲霉中,最适温度为 30～40 ℃,最适 pH 值大于 7。该酶只能在油-水界面上进行催化,即催化乳化状态的脂肪水解,不能催化未乳化的脂肪。任何一种促进脂肪乳化的措施都可以增强脂肪酶的活力。脂肪酶还包括磷酸酯酶(能水解磷酸酯类)、固醇酶(水解胆固醇酯)。

脂肪酶能使脂肪生成脂肪酸而引起食品酸败,而在另一种情况下又需要脂肪酶的活性而产生风味,例如干酪生产中牛乳脂肪的适度水解会产生一种很好的风味。脂肪酶应用于乳酯水解,包括奶酪和奶粉风味的增强、奶酪的熟化、代用奶制品的生产、奶油及冰淇淋的酯解改性等。脂肪酶作用于乳酯并产生脂肪酸,能赋予奶制品独特的风味。脂肪酶释放的短碳链脂肪酸(C_4～C_6)使产品具有一种独特强烈的奶风味,而释放的中碳链脂肪酸(C_{10}～C_{14})使产品具有皂似的风味。同时,由于脂肪酸参与到类似微生物反应的过程中,增加了一些新风味物质,如甲基酮类、风味酯类和乳酯类等。

在面类食品生产中,可以将溶解有脂肪酶的水直接加入面粉,然后在常温下放置一段时间进行压延处理。与添加蛋白质和多糖类等面粉改良剂相比,添加脂肪酶后产品品质会得到大幅度提高。具体表现在以下三方面:一是增加并保持弹性;二是提高成品率;三是面皮的改良。

4) 纤维素酶

纤维素酶是一组复合酶,能水解纤维,是生物催化剂,其功能是将植物纤维素降解。

纤维素酶用途极广，在动物饲料、纺织、食品加工、污水处理、中草药有效成分提取等行业得到广泛应用，可有效地改善产品质量、提高产量，具有良好的经济效益。

在果品和蔬菜加工过程中如果采用纤维素酶适当处理，可使植物组织软化膨松，能提高可消化性和口感。纤维素酶用于处理大豆，可促使其脱皮，同时，由于它能破坏胞壁，使包含其中的蛋白质、油脂完全分离，增加其从大豆和豆饼中提取优质水溶性蛋白质和油脂的获得率，既降低了成本，缩短了时间，又提高了产品质量。速溶茶饮用方便，可同其他饮料调用，要求速溶后不留渣。生产上常用热水浸提法提取茶叶中的有效成分。若用沸水浸泡和酶法结合，既可缩短抽提时间，又可提高水溶性较差的茶单宁、咖啡因等的抽提率，并能保持茶叶原有的色、香、味。

5）蛋白酶

蛋白酶是生物体系中含量较多的一类酶，也是食品工业中重要的一类酶。蛋白酶的种类很多，根据它们的作用方式可分为两大类：内肽酶（肽链内切酶）和外肽酶（肽链端解酶）。蛋白酶还可根据来源不同，分为动物蛋白酶、植物蛋白酶和微生物蛋白酶。

（1）动物蛋白酶。人与动物的消化系统中存在多种蛋白酶，主要有胃蛋白酶、胰蛋白酶和胰凝乳蛋白酶等。

胃蛋白酶主要水解蛋白质中由芳香族氨基酸形成的肽键。胰蛋白酶由胰腺分泌，最适 pH 值为 7～9，它只能水解赖氨酸和精氨酸的羧基参与生成的肽键。生物界中有一些天然的蛋白酶抑制剂，其中最常见的是大豆胰蛋白酶抑制剂，故大豆煮熟后才能食用。胰凝乳蛋白酶可以用来制奶酪。

（2）植物蛋白酶。蛋白酶在植物中存在比较广泛，木瓜蛋白酶、无花果蛋白酶和菠萝蛋白酶已被大量地应用于食品工业。这三种植物蛋白酶在食品工业上常用于肉的嫩化和啤酒的澄清，特别是木瓜蛋白酶的应用，很久以前民间就有用木瓜叶包肉，使肉更鲜美、更香的经验，现在这些植物蛋白酶除用于食品工业外，还常用于医药上作助消化剂。例如用于啤酒澄清，可使啤酒不会因低温生成蛋白质与单宁的复合物变混浊。

（3）微生物蛋白酶。通常用于薄脆饼的制造；在肉类的嫩化，尤其是牛肉的嫩化上运用微生物蛋白酶代替价格较贵的木瓜蛋白酶，可达到较好的效果。微生物蛋白酶的另一个用途是被广泛运用于啤酒制造以节约麦芽用量。但啤酒的澄清仍以木瓜蛋白酶更好，因为它有很高的耐热性，经巴氏杀菌后，酶活力仍有残存的可能，可以继续作用于杀菌后形成的沉淀物，以保证啤酒的澄清。在酱油的酿制中添加微生物蛋白酶，既能提高产量，又可改善质量。

2. 氧化还原酶类

1）酚酶

酚酶通常包括多酚氧化酶、酪氨酸酶和儿茶酚酶，在食品界又习惯于将它们合称为多酚氧化酶。该酶以铜为辅基，必须以氧为受氢体，是一种末端氧化酶。酚酶常常在果蔬中作用而引起褐变。几乎所有植物中都存在这种酶，但在马铃薯、蘑菇、苹果、桃、杏、香蕉、梨、茶叶和咖啡豆中活性较高。当这些果蔬的切口暴露在空气中时，就能观察到酶促褐变。关于酚酶的有关知识在下节将会有详细的介绍。

2）葡萄糖氧化酶

葡萄糖氧化酶可以从真菌(如黑曲霉和青霉)中制备。它可以通过消耗空气中的氧而催化葡萄糖的氧化。

$$葡萄糖+O_2\xrightarrow{葡萄糖氧化酶}葡萄糖酸+H_2O_2$$

利用该酶促反应可以除去葡萄糖或氧气。例如，葡萄糖氧化酶可用在蛋品生产中以除去葡萄糖而防止产品变色，又可用它减少土豆片中的葡萄糖，从而使油炸土豆片产生金黄色而不是棕色。葡萄糖氧化酶还常用于除去封闭包装系统中的氧气，以抑制脂肪的氧化和天然色素的降解。例如，螃蟹肉和虾肉浸渍在葡萄糖氧化酶和过氧化物酶的混合溶液中，可抑制其颜色从粉红色变成黄色。光催化反应生成的过氧化物会破坏橘子汁、啤酒和酒中的风味物并生成一种不良的异味，也可以用该方法通过减少顶隙氧气而加以克服。上述酶的混合液中葡萄糖氧化酶能吸收氧而形成葡萄糖酸和过氧化氢，而过氧化氢酶能催化过氧化氢分解成水和氧。总反应如下：

$$葡萄糖+\frac{1}{2}O_2\xrightarrow[过氧化氢酶]{葡萄糖氧化酶}葡萄糖酸$$

3）过氧化氢酶

过氧化氢酶主要是从微生物中提取，它之所以重要，是因为它能分解过氧化氢。由于这种成分的强氧化性，它会导致食品的品质不稳定，而且会降低食品的食用安全性，所以它在食品中的含量应当越低越好。用过氧化氢可对牛乳进行巴氏消毒，经过处理的牛乳就比较稳定，而且对某些易受热破坏的干酪的制作过程也是合适的，其中过剩的过氧化氢可用过氧化氢酶消除。

4）过氧化物酶

过氧化物酶广泛存在于所有高等植物中，也存在于牛奶中。催化以下反应：

$$ROOH+AH_2\longrightarrow H_2O+ROH+A$$

其中 ROOH 可以是过氧化氢或有机过氧化物，AH_2是电子供体。AH_2可以是抗坏血酸盐、酚、胺类或其他还原性强的有机物。这些还原剂被氧化后大多能产生颜色，因此可以用比色法来测定过氧化物酶的活性。由于过氧化物酶具有很高的耐热性，而且广泛存在于植物中，测定其活性的比色测定法又简单易行和灵敏，所以可以作为判断热烫处理是否充分的指示酶。当食物进行热处理后，如果检测证明过氧化物酶的活性已消失，则表示其他的酶一定受到了彻底破坏，热烫处理已充分了。

3. 转谷氨酰胺酶

转谷氨酰胺酶(简称 TG 酶)广泛分布于自然界，包括人体、高级动物、一些植物及微生物中，是一种催化酰基转移反应的酶。它能够通过形成蛋白质分子间共价键，催化蛋白质分子聚合和交联。该酶的作用特殊，使其在食品工业中有广泛的应用前景。

由于 TG 酶有交联蛋白质分子的能力，因而它能使食品小分子结合在一起。如把低价值的肉、鱼肉的碎片配料结合在一起，在酶作用下，改变它们的结构、形状、特性，同时制成多种食品，大大提高它们的市场价值，如做成各种鱼酱、汉堡、肉卷、鲨鱼鳍仿制品等提高食品的营养价值。香肠和奶酪等胶状食品经 TG 酶处理，可形成大量的分子间共价交联，在温度变化及机械冲击下，仍有强的持水能力，不易脱水收缩。

传统的肉类加工工艺中，通常加入大量的盐和磷酸以提高其持水力、连贯性和质地。近来由于健康的需求，少盐和少磷酸的食物被广泛推广，但其质地和物理性质都不尽如人意。如果加入 TG 酶和酪蛋白酸盐，这些问题就可得到解决。因为酪蛋白酸盐在 TG 酶作用下，更加黏稠，起到胶的作用。

4. 溶菌酶

溶菌酶又称为胞壁质酶或 *N*-乙酰胞壁质聚糖水解酶(LZ)，它于 1922 年由英国细菌学家 A. Fleming 在人的眼泪和唾液中发现并命名。它广泛存在于鸟、家禽的蛋清，哺乳动物的泪液、唾液、血浆、尿、乳汁和组织(如肝肾)细胞中，其中以蛋清中含量最高，而人乳、泪、唾液中的溶菌酶活性远高于蛋清中溶菌酶的活性。

溶菌酶作为一种天然蛋白质，在胃肠内有助消化和吸收的作用，对人体无毒害，无残留，是一种安全性较高的食品保鲜剂、营养保健品和药品。

溶菌酶应用于乳制品中主要起防腐作用，尤其适用于采用巴氏杀菌的奶制品，可有效地延长保质期。另外，溶菌酶具有一定的耐高温性，也可适用于超高温瞬间杀菌的奶制品。

人乳中含有大量溶菌酶，而牛乳中含量则相对较少，将溶菌酶添加到牛乳及其制品中，可使牛乳趋于人乳化。研究表明，溶菌酶是双歧杆菌增长因子，有防止肠炎和变态反应的作用，对婴幼儿肠道菌群有平衡作用。在干酪生产中添加溶菌酶可代替硝酸盐等抑制丁酸菌的污染，防止干酪产气，并对干酪的感官质量有明显的改善作用。

溶菌酶还是低度酒类理想的防腐剂。在发酵食品中，溶菌酶对四川泡菜、豆瓣等对热敏感的发酵食品具有杀菌防腐作用。溶菌酶属于冷杀菌，在杀菌防腐过程中不需加热，因而避免了高温杀菌对食品风味的破坏作用。溶菌酶可有效地抑制发酵产品颜色褐变，保持其原有色泽，还可明显地减少食盐用量，明显地降低泡菜和豆瓣的咸味，提高产品风味，从而降低产品生产成本。

7.3 酶促褐变

褐变是指食品加工储藏过程中食品发生褐色变化而比原来的色泽加深的现象，它也是食品中普遍存在的一种变色现象。

果实褐变是评定果实品质的一个重要指标。伴随果实褐变的发生，果实的感观品质急剧下降，商业价值大大降低。从果实的褐变机理角度来讲，褐变可以分成两大类：第一，是由多酚氧化酶(PPO)催化底物——酚类物质氧化所引起的酶促褐变；第二，是由其他各种非酶因素所引起的各种化学反应，即非酶促褐变。果实在储藏期间所发生的褐变多为前者，即由多酚氧化酶催化底物氧化所引起的酶促褐变，酚类物质可被氧化成醌而进一步聚合成褐色物质，从而造成果实褐变。例如，香蕉、苹果、梨、茄子、马铃薯、莲藕等很容易在切开后发生褐变，不但降低其营养价值，还会影响其风味及外观品质。

7.3.1 酶促褐变的条件

水果和蔬菜在采摘后,组织中仍在进行活跃的代谢活动。因植物组织中含有酚类物质,在正常的情况下,它作为呼吸传递物质,保持酚、酚之间的动态平衡,这并不会使蔬菜水果的肉质变色。但当发生机械性损伤及处于异常的环境变化时,作为呼吸传递体的酚-酚氧化还原系统的平衡被破坏,发生氧化产物——醌的大量积累,造成变色,这在化学上称为**酶促褐变**。

酶促褐变是指果蔬在受到机械损伤或处于异常环境(受冻、受热)下,在氧化酶作用下将酚类物质氧化形成醌,醌的多聚化以及它与其他物质的结合产生黑色或褐色的色素沉淀,从而导致果蔬的颜色加深和营养丢失。酶促褐变反应的发生需要三个条件:底物、酶类物质和氧。

(1) 底物。即酚类物质。酚类物质按酚羟基数目分为一元酚、二元酚、三元酚及多元酚。果实中酚类物质种类很多,不同果实的酚类物质种类及含量差异均较大。香蕉果皮中主要的酚类物质是多巴胺,其次是绿原酸和香豆素,椰子中主要的酚类物质是绿原酸和多巴胺,鸭梨、苹果中主要的酚类物质是绿原酸,荔枝果皮中主要的酚类物质属于邻苯二酚一类化合物,它们可与 PPO 迅速作用,形成褐变产物。酚类物质的氧化是引起果蔬褐变的主要因素,在果蔬储存过程中随着储存时间的延长含量下降,一般认为是多酚氧化酶氧化的结果。这些酚类物质一般在果蔬生长发育中合成,但若在采收期间或采收后处理不当而造成机械损伤,或在胁迫环境中,也能诱导酚类物质的合成。

(2) 酶类物质。催化酚类物质氧化的酶是一种含铜的氧化酶。目前的大量研究证实,几乎所有的果实都含有多酚氧化酶,如马铃薯、黄瓜、莴苣、梨、番木瓜、葡萄、桃、芒果、苹果、荔枝等,但对于不同的果实来说,PPO 的性质不尽相同,荔枝果皮 PPO 能够氧化邻苯二酚和对苯二酚,但不能氧化一元酚和间苯二酚;龙眼果皮 PPO 能够催化邻苯三酚、邻苯二酚、4-甲基邻苯二酚氧化,但对一元酚和间苯二酚不起作用。

另外,过氧化物酶也是一种能使果蔬褐变的因素,在 H_2O_2 存在下能迅速氧化多酚物质,可与 PPO 协同作用,引起苹果、梨、菠萝等果蔬产品发生褐变。

(3) 氧。大量研究结果表明,氧是发生酶促褐变的一个必要条件。正常的果实具有天然氧的屏障系统,植物组织通过表皮、气孔、皮孔、细胞间隙等气体交换系统完成植物生命过程的氧需要,多余的氧被排斥在组织以外,使组织与氧隔绝,外界的氧气不能直接作用于酚类物质和 PPO,酚类物质分布于液泡中,PPO 则位于质体中,PPO 与底物不能相互接触,阻止了正常组织酶促褐变的发生。在水果蔬菜储存、加工过程中,由于破碎、压榨等使果蔬的膜系统破坏,打破了多酚与酶的区域化分布,导致褐变发生。

酶促褐变必须具备以上三个条件,缺一不可。有些瓜果如柠檬、柑橘、菠萝、番茄、西瓜等,因缺少诱发褐变的酶,故不易发生酶促褐变。

7.3.2 影响酶促褐变的因素

(1) 温度。目前认为大多数酶属于蛋白质,温度的升高能使蛋白质变性,酶失活 PPO 不耐热,最适温度一般为 30 ℃。过氧化物酶(POD)是果蔬中耐热性最强的酶。工厂一般通过检测 POD 活性来检测钝化酶的效果。果蔬尤其是亚热带果蔬,在储藏时易受到低温伤害,伤害发生时首先损伤细胞膜,使膜收缩、破裂,从而破坏膜的选择透性,引起细胞内的物质外渗,底物与酶的区域化遭到破坏,酶与底物接触,导致组织褐变。当荔枝果实处于冷害温度环境下,果皮细胞膜系统透性持续增大,细胞区域化被解除,可能导致花色苷、酚类从液泡中渗漏,在 PPO、POD 等的作用下,酚类物质氧化成醌,醌进一步聚合而成褐色物质,果皮呈现褐色症状。

(2) pH 值。植物中 PPO 的最适 pH 值一般在 5.1～7.1,随着 pH 值的下降,PPO 的活性直线下降,特别是 pH 值在 3.1 以下时,强酸性环境会使酶蛋白上的铜离子解离下来,导致 PPO 逐渐失活,酶活性趋于最低。在葡萄储藏过程中,随着储藏期的延长,有机酸、维生素 C 的含量降低,对 PPO 的抑制作用减少,使其活性增加,导致单宁等物质被氧化,产生褐变。

(3) 氧气。空气中的氧气不能直接参与酚类物质在 PPO 作用下发生的褐变,代谢中的活性氧才是酶促褐变的主要需氧条件。活性氧包括 O_2、H_2O_2 和 O_2^-,其中 H_2O_2 和 O_2^- 是对细胞极为有害的物质,所以在果蔬加工中要尽量减少活性氧的含量。但是如果完全去氧,反而会造成果蔬二氧化碳中毒。

7.3.3 酶促褐变的防止

正如人的生老病死一样,果实的衰老、消亡也是不可逾越的,同样发生褐变现象也是不可避免的。但是可以利用一些手段来最大可能地使褐变现象得到抑制,从而延长果实的货架寿命,提高果实的经济价值。

食品储藏和加工中使用褐变抑制剂往往要受到特殊要求(如无毒,卫生,对口感、风味、质地的影响等)的严格控制。

常用的控制酶促褐变的方法主要如下。

(1) 热处理法。在适当的温度和时间条件下加热新鲜果蔬,使酚酶及其他相关的酶都失活,是最广泛使用的控制酶促褐变的方法。加热处理的关键是在最短时间内达到钝化酶的要求,否则过度加热会影响质量;相反,如果热处理不彻底,热烫虽破坏了细胞结构,但未钝化酶,反而会加强酶和底物的接触而促进褐变。像白洋葱、韭葱如果热烫不足,变粉红色的程度比未热烫的还要厉害。

水煮和蒸汽处理仍是目前使用最广泛的热烫方法。微波能的应用为热力钝化酶活性提供了新的有力手段,可使组织内外一致迅速受热,对质地和风味的保持极为有利。

(2) 酸处理法。利用酸的作用控制酶促褐变也是广泛使用的方法。常用的酸有柠檬酸、苹果酸、磷酸以及抗坏血酸等。一般来说,它们的作用是降低 pH 值以控制酚酶的活

力,因为酚酶的最适 pH 值为 6～7,pH 值低于 3.0 时已无活性。

(3) 驱除或隔绝氧气。具体措施有:将去皮切开的水果蔬菜浸没在清水、糖水或盐水中;浸涂抗坏血酸液,使在表面上生成一层氧化态抗坏血酸隔离层;用真空渗入法把糖水或盐水渗入组织内部,驱出空气;苹果、梨等果肉组织间隙中具有较多气体的水果最适宜用此法。一般在 1.028×10^5 Pa 真空度下保持 5～15 min,突然破除真空,即可将汤汁强行渗入组织内部,从而驱出细胞间隙中的气体。

在预防酶促褐变中,除了常用的热处理、酸处理及驱除氧气之外,随着技术的不断改进,出现了一些新的比较可行的方法。

(1) 适当的采收期。一般来说,果实的成熟度越高,组织的衰老速度越快,发生褐变的概率也就越大。然而在储藏前也要让果实充分长大,而且不同种类的水果针对储藏适宜的采收度也有所不同,富士苹果在气调储藏的条件下,应适当晚期采收,成熟度不宜太低,但也发现采收期过晚会加重果实水心病的发生。在鸭梨等水果的研究中发现,晚采收容易发生低温伤害而诱发褐变,而适时早采,发生褐变较轻或在储藏期内不发生褐变。

(2) 螯合剂。通过与酶分子的铜结合防止褐变,大多数螯合剂是有毒的,不宜在食品中使用,但 EDTA 在美国可在浓度限度内使用,如在熟香肠中使用 EDTA-2Na 为 36 mg/kg,冷冻土豆中使用浓度为 100 mg/kg,豆类中使用浓度 165 mg/kg。EDTA-钠钙也能被使用,罐装虾中为 250 mg/kg,罐装蘑菇中为 200 mg/kg。

(3) 可食膜。使果蔬内部维持相当于气压的高 CO_2 低 O_2 状态,抑制褐变。它具有无色、无味和可食等优点,一般采用蛋白质、油脂和多糖等材料,如纤维素基质、支链淀粉、乳蛋白。如使用藻酸盐、果糖与水(质量比为 1∶0.4∶71.5)涂膜,可显著抑制鲜切苹果片的褐变,延长货架期 2 周。

(4) 天然抑制剂。天然抑制剂更易被消费者接受,近年来成为研究的热点。研究发现外源花青素可抑制采后荔枝果皮脂质的过氧化反应,一定程度维持果皮组织的膜完整性,减轻褐变。另外,丁香精油、茶树油能抑制褐变。

(5) 分子生物学技术。随着基因工程的不断发展及其在各个领域的广泛应用,培育抗褐变果蔬品种将是未来抑制褐变作用的一个发展趋势。可以利用基因工程对果实 PPO 基因表达进行干扰,使之不能正常翻译出 PPO。目前能从本质上抑制 PPO 的新的手段便是反义 RNA 技术。X 射线衍射晶体结构、定位基因突变技术有助于译解酶活性中的复杂作用的实质。反义 RNA 技术可以增强对 PPO 功能的理解,同时了解如何控制它们,改善作物品质。最近已发现利用反义 RNA 技术可以选择性地阻断植物酶的基因表达,如番茄中的多半乳糖醛酸酶和过氧化物酶。据报道,马铃薯 PPO 经反义 RNA 技术得到部分控制,变异后的植株有约 70%的 PPO 活性要低于对照组。

(6) 化学药剂处理。采用适当的化学药剂处理果实,也对储藏期间果实褐变的抑制非常有效。经研究适当提高富士苹果的 Ca 含量,降低 N/Ca 值,可能抑制黑萼病和苦痘病。浸 Ca 能增加雪花梨的 Ca 含量,使其在一定的储藏期内果肉褐变得以抑制。目前,国内已将焦亚硫酸盐、EDTA、谷胱甘肽、抗坏血酸、SO_2 等化学药剂应用于多种水果的防褐变研究中,都取得了不错的效果。

果蔬褐变是多种因素影响的复杂过程,目前对果褐变机理已有了深刻的认识。随着科学技术的不断发展,运用高新技术更深层次地揭示褐变机理,采取更有效的抑制褐变技术,将果蔬储藏、加工提高到更高的水平,为人们提供安全、高质量的食品已经成为可能。

*7.4 酶工程

7.4.1 酶工程的概念

随着酶学研究的迅速发展,特别是酶的应用推广,酶学和工程学相互渗透和结合,发展成为一门新的技术科学——酶工程。酶工程就是利用酶的催化作用进行物质转化,生产人们所需产品的技术,是将酶学理论与化工技术结合起来的一项高新技术。酶工程的应用范围大致有:① 对生物宝库中存在天然酶的开发和生产;② 自然酶的分离纯化及鉴定技术;③ 酶的固定化技术(固定化酶和固定化细胞技术);④ 酶反应器的研制和应用;⑤ 与其他生物技术领域的交叉和渗透。其中固定化酶技术是酶工程的核心。实际上有了酶的固定化技术,酶在工业生产中的利用价值才真正得以体现。

酶普遍存在于动、植物和微生物的体内。人们最早是从动、植物的器官和组织中提取酶的。例如,从胰脏中提取蛋白酶,从麦芽中提取淀粉酶。随着酶工程日益广泛的应用,现在,生产酶制剂所需要的酶大都来自微生物,这是因为同植物和动物相比,微生物具有容易培养、繁殖速度快和便于进行大规模生产等优点。

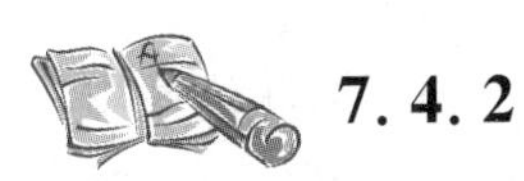

7.4.2 固定化酶

根据酶在生物体内存在的部位,可以将酶分为两类:一类是存在于活细胞内的酶,叫做胞内酶;另一类是分泌到细胞外的酶,叫做胞外酶。胞外酶可以直接从细胞培养液中提取,胞内酶则需要将细胞破碎,然后进行提取。提取液中含有多种酶细胞的代谢产物和细胞碎片等。为了从提取液中获得所需要的某一种酶,必须将提取液中其他的物质分离,这叫做酶的分离纯化。

将分离纯化的酶制成酶制剂(如将某种酶的酶液进行干燥处理后,加入适量的稳定剂和填充剂,就制成了这种酶的粉状制剂),可以用来催化化学反应了。但是,这样的催化反应结束后,酶制剂和产物混合在一起。如果对产物的纯度要求比较高,或者酶制剂的成本比较高,这种产物的纯度就不符合要求,并且很难对酶制剂进行重复使用。为此,科学家设想将分离纯化的酶固定到一定的载体上,使用时将被固定的酶投放到反应溶液中,催化反应结束后又能将被固定的酶回收。20 世纪 60 年代后期,科学家研制成固定化酶,并且应用到生产中。固定化酶是指限制在一定的空间范围内,可以反复使用的酶制剂。例如,将葡萄糖异构酶吸附到离子交换树脂上,或者包埋在明胶中,制成固定化葡萄糖异构酶,不仅可以用于使葡萄糖转化成甜度更高的高果糖浆,而且可以在生产中反复使用。目前,科学家已经研制出膜状、颗粒状和粉状等多种形状的固定化酶。固定化酶的使用,使催化反应的产物中没有酶的残留,因此保证了产物的纯度,并且固定化酶回收后还可以再次利用。

1. 酶的固定化方法

酶的固定化方法不下百种,归纳起来大致可以分为三类,即载体结合法、交联法和包埋法(图 1-7-10)。

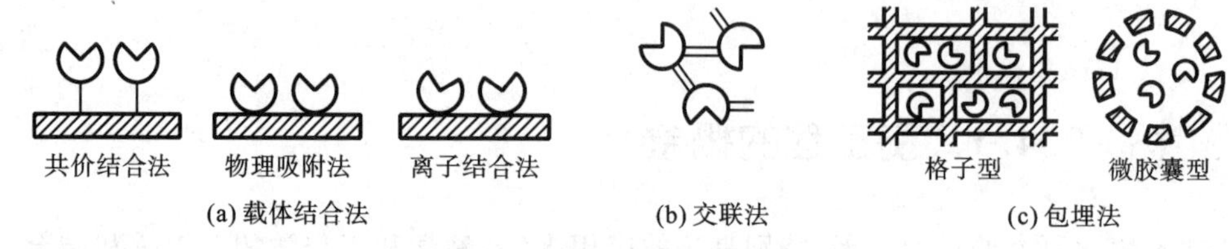

图 1-7-10 酶的固定方法示意图

(1) 载体结合法。是指将酶固定到非水溶性载体上的方法。根据固定方式的不同,这种方法又可以分为物理吸附法、离子结合法和共价结合法。

① 物理吸附法是指将酶吸附到固体吸附剂表面的方法,固体吸附剂多为活性炭、多孔玻璃等。

② 离子结合法是指通过离子键将酶结合到具有离子交换基团的非水溶性载体上的方法,载体有离子交换树脂等。此法简单经济,酶活力损失少,但是酶与载体的结合力弱,酶易从载体上脱落,实用价值少。

③ 共价结合法是指酶和载体以共价键的形式结合在一起的方法,这种方法需要酶和载体都具有氨基、羧基或羟基等官能团。此法酶与载体结合牢固,但是由于化学共价结合时反应剧烈,常引起酶蛋白的高级结构发生变化,不易控制,易失活。

(2) 交联法是指通过双功能试剂,将酶和酶联结成网状结构的方法。交联法使用的交联剂是戊二醛等水溶性化合物。此法制得的固定化酶颗粒较细,必须与其他方法结合才好。

(3) 包埋法是指将酶包裹在多孔的载体中,如将酶包裹在聚丙烯酰胺凝胶等高分子凝胶中,或包裹在硝酸纤维素等半透性高分子膜中。前者包埋成格子型,后者包埋成微胶囊型。此法不易固定大分子的酶。

与固定化酶技术相配套的是酶生物反应器。一个安装有固定化酶材料的容器就是酶生物反应器,它是把反应物质变成产品的重要生产车间,葡萄糖溶液缓缓流进装有葡萄糖异构酶的生物反应器,出来的就是比原来溶液甜得多的新液体。

2. 固定化酶在食品中的应用

酶固定化在食品工业中的应用是早期发展起来的一个传统领域,其中最有名的,也是规模最大的过程,就是采用固定化葡萄糖异构酶,从葡萄糖生产高果糖浆。其他还包括采用固定化乳糖酶去除牛乳中的乳糖、采用固定化脂肪酶通过转酶反应生产可可油替代品、采用固定化耐热蛋白酶制造甜味剂——天冬甜精,以及应用固定化 L-天冬酶从富马酸铵生产天冬氨酸等。

现在,菠萝蛋白酶、纤维素酶、淀粉酶、胃蛋白酶等十几种可以进行食物转化的酶都已进入食品和药物中,以解除许多有胃分泌功能障碍患者的痛苦,此外还有抗肿瘤的L-天冬酰胺酶、白喉毒素,用于治疗炎症的胰凝乳蛋白酶,降血压的激肽释放酶,溶解血凝块的尿激酶等(表 1-7-3)。

表 1-7-3 食品加工中已用的和具有发展潜力的固定化酶

酶	在加工中的作用
葡萄糖氧化酶	① 除去食品中的氧气;② 除去蛋白质中的糖
过氧化氢酶	牛奶的巴氏杀菌
脂肪酶	乳脂产生风味
α-淀粉酶	淀粉液化
β-淀粉酶	高麦芽糖糖浆
葡萄糖淀粉酶	由淀粉生产葡萄糖
β-半乳糖苷酶	水解乳制品中的乳糖
转葡萄糖苷酶	由麦芽糖、麦芽低聚糖转苷制异麦芽低聚糖
转化酶	水解蔗糖生成转化糖
橘皮苷酶	除去柑橘汁的苦味
蛋白酶	牛乳的凝聚,改善啤酒的澄清度,制造蛋白质水解液
氨基酰化酶	分离左旋与右旋氨基酸
葡萄糖异构酶	由葡萄糖制果糖,由淀粉制果葡糖浆

3. 固定化酶的优缺点

固定化酶具有以下优点:① 提高酶的重新利用率,降低成本;② 增加连续性的操作过程;③ 可连续地进行多种不同的反应以提高效率;④ 酶固定化后性质会改变,如最适pH值和温度可能更适合食品加工的要求。

但固定化酶也存在缺点:① 许多酶固定化时,需利用有毒的化学试剂促进酶与载体结合,这些试剂若残留于食品中对人类健康有很大的影响;② 连续工作时反应器或层析柱中常保留一些微生物,后者能利用食品中的养分进行生长代谢而污染食品;③ 酶固定化后,酶的活性、稳定性、最适 pH 值、最适温度和 K_m 值都会变化而可能影响操作。

近年来酶的固定化及应用研究已得到长足进展,开发新型固定化技术、改进传统固定化方法是酶固定化研究的主要趋势。生物技术,特别是蛋白质工程和基因重组等分子生物学技术的发展和酶固定化技术可以相互补充,必将对固定化酶在环境保护、食品工业、生物传感器、有机合成等领域的应用起到更大的推动作用。

本章首先介绍酶的概念和特性,其中包括酶的高效性和专一性,酶的活性中心与催化作用机理中的两个学说,简单阐明了酶促反应动力学和米氏方程,以及酶浓度、温度、pH值对酶促反应速度的影响。

然后详细介绍了食品中酶的来源,各种酶在食品加工中的应用,其中重点是淀粉酶类、蛋白酶类、果胶酶、脂肪酶、纤维素酶、溶菌酶的来源、特性以及应用。还部分介绍了一些酶在食品加工中的局限性和副作用,以及一些酶的最新进展。

酶促褐变是食品加工储藏过程中酶的作用使食品发生褐色变化,从而比原来的色泽加深的现象,它也是食品中普遍存在的一种变色现象。但是该反应的发生需要三个条件:底物、酶类物质和氧,三者缺一不可。若要防止酶促褐变则消除以上三个条件之一。

酶工程是将酶学理论与化工技术相结合,研究酶的生产和应用的一门新的技术性学科,包括酶制剂的制备、酶的固定化、酶的修饰与改造及酶反应器等方面内容。随着微生物发酵技术的发展、酶分离纯化技术的更新,酶制剂的研究得到不断推进并实现了商业化生产,已开发出多种类型的酶制剂。

复习思考题

知 识 题

一、名词解释

酶的活性中心　诱导契合学说　竞争性抑制作用　内源酶　蛋白酶
固定化酶　酶促褐变

二、简答题

1. 简述酶作为生物催化剂与一般化学催化剂的共性与不同之处。
2. 解释酶的活性部位和必需基团两者之间的关系。
3. 什么是米氏方程?米氏常数 K_m 的意义是什么?试求酶反应速度达到最大反应速度的99%时,所需的底物浓度(用 K_m 表示)。
4. 酶促反应的竞争性抑制与非竞争性抑制各具有何特点?
5. 作用于淀粉的酶有哪些主要种类?它们各具有哪些作用特点?

素 质 题

1. 简要说明 α-淀粉酶、β-淀粉酶和葡萄糖淀粉酶的水解模式和它们的水解产物。
2. 影响酶促反应速率的因素有哪些?试用曲线说明它们各自对酶活力有何影响。

技 能 题

1. 在果蔬加工中如何防止酶促褐变?
2. 举例说明酶促褐变的控制措施。

收集食品中的酶的发展趋势资料,以及食品中的酶使用的案例。

查阅文献

[1] 查阅《食品化学》、《食品风味化学》、《食品生物化学》等食品专业教材，也通过网络查阅与食品中的酶相关的文献。

[2] 王秋成，吕芬，等. 柠檬酸对鲜切莲藕酶促褐变的影响研究[J]. 中国食品添加剂，2016，(8)：166-171.

[3] 刘贺，等. 蛋白酶对豆浆凝胶过程微流变性质的影响[J]. 食品科学，2016，(3)：1-5.

[4] 曲世洋，等. 底物浓度对糖化反应过程的影响[J]. 食品与发酵工业，2014，(3)：8-12.

知识拓展

酶制剂的应用引起的不安全因素

近年来，随着酶制剂工业的迅速发展，它在食品生产和人们的生活中扮演着越来越重要的角色。特别是随着生物技术的进步，人们已经能够采用基因工程手段改造部分微生物基因，从而改变酶蛋白的基本结构，达到强化酶在某方面功能的目的，极大地促进了酶制剂工业的发展。然而，这种做法也给食品酶的应用带来很大的安全隐患。

1. 酶制剂作为食品添加剂给食品带来的潜在危害

酶制剂作为食品添加剂应用到食品中，可能在多个方面产生潜在的安全性问题。首先，来源于动植物、微生物的酶与其他混入酶制剂的蛋白质作为外源蛋白随同食品进入人体后，有可能引起过敏反应。其次，酶的作用会使食品的品质特性发生改变，甚至会产生毒素和其他有害物质。第三，酶的原料中可能因某些原因夹带某些毒性物质，进而带入酶制品中。来源于微生物的酶制剂也可能带有毒素。因此，必须选择那些不产生毒素的菌种来生产酶制剂，并检查酶制剂以确定其不含毒素。

英国研究人员证明，从人类平常食用的植物和动物中制得的酶无须做毒理学试验。迄今为止，还没有充分的证据表明用于食品工业中的酶是有害于人体健康的。在大多数情况下，酶在加工中已失活，在加工中失活的酶经过进一步的单元操作是否尚存在于食品中，在很多情况下也是不确定的。不过，总的来说，酶制剂作为食品添加剂加入食品中还是存在一定的潜在危害的，应用时应加以注意。

2. 酶催化有毒物质的产生

在生物材料中，酶和底物处在细胞的不同部位。当生物材料在加工过程中破碎时，酶和底物间便有可能发生相互作用。其次，酶与底物的作用也受到环境条件的影响，包括湿度、pH 值、温度、辅酶和金属离子等。有时底物本身并无毒

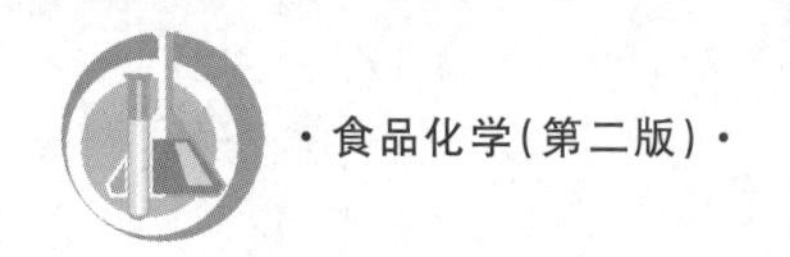

性，但经酶催化后有可能变成有害物质。

(1) 酶催化生氰糖苷产生有毒物质。

许多高等植物中含有生氰糖苷类物质，如苦杏仁、桃仁等果仁和木薯。生氰糖苷本身不呈现毒性，但含有生氰糖苷的植物被动物采食、咀嚼后，植物组织的结构遭到破坏，在适宜的条件下，生氰糖苷经过与其共存的水解酶的作用，水解产生氢氰酸(HCN)，从而引起动物中毒。生氰糖苷产生 HCN 的反应中有两种酶的共同作用。生氰糖苷在β-葡萄糖苷酶的作用下分解生成氰醇和糖，氰醇很不稳定，自然分解为相应的酮、醛化合物和 HCN，羟腈分解酶可加速这一降解反应。

(2) 酶催化硫苷产生有毒物质。

硫苷类有毒成分又称为致甲状腺肿素，主要存在于甘蓝、芥菜等十字花科蔬菜及葱、大蒜等植物中。例如，十字花科植物的种子以及皮和根含有的葡萄糖芥苷即属于硫苷。过多摄入硫苷类物质可以引发甲状腺肿大。

在无黑芥子硫苷酸酶作用、未加工和未经咀嚼的情况下，葡萄糖异硫氰酸酯不会分解；在黑芥子硫苷酸酶作用下，则释放出葡萄糖以及包括异硫氰酸酯在内的其他分解产物，产生对人和动物体有害的致甲状腺肿素。葡萄糖异硫氰酸酯会在蔬菜储存过程中增加或减少，也可在加工过程中分解或浸出，或因加热处理使黑芥子硫苷酸酶失活而得到保护。

真正存在于这些蔬菜或植物可食性部分的致甲状腺肿素成分很少，绝大部分致甲状腺肿原物质往往储藏在它们的种子中。因此，食品加工的条件应根据终产物的物理化学性质不同而改变。

(3) 组胺的形成。

组胺是鱼体内的游离组氨酸在组胺酸脱羧酶的作用下，发生脱羧反应而形成的一种胺。鱼类在存放过程中产生自溶作用，在组织蛋白酶的作用下，组氨酸被释放出来，然后在微生物产生的组氨酸脱羧酶的作用下，组氨酸脱去羧基形成组胺。组胺可引起毛细血管扩张和支气管收缩，主要表现为脸红、头晕、头痛、心跳加快、脉快、胸闷、呼吸促迫、血压下降，个别患者出现哮喘。

组氨酸脱羧酶主要来源于链球菌、沙门菌和摩氏摩根菌等。海产鱼类中的青皮红肉鱼等鱼体中含有较多的组氨酸，当这些鱼不太新鲜时，生长在鱼上的细菌产生的组氨酸脱羧酶会使鱼中的组氨酸脱羧，产生组胺。淡水鱼中除鲤鱼可产生组胺外，其他鱼含量较少。另外，还有一些可能引起组胺释放的生物，主要有水生贝壳类动物、龙虾、草莓、蘑菇等。

(4) 过敏性疾病。

有些个体对“外源蛋白”非常敏感，并显示有遗传性特征。酶制剂会产生“外源蛋白”，因而对健康有一定的危害，危害程度的高低与人体的防护机制，即免疫反应有关。在绝大多数情况下，人体对病毒、细菌和异体蛋白的侵入而产生的防护作用的机制是复杂的。免疫反应失常时，便会出现所谓的过敏症，可导致机体细胞的损伤或死亡。

人体的保护机制复杂而多样，既有炎症、咳嗽、喷嚏、呕吐、腹泻、反射性肌肉抽动、皮肤脱落等“宏观效应”，又有在血液中、黏膜表面、细胞内基质中出现的酶促反应，这些反应可称为“微观效应”，“微观效应”的目的是防止外来物质伤害机体，其中对人体危害最大的，有些就是“外源蛋白”。

模 块 二

食品特殊成分的化学

第 8 章

食品中的天然色素

知识目标

1. 了解人类使用色素的历史，掌握色素的概念和分类。
2. 掌握天然色素的物理化学性质、在食品加工中的变化。

素质目标

牢固树立以人为本的食品色素使用安全意识，积极开发安全、高效的食用天然色素。

能力目标

能够根据食品类型，正确选择食品色素，掌握在食品加工过程中如何进行护色。

8.1 概述

8.1.1 物质产生颜色的原因

人肉眼观察到的光称为可见光，它是电磁波中 420～760 nm 的一个很小波段。具有某一波长的光称为单色光，由不同波长的光组成的光称为复合光。单色光的划分具有相对性，各种单色光之间并没有严格的界限，如黄色与绿色之间有不同色调的黄绿色。一束白光通过三棱镜后色散为红、橙、黄、绿、青、蓝、紫等各色光，如果把适当颜色的两种光按一定的强度和比例混合，也可构成白光，这两种颜色的光称为互补色光，如图 2-8-1 所示，图中处于直线关系的两种颜色即为互补色，如绿色光和紫色光互补，黄色光和

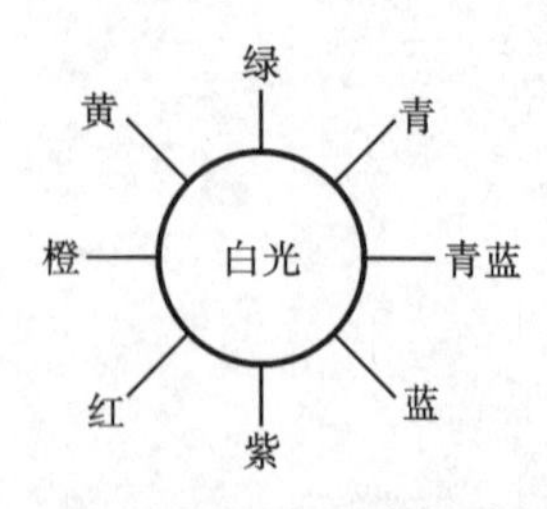

图 2-8-1　互补色光示意图

蓝色光互补等。

物质的颜色是物质对光的选择性吸收在人视觉上的反映。溶液的颜色是由于溶液中的质点(离子或分子)对不同波长的光的选择性吸收而引起的,如果把不同颜色的物质放在暗处,就什么颜色也看不到。当光束照到物体上时,由于不同物质对不同波长的光的吸收、透射、反射和折射的程度不同而呈不同的颜色。当一束白光通过某透明溶液时,如果溶液对可见光区各波长的光都不吸收,即入射光全部透过溶液,这时看到的溶液是无色透明的;当溶液选择性地吸收了可见光区某波长的光,则溶液呈现出被吸收光的互补光的颜色,即透过光的颜色(表 2-8-1)。

表 2-8-1　不同波长光的颜色及其互补色

物质吸收的光		反射或透过的光(肉眼见到的颜色)
波长/ nm	相应的颜色	
400	紫	黄绿
425	蓝青	黄
450	青	橙黄
490	青绿	红
510	绿	紫
530	黄绿	紫
550	黄	蓝青
590	橙黄	青
640	红	青绿
730	紫	绿

食品处于自然光下,由于其中的色素分子吸收了自然光中某些波长的光,反射或透过未被吸收的光(互补色)而呈现不同的颜色。色素对光的选择吸收可以通过分光光度计来测量,在得到的吸收光谱图中可以看到每一种化合物分子在一定的波长范围内有其最大的吸收峰。例如,橙黄色化合物在 500 nm 附近有最大吸收峰,而 500 nm 的光是蓝绿色,蓝绿色的光被吸收,这个化合物显示的颜色是其吸收光的互补色——橙黄色。

8.1.2　食用色素的意义

早在公元 10 世纪以前,古人就开始利用植物性天然色素给食品着色,最早使用色素的是大不列颠的阿利克撒人,美洲的托尔铁克人与阿芒特克族人相继从雌性胭脂虫中提取胭脂红。我国自古就有将红曲米酿酒、酱肉、制红肠等习惯。西南一带用黄饭花、江南一带用乌饭树叶捣汁染糯米饭食用。

食品中能够吸收和反射可见光波,进而使食品呈现各种颜色的物质统称为食品的**色素**。现在人们往往根据色泽来判断食品的新鲜程度、成熟度以及风味等,食品的颜色也是决定购买与否的重要因素之一。因此,了解食品中常见色素的结构、性质和特点,并把有

关理论用于食品加工,得到食品需要的色泽和保护食品应有的色泽是十分重要的。

8.1.3 食品天然色素的分类

天然色素一般是指在新鲜食品原料中眼睛能看到的有色物质,或食品储藏加工时其中的天然成分发生化学变化而产生的有色物质。

(1) 按结构分:

① 四吡咯衍生物(卟啉类色素),包括叶绿素和血红素;

② 异戊二烯衍生物,如类胡萝卜素;

③ 多酚类衍生物,如花青素、黄酮素;

④ 酮类衍生物,如红曲色素、姜黄素;

⑤ 醌类衍生物,如虫胶色素、胭脂虫红色素。

(2) 按来源分:植物色素(叶绿素、类胡萝卜素、花青素等)、动物色素(血红素、虾红素等)、微生物色素(红曲色素)。

(3) 按溶解性质分:水溶性色素(花青素、黄酮类化合物)、脂溶性色素(叶绿素、辣椒红素等)。

8.2 卟啉类色素

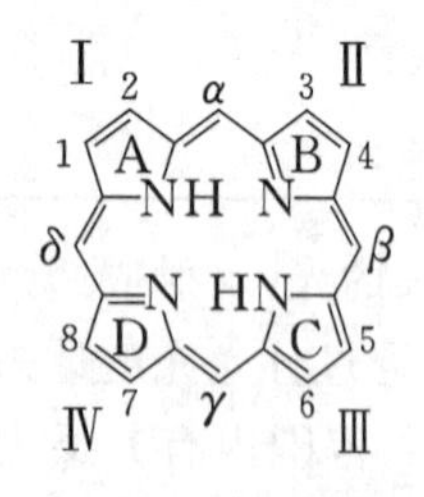

四吡咯衍生物

卟啉类色素(四吡咯衍生物)的共同特点是结构中包括四个吡咯构成的卟啉环,四个吡咯可与金属元素以共价键和配位键结合。此类色素中最重要的有叶绿素、血红素和胆红素。

8.2.1 叶绿素

叶绿素是高等植物和其他所有能进行光合作用的生物体含有的一类绿色色素。叶绿素有多种,例如叶绿素 a、b、c 和 d,以及细菌叶绿素和绿菌属叶绿素等。与食品有关的主要是高等植物中的叶绿素 a 和 b 两种,两者含量比约为 3∶1。叶绿素存在于叶片的叶绿体内。叶绿素分子被嵌在薄片内并和脂类、蛋白质、脂蛋白紧密地结合在一起,靠相互吸引和每个叶绿素分子的植醇末端对脂类的亲和力,以及每个叶绿素分子的疏水平面卟啉环对蛋白质的亲和力,结合而成单分子层。因此,在叶绿体内,叶绿素可看成是嵌在蛋白质层和带有一个位于叶绿素植醇链旁边的类胡萝卜素脂类之间。当细胞死亡后,叶绿素即从叶绿体内游离出来,游离叶绿素很不稳定,对光或热都很敏感。

叶绿素本身是不稳定化合物,在酸性介质中,由本来的绿色转变为黄色,此反应因加热而加剧。例如煮菠菜时,加盖易变黄,开盖则易保持绿色,是因为菠菜中的挥发酸挥发出去而不置换镁。叶绿素在碱性介质中仍为绿色，较稳定。例如腌菜时，先浸以石灰水可保持其绿色。烹煮绿色蔬菜，绿色分解酶能把叶绿素分解成甲基叶绿酸，继之使绿色消失，所以通常在蔬菜加工中采用热烫手段灭酶，同时也可使与叶绿素结合的蛋白质凝固而达到保持叶绿素绿色的目的。

食品在加工或储藏过程中都会引起叶绿素不同程度的变化。例如，用透明容器包装的脱水食品容易发生光氧化和变色。食品在脱水过程中叶绿素转变成脱镁叶绿素的速率与食品在脱水前的热烫程度有直接关系。绿色蔬菜在冷冻和冻藏时颜色均会发生变化，这种变化受冷冻前热烫温度和时间的影响。

加工与储藏绿色果蔬时，通常要保护叶绿素的正常绿色，常用的方法如下。

(1) 碱处理。该方法的基本原理是维持体系较弱的碱性，并使镁离子有适当的浓度，这两项措施都是防止叶绿素脱镁而保持绿色。一般是在烫漂的水中添加少量 $Ca(OH)_2$、$Mg(OH)_2$，则烫漂后的果蔬有很好的绿色，但这种近乎天然的绿色不耐储藏。

(2) 转变为脱植醇叶绿素。例如在菠菜中，脱植醇叶绿素比叶绿素在保持绿色方面有更好的效果。操作原理是在高温下活化叶绿素酶，促进果蔬组织中的叶绿素脱去植醇。例如在加工之前，把果蔬置于 67 ℃的热水中浸泡 30 min，则可活化叶绿素酶，有明显的护绿效果。

此外还可以采用高温短时间处理，并辅以碱式盐、脱植醇的处理方法和低温储藏产品。

目前，用于食品着色的叶绿素产品主要是叶绿素铜钠。它是以富含叶绿素的菠菜、蚕粪等其他植物为原料，首先用碱性酒精提取，经过皂化后生成叶绿酸镁盐，再用适量的硫酸铜处理，铜离子置换叶绿素的卟啉环中心的镁离子即得到叶绿素铜钠。

叶绿素铜钠产品为墨绿色粉末，有吸湿性，易溶于水，耐光和耐热性高于天然叶绿素。叶绿素铜钠色泽鲜亮，是较理想的食品绿色着色剂，常用于青豆染色，还用于其他果蔬产品和糖果的着色。此外，根据需要还可以用其他二价金属原子取代镁原子，制备叶绿素铁钠、叶绿素钴钠及叶绿素锌钠等。

8.2.2 血红素化合物

血红素是存在于高等动物血液和肌肉中的红色色素，是影响肉制品颜色的主要色素。血红素是四吡咯衍生物，可溶于水，主要存在于动物肌肉和血液中，动物肌肉的红色主要来自于肌红蛋白(70%～80%)和血红蛋白(20%～30%)。动物屠宰放血后 90%以上的肌肉色泽是由肌红蛋白产生的。肌肉中肌红蛋白的量随着动物的种类、年龄、性别不同而改变。

血红素是肌红蛋白和血红蛋白的辅基，它由 1 个亚铁离子与 1 个卟啉环组成，亚铁离子由卟啉环内的 4 个氮原子结合在分子的中心，其中 2 个氮原子与亚铁离子以共价键结合，另外 2 个氮原子以配位键与亚铁离子结合。血红素的 4 个氮原子和中心亚铁离子处于一个平面之上，由于亚铁离子最大氧化数可达 6 个，因此还有平面上下方可形成 2 个配位键，称为第 5、第 6 配位体，其中之一与球蛋白相连，另 1 个与水分子或其他基团相连。

血红素基团

血红素、肌红蛋白、血红蛋白都是水溶性的，它们在充分吸氧的情况下呈鲜红色，最大吸收波长为 550 nm。如果血红素中配位体水分子可以被其他分子或基团取代，如—NO、—CO、—OH 和—CN 等，或者中心的二价亚铁离子被氧化为三价铁离子，则肌红蛋白和血红蛋白将呈现不同的颜色，鲜肉中主要血红素类物质如表 2-8-2 所示。

表 2-8-2　鲜肉中主要血红素类物质

血红素类物质名称	颜　色	呈色机理
肌红蛋白	紫红色	在血管中，含氧量低，第 6 配位体大多数为水时的色泽
氧合肌红蛋白	鲜红色	在空气中，氧含量高，第 6 配位体大多数为氧时的色泽
高铁肌红蛋白	棕色或褐色	血红素分子中的 $Fe^{2+} \longrightarrow Fe^{3+}$ 时的色泽
亚硝酰肌红蛋白	亮红色	肌红蛋白与 NO 结合后的色泽
亚硝酰高铁肌红蛋白	暗红色	高铁肌红蛋白与 NO 结合后的色泽

肌红蛋白、氧合肌红蛋白和高铁肌红蛋白三种色素在鲜肉中处于动态平衡中，其变化取决于氧的分压。高氧分压有利于形成亮红色的氧合肌红蛋白，低氧分压有利于形成肌红蛋白，但是在低氧分压条件下，有肌红蛋白⟶高铁肌红蛋白的缓慢氧化过程。如果完全排除氧气可将二价亚铁离子氧化为三价铁离子降低到最小限度，因此利用气调法包装新鲜肉可有效防止血色素氧化。选择透气率低的包装材料，除去袋内空气后充入无氧气体密封，可延长鲜肉色泽的保留时间。

亚铁血红素的第 6 配位体中的水分子还可以被 NO 置换，得到亚硝酰肌红蛋白或亚硝酰高铁肌红蛋白，这两种物质的红色都比较稳定，食品加工中采用添加硝酸盐或亚硝酸盐，并保持强的还原气氛，制成的腌制品具有好的红色就是利用这一原理。

血红素越来越多地在一些保健食品中用于铁的强化，制取高质量的血红素是动物副产品综合利用的重要课题。欲从血液中分离血红素，首先要把血红蛋白铁原子上第 5 配位体的珠蛋白分离，现已知珠蛋白与血红素的化学结合力不很强，在强酸性或强碱性条件下均可实现分离。由于丙酮能溶解血红素又能沉淀蛋白质，因此目前主要采用先破血细胞,再用酸性丙酮萃取血红素的方法。

在多种情况下,血红素类物质可出现不正常颜色,例如亚硝酸在腌肉制品中使用过量可能产生绿色,这是因为亚硝酸盐在 pH 值小于 5 时可形成亚硝酸铁卟啉,或还原剂抗坏血酸过量也将使肌红蛋白转变为胆绿蛋白。此外,若加工或储藏方法不当,细菌活动产生的过氧化氢(H_2O_2)或硫化氢(H_2S)也可能使肉品产生绿色,因为双氧水可将肌红蛋白氧化为胆绿蛋白,硫化氢与肌红蛋白作用也产生硫代胆绿蛋白。

8.3 多酚类色素

多酚类化合物由于分子结构中含有苯环,且苯环上带有多个羟基,因而得名。其结构中因有高度共轭基团而呈现颜色,是一类重要的色素。绝大多数多酚为黄酮类化合物。多酚类色素常见的主要类型有花色苷、类黄酮、原花青素、单宁。花色苷、类黄酮、原花青素都属于黄酮类化合物,它们是植物组织中水溶性色素的主要成分,并大量存在于自然界中。这类色素呈现黄色、橙色、红色、紫色和蓝色。

8.3.1 花青素类色素

花青素(又称花色素)类色素是各种花色苷的总称,广泛存在于植物的花、叶、茎、果实和块根中,是一大类主要的水溶性色素,水解后可以生成苷元和糖类。自然界的花青素多以苷的形式存在,游离的苷元很少。花青素的颜色随 pH 值的变动而改变,这是由于母核吡喃环上的氧原子为 4 价,具有碱性,而又有呈酸性的羟基,在 pH 值变化时发生分子结构改变。

许多红色果实(如葡萄、蓝莓、樱桃和酸果蔓等)都含有花青素类色素,包括花青素、酚酸、黄烷醇、单宁和白藜芦醇等,能够阻止和延缓许多疾病的发生。目前对花青素的研究主要集中在红葡萄酒和黑色的葡萄皮。研究发现,红葡萄酒中有一类物质,能减少心脏病和癌症的发病率。花青素是很强的抗氧化剂,具有广泛的生化和药理作用,如抗致癌、抗发炎和抗微生物,而且能阻止 LDL(低密度脂蛋白)氧化和心血管病的发生。

应用于食品工业或正在开发研究的花青素如下。

(1) 葡萄皮和葡萄果汁色素。紫红色,在酸性条件下稳定,可用于饮料、色酒等。

(2) 萝卜红素。从紫红萝卜中提取的水溶性色素,具有鲜红的色泽。

此外,很多植物都有分离花色苷的价值,如红色玉米、紫色玉米、红米、黑豆皮、杜鹃花科类植物等。

8.3.2 类黄酮

类黄酮广泛分布于植物界,是一大类水溶性天然色素,呈浅黄色或无色,也被称为花黄素。目前已知的类黄酮化合物有 1 000 种以上,最重要的类黄酮化合物是黄酮和黄酮

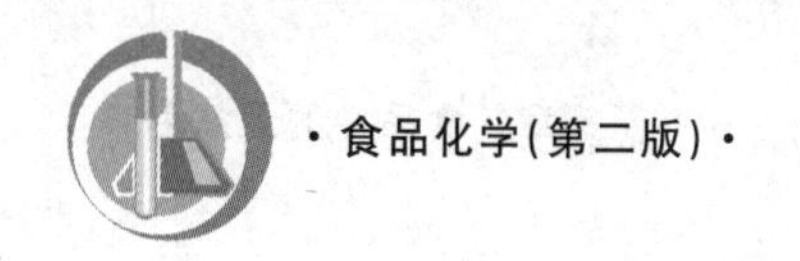

醇的衍生物。类黄酮广泛存在于常见食品中,如芹菜、洋葱、茶叶、蜂蜜、葡萄、苹果、柑橘、柠檬、青椒、木瓜、咖啡、可可、大豆等。

类黄酮分子中的苯环、苯并吡喃以及羰基,构成了生色团的基本结构,而酚羟基取代数目和结合的位置对色素颜色有很大影响。类黄酮的羟基呈酸性,因此,具有酸类化合物的通性,可以与强碱作用,在碱性溶液中类黄酮易开环生成茶耳酮型结构而呈黄色,在酸性条件下,茶耳酮又恢复为闭环结构,于是颜色消失。例如,马铃薯、稻米、小麦面粉、芦笋、荸荠等在碱性水中烹煮变黄,就是因为黄酮物质在碱作用下形成茶耳酮结构。

类黄酮色素在空气中放置容易氧化产生褐色沉淀,因此,一些含类黄酮化合物的果汁存放过久便有褐色沉淀生成。黑色橄榄的颜色是类黄酮的氧化产物产生的。

类黄酮的多酚性质和螯合金属的能力,使之可作为脂肪和油的抗氧化剂,例如茶叶提取物就是天然抗氧化剂。另外,研究表明,类黄酮物质具有抗氧化、植物雌激素作用,清理自由基、降血脂、降低胆固醇、免疫促进作用,以及防治冠心病、降低血管渗透性等作用。

8.3.3 原花青素

原花青素是无色的,结构与花色苷相似,在食品处理和加工过程中可转变为有颜色的物质。原花青素的基本结构单元是黄烷-3-醇或黄烷-3,4-二醇以4,8或4,6键形成的二聚物,但通常也有三聚物或高聚物。它们是花色苷色素的前体,在酸催化作用下加热,可转化为花色苷呈现颜色。

原花青素存在于苹果、梨、葡萄、莲、高粱、荔枝、沙枣、山楂属浆果和其他果实中。现已证实,原花青素具有很强的抗氧化活性,已作为抗氧化剂应用到食品中,同时还具有抗心肌缺血、调节血脂和保护皮肤等多种功能。原花青素的羟基在水果和蔬菜中可引起酶促褐变反应,在空气中或光照下降解成稳定的红褐色衍生物。能与蛋白质作用生成聚合物,影响蛋白质的消化吸收。原花青素既可以赋予食品特殊的风味,也可影响食品的色泽和品质。

8.3.4 单宁

单宁是多酚中高度聚合的化合物,它们能与蛋白质和消化酶形成难溶于水的复合物,影响食物的吸收消化。全谷、豆类中的单宁含量较多。

单宁又称单宁酸、鞣质,存在于多种树木(如橡胶树和漆树)的树皮和果实中。单宁为黄色或棕黄色无定形松散粉末,在空气中颜色逐渐变深,有强吸湿性;不溶于乙醚、苯、氯仿,易溶于水、乙醇、丙酮,水溶液有涩味。单宁不是单一化合物,化学成分比较复杂,大致可分为两种:一种是缩合单宁,是黄烷醇衍生物,分子中黄烷醇的第2位通过C—C键与儿茶酚或苯三酚结合;另一种是可水解的单宁,分子中具有酯键,是葡萄糖的没食子酸酯。单宁长期以来仅被我国人民用来鞣制生皮使其转化为革。两者常共存。后者也称原花青素。自20世纪50年代后,单宁能与蛋白质、多糖、生物碱、微生物、酶、金属离子反应的活性以及它的抗氧化、捕捉自由基、抑菌、衍生化反应的性能被发现后,其应用前景和范围迅速扩大。目前它在食品加工、果蔬加工与储藏、医药和水处理等方面已取得重要突破，近年来它在化妆品生产中也崭露头角。

8.4 类胡萝卜素

类胡萝卜素最早发现于胡萝卜中，因其分子结构中含有多个双键，故又称多烯色素。类胡萝卜素是动物体内维生素 A 的来源，在动物体内可转化为维生素 A，故为维生素 A 原。

类胡萝卜素是一类广泛存在于自然界中的脂溶性色素，之所以能呈现出不同的颜色，是因为其分子结构中具有高度共轭双键的发色团和含有一个—OH 等助色团。由于双键的数目、位置，取代基的种类、数目不同，就呈现出不同的吸收光谱。利用它们各自的特征吸收光谱，可以对类胡萝卜素进行鉴定。

类胡萝卜素在自然界中广泛存在，现在已鉴定的结构就有 600 多种，它对人体的健康主要存在以下两个方面的作用。

(1) 抗氧化性。类胡萝卜素可以保护细胞免受氧化，减低一些疾病(如动脉硬化症、癌症、关节炎等)的发病率。

(2) 维生素的前体。β-胡萝卜素和 α-胡萝卜素可以在人体肠道黏膜中转化为维生素 A。胡萝卜素有益于人体健康，而类胡萝卜素可以促进胡萝卜素的吸收，具有协同作用，因而人体吸收混合的类胡萝卜素更有益于健康。

目前已用来作为着色剂的类胡萝卜素有以下几种。

(1) β-胡萝卜素。β-胡萝卜素主要存在于水果、蔬菜(尤其以胡萝卜、辣椒、南瓜等蔬菜中最多)。大量的 β-胡萝卜素在国外已可以人工合成，且广泛应用。β-胡萝卜素在碱性条件下或避光时较稳定，在酸和空气中极易氧化，直射光也极易使其破坏。β-胡萝卜素是重要的维生素 A 原，用 β-胡萝卜素着色时还兼有营养强化的作用。

(2) 辣椒红素。辣椒红素是从成熟的红辣椒中提取的脂溶性色素，对酸和可见光稳定，对紫外线敏感。油溶时对铜、铁、铝等金属离子不稳定。主要用于调味品、水产品及饮料着色。

(3) 栀子黄色素。从茜草科植物栀子的果实提取。主要成分是藏红花素，是自然界中罕见的水溶性类胡萝卜素。栀子黄色素不溶于脂类溶剂，在碱性和中性的水溶条件下，光、热和金属对其影响较小。栀子黄色素兼有镇静、止血、消炎、利尿、退热的药效，但食入过量时由于栀子素苷的作用可导致腹泻，故应注意。

(4) 虾黄素。虾黄素是存在于虾、蟹、牡蛎及某些昆虫体内的一种类胡萝卜素物质。在活体组织中，此物质与蛋白质结合，呈现蓝青色。当久存或煮熟后，蛋白质变性与色素分离，同时虾黄素发生氧化，变为红色的虾红素。

(5) 番茄红素。番茄红素是在番茄中发现的天然色素，能够降低几种癌症(衰竭性疾病和子宫癌)的发病危险。研究表明，和原料番茄相比，加工的番茄食品(如调味番茄酱和

沙司)的番茄红素能够被人体更有效地吸收。

学习小结

食品中能够吸收和反射可见光波,进而使食品呈现各种颜色的物质统称为食品的色素。包括天然色素、食品加工中由原料成分转化产生的有色物质、外加的食品着色剂。主要介绍了卟啉类色素(叶绿素、血红素类)、多酚类色素(花色苷、类黄酮、原花青素、单宁)以及类胡萝卜素(β-胡萝卜素、辣椒红素、栀子黄色素、虾黄素、番茄红素)等色素的性质和在食品中的加工特性。

复习思考题

知识题

1. 天然色素可以分为哪几种类型?
2. 血红素类物质有哪几种?呈色原理分别是什么?
3. 简述类胡萝卜素的性质、特点。为什么类胡萝卜素具有抗氧化作用?

素质题

1. 物质产生颜色的原因是什么?显红色的物质吸收什么颜色的光?
2. 讨论食品加工中色素使用上的发展趋势。

技能题

1. 对于蔬菜在热加工时如何保持其绿色?
2. 谈谈肉类加工中的护色原理和方法。

资料收集

收集食品色素的发展趋势资料,以及食品色素的最新发展信息。

查阅文献

[1] 杨双春,等. 食品工业中微生物色素的研究进展[J]. 食品研究与开发,2014,(1):114-117.

[2] 汪丰云,等. 焦糖色素与食品安全[J]. 化学教育,2013,(1):1-2.

[3] 周华佩,等. 常用食品添加剂对红枣色素稳定性的影响[J]. 中国食品添加剂,2015,(11):110-115.

[4] 赵桃等. 食品添加剂对青稞色素稳定性的影响[J]. 食品研究与开发,2014,(7):13-16.

知识拓展

食品色素和人体健康

评价食品除质量和营养外,色、香、味、形也是重要的基本参数,在这四个参数中又以色泽的影响最大,因为视觉信息是最直接的感官信息,自然、悦目、和谐的色泽可以增加人们的食欲,提高商品的市场价值。许多天然食品具有一定的颜色,但由于其对光、热、酸、碱的敏感性,在加工、储存过程中会褪色和变色。为了保持和改善色泽,在加工过程中需要用食品色素进行人工着色。食品色素又称食用染料、着色剂,是以食品着色为目的的食品添加剂。食品色素按来源可分为天然食用色素和人工合成食用色素,按结构可分为偶氮类色素和非偶氮类色素,按溶解性又可分为脂溶性和水溶性两类。

1. 天然食用色素与人体健康

天然食用色素是从植物、动物、微生物等可食部分用物理方法提取精制而成的食品色素,其中又以植物色素最为缤纷多彩。例如,姜黄色素是以植物姜黄根茎为原料经过一系列物理方法处理得到的,具体流程如图 2-8-2 所示。

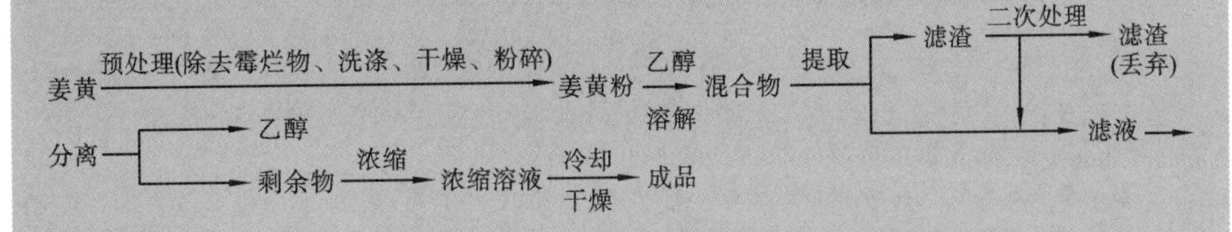

图 2-8-2 制取姜黄色素工艺流程

又如,我国传统使用的红曲色素来源于微生物,是红曲霉菌丝所分泌的色素,属微生物色素。我国《食品添加剂使用标准》(GB 2760—2014)规定,目前我国允许β-胡萝卜素、红花黄、栀子黄、姜黄素、甜菜红、紫胶红、红曲色素等 54 种天然色素用于食品着色。

一般来说,天然色素安全性较好,有些天然色素还具有一定的营养价值。例如:β-胡萝卜素具有维生素 A 的生物活性,有抗氧化性、光保护作用以及促生长、抑制癌细胞增殖、提高免疫力等重要作用;红花黄色素具有清热、利湿、活血化瘀、预防心脏病的保健作用等。

由于天然食用色素比人工合成食用色素安全性好且资源丰富,所以生产销售量增长很快。但是,由于加工工艺、质量、价格太高等问题,其商品化率除焦糖色素外并不高，例如日本所生产的天然色素只占其色素产量的1%。

我国食用色素开发较晚，目前主要以合成色素为主，天然色素尚处在开发试用阶段。为了对食品添加剂的使用严格管理，我国制定了《食品添加剂使用标准》和《食品添加剂卫生管理办法》等相关规定，其中对各类食用色素的最大使用量、使用范围作出了说明(表2-8-3)，同时限定了8种合成食用色素只能用于果味水、果味粉、果子露、汽水、配制酒、红绿丝、罐头以及糕点表面上彩等，禁止用于肉类及其加工品(包括内脏加工品)、鱼类及其加工品、水果及其制品(包括果汁、果脯、果冻和酿造果酒)、调味品、婴幼儿食品、饼干等。

表2-8-3　几种常见天然色素

数　据	红曲色素	辣椒红	栀子黄	焦糖色素	姜黄	甜菜红	红花黄	β-胡萝卜素
ADI/(mg/kg)(FAO/WHO，1994)	不作限定	不作限定	不作限定	铵法0～100；非铵法不作限定	0～0.1	不作限定	未作限定	未作限定
LD_{50}/(g/kg)	7	＞1.7	31.7	＞1.9	1.5		≥20	8
食品中最大使用量/(g/kg)	按生产需要适量使用	按生产需要适量使用	0.5	按生产需要适量使用	按生产需要适量使用	按生产需要适量使用	0.2	按生产需要适量使用

注：食品添加剂的毒性是评价食品添加剂的命脉，常用评价指标有以下两个且都与毒性负相关：

(1) 每日允许摄入量(ADI)：指人每日膳食中摄入此量而不至于影响健康的每日最大摄入量，以每日每千克体重摄入的毫克数表示，单位为mg/kg；

(2) 半数致死量(LD_{50})：是用来粗略衡量急性毒性大小的一个指标，是指使一组受试动物死亡半数的最低剂量，其单位为g/kg(体重)。

2. 各国对合成色素的态度

世界各国尤其是西方发达国家不仅在色素对人体健康影响方面做了大量调查和研究，而且在食用色素的管理、合成色素的使用方面均有严格的规定，多种合成色素已被禁止或严格限量使用。

在丹麦，研究人员建议，与其禁止在食品中添加色素，不如在食品标签上标明添加色素的类型。通过这种方法，消费者可以对食品作出是否购买的决定。此外，丹麦政府还决定禁止在基本食物中使用色素，并要求所有添加的色素都必须在食品标签上注明。丹麦采取这种行动是为了保证那些对某种色素过敏的人群食用没有色素的基本食物。

其他国家则更严格地限制某些色素，特别是偶氮类色素在食品中的使用。经过多年的努力，现在可以合法使用的食用合成色素品种已经大为减少。在世界各国使用合成色素最多时，品种达100余种，日本曾批准使用的合成色素有

27种，现已禁止使用其中的16种。美国1960年允许使用的合成色素有35种，现仅剩下7种。瑞典、芬兰、挪威、印度、丹麦、法国等早已禁止使用偶氮类色素，其中挪威等一些国家还完全禁止使用任何化学合成色素。此外还有一些国家已禁止在肉类、鱼类及其加工品、水果及其制品、调味品、婴儿食品、糕点等食品中添加合成色素。

中国对在食品中添加合成色素也有严格的限制：凡是肉类及其加工品、鱼类及其加工品、调味品(醋、酱油、腐乳等)、水果及其制品、乳类及乳制品、婴儿食品、饼干、糕点都不能使用人工合成色素。只有汽水、冷饮食品、糖果、配制酒和果汁露可以少量使用，一般不得超过1/10 000。

目前中国批准使用的食用合成色素有6个品种，虽然对这6种食用合成色素的危害性仍然没有定论，但它们没有任何营养价值，对人体健康也没有任何帮助，能不食用就尽量不要食用。

事实上，在巨大的经济利益的驱使下，中国食品中合成色素的超标、超范围使用现象屡禁不止，大家在购买食品时一定要小心，不要过分追求食品的色泽。

3. 发展趋势

食品加工中食用色素的用量一般很少，但是在着色方面的作用很大，随着食品工业的发展其需求量不断增大，目前年增长率约为3.2%。少用或不用合成色素以及用天然色素取代合成色素已成为世界各国发展的趋势，目前采取的主要措施有：大力开发新品种，凡是对热、光、氧化作用稳定，又不容易受金属离子或其他化合物影响的天然色素，只要确证对人体无害，应当设法提取；大力研究生物色素，例如红曲色素等；开发大分子聚合物合成色素，此类物质在人体内不被吸收，由肠道排出，不会对人体产生危害。目前美国Dynapol公司已研制成功红、黄2种不吸收聚合色素：相对分子质量为30 000的PolyRTM-481红色色素、相对分子质量为130 000的PolyRTM-607黄色色素。

我国食品色素开发较晚，且主要以合成色素为主(90%以上)，但是随着经济的发展和人们健康意识的加强，随着我国加入WTO与国际规范的接轨，天然色素取代合成色素也将成为主流。广大消费者在日常生活中应加强自我健康和维权意识，在购买食品时认真查阅包装标识，选用无色素或使用天然色素的食品；若是含有合成色素的食品，也必须是在规定的限量及使用范围内。

第9章

食品气味化学

知识目标

食品中的气味物质千差万别、种类繁多，这些物质赋予食品不同的特色，因此，在学习中，应该剥茧抽丝，总结出各种气味物质所含化学成分，以及每种气味物质的构成特点，并掌握其分子式及分子式中的气味官能团。

素质目标

中国的饮食文化博大精深，在广大劳动人民长期不懈的努力下，逐渐形成了各种具有地方特色的饮食结构，食品中的气味物质是决定饮食特色的主要因素之一，在了解了食品气味物质的特点之后，应该分析每一类地方饮食的气味特点，进而联系相关加工工艺或菜谱，推测出其加工方式选择的依据与规律。

能力目标

能依据气味特点选择食品原料，并能将食品的气味特点与加工方式有机联系在一起，还要对食品加工中所使用的辅料及其功能有初步了解，为今后在改进食品加工工艺，改善食品风味，研制新型食品方面奠定良好基础。

9.1 概述

中国人的口味南甜北咸、东辣西酸。山西人的醋，名扬天下，谓之“西酸”；“贵州人不怕辣、湖南人辣不怕、四川人怕不辣”，辣成就了川菜的美名，铸就了“嗜辣人”不屈的精神；精明的南方人却喜食甜，伴随着他们的脚步，将他们喜甜的口味介绍给了大江南北。在每个地区人民不同口味的推动下，经过千百年的发展与锤炼，中国这片广袤的大地上形成了八大菜系——“鲁、川、粤、闽、苏、浙、湘、徽”，风味各异。是什么使得每个菜系的菜品如此不同呢？虽然不能否认加工方式的作用，菜品原料本身性质的不同却更不能忽略，每种食品原料及加工佐料所含成分的不同，组织结构的差异，都是决定一个菜系特色、一个地区人民口味的因素，尤其是食品所散发出的独特气味，更是每一种菜品的招牌。全聚德的烤鸭之所以能蜚声中外、经久不衰，不仅因为其皮质的酥脆、肉质的鲜嫩令人垂涎三尺，它独特的果木清香，味道的腴美醇厚，更是令人回味不尽，拍案叫绝。在中华大地上，这样的美食数不胜数。这些美食美不胜收的香味让人们垂涎欲滴，还有些食品却独树一帜，以臭味横绝天下，甚至让食用者爱不释手，欲罢不能。臭豆腐可算是以臭为美的代表，熏天的臭气令人避之唯恐不及，食用时浓郁的香味却让人念念不忘，津津乐道。由这些气味带给人感觉器官的刺激称为食品的风味，对产生这些气味的物质、这些物质的组成特性以及其结构特点与气味之间的关系等问题进行探讨和研究，就构成了气味化学。当然，在气味化学的讨论范围内还包括诸如由于食品腐败而产生的异味。因此，食品的气味包括香味、臭味以及异味。换句话说，只要在食品生产，或者运输和储藏过程中客观存在的味道都是食品气味化学讨论的范围。

9.1.1 食品风味的概念

食品的风味是指食品摄入口腔后，人们所尝到的、闻到的、触知到的感觉通过神经系统传到大脑而产生的综合印象，它是人对食品的色、香、味的综合感觉。因此在狭义上，食品风味为食品的香气、滋味和入口获得的香味的总称；而广义上的食品风味是视觉、味觉、嗅觉和触觉等多方面感觉的综合反映。风味一般包括四部分内容。第一是嗅觉，即食品中各种微量挥发成分对鼻腔神经细胞产生的刺激，如水果香、花香、焦香、树脂香、药香、肉香、豆腥气、鱼腥气等。通常把能使人产生兴奋和愉快的感觉称为香气，令人厌恶的感觉称为臭气。第二是味道，即食物在人的口腔内对味觉器官产生的刺激，酸、甜、苦、咸是四种基本味。第三是触觉，如软、硬、脆等。第四是心里感觉，这是受习惯与文化传统制约的感觉，与物质本身的特性相关性不大。食品风味的研究侧重于前两者，本单元主要介绍第一种。

食品的风味与气味之间有密切的联系，除鼻腔可以直接闻到的气味外，还有些气味物质会在食品咀嚼过程中，与人体呼出的气体一起进入鼻腔后，被嗅觉器官所感知。不可忽略的是，在咀嚼过程中舌头也能品尝到气味物质。同时食品风味带有强烈的个人爱好、地区的和民族的倾向。

近年来，凭借 GC-MS 等分析方法，对食品中的香味物质有了比较全面的了解。研究结果表明，食品中香味物质的含量极少，均以微量形式存在，含量在 1～1 000 mg/kg。这些极微量的物质种类繁多，不过基本都由挥发性的物质组成，这些组分往往需要互相作用才能共同赋予食品丰盈的风味。由于食品中风味物质的浓度极低（mg/kg，$1/10^6$；μg/kg，$1/10^9$ 和 pg/kg，$1/10^{12}$）、风味混合物的成分非常复杂（例如咖啡中已经确认的挥发物超过450 种）、挥发性极大（蒸气压大）、某些风味化合物极不稳定以及风味化合物和食品中的其他成分处于动力学平衡状态等因素，风味物质的定量和定性分析相当困难。

当前，食品风味鉴别的常用方法之一是感官分析法，这种方法借助人的感觉器官，对食品的新鲜度、成熟度、加工精度、品种特性及其产生的变化情况等进行鉴定,方便、快捷、费用低。

9.1.2 气味物质的一般特点

气味物质是指能够改善口感,赋予食品特征风味的化合物。它们具有以下特点。

(1) 成分多,含量甚微。例如,目前已发现茶叶中的香气成分已达500多种,咖啡中的风味物质有600多种,白酒中的风味物质也有300多种。

(2) 大多是非营养物质。

(3) 味感性能与分子结构有特异性关系。

(4) 多为热不稳定物质。很多能产生嗅觉的物质易挥发、易热解、易受到酶的分解,因而在食品加工中,即使是工艺过程极微小的差别,也可能导致食品风味很大的变化。

9.1.3 气味的分类

在学术界,为了探讨气味的本质,对风味的分类作了许多研究,目前尚未完全统一,也未形成专门的气味分类方法,习惯上根据气味的生物来源和食品加工方法简单分为水果、蔬菜、茶叶、肉、烘烤、油炸、发酵香气等。

当前常常依据食品所散发的气味带给人的感觉愉悦与否,或根据经验,将食品风味分为香气、臭气和异味,这是通俗的气味分类方法,它是根据人们的感觉而进行的分类,也是最为模糊的一种分类方法。

9.1.4 嗅觉原理

美国科学家理查德·阿克塞尔和琳达·巴克的研究表明,在鼻腔上部的上皮细胞内有一个不大的区域,分布着一个以前不为人知的基因家族,由约1 000种不同的基因组成(约占人体基因的3%)。它们相应地产生了约1 000种不同类型的气味感受器。每个这种细胞只含有一种气味感受器,每个感受器只能探测到数量有限的气味。当气味分子被吸入时,对这些气味很敏感的嗅觉感受器细胞就会将信息传给充当鼻脑中转站的"嗅球",再由"嗅球"向大脑其他部分传送信息。不同的气味感受器细胞所得到的信息在大脑进行整合,形成相应的模式并记录在案。不同的气味能刺激多个感受器群的重复活动,这约1 000种感受器的不同排列组合,使我们能觉察到的气味总数大得惊人。凭借对人类嗅觉器官工作原理的突破性发现,理查德·阿克塞尔和琳达·巴克共同获得了2004年度诺贝尔医学奖。即使如此,嗅觉方面的研究大多限于解释闻香过程的第一阶段,具体的内容和细节仍是不甚了解。有一点倒是已经很清楚,嗅觉器官对食品香气的感知过程需要0.2~0.3 s的时间。

目前,嗅觉理论大体上可以归纳为两种:

(1) 微粒理论,包括香化学理论、吸附理论、象形的嗅觉理论等,该理论认为,香气成分粒子在嗅觉器官中，经过短距离的物理作用或化学作用而产生嗅觉。

(2) 电波理论，即振动理论。该理论认为香气成分通过价电子振动，将电磁波传达到嗅觉器官而产生嗅觉。

在食品领域内，为了判断一种呈香物质在食品香气中所起的作用，规定了香气值，香气值也叫发香值，是呈香物质的浓度与它的阈值之比，即

$$\text{香气值}=\frac{\text{呈香物质的浓度}}{\text{阈值}}$$

若香气值小于1，感觉不到香味；若香气值大于1，感觉到香味。

9.1.5 化合物的气味与分子结构的关系

食品的风味只有在被人的感觉器官感知时，才能作出评价。更准确地说，离开味觉与嗅觉器官讨论食品的风味将失去意义，这缘于客观存在于食品中的气味物质，在发挥作用的过程中，除了由其本身的分子结构决定其气味外，感觉器官的影响也不可忽略。比如，香气四溢的乳制品深受消费者的喜爱，但对于长期置身于弥漫着浓烈乳香的乳品厂工作人员，这种味道使他们感到厌烦，难以忍受，这与感觉原理有关。因此，对感觉的基本原理进行总结成了讨论化合物气味特性不能缺少的一部分。当然，这只是气味化学的起步，气味物质的成分与结构、结构中的官能团与气味间的相关性才是更加核心的内容。

香气是构成食品风味的另一个重要方面，它是由挥发性香味物质刺激人的嗅觉感受器，由嗅觉细胞产生刺激后传递到大脑中枢神经而产生的反应。

挥发性香味物质⟶嗅觉感受器⟶嗅觉⟶大脑中枢神经⟶反应

香气都为挥发性物质，它们几乎都是有机化合物：烷烃、烯烃、芳香烃、醇类、酚类、醛类、酮类、酯类，还有有机酸、杂环化合物、胺等。无机化合物有气味的物质种类非常少，仅SO_2、NO_2、NH_3、H_2S有强烈刺激味。事实上，在食品众多的气味化合物中，只有某种或某些挥发性化合物才能使食品产生特征风味，这种或这些挥发性化合物称为特征效应化合物，它们对食品的风味起着决定作用。因此，食品中特征效应化合物的损失或组成改变均能引起食品气味异常，而这些特征化合物的气味来源于有机物分子中的某一个或某几个基团，这些产生气味的基团称为发香团，有机物中常见的发香团有以下十二种。

羟基(—OH)	苯基($—C_6H_5$)	羧基(—COOH)
硝基($—NO_2$)	醛基(—CHO)	亚硝基(—NO)
醚基(R—O—R′)	酯基(—COOR)	酰胺基($—C(=O)—NH_2$)
羰基(—C(=O)—)	氰基(—CN)	内酯(R—COO，成环)

无论香气来源于无机物还是有机物，其发香原子多位于元素周期表中Ⅳ族～Ⅶ族，这些基团的气味由极性、氧化性能等因素决定。研究表明：当化合物的折射率在1.5左右、

紫外吸收波长在 140～350 nm 范围内,红外吸收波长在 750～1 400 nm 时,就会产生气味。

化合物中的分子基团产生了气味,那么是什么决定了香气的强度呢？依据嗅觉理论可以推测,有气味的物质只有在具有挥发性时,才能被鼻黏膜吸附而感觉到;只有能溶于脂,有气味物质才能通过感受细胞的脂膜;也只有能溶于水的气味物质才能透过嗅觉感受器的黏膜层。因此,香气的强度由蒸气压、表面张力、溶解性、扩散性、吸附性等因素决定。食品中香气具有以下特征。

(1) 绝大多数食品含有多种不同的呈香物质,任何一种食品的香气都是由多种呈香物质相互作用的结果。当这些呈香物质配合恰当时,就会产生诱人的香气;配合不当时,就会带给食品异常气味。

(2) 挥发性化合物(香气)的阈值远远小于香味的阈值,但各种香气化合物的阈值相差很大,可达几个数量级。香气阈值的确定受到蒸气压、温度、介质的影响,也受到鉴定方法、评判者嗅觉敏感性的影响。

由于香气具有以上两个特征,因此有时香味和异味(臭味)之间只是由浓度的不同来决定的。例如:吲哚类化合物具有粪便臭味,但是在极低浓度时呈茉莉花香;还有麝香、灵猫香等通常是臭味,只有在稀释后才能产生香味。

9.1.6 食品中气味物质的形成途径

食品中气味物质的形成主要有生物合成、酶直接作用、酶间接作用、加热分解四个途径。

(1) 生物合成。直接由生物体合成形成香气成分,主要是由脂肪酸经脂肪氧合酶酶促生物合成的挥发物。桃、苹果、梨和香蕉等水果香气的形成途径属于典型的生物合成。这种途径主要表现为随着果实的逐渐成熟香气慢慢变浓。发酵食品在发酵过程中通过生物合成产生风味物质。

(2) 酶直接作用。酶直接作用于香味前体物质形成香气成分。酶直接作用是指食品中各种单一酶催化的反应,直接由风味物质前体产生风味物质,如大葱、大蒜、生姜等食品的特殊风味就是通过这种途径产生的。

(3) 酶间接作用。酶间接作用是指酶促反应的产物再作用于香味前体,形成香气成分。食物中易氧化物质在酶的作用下,先生成氧化物,该化合物与风味前体物质发生氧化而产生风味。例如红茶在酶作用下,将儿茶酚氧化成酮、醌类化合物,酮、醌促使茶叶中的氨基酸转化成醇、醛、酸等挥发性化合物,从而产生特有的风味。

(4) 加热分解。在食品加工中,加热是食品变熟的最普通、最重要的步骤,也是形成食品风味的主要途径。以动、植物为原料的食品在加热过程中,风味前体物质可发生焦糖化反应、美拉德反应以及油脂热解等反应,从而形成数百种不同感官特性的风味物质。

需要说明的是:食品储存不当或加工方式不适当,会导致异味的产生,表 2-9-1 中列出了部分食品能产生的异味,以及这些异味产生的原因。

表 2-9-1　部分食品的异味

食品种类	异　味	原　因
牛奶	日晒味	在维生素 B_2 的光敏氧化作用下，蛋氨酸光氧化生成蛋氨醛
奶粉	豆腥味	空气中氧气将异亚油酸氧化生成了 6-反壬烯醛
乳脂	金属味	脂肪酸氧化生成了顺-1,5-辛二烯-3-酮
乳制品	麦芽味	乳酸链球菌变种的劣质发酵使苯丙氨酸变为苯乙醛和 2-苯基乙醇
冷冻豌豆	干草味	饱和醛和不饱和醛，辛-3,5-二烯-2-酮、已醇等
啤酒	日晒味、酚味	葎草香酮光解产物与 H_2S 反应生成 3-甲基-2-丁烯-1-硫醇，不良发酵
羊肉	甜味、酸味	4-甲基壬酸，4-甲基辛酸

有些化合物本身并非食品的风味物质，但是在一定条件下可转化为风味化合物。例如维生素 B_1 本身并不具有气味，但是在加热条件下，会开环产生肉香味。这也是在食品加工过程中，即使不加任何佐料，加工后食品风味也会有很大改进的原因。

虽然许多时候食品原料自带的香味物质足以令人垂涎欲滴，但并非所有食品都是香味十足的，有些食品甚至根本没有香味，也不含有香味前体物质，无法满足人们的嗜好和食用要求。更令人头痛的是，有些食品自带的某些气味令人无法接受，如羊肉，无论营养如何，肉质怎样，其自带的腥膻味就让许多人深恶痛绝。因此，能在很大程度上改变食品风味的食用香料和香精成了食品加工中不可或缺的好帮手。

9.2　食品香气与呈香物质

9.2.1　水果的香气成分

水果具有天然清香和浓郁的芳香，香气主要通过酶促作用生物合成，随着果实逐渐成熟而增加，但人工催熟的水果香气不如自然成熟的好。水果的香气成分中，醛、醇来源于亚油酸与亚麻酸的分解，带支链的脂肪族酯、醇、酸来源于支链氨基酸。水果香在储藏期会不断减弱，热加工时原有香气一般会破坏，形成加工后的臭感物质。水果的主要香气物质有有机酸酯类、醛类、萜烯类、有机酸类、醇类和羰基化合物等。

(1) 苹果：已鉴定出 200 多种挥发性化合物，但以 2-甲基丁酸乙酯、乙醛和反-已烯-2-醛、丁酸乙酯、乙酸丁酯为代表性香气成分。

(2) 菠萝：已鉴定出 100 多种挥发性化合物，特征香气是由乙酸乙酯、丁酸乙酯、已酸乙酯和呋喃酮化合物产生的。

(3) 香蕉：已鉴定出 300 多种挥发性化合物，但特征香气化合物一般是酯类，如乙酸异戊酯、异戊酸异戊酯和乙酸、丙酸、丁酸的酯等。

(4) 梨：重要的香气成分是不饱和脂肪酸的酯类，如顺-2-反-4-癸二烯酸的甲酯、乙酯等。

(5) 葡萄：重要的特征香气化合物是邻氨基苯甲酸甲酯。

(6) 柑橘:柑橘中萜烯类是最重要的香气成分,橙类中还有一些醛类等。

(7) 桃:与其他水果不同,香气主要是由 $C_6\sim C_{12}$ 脂肪酸的内酯组成的。

(8) 杏:香气化合物包括烯类、萜类、酯类,比较复杂,酯类化合物中还包括内酯。

(9) 草莓:最重要的香气成分是 2,2-二甲基丁酸乙酯和顺-己-3-烯醛等。

9.2.2 蔬菜的香气成分

存在于许多新鲜蔬菜的清新泥土香味主要由甲氧烷基吡嗪化合物产生,如 2-甲氧基-3-异丙基吡嗪(鲜土豆、青豆等的主要香味化合物)及 2-甲氧基-3-异丁基吡嗪,它们一般是在植物组织中以亮氨酸等为前体经生物合成而形成的。

$$H_3C-\underset{\displaystyle CH_3}{CH}-\underset{\displaystyle NH_2}{CH}-\overset{\displaystyle O}{\overset{\|}{C}}-OH + NH_3 \xrightarrow[-H_2O]{\text{酶}} \begin{array}{c} CONH_2 \\ | \\ HC-NH_2 \\ | \\ CH_2 \\ | \\ HC-CH_3 \\ | \\ CH_3 \end{array} \xrightarrow[-2H_2O]{\begin{array}{c}CHO\\|\\CHO\end{array}} \text{2-异丁基-3-氧代吡嗪}\ (\text{取代基 } CH_2\underset{\displaystyle CH_3}{CH}CH_3)$$

$$\longrightarrow \text{2-羟基-3-异丁基吡嗪}\ (OH,\ CH_2\underset{\displaystyle CH_3}{CH}CH_3) \xrightarrow{-CH_3} \text{2-甲氧基-3-异丁基吡嗪}\ (OCH_3,\ CH_2\underset{\displaystyle CH_3}{CH}CH_3)$$

另外,蔬菜中的不饱和脂肪酸易在脂氧合酶的作用下生成过氧化物,而过氧化物分解后生成醛、酮、醇等,产生了青草味。

葱属植物(如洋葱、大蒜等)的刺激性气味一般是含硫化合物,是其风味前体经过酶的作用而转变来的,如洋葱的风味前体是 *S*-(1-丙烯基)-L-半胱氨酸亚砜,它在蒜酶的作用下生成了丙烯基次磺酸和丙酮酸,前者不稳定重排成硫代丙醛亚砜,同时部分次磺酸还可以重排分解为硫醇、三硫化合物、二硫化合物和噻吩,它们均对洋葱的香味起着重要作用。

$$CH_3CH{=}\overset{\displaystyle O}{\overset{\uparrow}{C}}HSCH_2\underset{\displaystyle NH_2}{CH}COOH \xrightarrow{\text{蒜酶}} NH_3 + CH_3\underset{\displaystyle O}{\underset{\|}{C}}COOH + [CH_3CH{=}CHSH]\ \text{丙烯基次磺酸}$$

$$[CH_3CH{=}CHSH] \longrightarrow CH_3CH_2CH{=}S{=}O\ \text{硫代丙醛亚砜(刺激性)}$$

$$[CH_3CH{=}CHSH] \xrightarrow{\text{加热}} ;\quad CH_3CH_2CH{=}S{=}O \xrightarrow{\text{加热}} RSH、RSSH、RSSSR,\ \text{2,5-二甲基噻吩}$$

$$(R={-}CH_3、{-}C_3H_7、{-}CH{=}CHCH_3)$$

大蒜的风味前体则是蒜氨酸，其风味化合物的形成途径同洋葱非常类似。

$$CH_2{=}CHCH_2\underset{\substack{\downarrow\\ O}}{S}CH_2\underset{\substack{|\\ NH_2}}{CH}COOH \xrightarrow{\text{蒜酶}} CH_3\overset{\substack{O\\ \|}}{C}COOH + NH_3 + CH_2{=}CHCH_2\underset{\substack{\downarrow\\ O}}{S}SCH_2CH{=}CH_2$$

蒜素

十字花科蔬菜的种子均含有黑芥子素，在甘蓝、芦笋等蔬菜中还含蛋氨酸，蛋氨酸经加热分解生成有清香气味的二甲硫醚。

$$CH_3{-}S{-}CH_2{-}CH_2{-}CH(NH_2)COOH \longrightarrow CH_3{-}S{-}CH_3 + CH_2{=}CH{-}COOH$$

蕈类的香气成分的前体是蘑菇酸，它经 *S*-烷基-L-半胱氨酸亚砜裂解酶等的作用，产生蘑菇香精，它是一种非常活泼的香气成分，是香菇的主要风味物质。至于其他多硫化合物的风味作用尚不清楚。

胡萝卜挥发性油中存在着大量的萜烯，主要成分有 γ-红没药烯、石竹烯、萜品油烯，但其特征香气化合物为顺、反-γ-红没药烯和胡萝卜醇。

9.2.3 动物性食品的香气物质

1. 乳及乳制品的香气成分

鲜牛乳的香气成分：低级脂肪酸、丁酮、丙酮、乙醛、丁酸、甲基硫化物（甲硫醚）等。

发酵乳制品：发酵奶油的主要香气成分是丁二酮；干酪的主要香气成分是酮酸、醛、醇、挥发性硫化物等（由微生物分解氨基酸、肽、蛋白质产生）。

2. 畜肉主要香气成分

新鲜畜肉：一般带有家畜原有的生臭气味，主要由 H_2S、CH_3SH、C_2H_5SH、CH_3CHO、CH_3COCH_3、CH_3OH、C_2H_5OH、$CH_3CH_2COCH_3$ 和 NH_3 等组成；经过烹调、加工以后畜肉能产生特有的香气，并且香气的组成与烹调加工的温度有关，因此肉汤、烤肉和用油煎炒的肉香味不同。

加热肉：含有脂肪的牛肉加热时产生的挥发性化合物中有脂肪酸、醛、酮、醇、醚、吡咯、呋喃内酯、烃和芳香族化合物，还有含硫化合物、含氮化合物；挥发性化合物中已被鉴定出 200 多种，可将它们分为酸性、中性、碱性三个部分。

烤肉：烤肉时生成碱性（吡嗪类）化合物。

烟熏肉：熏烟中含有酚类、甲醛、乙醛、丙酮、甲酚、脂肪酸、醇、糖醛、愈创木酚等主要组分，而其中的脂肪酸、酚类和醇可使肉制品产生特殊的风味和香味。

3. 水产品的风味

咸水鱼：海产品的风味物质与畜肉明显不同，海产品的风味物质随其种类（鱼类、贝类、甲壳类）的不同而不同。非常新鲜的海水鱼中含有三甲胺氧化物，它在微生物的作用下可以转化为三甲胺和二甲胺及甲醛，从而产生臭味；所生成的甲醛据认为可促进蛋白质的交联，因而使肌肉在储存过程中硬化；同时，“鱼油氧化物”则是 ω-3 多不饱和脂肪酸发生氧化反应的结果。

$$CH_3-\underset{CH_3}{\overset{CH_3}{N}}\rightarrow O \begin{cases} \xrightarrow{酶} (CH_3)_3N \quad 三甲胺 \\ \xrightarrow{酶} [(CH_3)_2NCH_2OH] \longrightarrow (CH_3)_2NH + HC(=O)-H \quad 二甲胺 \end{cases}$$

淡水鱼:淡水鱼的臭味则是赖氨酸在细菌作用下生成六氢吡啶,赖氨酸在脱羧酶的作用下发生脱羧反应生成1,5-戊二胺(尸胺)所致。

$$NH_2(CH_2)_4\underset{NH_2}{CH}COOH \xrightarrow{酶} \text{(六氢吡啶环,含N)}$$

9.2.4 发酵食品的香气物质

食品发酵,实际上是一种微生物作用过程。食品原料中的蛋白质、碳水化合物、脂肪等物质,通过各种微生物的代谢作用和熟化作用,转变为醇、醛、酮、酸、酯类风味物质,使发酵食品具有很具特色的香气效果。

1. 酒类香气成分

各种酒类都以含乙醇成分为其标志。除水和乙醇外,酒类所含的其他成分还很多,有的可达300种以上,但这些微量成分的含量大多在1%以下。白酒的香气成分主要有醇、醛、酮、酸、酯、芳香族化合物等,其中已酸乙酯、乳酸乙酯、乙酸乙酯、丁酸乙酯是许多白酒的主要香气成分。我国按风味成分将白酒分成5种主要香型(表2-9-2)。人工配制的各种汽酒、色酒等,其香气一般要弱些和差些。它们往往是满足人们的其他需求。

表2-9-2　白酒的香型

香　型	代　表　酒	香型特点	特征风味物质
浓香型	五粮液、泸州大曲	香气浓郁、纯正协调、绵甜爽净、回味悠长	酯类占绝对优势,其次是酸,酯类以乙酸乙酯、乳酸乙酯、已酸乙酯最多
清香型	山西汾酒	清香纯正、入口微甜、干爽微苦、香味悠长	几乎都是乙酸乙酯、已酸乙酯
酱香型	茅台、郎酒	幽雅的酱香、醇甜绵柔、醇厚持久、空杯留香时间长、口味细腻、回味悠长	乳酸乙酯、已酸乙酯比大曲少;丁酸乙酯增多。高沸点物质、杂环类物质含量高,成分复杂
米香型	桂林三花	香气清淡	香味成分总量较少、乳酸乙酯、β-苯乙醇含量相对较高
凤香型	西凤酒	介于浓香和清香之间	已酸乙酯含量高、乙酸乙酯和乳酸乙酯比例恰当

2. 酱油的香气

大豆、小麦等原料经曲霉分解后，在18%的食盐溶液中由乳酸菌、酵母等长时间发酵，生成醇类、酸类、羰基化合物及其硫化物等，共同构成了酱油的风味。酱油中除1%～2%的乙醇外，还含有1%的有机酸，其中乳酸最多，其次是乙酸、柠檬酸、琥珀酸、乙酰丙酸、α-丁酮酸(具有强烈的香气，是重要的香气成分)等；酯类物质有乙酸乙酯、丁酸乙酯、乳酸乙酯、安息香酸乙酯等；加热时发生美拉德反应生成低级醛、酮化合物，同时产生麦芽酚等香味物质，使香气得到显著增加。在酱油中还有甲硫醇、甲硫氨醛、甲硫氨醇、二甲硫醚等硫化物，对酱油的香气也有很大的影响，特别是二甲硫醚使酱油产生一种青色紫菜的气味。

9.3 香料与香精

9.3.1 香料

1. 香料的概念与分类

香料是指能够增加食品香气和香味的食品添加剂。一般为低相对分子质量的挥发性物质，多为脂溶性化合物。

可以根据来源和制造方法将香料分类。

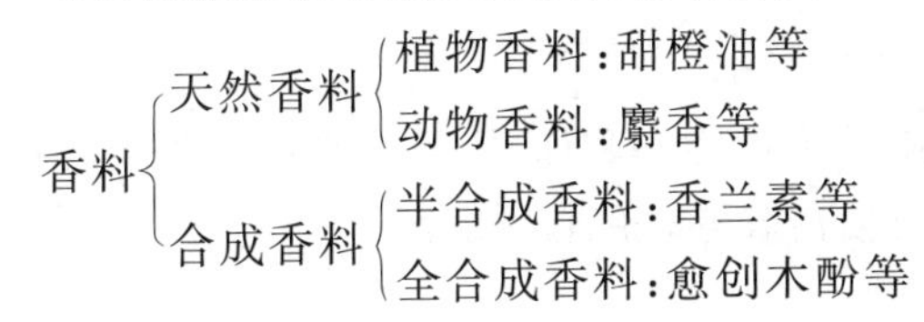

食用香料是由一种或多种有机物组成的。其分子中含有一个或数个能够发香的原子团(发香团)，这些发香团在分子内以不同方式结合，使食用香料具有不同多型的香气和香味。

2. 天然香料的来源和特点

(1) 来源：植物性的天然香料多来自于植物组织的花、叶、茎、皮、树干、根、球茎、果实、种子和树脂等中；动物性的天然香料则较少，一般不在食品中应用，名贵香水中有其应用。

(2) 特点：天然香料安全性高，具有特定的定香作用、协同作用和天然香韵，合成香料难以与之媲美，但它们的原料来源受到限制，精制过程复杂，香味物质含量较低，生产成本高，而且使用时的稳定性差，不似合成香料可大量生产并生产成本低，价格便宜。合成香料还有一个明显的特征就是可以提供天然香料不能产生的香气和香味，可弥补天然香料的不足。

(3) 天然香料的主要生产方法：水蒸气蒸馏、压榨法、萃取法和超临界浸取。

3. 常用天然香料

(1) 甜橙油：黄色、橙色或深橙黄色的油状液体。有橙子果香味，主要成分为柠檬烯(90%以上)，广泛用于橘子、甜橙等高档饮料中。

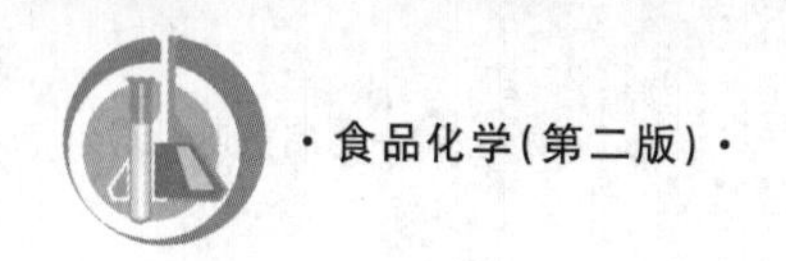

(2) 橘子油:主要成分是柠檬烯和邻-*N*-甲基邻氨基苯甲酸甲酯。有清香橘子香气,用于浓缩橘子汁、柑橘酱等。

(3) 柠檬油:主要成分为柠檬烯和柠檬醛等,用于糖果、糕点、饼干、冷饮等。

(4) 留兰香油:主要成分为左旋香芹酮,是胶姆糖的主要赋香剂之一,硬糖也使用。

(5) 薄荷素油:主要成分为薄荷脑(约占 50%)、乙酸薄荷酯、薄荷酮等。常用作胶姆糖、泡泡糖的赋香剂。

4. 风味增效剂

风味增效剂是直接用于食品中能显著增加或改善原有风味的香料,也称**增香剂**。如麦芽酚、乙基麦芽酚、香兰素等。

增效原理:风味增效剂之所以能增效,是在于它能改善和提高感觉细胞的敏感性;由于香料也是通过对感觉细胞的刺激,由神经将信号传递给大脑,所以浓度越大,香气的感觉强度越大,反之越弱;由于感觉细胞的敏感性提高,增强了信号的强度,加深了信号的传递,从而使大脑得到了放大的信号,使人产生了深厚的香气、甜味的感觉,达到增香、增甜的效果。

风味增效剂还有高度的选择性,使舌部或鼻腔的某一区域的感觉细胞敏感,使这一区域产生的刺激信号被增强;由于大脑接受信号有一定的限度,当一个区域传递来的信号被增强时,其他区域传递来的信号相应地被抑制,因此造成了一些气味被增强,另一些气味被抑制、削弱的效果,达到了抑制异味、改善风味的作用。

9.3.2 香精

食用香精是由各种食用香料和许可使用的附加物调和而成,并使食品增香的食品添加剂。附加物包括:载体,如蔗糖、糊精、阿拉伯树胶等;溶剂;添加剂。

香精可按剂型分类如下。

- 香精
  - 液体香精
    - 水溶香精:用 H_2O、乙醇、甘油为稀释剂
    - 油溶香精:以植物油、甘油等为稀释剂
    - 乳化香精:加水、乳化剂、稳定剂等形成
  - 固体香精
    - 吸附型香精:香料和乳糖载体混合
    - 包裹型香精:香料与乳化剂、赋形剂(改性淀粉、食用胶)混合,再分散于水中、喷雾干燥

香精的成分包括主香体、助香体、定香剂和稀释剂。

(1) 主香体:是显示香型特征的主体,是构成香气和香味的基本原料,其量不一定最大,由一种或几种相应的特征效应化合物构成。

(2) 助香体:调节香气、香味作用,使香气和香味变得柔和或清新,使香料具有特殊的风韵。

(3) 定香剂:即保香剂,能使香料中的易挥发成分不至于过快挥发,能较长时间保持原有风味。

(4) 稀释剂:一般是乙醇,也有用水或水、醇同用。

学习小结

食品的风味是指食品摄入口腔后，人们所尝到的、闻到的、触知到的感觉通过神经系统传到大脑而产生的综合印象，它是人对食品的色、香、味的综合感觉。食品中气味形成的途径主要有生物合成、酶直接作用、酶间接作用、加热分解四个途径。不管是动物性食品还是植物性或发酵食品，其呈香物质几乎都是有机化合物：烷烃、烯烃、芳香烃、醇类、酚类、醛类、酮类、酯类，还有有机酸、杂环化合物、有机胺等。在食品加工中常添加如麦芽酚、乙基麦芽酚、香兰素等增香物质，这种直接用于食品中能显著增加或改善原有风味的香料叫做风味增效剂，或称增香剂。

复习思考题

知识题

一、填空题

1. 食品中的香味来源途径有四种，分别是________、________、________、________。
2. 香气值是呈香物质的浓度与它的________之比。
3. 感受到某呈香物质的最低浓度称为该呈香物质的________。
4. 常用的香味增强剂有________、________、________。
5. 香气的强度由________、表面张力、________、________和________等因素决定。

二、简答题

1. 食品中风味物质的特点有哪些？
2. 简述化合物气味与分子结构的关系。

素质题

1. 试辨别：果、蔬、蕈类的香气成分；花生和芝麻焙炒时产生的香气；香菇香气、桃香、黄瓜香气；酒类、酱类、醋类的香气；鱼、贝类的血腥臭气味、粪臭味；牛乳的日光味，酸败味、旧胶皮味。

2. 简述香气物质的特点。

技能题

举例说明在食品加工中如何控制和增强食品中的香气成分。

电子鼻在食品气味分析中的应用；电子鼻在食品领域的应用。

查阅文献

[1] 郑华,李文彬,金幼菊,等. 植物气味物质及其对人体作用的研究概况[J]. 北方园艺,2007,(6).

[2] 樊萍,钱平,何锦风,等. 辐照面包异常气味物质研究[J]. 食品科学,2008,(1):234-238.

[3] 罗玉龙,等. 肉制品中香味物质形成原因研究进展[J]. 食品与发酵工业,2015,(2):254-258.

知识拓展

基本嗅感和非基本嗅感

1. 基本嗅感

(1) 麝香。目前已发现具有各种嗅感强度的麝香气味的化合物在百种以上,其化学结构差别很大。这类嗅感物质按结构可分为大环化合物和芳香族化合物两大类,此外尚有少量的其他结构形式。

(2) 樟脑香。极性功能团在这里对樟脑气味的性质没有什么影响,决定嗅感性质的主要结构因素是分子外形。Amoore 提出,形成樟脑气味的嗅感分子的结构特征为具有高堆积密度和刚性、直径约为 0.75 nm 的球形或卵形分子。当分子含有极性功能团时,与其嗅感强度可能有一定关系。

(3) 麦芽香。异丁醛、2-甲基丁醛、异戊醛、2-甲基戊醛、正丁醛以及丁醇等,都具有强度不同的麦芽气味。若在异丁醛分子中引入一个竞争性外形基团,例如 3-甲基丁酮、2-硝基丙烷等,其嗅觉缺失会显著降低。目前虽已证实在基本嗅感中有麦芽香模式存在,但由于已知的材料太少,还不足以作出有关嗅感分子结构特征的结论。

(4) 薄荷香。

(5) 汗酸臭。异戊酸、异丁酸、异己酸等都呈现出较强烈的汗臭气味,而这种气味模式与鱼腥味的嗅感模式有着很强的联系。鱼腥气味的嗅觉缺失患者中,有很大比例也具有汗臭气味的嗅觉缺失。目前看来,汗酸臭气味刺激分子仅具有狭窄的结构范围,明显地局限于 C_3~C_8 且末端有一个异丙基的柔性羧酸分子。

2. 非基本嗅感

非基本嗅感种类众多且甚为复杂,往往由多种主要组分形成,要了解其气味与嗅感分子结构间的关系更为困难。

(1) 柿子椒香气。2-异丁基-3-甲氧基吡嗪是甜柿子椒的特征风味化合物,阈值很小,在空气中为 2×10^{-6} mg/kg,为嗅感强度极大的芳香物质。

(2) 焦糖香气。这是在食品加工过程中,主要由碳水化合物发生焦糖化、脱水等非酶反应而产生的一种嗅感,使人联想到像砂糖烧焦时那种又甜又香的焦糊气味,也有人称它为褐变风味。具有这类气味的化合物很多,包括吡喃酮、呋喃酮、环酮等。

(3) 花香及其他。有些非基本嗅感是由小极性分子产生的。这类小极性分子,如 H_2S、CH_3SH、$(CH_3)_2S$、NH_3、CH_3NH_2 等,在与嗅黏膜受体结合时,由于极性功能团有利于定向和高效率相互作用,容易进入受体的适宜位置,从而产生一种有高度复杂综合特征的强烈嗅感。这时气味的性质特征主要取决于极性功能团的本质,随着相对分子质量的增大,分子体积增加,嗅感分子与受体的相互作用才变得较有选择性,嗅感的信息也由复杂变得较为简单,这时气味的性质也由受极性功能团的特定影响而转变为越来越受分子外形的影响。

第 10 章

食品滋味化学

知识目标

1. 建立起食品滋味的基本概念框架。

2. 掌握味感物质的种类、呈味机理，几类呈味物质（如甜味剂、酸味剂、鲜味剂）及其在食品加工中的应用。

素质目标

培养崇尚天然食物、热爱食品加工的专业兴趣。在评估和分析食品滋味时，应体现出对食品滋味良好的判定，为公众提供良好的专业形象。

能力目标

1. 利用食品的呈味原理，合理利用食品的不同滋味搭配出色、香、味俱全的营养食品。

2. 能根据理论知识开展食品营养普及宣传教育。

10.1 概述

食品的属性包括三个方面：一是基本属性，即营养性和安全性，如碳水化合物、脂肪、蛋白质、水和矿物质所具有的营养特性；二是修饰属性，即嗜好性，如食品的色、香、味等成分所具有的特性；三是生理属性，是指食品调节生理的功能。随着人们生活水平的提高，在保证食品的营养和卫生质量的前提下，人们更注重食品的色、香、味，香气袭人、津津有味的食品不仅能增进食欲、促进消化和吸收，同时还给人们一种愉悦的享受。这里的“味”就是人们平常所说的味道或称滋味，食品的滋味是影响食品美味的一个重要因素。

10.1.1 食品的基本味

自古以来人们就试图对食品的基本味进行分类，到 19 世纪才把基本味分成酸、咸、苦、甜四类。1916 年 Henning 提出了著名的“四原味”说(味的正四面体说),他把四种基本味放在正四面体的角上,某味若是两个基本味混合的,就在四面体的边上,若是三味混合则在面上,若是四味混合在四面体的内部,这种分类方法是在有关味觉的近代研究还没有开始时就固定下来了。此后,开始了味觉生理学的研究,也是按照四种基本味的观点进行研究。后来发现还存在仅用四种基本味无法表现的味,谷氨酸钠的鲜味就是其中的一种。因此 Henning 的“四原味”说就成为古典学说。后来人们认为味本来是连续的,要把所有的味划分为基本味是不可能的。但是基本味这一概念在现实中仍是一个极为有依据的概念,有人提出作为基本味应具备的条件:明显地与其他味不同;不是特殊物质的味,而呈这种味的物质存在于许多食品中;将其他基本味混合无法调出该味;与其他基本味的受体不同;存在传递该味情报的单一味觉神经。

由于辣味是刺激口腔黏膜引起的痛觉,涩味是舌头黏膜蛋白质被作用而凝固引起的收敛作用,这是触觉神经末梢受到刺激而产生的,因此有人认为这两种味都不是由味觉神经而产生的,不应属于基本味,不过,很多国家把它们作为基本味。尽管各国习惯不同,味觉分类也不尽相同,但在各国的基本味中都包含酸、甜、苦、咸。我国把基本味分为酸、甜、苦、咸、鲜、辣、涩七味。日本分为酸、甜、苦、咸、鲜五味。欧美国家分为酸、甜、苦、咸、辣、金属味六味。

10.1.2 呈味物质的特点

呈味物质由于受到其他味的作用,会改变其味的强度甚至影响到味感,因此味觉有以下一些特殊现象。

(1) 变调现象:由于先食入的食物的影响而改变了后食的食物的味感,这叫做味的变调现象。例如,吃了苦的食物后,再喝清水也有甜的感觉。

(2) 消杀现象:两种味存在的时候,一方或两方的味均减弱的现象称为消杀现象。例如,在橙汁里加入少量的柠檬酸则甜味减弱,若加入蔗糖则酸味减弱。

(3) 对比现象:同时或先后受到两种不同的味刺激时,由于其中一个味的刺激而改变另一个味的刺激强度,这称为味的对比现象。例如,在蔗糖水溶液中加入少量食盐会使其甜度增强。

(4) 相乘现象:将两种呈味成分混合,由于相互作用,其味感强度超过单个呈味成分的强度之和,这称为味的相乘现象。例如,将味精(MSG)与 5-肌苷酸(5-IMP)共同使用时,其鲜味强度超过两者分别使用时强度之和的好几倍。

*10.1.3 味觉生理学

一般认为味觉的形成是呈味物质作用于舌面上的味蕾而产生的。味蕾由 30～100 个变长的舌表皮细胞组成,味蕾深度为 50～60 μm,宽 30～70 μm,嵌入舌面的乳突中,顶部有味觉孔,敏感细胞连接着神经末梢,呈味物质刺激敏感细胞,产生兴奋作用,由味觉神经传入神经中枢,进入大脑皮质,产生味觉。味觉一般在 1.5～4.0 ms 内完成。人的舌部有味蕾 2 000～3 000 个。

由于舌部的不同部位味蕾结构有差异,因此,不同部位对不同的味感物质灵敏度不同,舌尖和边缘对咸味较为敏感,而靠腮两边对酸敏感,舌根部则对苦味最敏感。通常把人能感受到某种物质的最低浓度称为阈值。表 2-10-1 列出几种基本味感物质的阈值。物质的阈值越小,表示其敏感性越强。除上述情况外,人的味觉还有很多影响因素。俗话说:"饥不择食。"当你处于饥饿状态时,吃啥都感到格外香;当情绪欠佳时,总感到没有味道。这是心理因素在起作用。经常吃鸡鸭鱼肉,即使美味佳肴也不感觉新鲜,这是味觉疲劳现象。

表 2-10-1　几种基本味感物质的阈值

物　质	食　盐	砂　糖	柠檬酸	奎　宁
味道	咸	甜	酸	苦
阈值/(%)	0.08	0.5	0.001 2	0.000 05

10.1.4　影响味觉的因素

1. 温度

温度对味觉的灵敏度有显著的影响。一般来说,最能刺激味觉的温度是 10～40 ℃,最敏感的温度是 30 ℃。温度过高或过低都会导致味觉的减弱,例如在 50 ℃以上或 0 ℃以下,味觉便显著迟钝。表 2-10-2 列举了上述 4 种味觉在不同温度时的实验结果。

表 2-10-2　温度对味觉阈值的影响

呈 味 物 质	味　道	常温阈值/(%)	0 ℃阈值/(%)
盐酸奎宁	苦	0.000 1	0.000 3
食盐	咸	0.05	0.25
柠檬酸	酸	0.002 5	0.003
蔗糖	甜	0.1	0.4

2. 浓度

味感物质在适当浓度时通常会使人有愉快的感觉,而不适当的浓度则会使人产生不愉快的感觉。

人们对各种味道的反应是不同的。一般来说,甜味在任何被感觉到的浓度下都会给人带来愉快的感受;单纯的苦味差不多总是令人不快的;而酸味和咸味在低浓度时使人有愉快感,在高浓度时则会使人感到不愉快。这说明呈味物质的种类和浓度、味觉以及人的心理作用之间的关系是非常微妙的。

3. 溶解度

呈味物质只有在溶解后才能刺激味蕾。因此,其溶解度大小及溶解速度快慢,也会使味感产生的时间有快有慢,维持时间有长有短。例如,蔗糖易溶解,产生甜味快,消失也快；而糖精较难溶解，则味觉产生慢，维持时间也长。

10.1.5 物质的化学结构与味感的关系

物质的化学结构与味感有内在的联系，但这种联系现在还不很清楚。一般来说，化学上的“酸”是酸味的，化学上的“盐”是咸味的，化学上的“糖”是甜味的，生物碱及重金属盐是苦味的，但也有许多例外，如草酸就是涩的。

物质分子结构上的变化，如引入取代基，取代基位置及立体位置不同，都可使味感发生极大变化。如

OCH_2CH_3 / $NH—C(=O)—NH_2$（对位）　　OCH_2CH_3 / $NH—C(=S)—NH_2$（对位）　　OCH_2CH_3 / $NH—C(=O)—NH_2$（邻位）

甜　　苦　　无味

10.2 甜味与甜味物质

*10.2.1 呈甜机理

甜味是人们最喜欢的基本味感，常作为饮料、糕点、饼干等焙烤食品的原料，用于改进食品的可口性。

早期人类对甜味的认识有很大的局限性，认为糖分子中含有多个羟基则可产生甜味。但有很多的物质中并不含羟基，也具有甜味，例如糖精、某些氨基酸，甚至氯仿分子也具有甜味。1967 年，沙伦·伯格(Shallen Berger)提出的甜味学说被广泛接受。该学说认为：甜味物质的分子中都含有一个电负性大的 A 原子(可能是 O、N 原子)，与氢原子以共价键形成 AH 基团(如—OH、═NH、—NH_2)，在距氢 0.25～0.4 nm 的范围内，必须有另外一个电负性原子 B(也可以是 O、N 原子)，在甜味受体上也有 AH 和 B 基团，两者之间通过氢键耦合，产生甜味感觉。甜味的强弱与这种氢键的强度有关，见图 2-10-1(a)。沙伦·伯格的理论应用于分析氨基酸、氯仿、单糖等物质上，能说明该类物质具有甜味的道理(图2-10-1(b))。

Shallen Berger 理论不能解释具有相同 AH－B 结构的糖或 D-氨基酸甜度相差数千倍的现象。后来克伊尔(Kier)又对 Shallen Berger 理论进行了补充。他认为在距 A 基团 0.35 nm 和 B 基团 0.55 nm 处，若有疏水基团 γ 存在，能增强甜度。因为此疏水基易与甜味感受器的疏水部位结合，加强了甜味物质与感受器的结合。甜味理论为寻找新的甜味

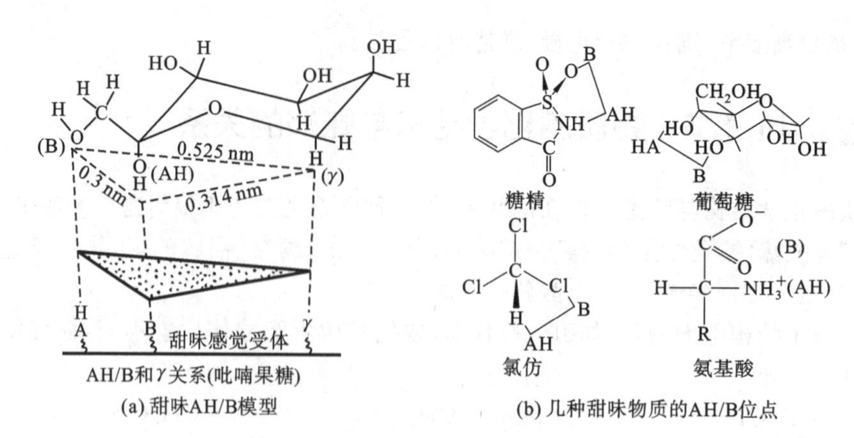

图 2-10-1 Shallen Berger 甜味学说

物质提供了方向和依据。

10.2.2 甜度及其影响因素

甜味的强弱称为甜度。甜度只能靠人的感官品尝进行评定,一般是以蔗糖溶液作为甜度的参比标准,将一定浓度的蔗糖溶液的甜度定为1(或100),其他甜味物质的甜度与之比较,根据浓度关系来确定甜度,这样得到的甜度称为相对甜度。评定甜度的方法有极限法和相对法。前者是品尝出各种物质的阈值浓度,与蔗糖的阈值浓度相比较,得出相对甜度;后者是选择蔗糖的适当浓度(10%),品尝出其他甜味剂在该相同的甜味下的浓度,根据浓度大小求出相对甜度。

1. 糖的结构对甜度的影响

(1) 聚合度的影响。单糖和低聚糖都具有甜味,其甜度顺序是葡萄糖>麦芽糖>麦芽三糖,而淀粉和纤维素虽然基本构成单位都是葡萄糖,但无甜味。

(2) 糖异构体的影响。异构体之间的甜度不同,如 α-D-葡萄糖>β-D-葡萄糖。

(3) 糖环大小的影响。例如,结晶的β-D-吡喃果糖(五元环)的甜度是蔗糖的2倍,溶于水后,向β-D-呋喃(六元环)果糖转化,甜度降低。

(4) 糖苷键的影响。例如:麦芽糖是由两个葡萄糖通过α-1,4糖苷键形成的,有甜味;同样由两个葡萄糖组成而以β-1,6糖苷键形成的龙胆二糖,不但无甜味,而且有苦味。

2. 结晶颗粒对甜度的影响

商品蔗糖结晶颗粒大小不同,可分成细砂糖、粗砂糖,还有绵白糖。一般认为绵白糖比细砂糖甜,细砂糖又比粗砂糖甜,实际上这些糖的化学组成相同,甜度的差异是结晶颗粒大小对溶解速度的影响造成的。糖与唾液接触,晶体越小,表面积越大,与舌的接触面积越大,溶解速度越快,能很快达到甜度高峰。

3. 温度对甜度的影响

在较低的温度范围内,温度对大多数糖的甜度影响不大,尤其对蔗糖和葡萄糖影响很小。但果糖的甜度随温度的变化较大,当温度低于40 ℃时,果糖的甜度较蔗糖大,而在温度高于50 ℃时,其甜度反比蔗糖小。这主要是由于高甜味的果糖分子向低甜味异构体转化。甜度随温度变化而变化，一般温度越高，甜度越低。

4. 浓度的影响

糖类的甜度一般随着糖浓度的增加而增加。在相等的甜度下，几种糖的浓度从小到大的顺序是：果糖＜蔗糖＜葡萄糖＜乳糖＜麦芽糖。

各种糖类混合使用时，表现出相乘现象。若将26.7%的蔗糖溶液和13.3%的淀粉糖浆(DE值为42)组成混合糖溶液，尽管糖浆的甜度远低于相同浓度的蔗糖溶液，但混合糖溶液的甜度与40%的蔗糖溶液相当。

10.2.3 甜味剂

甜味剂的种类很多，按来源可分成天然甜味剂和人工合成甜味剂。按种类可分成糖类甜味剂、非糖天然甜味剂、天然衍生物甜味剂和人工合成甜味剂。

1. 糖类甜味剂

糖类甜味剂包括糖、糖浆和糖醇。该类物质是否甜，取决于分子中碳数与羟基数之比，碳数与羟基数之比小于2时为甜味，为2～7时产生苦味或甜而苦，大于7时则味淡。常见的糖类甜味剂如下。

(1) 蔗糖。蔗糖的化学组成和有关性质在“碳水化合物”中已经介绍过了。市售的食糖主要成分是蔗糖，因结晶的粗细和杂质含量不同而有白砂糖、绵白糖、冰糖、赤砂糖、红糖、黄糖等商品名称。蔗糖是用量最大的甜味剂，它本身就是生热量相当大的营养素。关于蔗糖在烹调中的使用，已属人们的生活常识，故不再讨论。

(2) 麦芽糖。麦芽糖是淀粉在淀粉酶存在下水解的中间产物，其甜度仅为蔗糖的1/3。通常用作调味品的麦芽糖制品称为饴糖，是糊精和麦芽糖的混合物，其中糊精占2/3，麦芽糖占1/3。在菜肴制作(如烤乳猪、北京烤鸭)和面点制作中，常将饴糖作为调料。

(3) 蜂蜜。蜂蜜是一种淡黄色至红黄色的半透明的黏稠浆状物，当温度较低时，会有部分结晶而呈浊白色。可溶于水及乙醇中，略带酸味。其组成为：葡萄糖36.2%，果糖37.1%，蔗糖2.6%，糊精3.0%，水分19.0%，含氮化合物1.1%，花粉及蜡0.7%，甲酸0.1%，此外，还含有一定量的铁、磷、钙等矿物质。蜂蜜是各种花蜜在甲酸的作用下转变而来的，即花蜜中的蔗糖转化为葡萄糖和果糖。两者的比例接近1∶1，所以蜂蜜实际上就是转化糖。

蜂蜜在烹调中是常用甜味剂，应用于糕点和风味菜肴的制作中。它不但有高雅的甜度，而且营养价值也很高，还是传统的保健食品。由于蜂蜜中转化糖有较大的吸湿性，所以用蜂蜜制作的糕点质地柔软均匀，不易龟裂，而且富有弹性。但在酥点中不宜多用，否则制品很快吸湿而失酥。

2. 非糖天然甜味剂

这是一类天然的、化学结构差别很大的甜味物质。主要有甘草苷(相对甜度100～300)、甜叶菊苷(相对甜度200～300)、苷茶素(相对甜度400)。以上几种甜味剂中甜叶菊苷的甜味最接近蔗糖。

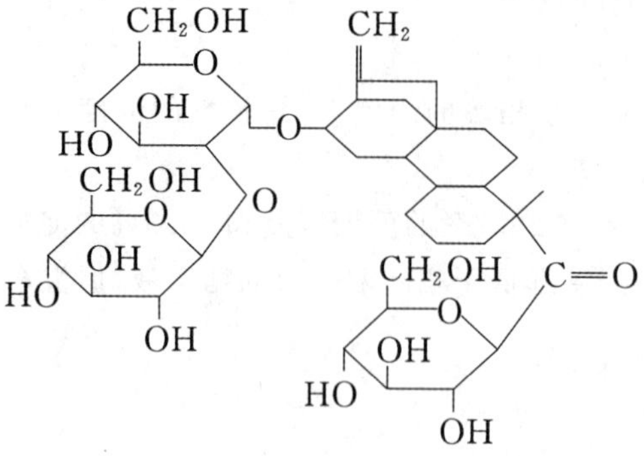

甜叶菊苷

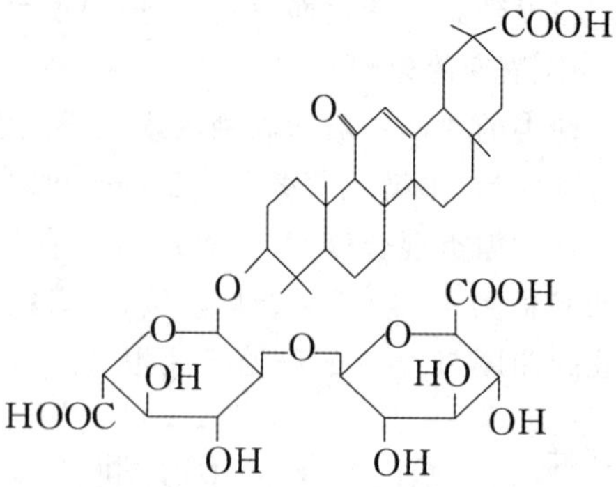

甘草苷

3. 天然衍生物甜味剂

该类甜味剂是指本来不甜的天然物质,通过改性加工而成的安全甜味剂。主要有氨基酸衍生物(6-甲基-D-色氨酸,相对甜度 1 000),二肽衍生物阿斯巴甜(相对甜度 20～50)、二氢查耳酮衍生物等。二氢查耳酮衍生物是柚皮苷、橙皮苷等黄酮类物质在碱性条件下还原生成的开环化合物。这类化合物有很强的甜味,其甜味可参阅表 2-10-3。

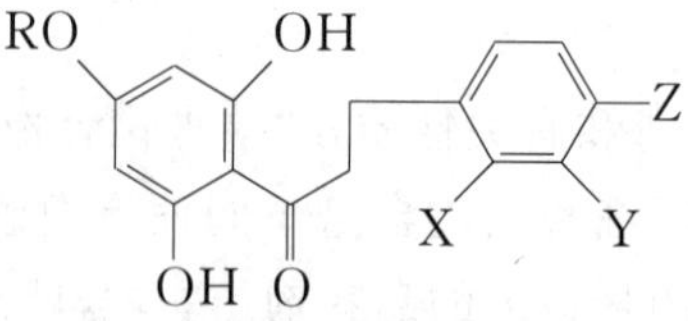

二氢查耳酮衍生物

表 2-10-3　具有甜味的二氢查耳酮衍生物的结构和甜度

二氢查耳酮衍生物	R	X	Y	Z	相对甜度
柚皮苷	新橙皮糖	H	H	OH	100
新橙皮苷	新橙皮糖	H	OH	OCH_3	1 000
高新橙皮苷	新橙皮糖	H	OH	OC_2H_5	1 000
4-*O*-正丙基新圣草柠檬苷	新橙皮糖	H	OH	OC_2H_5	2 000
洋李苷	葡萄糖	H	OH	OH	40

10.3　苦味与苦味物质

*10.3.1　呈苦机理

日本学者认为:苦味是危险性食物的信息。这种说法不无道理,因为凡是过于苦的食物，人们都有一种拒食的心理。但由于长期的生活习惯和心理作用的影响，人们对某些带有苦味的食物，例如茶叶、咖啡、啤酒，甚至有苦味的蔬菜（如苦瓜等），又有特别的偏爱，从而吃这些食物，成了一种嗜好，倘若不苦便失去了风味。

在 Shallen Berger 理论中，认为苦味源于呈味物质分子内的疏水基受到了空间阻碍，即苦味物质分子内的氢供体和氢受体之间的距离在 15 nm 以内，从而形成了分子内氢键，使整个分子的疏水性增强，而这种疏水性又是与脂膜中多烯磷酸酯组合成苦味受体相结合的必要条件，因此给人以苦味感。

从化学结构看，一般苦味物质含有 $—NO_2$ 、N≡、—SH、—S—、—S—S—、>C=S、$—SO_3H$ 等基团。另外无机盐类中的 Ca^{2+}、Mg^{2+}、NH_4^+ 等阳离子也有一定程度的苦味。

10.3.2 苦味物质

食品中有不少苦味物质，单纯的苦味人们是不喜欢的，但当它与甜、酸或其他味感物质调配适当时，能起到丰富或改进食品风味的特殊作用。例如，苦瓜、白果、莲子的苦味被人们视为美味，啤酒、咖啡、茶叶的苦味也广泛受到人们的欢迎。当消化道活动发生障碍时，味觉的感受能力会减退，需要对味觉受体进行强烈刺激，用苦味能起到提高和恢复味觉正常功能的作用，可见苦味物质对人的消化和味觉的正常活动是重要的。俗话讲"良药苦口"，说明苦味物质在治疗疾病方面有着重要作用。应强调的是很多有苦味的物质毒性强，主要为低价态的氮硫化合物、胺类、核苷酸降解产物、毒肽（蛇毒、虫毒、蘑菇毒）等。

植物性食品中常见的苦味物质是生物碱类、糖苷类、萜类、苦味肽等，动物性食品常见的苦味物质是胆汁和蛋白质的水解产物等，其他苦味物有无机盐（钙、镁离子）、含氮有机物等。

1. 生物碱类

（1）奎宁。硫酸（或盐酸）奎宁常作为苦味基准物质。奎宁又名金鸡纳碱，存在于热带的金鸡纳树中，以前曾作为抗疟药物，早期的西方传教士献给康熙皇帝的礼物中就有奎宁，其结构式为

属于喹啉（苯并吡啶）族生物碱。注意喹啉和奎宁两词不可混淆，喹啉是杂环母核"quinoline"的音译，而奎宁即金鸡纳碱"quinine"的音译。

（2）茶碱、咖啡碱、可可碱。茶叶、咖啡、可可的苦味是因嘌呤族生物碱所引起的，属于嘌呤类的衍生物。

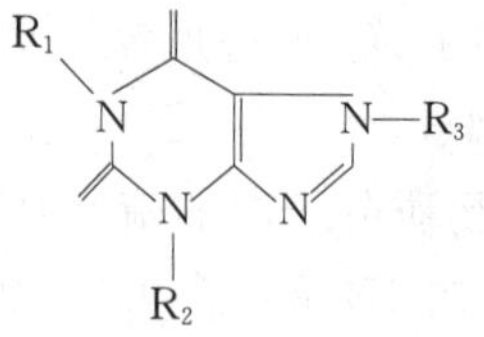

咖啡碱：$R_1=R_2=R_3=CH_3$

可可碱：$R_1=H$，$R_2=R_3=CH_3$

茶碱：$R_1=R_2=CH_3$，$R_3=H$

生物碱类苦味物质

咖啡碱主要存在于咖啡和茶叶中，在茶叶中含量为1%～5%。纯品为白色具有丝绢光泽的结晶，分子中含一分子结晶水，易溶于热水，能溶于冷水、乙醇、乙醚、氯仿等。熔点235～238 ℃，120 ℃升华。咖啡碱较稳定，在茶叶加工中损失较少。

茶碱主要存在于茶叶中，含量极微，在茶叶中的含量为0.002%左右，与可可碱是同分异构体，为具有丝光的针状晶体，熔点273 ℃，易溶于热水，微溶于冷水。

可可碱主要存在于可可和茶叶中，在茶叶中的含量约为0.05%，纯品为白色粉末结晶，熔点342～343 ℃，290 ℃升华，溶于热水，难溶于冷水、乙醇和乙醚等。

2. 啤酒中的苦味物质

啤酒中的苦味物质主要来源于啤酒花和在酿造中产生的苦味物质，有30多种，其中主要是α酸和异α酸等。

α酸，又名甲种苦味酸，它是多种物质的混合物，有葎草酮、副葎草酮、蛇麻酮等。主要存在于制造啤酒的重要原料啤酒花中，它在新鲜啤酒花中含量为2%～8%，有很强的苦味和防腐能力，在啤酒的苦味物质中约占85%。

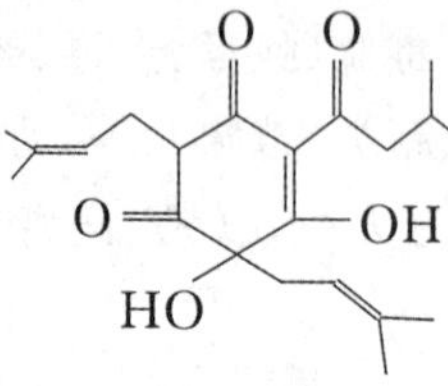

葎草酮 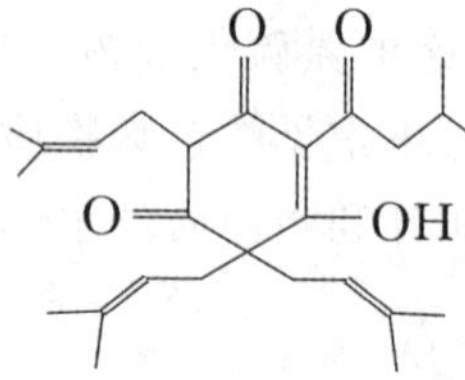　　　　蛇麻酮

异α酸是啤酒花与麦芽在煮沸过程中，由40%～60%的α酸异构化而形成的。在啤酒中异α酸是重要的苦味物质。

当啤酒花煮沸超过2 h或在稀碱溶液中煮沸3 min，α酸则水解为葎草酸和异己烯-3-酸，使苦味完全消失。

3. 糖苷类

苦杏仁苷、水杨苷都是糖苷类物质，一般有苦味。存在于中草药中的糖苷类物质，也有苦味，可以治病。存在于柑橘、柠檬、柚子中的苦味物质主要是新橙皮苷和柚皮苷，在未成熟的水果中含量很多，它的化学结构属于黄烷酮苷类。

柚皮苷的苦味与它连接的二糖有关，该糖为芸香糖，由鼠李糖和葡萄糖通过1,2糖苷键结合而成，柚皮苷酶能切断柚皮苷中的鼠李糖和葡萄糖之间的1,2糖苷键，可脱除柚皮苷的苦味。在工业上制备柑橘果胶时可以提取柚皮苷酶，并采用酶的固定化技术分解柚皮苷，脱除葡萄柚果汁中的苦味。

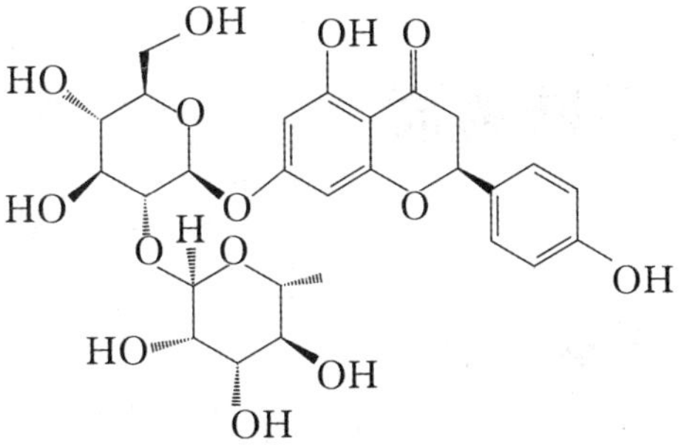

柚皮苷

4. 氨基酸和肽类中的苦味物质

一部分氨基酸(如亮氨酸、异亮氨酸、苯丙氨酸、酪氨酸、色氨酸、组氨酸、赖氨酸和精氨酸)有苦味。水解蛋白质和发酵成熟的干酪常有明显的令人厌恶的苦味。氨基酸苦味的强弱与分子中的疏水基团有关;小肽的苦味与相对分子质量有关,相对分子质量低于6 000的肽才可能有苦味。

5. 胆汁

胆汁是动物肝脏分泌并储存于胆囊中的一种液体,味极苦,所以宰杀动物时,都极力避免使胆囊破损。少数动物(如某些鱼类)的胆汁有毒,不可食用,也不可药用。例如中医偏方常以鸡苦胆治疗小儿咳嗽,决不可以鱼胆代之。又如南方有吞食蛇胆的做法,亦不可以鱼胆代之。

10.4 咸味与咸味物质

咸味在食物调味中颇为重要,没有咸味就没有美味佳肴,可见咸味在调味中的作用。咸味是中性盐所显示的味,只有 NaCl 才能产生纯粹的咸味。

近来低盐食品有益健康的主张,引起人们对钠盐替换物的兴趣,目前正在进一步了解咸味的机理,希望找到一种接近 NaCl 咸味的低钠产品。从化学结构上看,阳离子产生咸味,阴离子抑制咸味。钠离子和锂离子产生咸味,钾离子和其他阳离子产生咸味和苦味。在阴离子中,氯离子对咸味抑制最小,它本身是无味的。较复杂的阴离子不但抑制阳离子的味道,而且它们本身也产生味道。长链脂肪酸或长链烷基磺酸钠盐产生的肥皂味是由阴离子所引起的,这些味道可以完全掩蔽阳离子的味道。

描述咸味感觉机理最满意的模式是水合阳-阴离子复合物和 AH/B 感受器位置之间的相互作用。这种复合物各自的结构是不相同的,水的羟基和盐的阴离子或阳离子都与感受器位置发生缔合。

苹果酸钠及葡萄糖酸钠的咸味尚可接受,可作无盐酱油的咸味料,供肾脏病等患者作为限制摄取食盐的调味料。

食盐中如含有 KCl、$MgCl_2$、$MgSO_4$ 等其他盐,就会带有苦味,应加以精制。

10.5 酸味与酸味物质

*10.5.1 呈酸机理

1. 酸味的机理

酸在经典的酸碱理论中，是 H^+ 所表现的化学行为。酸味的产生，是由于呈酸性的物质的稀溶液在口腔中，与舌头黏膜相接触时，溶液中的 H^+ 刺激黏膜，从而导致酸的感觉。因此，凡是在溶液中能解离产生 H^+ 的化合物都能引起酸感，H^+ 称为酸味定位基。

2. 酸味的强度

酸的强弱和酸味强度之间不是简单的正比例关系，酸味强度与舌黏膜的生理状态有很大的关系。

酸的浓度、强度与酸味的强度是不同的概念。因为各种酸的酸感不等于 H^+ 的浓度，在口腔中产生的酸感与酸根的结构和种类、唾液 pH 值、可滴定的酸度、缓冲效应以及其他食物特别是糖的存在有关。有人曾以酒石酸为基准，比较了一些食用酸的酸感，如表 2-10-4 所示。

表 2-10-4 常见食用酸(0.5 mol/L)的性质

酸	味感	总酸/(g/L)	pH 值	解离常数	味感特征
盐酸	+1.43	1.85	1.70	—	—
酒石酸	0	3.75	2.45	1.04×10^{-3}	强烈
苹果酸	−0.43	3.35	2.65	3.9×10^{-4}	清鲜
磷酸	−1.14	1.65	2.25	7.52×10^{-3}	激烈
乙酸	−1.14	3.00	2.95	1.75×10^{-5}	醋味
乳酸	−1.14	4.50	2.60	1.26×10^{-4}	尖锐
柠檬酸	−1.28	3.50	2.60	8.4×10^{-4}	新鲜
丙酸	−1.85	3.70	2.90	1.34×10^{-5}	酸酪味

注：从表中可以看出相对酸度与酸的浓度没有函数关系，但跟酸根的结构有关。

应当指出：在实验中用的是水溶液，因此所测定的酸感与用实际食物测得的酸感是有差异的。另外，唾液和食物中的许多成分都有缓冲作用，而酸感与缓冲作用有关，在相等的 pH 值条件下，弱酸的酸感反而比无机酸强。

影响酸感强度的因素如下。

(1) 酸根的结构。一般有机酸比无机酸有更强的酸感，而且多数有机酸具有爽口的酸味，而无机酸一般具有令人不愉快的苦涩味，所以人们多不用无机酸作为食品酸味剂。舌黏膜对有机酸的阴离子比对无机酸的阴离子更容易吸附，因为有机酸阴离子的负电荷能够中和舌黏膜中的正电荷，从而使得溶液中的 H^+ 更容易和舌黏膜结合。相比之下，无机酸的这种作用就要差一些。

(2) 可滴定酸度。在可滴定酸度相等的情况下，有机酸的酸感比无机酸更长久。原因是有机酸在溶液中的解离速度一般比较慢，且有相当多的未解离的酸分子存在。所以当它们进入口腔以后，能够持续地在口腔中产生 H^+，使酸味维持长久。

(3) 唾液 pH 值。自然界食物的 pH 值一般在 1.0～8.4。常见的大多数食物的 pH 值在 5.0～6.5，而人的唾液的 pH 值在 6.7～6.9，后两者的 pH 值大体相近。所以人们对常见的大多数食物不觉得有酸感，只有当食物的 pH 值在 5.0 之下时，才会产生酸感。但如食物的 pH 值在 3.0 以下时，强烈的酸感便会使人适应不了，从而拒食。因此，酸性食物溶解于唾液时，便解离产生 H^+，但只有其 pH 值低于唾液的 pH 值时，才会产生酸感。

(4) 缓冲溶液及其他食物特别是糖的影响。这些因素的存在对酸感的强弱都会产生影响。一般物质的酸味阈值在 pH 值 4.2～4.6，当在其中加入 3%的砂糖(或等甜度的糖精)时，其 pH 值不变而酸强度降低了 15%。另外乙醇和食盐都能减弱酸味。甜味和酸味的组合是构成水果和饮料风味的重要因素，糖醋调制的酸甜口味亦为烹调实践所常用口味。和其他味感一样，神经疲倦也会降低酸的酸味强度。

10.5.2 主要酸味剂

1. 食醋

食醋主要成分：90%以上的水分。酸味成分：乙酸含量为 3%～5%。其他成分为乳酸、琥珀酸、氨基酸、醇类、酯类和糖等，在调制时还加入适量的糖色作调色料。

用作调味品的食醋都是用发酵法生产的，即

$$\text{糖或淀粉原料} \xrightarrow{\text{发酵}} \text{酒精} \xrightarrow{\text{氧化}} \text{乙酸}$$

食醋在烹调中的主要作用如下：①增加菜肴香味，除去不良味道和气味；②减少维生素 C 的损失，促进原料中钙、磷、铁等无机物的溶解，以利于消化吸收；③刺激食欲，有利于消化；④能防果蔬的褐变；⑤具有防腐作用。

2. 乳酸

乳酸学名为 α-羟基丙酸，结构为 $CH_3CH(OH)COOH$，广泛存在于我国传统食品的泡菜、酸菜中，也存在于酸奶中，另外在合成醋、辣酱油和酱菜的制作中，也加入乳酸作酸味剂。泡菜的酸感和脆嫩风味，主要因乳酸的作用而引起。因为乳酸菌体内缺少分解蛋白质的蛋白酶，所以它不能破坏植物组织细胞内的原生质，在乳酸菌的繁殖生长过程中，只利用蔬菜渗出液汁中的糖分和氨基酸等可溶性物质作营养源，从而使泡制的蔬菜组织仍保持挺脆状态，具有特殊的风味。加之由于乳酸的积累，使泡菜汁的 pH 值降至 4 以下，在这种酸性环境中，分解蛋白质的细菌和产生不良气味的丁酸菌等的繁殖活动受到一定程度的抑制，从而起到抑制杂菌生长的作用。

3. 苹果酸

苹果酸学名为 α-羟基丁二酸。苹果酸为白色晶体，易溶于水，吸湿性强，无臭，存在于一切植物果实中，具有略带刺激性的爽快酸味感，略有苦涩味，但其后味持续时间长。

苹果酸在烹饪行业中可用作甜酸点心的酸味剂，在食品工业中用作果冻、饮料等的酸味剂，一般的用量为 0.05%～0.5%。

4. 柠檬酸

柠檬酸又名枸橼酸，学名为 3-羟基-3-羧基戊二酸。柠檬酸的纯品为白色透明晶体，熔点 153 ℃，可溶于水、酒精和醚类，在 20 ℃的水中溶解度可达到 100%，在冷水中的溶解度大于热水，性质稳定。

柠檬酸在果蔬中分布很广，酸味柔和优雅，滋美爽口，入口即可达到酸味高峰，余味较短。在制作拔丝类菜肴及一些水果类甜菜时，都因为原料中含有一定量的柠檬酸，使菜肴的酸味爽快可口。也广泛用于清凉饮料、水果罐头、糖果、果酱、合成酒等。通常用量为 0.1%～1.0%，它还可用于配制果汁；作油脂抗氧化剂的增强剂，防止酶促褐变等。柠檬酸是目前世界上用量最大的酸味剂，全世界的年生产能力约为 5×10^5 t，我国约为 3×10^4 t。

5. 葡萄糖酸

葡萄糖酸是开链式葡萄糖分子中的醛基被氧化成羧基的产物，将其水溶液在 40 ℃的真空中浓缩，很容易形成葡萄糖酸内酯。

葡萄糖酸是无色至淡黄色浆状液体，易溶于水，微溶于乙醇，不溶于其他溶剂。因其不容易结晶，故市售商品多为其 50%的水溶液。

葡萄糖酸的酸味清爽。现在普遍食用的内酯豆腐就是用葡萄糖酸-δ-内酯作凝固剂，在豆浆加热过程中，δ-葡萄糖酸内酯缓慢水解变成葡萄糖酸，使大豆蛋白发生凝固作用而制成内酯豆腐。

除上述 5 种以外，现代食品工业常使用的酸味剂还有酒石酸(2,3-二羟基丁二酸)、琥珀酸(丁二酸)、延胡索酸(反丁烯二酸)和抗坏血酸(维生素 C)等。

10.6 辣味与辣味物质

*10.6.1 辣味的呈味机理

近代食品科学不认为辣是一种味觉，更谈不上是基本味。因为辣味物质在口腔中的刺激部位不在舌头的味蕾上，而在舌根上部的表皮上，是一种灼痛的感觉。高浓度的辣味物质在人体的其他部位的表皮上也能产生同样的刺激作用。因此严格地讲，辣味感是一种触觉。

平常所说的辣味一般分成四种类型。

(1) 热辣味。热辣味指在口腔中引起的一种烧灼的感觉，呈味物质在常温下不刺鼻，在高温加热时也能刺激咽喉黏膜，说明这种具有热辣味的物质在常温下挥发性不大。

(2) 辛辣味。辛辣味物质是一类除辣味外还伴有较强烈的挥发性芳香味的物质。即同时刺激口腔黏膜和鼻孔嗅上皮的具有冲鼻刺激性的辣味。葱、蒜、生姜、洋葱乃至胡椒粉都有这种效果。

(3) 刺激辣味。刺激辣味物质是一类除能刺激舌和口腔黏膜外，还能刺激鼻腔和眼睛，具有味感、嗅感和催泪性的物质。

(4) 麻辣味。这实际上是一种综合感觉，除在口腔中产生灼痛的感觉以外，还产生某种程度的麻痹感，是四川菜独特的基本味型，相应的烹饪原料模型是辣椒和花椒的混合使用。

10.6.2 辣味物质

(1) 辣椒。如果要建立相应的辣味原料模型的话，红尖辣椒是热辣味的典型代表。其主要辣味成分是辣椒素和类辣椒素。

$$\begin{array}{l} \qquad\quad CH_3 \\ \qquad\quad | \\ CH_3-CH-CH=CH(CH_2)_4CONHCH_2-C_6H_3(OCH_3)(OH) \end{array}$$

辣椒素

不同辣椒的辣椒素含量差别很大。甜椒通常含量极低，红辣椒约含 0.06%，牛角红椒含 0.2%，印度萨姆椒为 0.3%，乌干达辣椒含量可高达 0.85%。

(2) 胡椒。常见的有黑胡椒和白胡椒两种，都是由果实加工而成的。由尚未成熟的绿色果实可制得黑胡椒，用色泽由绿变黄而未变红时收获的成熟果实可制得白胡椒。它们的辣味成分除少量类辣椒素外，主要是胡椒碱。其中不饱和烃基有顺反异构体，其中顺式双键越多时越辣。全反式结构叫做异胡椒碱。胡椒经光照或长时间储存后辣味会降低，这是顺式胡椒碱异构化为反式结构所致。

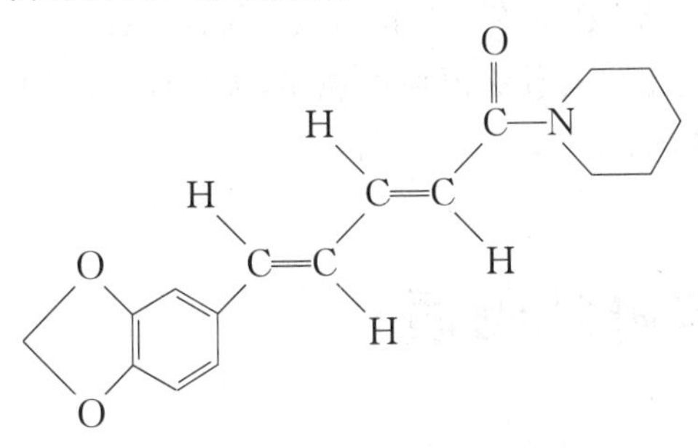

胡椒碱

(3) 花椒。花椒的主要辣味成分是花椒素，是酰胺类化合物。除此之外还有少量异硫氰酸烯丙酯等。它与胡椒、辣椒一样，除辣味成分外还含有一些挥发性香味成分。

(4) 姜。新鲜姜的辛辣成分是一类邻甲氧基酚基烷基酮，其中最具活性的为姜醇，其分子中环侧链上羟基外侧的碳碳链长度各不相同($C_5 \sim C_{10}$)。鲜姜经干燥储存，姜醇会脱水生成姜酚类化合物，后者较姜醇更为辛辣。当姜受热时，环上侧链断裂生成姜酮，辛辣味较为缓和。

$(CH_2)_2CCH_2CH(CH_2)_{4\sim9}CH_3$（C=O，OH；苯环上 OCH_3、OH）

姜醇(鲜姜)

$(CH_2)_2CCH=CH(CH_2)_{4\sim9}CH_3$（C=O；苯环上 OCH_3、OH）

姜酚(干姜)

$(CH_2)_2CCH_3$（C=O；苯环上 OCH_3、OH）

姜酮(热姜)

三者辛辣味比较，顺序为姜酚＞姜醇＞姜酮。

(5) 蒜、葱、韭菜。蒜的主要辛辣味成分为蒜素、二烯丙基二硫化物、丙基烯丙基二硫化物三种。大葱、洋葱的主要辛辣味成分则是二丙基二硫化物、甲基丙基二硫化物等。韭菜中也还有少量上述二硫化物。

这些二硫化物在受热时都会分解生成相应的硫醇，所以蒜、葱等在煮熟后不仅辛辣味减弱，而且还产生甜味。

(6) 芥末、萝卜。芥末、萝卜的主要辣味成分为异硫氰酸酯类化合物。其中的异硫氰酸丙酯也叫芥子油，刺激性辣味较为强烈。它们在受热时会水解为异硫氰酸，辣味减弱。

$CH_2{=}CHCH_2{-}NCS$　　异硫氰酸烯丙酯

$CH_3{-}CH{=}CH{-}NCS$　　异硫氰酸丙烯酯

$CH_3CH_2CH_2CH_2{-}NCS$　　异硫氰酸丁酯

$C_6H_5CH_2{-}NCS$　　异硫氰酸苯甲酯

辣味在烹调中具有增香、去异味、解腻、刺激食欲的功用。辣味调料都来自植物，如辣椒、花椒、胡椒、葱、蒜、生姜、芥末等，还有人工混合配制的调料，如用胡椒、姜黄、番椒、茴香、陈皮等的粉末配制的咖喱粉等。人对不同的辣味料的感受强度有很大的差别。有人对此做了研究，从而排出了下列次序：

热辣味————————————————辛辣味(刺鼻辣)

辣椒、胡椒、花椒、生姜、葱、蒜、芥末

辣味成分在化学结构上没有什么严格的规律，生物碱、苷类和多种含硫有机物是常见的辣味分子，结构都比较复杂。

10.7 鲜味与鲜味物质

*10.7.1 鲜味物质的呈鲜机理

直至今日，还没有发现鲜味在生理上的特征感受器。只能在口语中表达诸如鱼鲜、肉鲜、海鲜等概念，却不能建立令人信服的鲜味机理。对于目前公认的40多种具有鲜味感的化合物，学者也有不同的看法，他们认为鲜味只是一种味觉增效作用，而不是一种基本味。

10.7.2 呈鲜物质

中国烹饪传统的增鲜手段是利用“高汤”，并且因此发明了一些吊汤技术。所谓“高汤”，是指利用各种动物原料的下脚(主要为畜禽和鱼类的骨头)经长时间熬煮的汤汁；讲究的“高汤”是用整鸡、火腿和鲜猪蹄肘炖制的汤汁；在素菜制作中，也讲究用鲜汤，是用黄豆芽、鲜竹笋、蚕豆瓣或鲜蘑菇等熬制的汤汁。现在已发现的40多种鲜味物质中，常用的品种如下。

(1) 谷氨酸钠(味精)。天然 α-氨基酸中，L型的谷氨酸和天冬氨酸的钠盐和酰胺都具有鲜味。现代产量最大的商品味精就是L-谷氨酸的一钠盐，其构型式为

$$
\begin{array}{c}
CH_2CH_2COOH \\
| \\
H_2N—C—H \\
| \\
COONa
\end{array}
$$

其D型异构体无鲜味。早期是用面筋的酸性水解法生产，现代完全用发酵法，安全性更高。商品的谷氨酸一钠分子内含有一分子结晶水，易溶于水而不溶于酒精，纯品为无色晶体，熔点195 ℃。

(2) 肌苷酸和鸟苷酸。核苷酸具有鲜味在20世纪初就知道了，但用作鲜味剂则是20世纪60年代以后的事。这类鲜味剂主要有如下三种：

OH
N N
O O
HO—P—O—CH₂ N N R
OH
H H
H H
OH OH

R=H 时，5′-肌苷酸
R=NH_2时，5′-鸟苷酸
R=OH 时，5′-黄苷酸

其中以肌苷酸鲜味最强，鸟苷酸次之。肌苷酸主要存在于香菇、酵母等菌类食物中，动物体中含量较少。鸟苷酸广泛存在于肉类中，瘦肉中的含量尤多。表2-10-5就列举了它们在一些食物中的含量。

表2-10-5 部分天然食物中肌苷酸和鸟苷酸的含量(以100 g食物计)

食物名称	牛肉	猪肉	鸡肉	干香菇汤	鲜香菇汤	海带	刀鱼	鲫鱼	河豚
肌苷酸含量/mg	2.2	2.5	1.5	156.5	18.5～45.4	0			
鸟苷酸含量/mg	107	122	76				186	215	189

用作鲜味剂的核苷酸的制取，是从一些富含核苷酸动、植物组织中萃取，或用核苷酸酶水解酵母核苷酸。

核苷酸和谷氨酸钠的鲜味有协同效应，例如5′-肌苷酸钠与谷氨酸钠按1∶5至1∶20的比例混合，可使谷氨酸钠的鲜味提高6倍。若以鸟苷酸代替肌苷酸，则效果更加显著。

根据增鲜的协同效应研制的特鲜味精等商品,可使原来的味精呈鲜效果增加几倍乃至几十倍。

10.8 涩味与涩味物质

涩味可使口腔有干燥感觉,同时能使口腔组织粗糙收缩。涩味通常是由于单宁或多酚与唾液中的蛋白质缔合而产生沉淀或聚集体而引起的。另外,难溶解的蛋白质(如某些干奶粉中存在的蛋白质)与唾液的蛋白质和黏多糖结合也产生涩味。涩味常常与苦味混淆,这是因为许多酚或单宁都可以引起涩味和苦味感觉。

单宁具有适合于蛋白质疏水缔合的宽大截面,还含有许多可转变成醌结构的酚基,这些基团同样也能与蛋白质形成化学交联键,这样的交联键被认为是对涩味起作用的键。

涩味也是一种需宜的风味,例如茶叶的涩味。如果在茶中加入牛乳或稀奶油,多酚便和牛乳蛋白质结合,将涩味去掉。红葡萄酒是涩味和苦味型饮料,这种风味是由多酚引起的。考虑到葡萄酒中涩味不宜太重,通常要没法降低多酚单宁的含量。

本部分主要介绍了呈味物质的基本类型,影响味觉的因素;各种味觉现象及产生该味感的物质基础,各种味感物质对食品加工的意义;在食品加工中对各味感物质的正确利用。

知 识 题

名词解释

基本味　变调现象　消杀现象　对比现象

相乘现象　味的阈值　涩味　辣味　酸

素 质 题

1. 影响味觉的因素有哪些?影响甜味的强度的因素有哪些?
2. 食品的基本味觉有几种?它们的典型代表化合物是什么?

技 能 题

1. 苦味通常是不受欢迎的,讨论可用什么方法降低或消除苦味。

2. 饮料中的“酸味”和“酸度”是不是同一个概念？为什么？如何测定？

3. 到超市购买一种你认为特别的食品，看看使用了哪些影响风味的添加剂。并与同学交流。

资料收集

1. 收集家乡风味独特的食品或食品原料信息，并与同学分享。

2. 知识拓展中提到“绵爽王”，请收集相关信息。

[1] 王春叶，童华荣. 滋味稀释分析及其在食品滋味活性成分分析中的应用[J]. 食品与发酵工业，2007，(12)：117-121.

[2] 杨荣华. 食品的滋味研究[J]. 中国调味品，2003，(6)：38-40；2003，(7)：34-36.

[3] 林萌莉，等. 炖煮鸡汤中多肽与鲜味构效关系[J]. 食品科学，2016，(3)：12-16.

[4] 郃克东，高彦祥，袁芳. 天然风味物质生物技术制备方法研究现状及展望[J]. 中国食品添加剂，2016，(1)：152-157.

知识拓展

白酒的风味物质

白酒的风味物质由两部分构成：一类是口感物质，即味觉物质；另一类是芳香物质，也叫香气物质。

1. 白酒的香与味

白酒的风味特性与其化学成分密切相关。白酒含有数量众多、含量（浓度）不同的酸、酯、醛、醇、酚等香味物质。这些物质具有自身独特的香与味。由于它们共存于一个体系中，彼此相互影响，形成了白酒风味的多样性。业内将白酒中的微量成分分为3类，即白酒的骨架成分、协调成分及复杂成分。

简单地讲，白酒的风味物质是由两部分构成的：一部分是刺激味蕾及口腔中其他感受器从而形成口感的物质；另一部分是刺激嗅觉感受器从而形成芳香和醇香的物质。这两部分感觉总是相伴产生，相互结合，融为一体。因此，白酒的味感特性可以认为是其气味特性的基础结构。在品尝白酒时，应分析其口味和气味的平衡。即不同部分相互衬托，相互促进的最佳比例。优质白酒必须具备呈味物质和呈香物质之间的合理比例。如果呈香、呈味物质各部分构成的比例协调，则该酒一定是和谐的、幽雅的。酸度过低会使白酒浮香感明显、刺鼻，不易接受；酸度过高则压香、发闷；醇类等高沸点物质也会使酒液发闷，产生杂醇油臭、醛臭等不协调香味。另一方面，酒液闻香特浓，则其口味一般显燥辣、单薄、冲鼻等。因此,优质白酒必须以口感舒适和香气的丰满、幽雅和舒适的风味为特征,它应富含相互之间具有适当浓度比例的呈味物质和呈香物质。白酒的味感,大部分取决于甜味与酸味、苦味之间的平衡以及醇厚、丰满、爽口、柔顺、醇甜等口味的调整。味感质量则主要取决于这些味感之间的和谐程度,甜味和酸味可以相互掩盖。同样,甜与苦、甜与咸都能相互掩盖,但是它们不能相互抵消。所以我们不可能通过混合两种呈味物质获得一种无味的溶液,而只能使两种不同的味感相互减弱。大部分人喝酒,也只能说出甜苦与否,谈论最多的口味也是甜味。但新型白酒只讲究甜味也不行,还必须协调酸味、香气及口味的柔和、圆润、丰满醇厚等。我们所喜欢的口味是能够掩盖过强的酸味和苦味的综合感觉。而盐,则可提升口感,有助于呈味。

另一个重要概念是不良味感的叠加作用。苦味和涩味可以加强酸感,使之变得更强。酸味开始可掩盖苦味,但在后味上会加强苦感。涩味则始终被酸味加强。咸只会突出过强的酸、苦和涩味。这一叠加作用还以另一种方式表现出来:在重复品尝过程中,只尝同一种酸或苦或既酸又苦的溶液的次数越多,这些味感出现就越快,表现也越强烈。

通过对基本味觉的深入研究,不难看出甜味对白酒的风味所起的巨大作用,甜味甚至在整个食品饮料风味的地位也举足轻重。因此,对于甜味对白酒风味的影响要作更深入的研究。

2. 甜味及甜味剂对白酒风味的影响

白酒的风味一般指白酒的香气和味感,决定白酒味感的四种基本味觉是酸、甜、苦、咸,有时也提涩、辣、鲜、碱、金属味、凉味等。在这些味觉中,甜味是容易被人接受的,并明显呈现于酒液中的一种味觉,也是最容易引起消费者关注的一种味觉。经过实验,证明甜味对于白酒的香气、味感及综合风格有极大的贡献。例如在100 mL相同总酸、总酯、总醛(相同微量成分)的酒液中,添加不同浓度的“绵爽王”液(或冰糖调味酒),其呈香呈味如下。

未添加:闻香欠协调自然,醇厚,略有苦味,刺舌感觉强烈,回味欠净爽。

添加0.001 g:闻香无改变,绵柔感有轻微体现,爽口度无变化,尾味略有改变,口味较协调,稍燥辣,回味欠净爽。

添加0.01 g:闻香稍有改变,绵柔感加强,爽口度好一些,尾味干净少许。

添加0.03 g:闻香幽雅细腻,绵甜柔顺,爽口极好,回甜舒适,尾味干净,刺辣感明显减轻甚至无感觉,口味极协调、纯正。

添加0.05 g:闻香稍有减弱,甜味露头,爽口丰满,回味中甜味突出,无其他邪杂味。

实验结果表明,每100 mL添加“绵爽王”0.03 g时,口味最佳。在白酒微量成分含量和比例一致时,甜味及甜味剂对白酒闻香与口感的贡献极大。

第11章 食品添加剂

知识目标

掌握食品添加剂的概念和分类，掌握几类主要食品添加剂的使用规范；了解《食品添加剂使用标准》(GB 2760—2014)的主要内容，了解22类食品添加剂的使用目的和要求。

素质目标

培养认真严谨、实事求是的作风，良好的职业道德，创新意识和创业精神。牢固树立以人为本的食品添加剂使用安全意识，严格执行食品添加剂的使用范围和使用量有关标准。

能力目标

能够根据食品类型，利用《食品添加剂使用标准》(GB 2760—2014)，确定可使用的食品添加剂及用量，并能选择正确的添加工艺。

11.1 概述

11.1.1 食品添加剂的定义

我国《食品添加剂使用标准》(GB 2760—2014)规定**食品添加剂**是“为改善食品品质和色、香、味，以及为防腐、保鲜和加工工艺的需要而加入食品中的人工合成或天然物质”。食品用香料、胶基糖果中基础剂物质、食品工业用加工助剂也包括在内。联合国粮农组织(FAO)和世界卫生组织(WHO)规定：“食品添加剂本身通常不作为食品，也不是食品的典型成分,它们是在食品制造、加工、调制、处理、装填、包装、运输或保藏过程中由于技术的目的,有意加入食品中,以改善食品的外观、风味、组织结构或储藏性质的非营养物质。”使用食品添加剂的目的是保持食品质量,增加食品营养价值,保持或改善食品的功能性质、感官性质和简化加工过程等。

11.1.2 食品添加剂的作用

食品添加剂有以下作用:

(1) 提高食品的保藏性能,延长保质期,防止微生物引起的腐败和由氧化引起的变质;

(2) 改善食品的色、香、味和食品的质构等感官性状和品质,如色素、香精、各种调味品、增稠剂和乳化剂等是开发各种风味方便食品所必不可少的;

(3) 改善和提高食品的品质、质量,促进食品生产企业不断开发新的、档次多样的食品品种,还能极大地提高食品的商品附加值、提高经济效益,如在果冻、软糖中使用高分子食品添加剂;

(4) 便于食品的生产、加工、包装、运输或者储藏,有利于食品加工操作,适应生产的机械化和连续化,如用葡萄糖酸内酯作为豆腐凝固剂,就可以大规模地生产安全、卫生的盒装豆腐;

(5) 保持或提高食品的营养价值,如营养强化剂以及近来开发的多种具有功能因子作用的食品添加剂,可以调整食品的营养构成,提高食品的质量,大大提高食品的营养价值;

(6) 满足某些病患者(如糖尿病)等的特殊需要。

11.1.3 食品添加剂的安全性

食品添加剂的使用存在着不安全的因素,有些食品添加剂不是传统食品的成分,对其生理生化作用还不了解,或还未作长期全面的毒理学实验等。

有些食品添加剂本身虽不具有毒害作用,但由产品不纯等其他因素也会引起毒害作用。这是因为合成的食品添加剂可能带有催化剂、副反应产物等工业污染物,而天然的也可能带有人们还不太了解的动、植物中的有毒成分或被有害微生物污染。例如,早期使用的从煤焦油中合成的数十种色素现在大多被发现具有致癌性而禁止使用。

要想知道一个新的食品添加剂是否安全,可以对其进行毒理学评价,我国卫生部公布了《食品安全性毒理学评价程序》,评价程序分为四个阶段。

第一阶段:急性毒性实验。急性毒性实验是指给予一次较大的剂量后,对动物体产生的作用情况。通过急性毒性实验可以考查受试物质在短时间内所呈现的毒性强度和性质,从而判断对动物的致死量(LD)或半数致死量(LD_{50})。半数致死量是通常用来粗略地衡量急性毒性高低的一个指标,是指能使一群实验动物中毒死亡一半所需的剂量,其单位是 mg/kg(体重)。对于食品添加剂来说,主要采用经口服的半数致死量来对受试物质的急性毒性进行粗略的分级。急性毒性分级如表 2-11-1 所示。

表 2-11-1 经口服 LD_{50}(大白鼠)与毒性分级

毒 性 级 别	LD_{50}/(mg/kg(体重))	毒 性 级 别	LD_{50}/(mg/kg(体重))
极剧毒	<1	低毒	501～5000
剧毒	1～50	相对无毒	5001～15000
中毒	51～500	实际无毒	>15000

投药(添加剂)剂量大于 500 mg/kg(体重),被试动物无死亡,可以认为该品急性毒性极低,即相对无毒。

第二阶段:蓄积毒性实验、致突变实验及代谢实验。慢性毒性反应的基础是蓄积作用,蓄积作用是指某些物质少量、多次进入体内,使本来不会引起毒害的小剂量通过积累也发生作用的现象。可通过测定蓄积率或半衰期等方法确定蓄积性。

第三阶段:亚慢性毒性实验。亚慢性毒性实验是在急性毒性实验基础上进一步检验受试物质(添加剂)的毒性对机体的重要器官或生理功能的影响,并估量发生影响的剂量,为慢性毒性实验做准备。亚慢性毒性实验包括繁殖、致畸实验,目的是观察实验动物以不同剂量水平较长期喂养对动物所产生的毒害作用,了解受试物对动物繁殖及对子代的致畸作用,为慢性实验和致癌实验提供依据。

第四阶段:慢性毒性实验(包括致癌实验)。慢性毒性实验是检查少量受试物质在长期使用的情况下所呈现的毒性,从而可确定受试物质的最大无作用量和中毒阈剂量。慢性毒性实验在毒理研究中占有十分重要的地位,对于确定受试物质能否作为食品添加剂使用具有决定性的作用。最大无作用量(MNL)又称最大无效量、最大耐受量或最大安全量,是指长期摄入该物质仍无任何中毒表现的每日最大摄入剂量,其单位是 mg/kg(体重)。

11.1.4 食品添加剂使用原则

使用食品添加剂应遵循以下原则。

(1) 不应对人体产生任何健康危害。食品添加剂本身应经过充分的毒理学鉴定,在使用限量范围内长期摄入后对食用者不引起慢性中毒。食品添加剂在进入人体后,最好能参与人体正常的物质代谢,或能被正常解毒后全部排出体外,或因不能被消化道吸收而能全部排出体外。

(2) 不应掩盖食品腐败变质。

(3) 不应掩盖食品本身或加工过程中的质量缺陷或以掺杂、掺假、伪造为目的而使用食品添加剂。

(4) 不应降低食品本身的营养价值。用于食品后,不能破坏食品的营养素,不能影响食品的质量及风味,不分解产生有毒物质。

(5) 在达到预期效果的前提下尽可能降低在食品中的使用量。食品添加剂在达到一定的工艺效果后,若能在以后的食品加工烹调过程中消失或破坏,避免摄入人体,则更为

安全。

此外使用食品添加剂于食品中，要能分析鉴定出来；生产、使用新的食品添加剂，应事先提出卫生学评价资料和实际使用的依据，经逐级审批后报国家卫生和计划生育委员会和国家标准局批准，按规定执行。

11.1.5 食品添加剂的使用标准

为了确保人民身体健康，防止食品中有害因素对人体的危害，我国政府对食品添加剂的生产、销售和使用都进行了严格的卫生管理，如颁布了《食品添加剂使用标准》(GB 2760—2014)。

《食品添加剂使用标准》中明确指出了允许使用的食品添加剂品种、使用的目的(用途)、使用的食品范围以及在食品中的最大使用量或残留量，有的还注明使用方法。标准是以食品添加剂使用情况的实际调查和毒理学评价为依据而制定出来的。对某一种或某一组食品添加剂来说，其制定标准的一般程序如下。

(1) 由动物毒理学实验确定最大无作用剂量(MNL)。

(2) 将动物毒理学实验所得数据用于人体，确定人体每日允许摄入量(ADI)，由于人体和动物存在差异，故应定出一个合理的系数，一般把动物的最大无作用剂量(MNL)除以 100(安全系数)，求得人体的每日允许摄入量(ADI)。

(3) 将每日允许摄入量(ADI)乘以平均体重即可求得每人每日允许摄入总量(A)。根据添加剂实际使用情况的调查，确定最大使用量和允许使用的食品范围，由此计算得出的添加剂总量必须小于由 ADI 得来的一个人的每日允许摄入总量，否则必须重新规定最大使用剂量或食品范围。

(4) 有了该物质的每日允许摄入总量(A)之后，又要根据人群的膳食调查，搞清膳食中含有该物质的各种食品的每日摄入量(C)，就可以分别计算出其中每种食品有该物质的最高允许量(D)。

(5) 根据上述食品中的最高允许量(D)，制定出某种添加剂在每种食品中的最大使用量(E)。在某些情况下，两者可以相吻合，但为了人体安全起见，原则上希望食品中的最大使用量标准略低于最高允许量，具体要按照其毒性、使用等实际情况确定。

对食品添加剂的安全性应该有一个全面、正确的认识，对目前允许使用的食品添加剂虽不能做到绝对安全，但毕竟是经过严格的毒理学实验的，只要依法严格执行《食品添加剂使用标准》，安全还是可以得到保证的。

11.2 各类食品添加剂

食品添加剂按其来源可分为两类：一是从动、植物或微生物中提取的天然食品添加剂,二是采用化学手段,利用氧化、还原、缩合、聚合等反应所得的化学合成添加剂。

每种添加剂在食品中常常具有一种或多种功能。GB2760—2014 附录 D 列出了 22 类食品添加剂常用的功能,见表 2-11-2。

表 2-11-2 食品添加剂的类别与功能

序号	类 别	基本功能
1	酸度调节剂	用以维持或改变食品酸碱度的物质。
2	抗结剂	用于防止颗粒或粉状食品聚集结块,保持其松散或自由流动的物质。
3	消泡剂	在食品加工过程中降低表面张力,消除泡沫的物质。
4	抗氧化剂	能防止或延缓油脂或食品成分氧化分解、变质,提高食品稳定性的物质。
5	漂白剂	能够破坏、抑制食品的发色因素,使其褪色或使食品免于褐变的物质。
6	膨松剂	在食品加工过程中加入的,能使产品发起形成致密多孔组织,从而使制品膨松、柔软或酥脆的物质。
7	胶基糖果中基础剂	赋予胶基糖果起泡、增塑、耐咀嚼等作用的物质。
8	着色剂	赋予食品色泽和改善食品色泽的物质。
9	护色剂	能与肉及肉制品中呈色物质作用,使之在食品加工、保藏等过程中不致分解、破坏,呈现良好色泽的物质。
10	乳化剂	能改善乳化体中各种构成相之间的表面张力,形成均匀分散体或乳化体的物质。
11	酶制剂	由动物或植物的可食或非可食部分直接提取,或由传统或通过基因修饰的微生物(包括但不限于细菌、放线菌、真菌菌种)发酵、提取制得,用于食品加工,具有特殊催化功能的生物制品。
12	增味剂	补充或增强食品原有风味的物质。
13	面粉处理剂	促进面粉的熟化和提高制品质量的物质。
14	被膜剂	涂抹于食品外表,起保质、保鲜、上光、防止水分蒸发等作用的物质。
15	水分保持剂	有助于保持食品中水分而加入的物质。
16	防腐剂	防止食品腐败变质、延长食品储存期的物质。
17	稳定剂和凝固剂	使食品结构稳定或使食品组织结构不变,增强黏性固形物的物质。
18	甜味剂	赋予食品甜味的物质。
19	增稠剂	可以提高食品的黏稠度或形成凝胶,从而改变食品的物理性状、赋予食品黏润、适宜的口感,并兼有乳化、稳定或使呈悬浮状态作用的物质。
20	食品用香料	能够用于调配食品香精,并使食品增香的物质。
21	食品工业用加工助剂	有助于食品加工能顺利进行的各种物质,与食品本身无关。如助滤、澄清、吸附、脱模、脱色、脱皮、提取溶剂等。
22	其他	上述功能类别中不能涵盖的其他功能

11.2.1 防腐剂

防腐剂是用于防止食品在储存、流通过程中主要由微生物繁殖引起的变质，提高保存期，延长食用价值而在食品中使用的添加剂。防腐剂是具有杀死微生物或抑制其增殖作用的物质。若按其抗微生物的主要作用性质，可分为杀菌剂和狭义的防腐剂(或称保藏剂)。具有杀菌作用的物质称为杀菌剂，具有防腐作用的物质称为防腐剂，但这两类很难有明确的界线。

造成食品变质的原因很多，有物理因素、化学因素及生物因素等多方面因素。由于食品营养丰富，很适于微生物生长、繁殖，所以细菌、霉菌和酵母等微生物的侵袭最易导致食品变质。

1. 微生物引起的食品变质

(1) 食品腐败。食品腐败是指食品受微生物污染，在适当的条件下，微生物的迅速繁殖导致食品外观和内在发生劣变而失去食用价值的现象。食品发生腐败后，在感观上丧失食品原有的色泽，产生各种颜色，发出腐臭气味，呈现不良滋味。例如，糖类食品呈酸味，蛋白质食品产生苦涩味，食品组织软化、长出白毛、产生黏液等。这是因为微生物代谢产生的酶对食品中的蛋白质、肽、胨等含氮有机物进行分解，产生酚、吲哚、腐肉胺、腐尸胺、粪臭素、硫化氢、硫醇等有毒的低分子化合物，并散发出恶臭气味。

(2) 食品霉变。食品霉变是指霉菌在代谢过程中分泌大量糖酶，使食品中的糖类分解而导致的食品变质。食品霉变后，外观颜色改变，营养成分破坏，产生的毒素对人体健康有严重影响，如黄曲霉素可导致癌症。

(3) 食品发酵。食品发酵是微生物代谢产生的氧化还原酶使食品中所含的糖发生不完全氧化而引起的变质现象。食品中常见的发酵有乙醇发酵、乙酸发酵和乳酸发酵等。

2. 我国允许使用的主要防腐剂

(1) 苯甲酸及其钠盐。苯甲酸钠为白色晶体，易溶于水和酒精中。在酸性环境中，苯甲酸对多种微生物有明显的抑制作用，但对产酸菌作用较弱，在 pH 值为 5.5 以上时，对很多霉菌及酵母的效果也较差。苯甲酸抑菌作用的最适 pH 值为 2.5～4.0；鉴于苯甲酸在水中的溶解度较小，实际使用时以 pH 值 4.5～5.0 为宜，此时它对一般微生物均完全抑制的最低用量为 0.02～0.10 g/kg。

(2) 山梨酸及其钾盐。山梨酸又名花楸酸，是近来各国普遍使用的一种较安全的防腐剂，结构为 $CH_3—CH═CH—CH═CH—COOH$。山梨酸为无色、无臭的针状晶体；山梨酸难溶于水，而易溶于酒精，多用其钾盐。它们虽非强力的抑菌剂，但有较广的抗菌谱，对霉菌、酵母、需氧菌都有作用，但对厌氧芽孢杆菌与嗜酸乳杆菌几乎无效。作为酸性防腐剂，在 pH 值低的时候，以未解离的分子态存在的数量多，抑菌作用也强。

山梨酸是一种不饱和脂肪酸，在人体内可直接参与体内代谢，最后被氧化为二氧化碳和水，因而几乎没有毒性。在不同食品中允许使用量(以山梨计)：0.075～0.1 g/kg。

(3) 对羟基苯甲酸酯类。又叫尼泊金酯类，我国允许使用的是尼泊金乙酯(羟苯乙酯)和丙酯。对羟基苯甲酸酯为无色晶体或白色结晶粉末，稍有涩味。难溶于水，可溶于氢氧化钠溶液及乙醇、乙醚、丙酮、冰乙酸、丙二醇等溶剂。对羟基苯甲酸酯类对霉菌、酵母和细菌有广泛的抗菌作用。对霉菌、酵母的作用较强，但对细菌特别是对革兰氏阴性杆菌及乳酸菌的作用较差。其抑菌作用不像苯甲酸类和山梨酸类那样受 pH 值的影响。

对羟基苯甲酸酯类的作用在于抑制微生物细胞的呼吸酶系与电子传递酶系的活性，以及破坏微生物的细胞膜结构，此类化合物被摄入体内后，代谢途径与苯甲酸相同，因而毒性很低。在不同食品中允许使用量(以对羟基苯甲酸计)：0.12～0.5 g/kg。

(4) 丙酸及其钠盐。丙酸的抑菌作用较弱，但对霉菌、需氧芽孢杆菌及革兰氏阴性杆菌有效，特别对能引起食品发黏的菌类(如枯草杆菌)抑菌效果好。最小抑菌浓度在 pH 值为 5.0 时为 0.01%，pH 值为 6.5 时为 0.5%。

丙酸可以认为是食品的正常部分，也是人体代谢的正常中间产物，故基本无毒，国外多用于面包及糕点的防霉。在不同食品中允许使用量(以丙酸计)：2.5～50 g/kg。

3. 影响防腐剂防腐效果的因素

(1) pH 值。苯甲酸及其盐类，山梨酸及其盐类均属于酸性防腐剂。食品 pH 值对酸性防腐剂的防腐效果有很大的影响，pH 值越低防腐效果越好。一般来说，苯甲酸及苯甲酸钠适用于 pH 值 5 以下，山梨酸及山梨酸钾在 pH 值 6 以下，对羟基苯甲酸酯类使用范围为 pH 值 4～8。

大多数目前有效且广泛使用的防腐剂是一些弱亲脂性的有机酸，如山梨酸、苯甲酸、丙酸，无机酸如亚硫酸。并且这些防腐剂在低 pH 值下比在高 pH 值条件下更为有效。其中，只有尼泊金酯在 pH 值接近 7 时仍具有有效的抑菌作用。这是因为亲脂性弱酸较易穿透细胞膜到达微生物细胞内部而改变其内部的 pH 值，而微生物对内部 pH 值的变化更敏感。

(2) 溶解与分散。防腐剂必须在食品中均匀分散，如果分散不均匀就达不到较好的防腐效果。

(3) 热处理。一般情况下，加热可增强防腐剂的防腐效果，在加热杀菌时加入防腐剂，杀菌时间可以缩短。例如在 56 ℃时，使酵母营养细胞数减少到 1/10 需要 180 min；若加入对羟基苯甲酸丁酯 0.01%，则缩短为 48 min；若加入 0.5%，则只需要 4 min。

(4) 并用。各种防腐剂都有各自的作用范围，在某些情况下两种以上的防腐剂并用，往往具有协同作用，比单独作用更为在效。例如，有的果汁中并用苯甲酸钠与山梨酸，可达到扩大抑菌范围的效果。

(5) 原料染菌数量。食品原料中含菌数越少，所加防腐剂的防腐效果越好。因此，食品加工原料应尽量保持新鲜、干净，所用设备应彻底消毒，尽量减少原料被污染的机会。

11.2.2 抗氧化剂

抗氧化剂是能阻止或延迟食品氧化，以提高食品质量的稳定性和延长储存期的物质。

食品的劣变除微生物外，食品在储藏期间所发生的氧化作用也是一个重要因素。特别对于含油较多的食品来说,氧化是导致食品质量变劣的主要因素之一。氧化作用在含油脂多的食品中尤为严重,通常称为油脂的"酸败"。油脂氧化可影响食品的风味和引起褐变,可破坏维生素和蛋白质的营养价值,甚至能产生有毒有害物质。因此,防止氧化已成为食品工业中的一个重要问题。

抗氧化剂按来源可分为天然抗氧化剂和人工合成抗氧化剂,按溶解性可分为油溶性抗氧化剂和水溶性抗氧化剂。油溶性抗氧化剂能溶于油脂中,主要用来抗脂肪氧化;水溶性抗氧化剂可以溶解于水相,主要用于食品的防氧化变色变味。

抗氧化剂能防止油脂氧化酸败的机理有两种:第一,通过抗氧化剂的还原反应,降低食品内部及周围的氧气含量;第二,由于抗氧化剂能提供氢,与脂肪酸自动氧化反应产生的过氧化物结合,中断链式反应,从而阻止氧化反应继续进行。使用抗氧化剂时,必须注意在油脂被氧化以前使用才能充分发挥作用。

1. 常用的油溶性抗氧化剂

(1) 丁基羟基茴香醚。又称叔丁基-4-羟基茴香醚,简称 BHA。BHA 为白色或微黄色蜡样粉末,稍有异味,它通常是 3-BHA 和 2-BHA 两种异构体的混合物。BHA 可用于油炸食品、干鱼制品、饼干、速煮面、干制食品和罐头等。在不同食品中允许使用量(以油脂中的含量计)0.2～0.4 g/kg。

(2) 二丁基羟基甲苯。又称 2,6-二叔丁基对甲苯酚,简称 BHT。BHT 为白色晶体或粉状结晶,无味、无臭,不溶于水,可溶于乙醇和油脂,对热稳定,与金属离子反应不会着色。具有升华性,加热时能与水蒸气一起蒸发。BHT 抗氧化作用较强,用于长期保存的食品与焙烤食品效果较好。在不同食品中允许使用量(以油脂中的含量计)0.2～0.4 g/kg。

(3) 没食子酸丙酯。简称 PG。PG 为白色至淡黄褐色结晶性粉末,无臭,稍有苦味,难溶于冷水,溶于热水,其水溶液无味。易溶于乙醇、丙酮、乙醚,在氯仿、脂肪中溶解度低,对热比较稳定。在不同食品中允许使用量(以油脂中的含量计)0.2～0.4 g/kg。

PG 对猪油抗氧化作用比 BHA 和 BHT 强,PG 加入增效剂柠檬酸后可使其抗氧化作用更强,但又不如 PG 与 BHT 混合使用时抗氧化作用强。

(4) 生育酚。又称维生素 E,是一类同系物的总称。生育酚为黄褐色、无臭的透明黏稠液体,相对密度为 0.932～0.955,溶于乙醇,不溶于水。可与油脂按任意比例混合。许多植物油的抗氧化能力强,主要原因是含有生育酚。

生育酚混合浓缩物目前价格还较高,主要供药用,也作为油溶性维生素的稳定剂。生育酚很适于作婴儿食品、疗效食品及乳制品等食品的抗氧化剂或营养强化剂使用。

2. 常用的水溶性抗氧化剂

(1) 抗坏血酸及其钠盐。抗坏血酸的熔点在 166～218 ℃,为白色或黄白色、粉末状结晶,无臭,易溶于水,溶于乙醇,但不溶于苯、乙醚等溶剂。用其作抗氧化剂,应在添加后尽快与空气隔绝,否则,在空气中长时间放置会因氧化而失效,因此,该品不能预先配制溶液放置,只能使用前将其溶解并立即加入制品中。

(2) 植酸。植酸大量存在于米糠、麸皮及很多植物种子皮层中,在植物中与镁、钙或钾构成盐类。植酸为淡黄色或淡褐色的黏稠液体,易溶于水、乙醇和丙酮。几乎不溶于无水乙醚、苯、氯仿。对热比较稳定。植酸有较强的金属螯合作用，除具有抗氧化作用外，还有调节 pH 值、缓冲作用和除去金属离子的作用。

11.2.3 着色剂

为了改善食品的感官性质，增进人们食欲，常需对食品进行着色。这些用于食品着色的物质叫做**食用色素**。食用色素可以分为天然食用色素和合成食用色素。天然色素虽然来源丰富，品种众多，安全性比较好，但除少数色素外，一般稳定性差，色泽不艳，纯度不高(色价较低)，目前成本远高于合成色素；人工合成色素一般较天然色素色彩鲜艳，性质稳定，着色力强，并可任意调色，使用方便，成本低廉。但化学合成色素不是食品的成分，在合成中还可能有副产物等污染，特别是发现早期使用的一些合成色素具有致癌性，所以世界各国对合成食用色素都严格地控制。目前允许使用的有 8 种：苋菜红、胭脂红、柠檬黄、日落黄、靛蓝、亮蓝、新红、赤藓红。虽然这些合成色素都经过严格的毒理学实验，但是人们对其安全性仍很关注。

1. 着色剂的使用

(1) 色调的选择与调配。色调的选择一般应该选择与食品原来色彩相似的或与食品的名称相一致的色调。色调是一个表面呈现近似红、黄、绿、蓝色的一种或两种色的目视感知属性，色调是仅对于彩色而言。食品大多具有丰富的色彩，而且其色调与食品内在品质和外在美学特性具有密切的关系。因此，在食品生产中，特定的食品采用什么样的色调是至关重要的。食品的色调选择依据是心理或习惯上对食品颜色的要求，以及色与风味、营养的关系。要注意选择与食品应有的色调或根据拼色原理调制出相应的特征颜色，如草莓色(苋菜红 73%，日落黄 27%)，西红柿色(脂胭红 93%，日落黄 7%)，鸡蛋色(苋菜红 2%，柠檬黄 93%，日落黄 5%)。红葡萄酒应选择紫红，薄荷糖多用绿色，橘子糖多用橙红色，巧克力糖多用棕色等。

理论上用红、黄、蓝按不同的浓度和比例可以调配出除白色以外的任何颜色。其简易的调色原理如下。

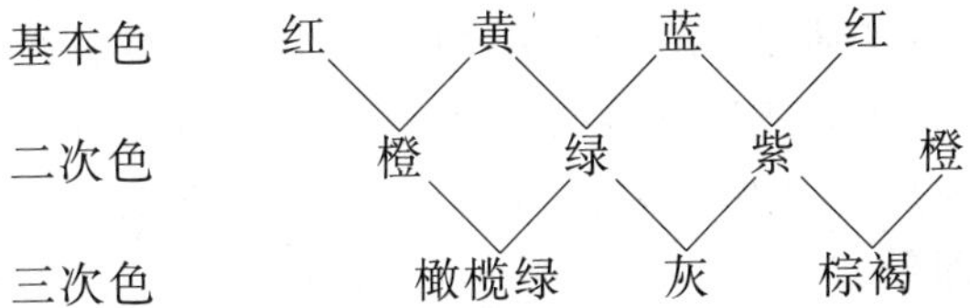

各种着色剂溶解于不同的溶剂中可产生不同的色调和强度，尤其是在使用两种或数种着色剂拼色时，混合后的颜色更加复杂。例如，某一定比例的红、黄、蓝三色的混合液，在水溶液中较黄，而在 50%酒精溶液中则较红。此外，食品在着色时是潮湿的，当水分蒸发逐渐干燥时，色素也会较集中于表面，产生浓缩影响，特别是色素与食品的亲和力低时更为明显。拼色时还应注意各种色素的稳定性不同，导致拼色时可能发生的变化，例如靛蓝褪色较快，柠檬黄则不易褪色，由其合成的绿色会逐渐转变为黄绿色。

(2) 着色剂的使用特性。在食品加工中要正确运用着色剂的染色作用，还必须了解色素的各种特性。这些特性包括溶解性、染着性、耐热性、耐酸碱性以及抗氧化等特性。

2. 合成着色剂

根据我国《食品添加剂使用标准》规定，我国允许使用的合成食用色素有苋菜红、胭脂红、柠檬黄、靛蓝、日落黄、亮蓝、赤藓红、新红，以及合成的β-胡萝卜素和叶绿素铜钠等。各种着色剂的使用范围和标准应严格按《食品添加剂使用标准》执行。如苋菜红及其铝色淀在不同食品中有不同的允许用量：可可制品、巧克力和巧克力制品(包括代可可脂巧克力及制品)以及糖果、蜜饯凉果、糕点上彩装、焙烤食品馅料及表面用挂浆(仅限饼干夹心)、果蔬汁(浆)类饮料、碳酸饮料、风味饮料(仅限果味饮料)、果冻等为 0.05 g/kg(以苋菜红计)；果酱、水果调味糖浆则为 0.3 g/kg(以苋菜红计)。

11.2.4 增稠剂

1. 概述

增稠剂就是一类能提高食品黏稠度或形成凝胶的食品添加剂。在食品加工中能起到提高稠性、黏度、黏着力、凝胶形成能力、硬度、脆性、紧密度以及稳定乳化等作用，使食品获得所需各种形状和硬、软、脆、黏、稠等各种口感。一般属于亲水性高分子化合物。食品中用的增稠剂大多属多糖类，少数为蛋白质类。可以把增稠剂分为天然的和合成的，而合成的主要是一些化学衍生胶。天然的又可按来源不同分为植物种子胶、植物分泌胶、海藻胶、微生物胶等。

每种增稠剂并不只有增加黏度的作用，当添加量、作用环境、复配组合、加工工艺等因素发生变化时，它们还起到胶凝剂、乳化剂、成膜剂、持水剂，黏着剂、悬浮剂、上光剂、晶体阻碍剂、泡沫稳定剂、润滑剂、驻香剂、崩解剂、填充剂、组织改进剂、结构改进剂等作用。

目前比较常用的增稠剂有羧甲基纤维素钠、瓜尔豆胶、明胶、琼脂、果胶、海藻酸钠、黄原胶、卡拉胶、阿拉伯胶、淀粉和变性淀粉等。允许使用的增稠剂品种虽然不多，但选择适当的品种，利用不同性能胶的适当混合，基本上可以满足食品上对增稠剂的各种需要。

2. 天然增稠剂

(1) 明胶。明胶为动物的皮、骨、软骨、韧带、肌膜等含有胶原蛋白的组织，经部分水解后得到的高分子多肽的高聚物。相对分子质量 10 000～70 000，有碱法和酶法两种制法。明胶为白色或淡黄色、半透明、微带光泽的薄片或粉粒，有特殊的臭味，类似肉汁；潮解后易为细菌分解。明胶不溶于冷水，但加水后则缓慢地吸水膨胀软化，可吸收 5～10 倍质量的水。在热水中溶解，溶液冷却后即凝结成胶块。明胶不溶于乙醇、乙醚、氯仿等有机溶剂，但溶于乙酸、甘油。与琼脂相比，明胶的凝固力较弱，5%以下不能凝成胶冻，一般需 15%左右。溶解温度与凝固温度相差不大，30 ℃以下呈凝胶而 40 ℃以上呈溶胶。相对分子质量越大，分子越长，杂质越少，凝胶强度越高，溶胶黏度也越高。

明胶在糖果、冷饮、罐头中可作为增稠剂“按正常生产需要”使用。明胶在冰淇淋混合原料中的用量一般在 0.5%左右，如用量过多可使冻结搅打时间延长。如果从 27～38 ℃不加搅拌地缓慢地冷却至 4 ℃进行老化，能使原料具有最大的黏度。在软糖中，一般用量为 1.5%～3.5%，个别的可高达 12%。某些罐头中用明胶作为黏稠剂，用量为 1.7%。火腿罐头中应用明胶可形成透明度良好的光滑表面，每 454 g 添加明胶 8～10 g。

(2) 琼脂。琼脂又称为琼胶、洋菜，是石菜花科和江篱科等红藻的细胞壁成分之一，其基本化学组成是以半乳糖为骨架的多糖，主要成分为琼脂糖和琼脂胶两类。琼脂为无色透明或淡黄色半透明薄片或黄色粉末，无臭，味淡，口感黏滑，不溶于冷水，但可分散于沸水并吸 20 倍的水而膨胀，在搅拌下加热到 100 ℃可配成浓度为 5%的溶液。凝胶温度为 32～39 ℃，融化温度为 80～97 ℃。在凝胶状态下不降解、不水解，耐高温。

(3) 海藻酸钠。又称褐藻酸钠、藻朊酸钠、褐藻胶，是一种线性分子的酸性多糖，由 α-L-古洛糖醛酸和 β-D-甘露糖醛酸以 1,4 糖苷键相连构成。洗净的海带用碳酸钠溶液溶解，用水稀释过滤，加无机酸使海藻酸析出。离心分离后，在甲醇中脱水，漂白，用碳酸钠或小苏打中和，压榨脱去甲醇，干燥后粉碎制得海藻酸钠。海藻酸钠为白色或淡黄色粉末，几乎无臭，溶于水，有吸湿性，黏度在 pH 值 5～10 时稳定，pH 值小于 4.5 时黏度明显增加，pH 值小于 3 时沉淀析出。单价离子可降低黏度，8%以上的氯化钠会因盐析导致失去黏性。多价离子可形成热不可逆凝胶，有耐冻性，干燥后可吸水膨胀复原。钙或胶的浓度越大，凝胶强度越大。胶凝形成速度可以通过 pH 值、钙浓度（最小 1%，最大 7.2%）、螯合剂而有效地控制。可以和蛋白质、淀粉、明胶等共聚而改善性质。海藻酸铵和镁不能形成凝胶而只能呈膏状物。

海藻酸钠能形成纤维状的薄膜，甘油和山梨醇可增强其可塑性，这种膜对油腻物质、植物油、脂肪及许多有机溶剂具有不渗透性，但能使水汽透过，是一种潜在的食品包装材料。

海藻酸钠具有使胆固醇向体外排出的作用，具有抑制重金属在体内的吸收作用，具有降血糖等生理作用，不为人体所吸收，具有膳食纤维作用。

海藻酸钠与牛乳中的钙离子作用生成海藻酸钙，而形成均一的胶冻，这是其他稳定剂所没有的特点。海藻酸钙可以很好地保持冰淇淋的形态，特别是长期保存的冰淇淋，对防止容积收缩和组织砂状化最为有效。本品也可作果酱类罐头的增稠剂。

海藻酸钠有不同的标号，作增稠剂采用中高黏度的胶，若作为分散稳定剂、胶凝剂，一般采用低黏度胶，溶解胶时用 50～60 ℃温水为宜，80 ℃以上易降解，可用胶体磨搅拌，若用手工溶解，应将海藻胶撒入水中，当完全湿透时再继续搅拌至全溶或和原料（面粉、白糖等）混合后再加水溶解，若配料中有油，则可先用油分散，乳化，再投入水中。

(4) 果胶。为白色到淡黄褐色的粉末，稍有特异臭。溶于 20 倍的水成黏稠状液体。不溶于乙醇及其他有机溶剂，用乙醇或甘油、蔗糖糖浆润湿，与三倍或三倍以上的砂糖混合，则更易溶于水。对酸性溶液较对碱性溶液稳定。

果胶可用于果酱，使用量为 2 g/kg 以下。果冻使用量不多于 35 g/kg。可用于巧克力、糖果等食品，也可用作冷饮食品冰淇淋、雪糕等的稳定剂，还可用于防止糕点硬化和提高干酪的品质。

3. 化学合成增稠剂

(1) 羧甲基纤维素钠。简称 CMC，是由纤维素经碱化后通过醚化接上羧甲基而制成。CMC 为白色粉末，易分散于水，有吸湿性，20 ℃以下黏度显著上升，80 ℃以上加热，黏度下降，25 ℃一周黏度不变。干 CMC 稳定，溶液状态可被生物分解。属酸性多糖，pH 值在 5～10 以外时黏度显著降低。一般在 pH 值 5～10 范围内的食品中应用。面条、速

食米粉中使用量为0.1%～0.2%、冰淇淋中为0.1%～0.5%，还可在果奶等蛋白饮料、粉状食品、酱、面包、肉制品等中应用，价格比较便宜。

(2) 羧甲基淀粉(钠)。也称为淀粉乙醇酸钠，简称CMS。CMS是一种阴离子淀粉醚，为溶于冷水的聚电解质。CMS为淀粉状白色粉末，无臭、无味，在常温下溶于水，形成透明的黏稠胶体溶液，其吸水性较强，吸水后体积可膨胀200～300倍；较一般淀粉难水解；不溶于乙醇等有机溶剂。水溶液呈酸性，适合于在碱性条件下使用。

CMS在固体饮料中可作悬浮剂，冲溶后无上浮物、不分层、无沉淀；在饮料中也有悬浮稳定的效果；在方便面生产中，可使面条口感润滑，容易分开，并缩短复水时间。

4. 增稠剂使用注意事项

使用增稠剂时应注意以下几点。

(1) 不同来源、不同批号产品性能不同。工业产品常是混合物，其中纯度、分子大小、取代度的高低等都将影响胶的性质，如耐酸性，能否形成凝胶等。

(2) 使用中注意浓度和温度对其黏度的影响。一般随胶的浓度的增加而黏度增加，随温度的下降而黏度增加。

(3) 注意pH值的影响。有些酸性多糖，在pH值下降时黏度有所增加，有时发生沉淀或形成凝胶。很多增稠剂在酸性下加热，大分子会水解而失去凝胶和增稠稳定作用。

(4) 胶凝速度对凝胶类产品质量的影响。一般缓慢的胶凝过程可使凝胶表面光滑，持水量高，所以常常通过控制pH值或多价离子的浓度来控制胶凝的速度，以得到期望性能的产品。

许多增稠稳定剂也是很好的被膜剂，可以制作食用膜涂层。例如褐藻酸钠，将食品浸入其溶液中或将溶液喷涂于食品表面，再用钙盐处理，即可形成一层膜，不仅能作水分的隔绝层，还可防食品的氧化。果胶也是一样，其食用膜上可涂一层脂肪，以防止蒸汽迁移。鹿角藻胶用于食品表面可以防止水分损失。85%的高直淀粉可以形成透明膜。在高或低的相对湿度下，都具有极低的氧气渗透度。

总之，增稠稳定剂在食品中有许多用途，在整个食品添加剂中占有重要的地位。

11.2.5 乳化剂

1. 乳化剂的作用

乳化剂是一类具有亲水性和疏水性的表面活性剂，是能够促进或稳定乳状液的食品添加剂。它只要添加少量，即可降低油水两相界面张力，使之形成均匀、稳定的分散系。食品乳化剂是一类多功能的高效食品添加剂，具有典型的表面活性作用，如乳化、破乳、助溶、增溶、悬浮、分散、湿润和起泡等，以及在食品中的特殊功能，如消泡、抑泡、增稠、润滑、保护作用以及与类脂、蛋白质、碳水化合物等相互作用。这些作用是乳化剂作为食品添加剂广泛应用的基础。使用这类食品添加剂，不仅能提高食品品质，延长食品的储藏期，改善食品的感观性状，而且可以防止食品的变质，便于食品的加工和保鲜，有助于新型食品的开发，因此，乳化剂已成为现代食品工业中不可缺少的食品添加剂。

两种不混溶的液相，一相以微滴状分散在另一相中形成的两相体系称为乳状液。乳状液的类型可以分为水包油型(O/W)和油包水型(W/O),在一定条件下这两种类型可以发生相的转变。相的体积、乳化剂的类型、乳化的器材、温度等是影响相转化的因素。

乳化剂的结构特点是两亲性。分子中有亲油的部分,也有亲水的部分。食品乳化剂可以分为天然的和化学合成的两类。按其在食品中应用目的或功能来分,又可以分为多种类型,如破乳剂、起泡剂、消泡剂、润湿剂、增溶剂等。还可根据所带电荷性质分为阳离子型乳化剂、阴离子型乳化剂、两性离子型乳化剂和非离子型乳化剂。

乳化剂的一个重要性质是其亲水亲油性。通常用HLB(亲水亲油平衡)值表示乳化剂亲水或亲油能力大小的值。将非离子乳化剂的HLB值的范围定为0～20,将疏水性最大的完全由饱和烷烃基组成的石蜡的HLB值定为0,将亲水性最大的完全由亲水性的氧乙烯基组成的聚氧乙烯的HLB值定为20,其他乳化剂的HLB值则在0～20范围内。随着新型乳化剂的不断问世,已有亲水性更强的品种应用于实际,如月桂醇硫酸钠的HLB值为40。HLB值在实际应用中有重要参考价值,亲油性乳化剂的HLB值较低,亲水性乳化剂的HLB值较高。亲水亲油转折点HLB值为10。HLB值小于10为亲油性,大于10为亲水性。

HLB值只能确定乳状液类型,一般并不能说明乳化能力的大小和效率的高低。乳化剂用量增加,能效增大,但达到一定浓度后,其能效不再增加。一般认为,HLB值具加和性,两种以上乳化剂混合使用时,混合乳剂的HLB值可按其组成的质量分数加以计算。但这不适合离子型乳化剂。

$$\mathrm{HLB}_{a、b}=\mathrm{HLB}_a\times w_a+\mathrm{HLB}_b\times w_b$$

乳化剂对乳状液类型有影响。一般易溶于水的,即HLB值大的易形成O/W型;反之,易形成W/O型。经验表明,钠、钾等一价离子的脂肪酸盐易形成O/W型,而二价离子易形成W/O型。

有些乳化剂可用来破乳,称之为破乳剂是因为它们能将原有的乳化剂从界面上顶替出来,而加入的表面活性剂不能形成牢固的界面保护膜,因而使乳状液不稳定而破乳。类似地,有些乳化剂可以消泡而作为消泡剂使用。

常将几种乳化剂混合起来使用。按拜德(Boyd)的观点,低和高HLB值的乳化剂混合使用,可以形成特别稳定的界面膜,从而很好地防止聚结,增加乳状液的稳定性。

一般把能增强水或水溶液取代固体表面空气的能力的物质称为润湿剂。有些乳化剂具有很好的润湿作用,可在速溶粉末状冲调食品中应用。HLB值和用途见表2-11-3。

表2-11-3　HLB值和用途

HLB值	适　用　性
1.5～3	消泡剂
3.5～6	W/O型乳化剂
7～9	润湿剂
8～18	O/W型乳化剂
13～15	洗涤剂(渗透剂)
15～18	溶化剂

食品乳化剂在食品中具有多种用途和功能,其作用机理可归纳如下两个方面。一是具有表面活性,它们在两相界面上定向排列,形成表面(界面)膜,可以减小表面张力,用于乳化、破乳、消泡、润湿等。另一方面是乳化剂可以和食品中的脂、蛋白质、淀粉进行特殊的相互作用:焙烤食品中可用来改进和提高食品的质量,如增大面包的体积、防止淀粉的老化;控制脂肪的结晶晶型、改进巧克力的结晶形态等。

2. 常用乳化剂简介

(1) 甘油单脂肪酸酯。又叫单甘酯、甘油一酸酯、脂肪酸单甘油酯、一酸甘油酯等。单甘酯 HLB 值约 3.8,属于 W/O 型乳化剂,但也可与其他乳化剂混合用于 O/W 型乳状液中,单甘酯不溶于水,在振荡下可分散于热水中,可溶于乙醇和热脂肪油中,在油中达 20%以上时出现混浊。其酯键在酸、碱、酶催化下可以水解,和脂肪酸盐共存时,单酯率降低,这是因为发生了酰基转移反应。单甘酯的主要作用是乳化、分散、稳定、起泡、消泡、抗淀粉老化。

(2) 聚甘油脂肪酸酯。具有较宽的 HLB 值范围,为 3～13,其硬脂酸酯为固体,油酸酯为液体。具有很好的热稳定性和很好的充气性、助溶性,可用于冰淇淋、人造奶油、糖果、冷冻甜食、焙烤食品。

(3) 二乙酰酒石酸甘油单(二酸)酯。可与油脂互相混溶,可分散于水中,与谷蛋白发生强烈的相互作用,可以改进发酵面团的持气性能,增大烘烤食品的体积及弹性。亲油性物质转溶于胶束中形成假溶液,具有助溶、增溶作用。

(4) 蔗糖脂肪酸酯。蔗糖酯为白色至微黄色粉末,溶于乙醇,微溶于水,热不稳定,如脂肪酸游离,蔗糖焦糖化。酸、碱、酶均可引起水解,但 20 ℃水解作用不大。可在水中形成介晶相,具有增溶作用。具有优良充气作用,与面粉有特殊作用,可以防淀粉老化,可降低巧克力物料黏度。可应用于多种食品,用于乳化香精要选用 HLB 值高的,面包中要用 HLB 值大于 11 的,奶糖中用 HLB 值 5～9 的,冰淇淋中则要高、低 HLB 值的产品混合使用,并与单甘酯按 1∶1 合用。

(5) 聚氧乙烯山梨醇酐脂肪酸酯类。俗称吐温(Tween)。HLB 值为 16～18,亲水性强,为 O/W 型乳化剂,乳化力强,乳化性能不受 pH 值影响。用量过大时口感发苦,可用加多元醇和香精料等加以改善。型号有 Tween 20、Tween 40、Tween 60、Tween 65、Tween 80。

(6) 山梨糖醇酐脂肪酸酯(Spans)。又叫失水山梨醇脂肪酸酯,因失水位置不同而产生多种异构体,结合不同的脂肪酸形成多种不同系列产品。例如 Span 20 为山梨糖醇酐单月桂酸酯,Span 40 为单棕榈酸酯,Span 60 为单硬脂酸酯,Span 65 为三硬脂酸酯,Span 80 为单油酸酯。

该系列产品为琥珀色黏稠油状液体或蜡状固体,有特异臭,不溶于水,但可分散在温水中,呈乳浊液,溶于大多数有机溶剂,一般在油中可溶解或分散。具有较好的热稳定性和水解稳定性,乳化力较强,但风味差,一般与其他乳化剂合并使用。亲脂性强,常用作 W/O 型乳化剂、脂溶性差的化合物的增溶剂、脂不溶性化合物的润湿剂。也可单独作 W/O 型乳化剂使用,用量一般为 1%～1.5%;若与吐温类配合使用,改变两者的比例,可得 O/W 或 W/O 型的乳化剂。具有充气和稳定油脂晶体作用。Span 60 特别适应于与

Tween 80 配合使用。用作增溶剂时，用量一般为 1%～10%；用作润湿剂时，用量为 0.1%～3%。

11.2.6 其他食品添加剂

1. 甜味剂

甜味剂有甘草、甘草酸二钠等天然甜味剂以及糖精钠等人工合成甜味剂。此外，蔗糖、葡萄糖、果糖等糖类也是天然甜味剂，但均视为食品原料，一般不作为食品添加剂加以控制。

(1) 甘草和甘草提出物。甘草为淡黄色碎末，大小随制法而异，有微弱的特异香味，具有甜味，并带有苦味。甘草提出物的性状因制法而异，甘草水为淡黄色溶液，浓缩物通常为黑褐色黏稠液体，有特有的甜味及微弱香气，并带有苦味。

(2) 甜叶菊苷。甜叶菊苷是从南美巴拉圭、巴西等地的菊科植物甜叶菊的干燥叶中抽提出的具有甜味的萜烯类苷，叶片中含有 6%～12%的甜叶菊苷，当地人以其作茶，我国 1977 年引种成功。甜叶菊苷为白色粉末，甜度约为蔗糖的 300 倍，水中溶解速度较慢，残味存留时间较蔗糖长，热稳定性强，日本和我国应用较普遍。

甜叶菊苷为无色晶体，熔点 198～202 ℃，在空气中易吸湿，可溶于水和乙醇，甜度约为蔗糖的 300 倍，热稳定性强，不易分解。

(3) 糖精钠。糖精钠为无色至白色的晶体与结晶性粉末，无臭，微有芳香气。在空气中徐徐风化，约失去一半结晶水而成为白色粉末，有强甜味，并稍带苦味，甜度为蔗糖的 200～700 倍，稀释 1000 倍的水溶液也有甜味，甜味阈值为 0.000 48%，糖精钠易溶于水，在水中的溶解度随温度的上升而迅速增加，略溶于乙醇，配制成的水溶液不宜长时间放置，其热稳定性较好。摄食后在体内不分解，随尿排出，不供给热能，无营养价值。

(4) 甜蜜素。甜度约为蔗糖的 30 倍。优点是甜味好，后苦味比糖精低，成本较低。缺点是甜度不高，用量大，易超标使用。

(5) 安赛蜜。安赛蜜又叫 AK 糖，为白色、无气味的结晶状物质，甜味纯正，极似蔗糖，甜度是蔗糖的 200 倍，无明显后味。易溶于水，稳定性高，不吸湿，耐 225 ℃高温，耐酸碱，pH 值 2～10 时稳定，光照无影响。与蔗糖、甜蜜素等合用有明显的增效作用。非代谢性，无热量，完全排出体外，所以安全性高。

(6) 阿斯巴甜。阿斯巴甜又称甜味素、蛋白糖，其甜度是蔗糖的 200 倍，又比蔗糖含更少的热量；阿斯巴甜的甜味与糖相比较，可延续较长的时间。阿斯巴甜在高温或高 pH 值情况下会水解，因此不适用需高温烘焙的食品。不过可通过与脂肪或麦芽糊精化合提高耐热度。阿斯巴甜在水中的稳定性主要由 pH 值决定。在室温下，当 pH 值为 4.3 时最为稳定。然而大部分饮料的 pH 值都介于 3 与 5 之间，所以添加在饮料中的阿斯巴甜均很稳定。但当需要较长保存期限时，阿斯巴甜可和其他较为稳定的甜味剂(如糖精)混合使用。

阿斯巴甜的优点如下：安全性高，被联合国食品添加剂委员会列为 GRAS 级(一般公认为安全的)，为所有代糖中对人体安全研究最为彻底的产品，至今已有 100 多个国家的

6 000多种产品中20多年的成功使用经验;甜味纯正,具有和蔗糖极其近似的清爽甜味,无苦涩后味和金属味,是迄今开发成功的甜味最接近蔗糖的甜味剂,在应用中仅需少量就可达到希望的甜度,所以在食品和饮料中使用阿斯巴甜替代糖,可显著降低热量并不会造成龋齿;与蔗糖或其他甜味剂混合使用有协同效应,如加2%~3%于糖精中,可明显掩盖糖精的不良口感;与香精混合,具有极佳的增效性,尤其是对酸性的柑橘、柠檬、柚等,能使香味持久、减少芳香剂用量;蛋白质成分,可被人体自然吸收分解。我国于1986年批准在食品中应用,常用于乳制品、糖果、巧克力、胶姆糖、餐桌甜味剂、保健食品、腌渍物和冷饮制品等。

阿斯巴甜由于对酸、热的稳定性较差,在强酸强碱中或在高温加热时易水解生成苦味的苯丙氨酸或二嗪哌酮,不适宜制作温度高于150 ℃的面包、饼干、蛋糕等焙烤食品和高酸食品;另外,阿斯巴甜在人体胃肠道酶作用下可分解为苯丙氨酸、天冬氨酸和甲醇,不适用于苯丙酮酸尿患者,要求在标签上标明"苯丙酮酸尿患者不宜使用"的警示。

使用甜味剂时可根据食品的要求选择合适的甜味剂,如低热值食品中可用高甜度甜味剂。但有时要用几种甜味剂混合起来使用以达到较佳的效果,这是因为几种甜味剂并用好处多:其一,可提高安全性,即减少了每一单独成分的量;其二,可提高甜度,因为不同甜味剂之间有相互增甜作用,可以节省成本;其三,能改善口感,减轻一些甜味剂的后苦味,如常用高强度甜味剂代替部分蔗糖而不是全部蔗糖;其四,提高稳定性,如使用高强度甜味剂时,配合使用增量甜味剂以给予食品体积、质量、黏度等性状。

2. 膨松剂

(1) 碳酸氢钠。碳酸氢钠为白色结晶性粉末,无臭,味咸。在潮湿空气中或热空气中即缓缓分解,产生二氧化碳,加热至270 ℃分解完全。易溶于水,不溶于乙醇。

(2) 碳酸氢铵。碳酸氢铵为白色粉状晶体,有氨臭,故又名"臭粉",对热不稳定,在空气中风化,固体在58 ℃、水溶液在70 ℃分解出氨和二氧化碳,稍有吸湿性,易溶于水,不溶于乙醇。

碳酸氢铵使用范围为饼干、糕点,最大使用量可按正常生产需要使用。一般多与碳酸氢钠配合使用,也可单独使用或与发酵粉配合使用。

碳酸氢钠分解后残留碳酸钠,使成品呈碱性,影响口味,使用不当还会使成品表面呈黄色斑点。碳酸氢铵分解产生气体比碳酸氢钠多,起发能力大,但易使产品过松,同时产品还会残留一些氨气,影响产品风味,但碱性膨松剂具有价格低廉、保存性较好、使用时稳定性较高等优点。

(3) 复合膨松剂。为了减少或克服碱性膨松剂的缺点,可用不同配方配制成各种复合膨松剂。

复合膨松剂一般由3种成分组成:主要成分之一是碳酸盐类,常用的是碳酸氢钠,其用量占20%~40%,它的作用是与酸反应产生二氧化碳;成分之二是酸性物质,它和碳酸盐发生中和反应或复分解反应而产生气体,其用量占35%~50%,它的作用在于分解碳酸盐产生气体而降低成品的碱性,若使用恰当的酸性盐类则可以充分提高膨松剂的效力;成分之三是淀粉、脂肪酸等,用量占10%~40%,其作用在于增加膨松剂的保存性,防止吸潮结块和失效,有调节气体产生速度或使气泡均匀产生等作用。常用复合膨松剂的配方见表 2-11-4。复合膨松剂可用于油炸食品、水产品、豆制品中，可按“正常生产需要”使用。

表 2-11-4　几种复合膨松剂的配方

（单位：%）

组成物质	配方 1	配方 2	配方 3	配方 4	配方 5
碳酸氢钠	25	23	30	40	35
酒石酸氢钾	52	26	6	0	0
磷酸二氢钙	0	15	20	0	0
钾明矾	0	0	15	0	35
烧明矾	0	0	0	52	14
轻质碳酸钙	0	0	0	3	0
淀粉	23	33	29	5	16
酒石酸	0	3	0	0	0

食品添加剂是“为改善食品品质和色、香、味，以及为防腐和加工工艺的需要而加入食品中的化学合成或天然物质”；食品添加剂的作用、使用原则和标准；防腐剂、抗氧化剂、着色剂、增稠剂、乳化剂、甜味剂、膨松剂等的作用、种类和使用注意事项。

知　识　题

名词解释

食品添加剂　防腐剂　乳化剂　增稠剂　抗氧化剂

素　质　题

1. 由大鼠实验确定苯甲酸的 MNL 为 500 mg/kg，计算体重为 60 kg 的人每日允许摄入量。
2. 食品添加剂的使用原则有哪些？
3. 食品添加剂有哪些种类？各有何作用？
4. 近年来，食品安全问题频出，人们剑指“食品添加剂”，谈谈你的看法。
5. 怎么理解“没有食品添加剂就没有现代食品工业”？

技 能 题

1. 使用食品添加剂在操作上要注意哪些问题?

2. 到超市购买一种你喜欢的食品,把原料和使用的食品添加剂抄下来,推测其配方并与同学交流。

资料收集

1. 收集天然防腐剂和天然抗氧化剂的发展趋势资料。收集食品添加剂使用不当的案例。

2. 收集“酸度调节剂、抗结剂、消泡剂、漂白剂、胶姆糖基础剂、护色剂、酶制剂、增味剂、面粉处理剂、被膜剂、水分保持剂、营养强化剂、稳定和凝固剂”的有关信息。

查阅文献

[1] 查阅《中国食品添加剂》、《食品科学》、《食品科技》、《食品工业科技》等食品专业杂志,也可通过网络浏览查阅与食品添加剂相关的文献。

[2] 查阅中华人民共和国国家卫生和计划生育委员会网站(www. nhfpc. gov. cn)中“卫生标准”的相关内容。

[3] 查阅《食品添加剂使用标准》(GB 2760—2014)。

[4] 刘然然,等. 不同浓度低酯化度 PGA 对面条品质的影响研究[J]. 中国食品添加剂,2016,(8):147-152.

[5] 黄生树,孙雁. 抗氧化剂对人造奶油氧化稳定性的影响[J]. 中国食品添加剂,2016,(3):143-145.

[6] 忠实. 正确看待食品添加剂[J]. 农产品加工,2014,(9):71.

知识拓展

《食品添加剂使用标准》(GB 2760—2014)解读

1. 食品添加剂的带入原则

某种食品添加剂不是直接加入食品中的,而是通过其他含有该种食品添加剂的食品原(配)料带入食品中的。这种带入应符合以下几个原则:一是食品配料中允许使用该食品添加剂;二是食品配料中该添加剂的用量不应超过《食品添加剂使用标准》允许的最大使用量;三是应在正常生产工艺条件下使用这些配料,并且食品中该添加剂的含量不应超过由配料而带入的水平;四是由配料带入食品中的该添加剂的含量应明显低于直接将其添加到该食品中通常所需的水平。分析某种添加剂是否属于带入原则时,应结合产品的配方综合分析。例如,按照现行《食品添加剂使用标准》，酱肉生产中不允许添加苯甲酸，但需要使用酱油作为配料，而酱油中允许使用苯甲酸，其最大使用量为 1.0 g/kg，因此，在正常生产工艺条件下，可以从酱肉中检出的苯甲酸量不可超过酱油中的含量。

2. 同一功能的食品添加剂混合使用比例有上限

《食品添加剂使用标准》(GB 2760—2014)附录 A 规定，在表 A1 和表 A2 中列出的同一功能的食品添加剂(如同色泽的着色剂、防腐剂、抗氧化剂)在混合使用时，各自用量占其标准中最大量的比例之和不应超过 1。例如，柠檬黄和日落黄是同一色泽的着色剂，它们可以同时使用于“果冻”中，柠檬黄的最大使用量为 0.05 g/kg，日落黄为 0.025 g/kg，如果柠檬黄的实际添加量为 0.03 g/kg(占其最大使用量的 60%)，那么日落黄的实际添加量不能超过 0.01 g/kg(不能超过其最大使用量的 40%)。

3. 食品分类系统包括 16 大类

十六大类如下：一是乳与乳制品；二是脂肪，油和乳化脂肪制品；三是冷冻饮品；四是水果、蔬菜(包括块根类)豆类、食用菌、藻类、坚果以及子类等；五是可可制品、巧克力和巧克力制品(包括类巧克力和代巧克力)以及糖果；六是粮食和粮食制品；七是焙烤食品；八是肉及肉制品；九是水产品及其制品；十是蛋及蛋制品；十一是甜味料；十二是调味品；十三是特殊营养食品；十四是饮料类；十五是酒类；十六是其他类(详见标准附录 F1)。

食品分类系统用于界定食品添加剂的使用范围，只适用于使用该标准查询添加剂。十六大类中每一大类下分若干亚类，亚类下分次亚类，次亚类下分小类，有的小类还可再分为次小类。如果允许某一食品添加剂应用于某一食品类别，则允许其应用于该类别下的所有类别食品，另有规定的除外。具体来说：对于食品大类可用的食品添加剂，其下的亚类、次亚类、小类和次小类所包含的食品均可使用；亚类可以使用的，则其下的次亚类、小类和次小类可以使用，但是，大类不可以使用，另有规定的除外。

4. 查询食品添加剂可以有两种方法

一是知道添加剂的名称，想了解它如何使用，则使用表 1 和表 3 查询。建议先查表 3。如果所查询的添加剂 X 在表 3 上，查完表 3 后还要查询表 4，看有无排出的食品类别，表 3 和表 4 均查完后，再查表 1。添加剂 X 所允许使用的食品类别＝表 3 所列的食品类别(排除表 4 所列的食品类别)＋表 1 所列的食品类别＋原卫生部 2007 年以后公布的食品添加剂公告。如果表 3 上无食品添加剂 X，则直接查询表 1＋原卫生部 2007 年以后公布的食品添加剂公告。

二是想知道某种食品中可以使用哪些食品添加剂，采用表 2 和表 4 查询。第 1 步查表 F，找到食品分类号，如方便米面，经查，食品分类号是 06.07；第 2 步查表 4，没有被排除的食品；第 3 步查表 3，有 71 种食品可以使用；第 4 步查表 2，查食品分类号所在类别(06.07)及其上个类别(06.0)所包含的所有食品；第 5 步查原卫生部 2007 年以后公布的食品添加剂公告。

第12章

天然毒性成分与污染物

知识目标

1. 熟悉植物性食品、动物性食品中的天然毒性成分及微生物毒素、化学污染物在食品中的危害。

2. 了解食物中毒原因、中毒类型及中毒症状。

素质目标

1. 充分了解影响食品安全的因素，认识到食品有害物质在食品安全性方面的重要性，关注食品安全，初步形成主动参与社会决策的意识，增强社会责任感。

2. 深刻理解本门课程是掌握相关专业技能的基础，在学习过程中能努力掌握相关的基本理论，了解食品有害物质研究的新进展，认同环境保护与食品安全之间的统一性，理解人与自然和谐发展的意义，确立积极、健康的生活态度。

3. 乐于探索知识奥秘，具有实事求是的科学态度、一定的探索精神和创新意识。通过知识拓展，具备食品安全方面的常识和相关的法律法规。

能力目标

1. 学会对所学内容进行分析比较和归纳总结，找出相关知识的内在联系，使知识系统化；培养自主学习能力，增强学习的主动性。

2. 结合生产、生活实际，提高对食品化学的学习兴趣，能够运用所学的知识应用于生活和生产实践，判断食品的安全性，培养运用已有的知识去分析、解决问题的能力，提高防治污染、保障食品安全的能力。

3. 在资料查阅、文献收集的活动中，锻炼与人交往、合作、与人交流等各方面的能力，促进个性健康发展，进一步提高探究意识、实验设计能力、动手能力及合作学习的能力。

食品中不应含有损害或威胁人体健康的有毒、有害物质或因素，否则将导致食品安全性问题。但食品中经常会存在一些无益有害成分，使人体发生中毒、致畸、致毒等，从而造成对人体健康的危害。这些成分有的以天然成分形式存在，即天然毒性成分，实际上广泛存在于动、植物体内，即所谓“纯天然”食品不一定是安全的。还有的是因化学加工、人为添加及环境污染所导入的，即污染物。

12.1 食品中的天然毒性成分

食品中的天然毒性成分主要是有些动、植物中含有的一些有毒的天然成分，而且有些是储存不当时形成的，如马铃薯发芽后产生的龙葵素。还有的是某些特殊原因造成的，如蜜源植物中含有毒素时会酿成有毒蜂蜜。

12.1.1 植物性食品中的天然毒性成分

在植物性有毒成分中，目前已发现的植物毒素有1 000余种。但是它们大部分属于植物次生代谢物，主要的种类有氰苷、皂苷、茄碱、棉籽酚、毒菌的有毒成分以及植物凝集素等。

1. 毒苷物质

毒苷主要有氰苷、硫苷和皂苷三种类型。

(1) 氰苷类有毒成分。氰苷主要以生氰的葡萄糖苷、龙胆二糖苷及夹豆二糖苷的形式存在于某些豆类、核果和仁果的种仁以及木薯的块根等植物体中。这些氰苷类的毒性作用是潜在的，只有当它们在酸或酶的作用下发生降解，产生氢氰酸时，才表现出比较严重的毒性作用。氰根离子是呼吸链电子传递体的强抑制剂，使有氧呼吸作用不能进行，机体因而处于窒息状态。当摄食量比较大时，如果抢救不及时，会有生命危险。

(2) 硫苷类有毒成分。硫苷类有毒成分，又称为致甲状腺肿原。主要存在于甘蓝、萝卜等十字花科蔬菜及葱、大蒜等植物中，是蔬菜辛味的主要成分，均含有β-D-硫代葡萄糖作为糖苷中的糖成分。但是，真正存在于这些蔬菜或植物的可食性部分的致甲状腺肿原成分是很少的，绝大部分致甲状腺肿原物质往往储藏在它们的种子中。过多地摄入此类物质，可以引发甲状腺肿大。

(3) 皂苷类有毒成分。皂苷即皂素，是一种分布很广泛的苷类物质。皂苷溶于水后可以生成胶体溶液，产生像肥皂一样的蜂窝状泡沫，因此，皂苷常被用作饮料(如啤酒、柠檬水等)中的起泡剂或乳化剂。食物中的皂苷使用过量时，会出现喉部发痒、噎逆、恶心、腹痛、头痛、晕眩、泄泻、体温升高、痉挛等中毒症状，严重者会因麻痹而致死亡。

食物中的皂苷经人、畜口服时多数不表现毒性，如大豆中含量甚微的大豆皂苷。虽然大豆皂苷本身具有溶血作用，但现有的研究表明，热加工以后的大豆或制品对人、畜并没有出现损害现象。但茄子、马铃薯等茄属植物中又称为龙葵碱或龙葵素的茄苷，就是少数有剧毒的皂苷。正常情况下，马铃薯的茄苷含量在0.03～0.06 mg/g，但当马铃薯发芽或经日光照射变绿后的表皮层中,茄苷含量足可以致命。茄苷的耐热性很强,即使在煮熟情况下也不易被破坏,所以发芽和变绿的马铃薯不可食用,也不可作饲料。但在一般情况下茄碱的含量很小,所以不会使食用者发生中毒。茄苷一般的中毒症状为腹痛、呕吐、战栗、呼吸及脉搏加速、瞳孔散大,严重者可发生痉挛、昏迷和虚脱。

2. 毒酸成分

常见并且典型的毒酸成分,就是广泛地存在于植物中的草酸以及以草酸钠或草酸钾形式存在的草酸盐。草酸在菠菜、茶叶、可可中较多。草酸盐在豆类、黄瓜、食用大黄、甜菜中的含量比较高,有时可达到1%~2%。草酸是一种易溶于水的二羧酸,与金属离子反应生成盐,其中与钙离子反应生成的草酸钙在中性或酸性溶液中都不溶解,因此,含草酸过多的食物与含钙离子多的食物共同加工或者共食时,往往会降低食物的营养价值。过多地食用含草酸或草酸盐多的蔬菜,会产生急性草酸中毒症状,其表现包括口腔及消化道糜烂、胃出血、血尿等症状,严重者会发生惊厥。但是动物性实验的结果表明,食用菠菜等含草酸多的食物并不会发生缺钙的现象,这与一种普遍的社会认知结果是相反的。同时,由于钙在食物中来源广泛,所以过量食用含草酸多的食物易引发肾结石。

3. 毒酚

植物性食物中的酚类毒素实际上就是指棉籽酚。棉籽酚存在于棉籽中,榨油时会随着进入棉籽油中。棉籽酚能使人体组织红肿出血、精神失常、食欲不振,并且在长期食用后,还会影响生育能力。棉籽酚呈酸性,易被氧化,能成酯、成醚、成盐,加热时可与赖氨酸的碱性 ε-氨基结合成不溶于油脂与醚的结合棉籽酚,称为 α-棉籽酚,无毒。棉籽中的棉籽酚可以采用溶剂萃取法去除,从而避免食用未经脱酚处理的食用棉籽油而中毒,粗制生棉籽油可经加碱加水炼制抽提法去除。禽畜中毒,则是由于吃了未经脱毒处理的棉籽蛋白。

4. 毒胺成分

毒胺成分,主要是指苯乙胺类衍生物、5-羟色胺和组胺,它们大多有强烈的升血压作用,同时还可以造成头痛现象,一般都是微生物的代谢产物。在许多水果和蔬菜中,也存在微量的这类物质。由于在正常情况下,毒胺成分的含量甚小,所以大多不会引起中毒。毒芹碱主要存在于斑毒芹、洋芫荽菜(洋芹菜)、水毒芹菜中。毒芹碱中毒,主要是由于洋芫荽与芫荽相误用、毒芹叶与芫荽及芹菜相误认、毒芹根与芫荽根或莴笋相误认、毒芹果与八角茴香相误认等造成的。毒芹碱的致死量为0.15 g,最快可以在数分钟内致死人命。主要的中毒症状为运动失调,由下上行的麻痹,最后导致呼吸停止。

5. 有毒氨基酸成分

有毒氨基酸成分,包括它们的衍生物,大多存在于豆科植物的种子中。

(1) 山黧豆毒素原。山黧豆毒素原存在于山黧豆中,主要有两类:一类是致神经麻痹的氨基酸毒素,有 α,γ-二氨基丁酸;γ-N-草酰基-α,γ-二氨基丁酸和 β-N-草酰基-α,β-二氨基丙酸;另一类是致骨骼畸形的氨基酸衍生物毒素,有 β-N-(γ-谷氨酰)-氨基丙腈、γ-羟基戊氨酸及山黎豆氨酸等。人摄食山黧豆中毒的典型症状是肌肉无力、不可逆的腿脚麻痹。严重者可导致死亡。

(2) 氰基丙氨酸。氰基丙氨酸即 β-氰基丙氨酸,主要存在于蚕豆中的一种神经性毒素。其引起的中毒症状与山黧豆中毒相似。

(3) 刀豆氨酸。刀豆氨酸存在于豆科植物的蝶形花亚科植物中，为精氨酸的同系物。刀豆氨酸在人体内是一种抗精氨酸代谢物，其中毒效应也因此而起。加热(如煮沸)可以破坏大部分的刀豆氨酸。

(4) L-3,4-二羟基苯丙氨酸。L-3,4-二羟基苯丙氨酸又称多巴，主要存在于蚕豆等植物中。其引起的主要中毒症状是急性溶血性贫血症。一般来说，在摄食过量的青蚕豆后5～24 h即开始发作，经过24～48 h的急性发作期后，大多可以自愈。人过多地摄食青蚕豆(无论煮熟或是去皮与否)都可能导致中毒。

6. 有毒生物碱类

生物碱是一些存在于植物中的含氮碱性化合物，大多数有毒。

(1) 兴奋性生物碱。此类生物碱在食物中分布较广的是黄嘌呤衍生物咖啡碱、茶碱和可可碱。咖啡碱在咖啡、茶叶及可可中都存在。这类生物碱是无害的，具有刺激中枢神经兴奋的作用，常作为提神饮料的主要成分。

(2) 镇静及致幻生物碱。此类生物碱对人体的中枢神经具有麻醉致幻作用。主要有古柯碱、毒蝇伞菌碱、裸盖菇素及脱磷酸裸盖菇素。古柯碱存在于古柯树叶中，适量食用时有兴奋作用，过量时对神经有强烈的镇静作用，继而产生麻醉幻觉。毒蝇伞菌碱存在于毒蝇伞菌等毒伞属蕈类中，食用后15～30 min出现中毒症状，大量出汗，严重者发生恶心、呕吐和腹痛，并有致幻作用。裸盖菇素及脱磷酸裸盖菇素存在于墨西哥裸盖菇、花褶菇等蕈类中，误食后出现精神错乱、狂舞、大笑，产生极度的快感，有的烦躁苦闷，甚至杀人或自杀。花褶菇在我国各地方都有分布，生于粪堆上，也称粪菌、笑菌或舞菌。

(3) 毒性生物碱。毒性生物碱种类繁多，在植物性和蕈类食品中有秋水仙碱、双稠吡咯啶生物碱及马鞍菌素等。

秋水仙碱存在于黄花菜中，本身无毒，在胃肠内吸收缓慢，但在体内被氧化成氧化二秋水仙碱后则有剧毒，致死量为3～20 mg/kg。食用较多炒鲜黄花菜后数分钟至十几小时发病，表现为恶心、呕吐、腹痛、腹泻、头痛等，但干制品无毒。如果食用新鲜的黄花菜，必须先经水浸或开水烫，然后再炒煮。

双稠吡咯啶生物碱广泛分布于植物界，会导致肝脏静脉闭塞，有时引起肺部中毒，其中一些还有致癌作用。

马鞍菌素则存在于某些马鞍菌属蕈类中，易溶于热水和乙醇，低温易挥发，易氧化，对碱不稳定。其中毒的潜伏期为8～10 h，中毒时脉搏不齐、呼吸困难等。

7. 有毒植物蛋白凝集素

凝集素即植物红细胞凝集素，是指豆类及一些豆状种子中含有的一种能使血液中的红细胞产生凝集作用的蛋白质。具体含有凝集素的植物子实有蓖麻、大豆、豌豆、扁豆、菜豆、刀豆、蚕豆、绿豆、芸豆等。当生食或烹调加热不够时，会引起食用者恶心、呕吐，严重时可致死亡。大多数情况下，采用热处理(或高压蒸汽处理)以及热水抽提的办法来除去凝集素或使其失活。因此，食用大豆、豌豆、蚕豆等营养食物时，必须经过适当加工，使有毒蛋白变性方可食用。

主要的凝集素种类如下。

(1) 大豆凝集素，为糖蛋白。将大豆凝集素混入饲料中饲喂大白鼠时，可以明显地抑制它的生长和发育。但是,尚未见有人食用后中毒死亡的报道。

(2) 蓖麻毒蛋白,也称为蓖麻毒素,毒性极大,2 mg 即可使人中毒死亡,为其他豆类凝集素的1 000倍。人、畜中毒,主要是个别地区有生食蓖麻子或蓖麻油的习惯所造成的。除凝集素作用外,蓖麻毒蛋白还易使肝、肾等实质细胞发生损害而产生混浊、肿胀、出血及坏死等现象,蓖麻毒蛋白也可以麻醉呼吸中枢、血管运动中枢。

(3) 菜豆属豆类凝集素。动物实验表明,可以明显地抑制大白鼠的生长,在高剂量时,可导致死亡。人食用菜豆属豆类中毒,主要是由于生食或烹调加热不够引起的。

8. 蛋白质酶抑制剂

对食品成分消化起障碍的抑制剂中,主要有胰蛋白酶抑制剂、卵白的黏蛋白以及淀粉酶抑制剂,主要存在于小麦、菜豆、芋头、芒果以及未成熟的香蕉等食物中。由于生食或烹调加热不够,在摄取比较多的这类食物之后,酶抑制剂得以发挥作用,使得食物中含有的相关成分不能被消化和被机体吸收以及利用,大部分又直接地被排泄掉。长期如此,会使人的营养素吸收下降,生长和发育受到影响。充分加热处理以后的豆类、麦类食物,可以基本上完全去除有关消化酶蛋白质抑制剂的活性。

12.1.2 动物性食品中的天然毒性成分

动物性有毒成分,大多为鱼类和贝类毒性物质。这些水产物的毒素,有些是其本身具有的,有些则是机体死亡发生变化而产生的,还有一些则是食物链效应产生的。除很特殊的动物毒素(如蛇毒)外,大多数动物毒性物质还研究得很不够。因此,对动物性有毒成分的介绍,将只限于对个别情况的叙述。

1. 无鳞鱼毒素

无鳞鱼是指一些海产鱼以及龟、鳖、鳝等鱼类。在鲜活状态下开始处理和烹调,食无鳞鱼,是不会中毒的;但是,在这类鱼死亡以后比较长的时间才开始烹调食用,则可能发生中毒现象。无鳞鱼体内组氨酸成分的含量很高,机体在鱼死亡后发生一系列变化,而产生比较多的毒性比较强的有机胺物质,从而使食用者发生恶心、呕吐、腹泻、头昏等症状。具体的中毒原因,尚没有最后定论。有时候,因储藏不当,鱼发生非细菌性腐烂也可以产生有毒成分。这种成分既不能被盐腌所破坏,也不能被烹煮而分解。已知这种毒素可以使人的脑中枢发生中毒症状,但是尚不能肯定这一化学成分的存在。

2. 河豚毒素

河豚毒素主要存在于河豚的卵巢、肝脏,其次是肠、皮肤、血液、眼球及卵中,是河豚的主要有毒成分。河豚毒素毒性很强,也是最为有名的毒性物质之一。雌河豚的毒素含量高于雄河豚。河豚毒素也因季节不同而有差异。每年春季为卵巢发育期,毒性很强,6—7月产卵退化,毒性减弱,肝脏也以春季产卵期毒性最强。河豚毒素是氨基全氢间二氮杂萘,纯品为无色晶体,稍溶于水。在通常条件下,非常耐热,一般烹调和杀菌温度都不能使其完全失活。但是,当在碱性或强酸环境时,河豚毒素则不很稳定。河豚毒素发生作用的时间很快,往往在食用或误食之后,马上就可以出现毒性反应,主要使神经中枢和神经末梢发生麻痹,最后可以导致呼吸中枢和血管神经中枢麻痹,并且特别容易造成死亡(据认为这与河豚味道特别好，中毒者往往食用许多有极大的关系）。将新鲜河豚去除内脏、皮肤和头后，肌肉经反复冲洗，加2%碳酸钠处理2～4 h，可使河豚毒性降到对人体无害。现在，人们已发现的带有河豚毒素的动物还有虾虎鱼、蝾螈、斑足蟾、蓝环章、东风螺、法螺、蛙贝、槭海星、爱洁蟹等。

3. 海产藻类和贝类毒素

海洋生物毒素是一些结构十分特殊，毒性也异常大的动物性有毒成分。现在所知道的有岩沙海葵毒素、蓝藻门和甲藻门中的许多新毒素。尽管对海洋毒素在许多方面尚不清楚，但是，对于大多数的海洋毒素中毒途径，已经表达清楚，这就是由微型藻类毒素到鱼、贝类染毒，到人、畜食物中毒。

(1) 石房蛤毒素。石房蛤毒素主要存在于双壳类、膝沟藻和蓝藻类中，是经由贝类食物携带的毒性成分，主要由于摄食贝类食物而引起中毒。石房蛤毒素是一种低相对分子质量、中毒性很大的麻痹性贝类物质毒素，致死剂量为1～4 mg。在贻贝、扇贝等多种软体动物中，引起麻痹性贝类中毒的毒素还有10种已被鉴定出来，它们多类似于石房蛤毒素。其中毒症状为口唇、舌、指尖麻木，而后涉延至大腿、双臂和颈项，最后发展到全身，严重者可在2～12 h发生死亡。贝类中毒的发作时间很快，大多在食用后几分钟开始。

(2) 西加毒素。西加毒素是剧毒岗比甲藻（一种新属新种的甲藻）中含有的毒素，对人的中毒剂量（口服）估计为0.1～0.3 μg。西加中毒的表现症状比较特殊，既有神经方面的症状，又有消化道方面的症状。一般有感觉异常、温感颠倒、头晕、目眩、运动失调、关节疼痛、瘙痒、腹泻、腹痛、血压下降等。但是，很少有死亡的报道。西加中毒后，身体复原十分缓慢。

(3) 下痢性贝类中毒。下痢性贝类中毒，主要是由于人们食用了染毒的贝类引起的。下痢性贝类中毒毒素的来源是两种鳍藻和利马原甲藻，它们含有鳍藻毒素和扇贝毒素。中毒的主要症状为下泻、呕吐和腹痛。

(4) 岩沙海葵毒素和短裸甲藻毒素。岩沙海葵毒素主要存在于热带和亚热带海域的岩沙海葵，是目前已知的最毒非蛋白毒素，具有很强的心脏毒性和细胞毒性。急性中毒可引起冠状动脉强烈收缩，导致动物迅速死亡。短裸甲藻毒素是一种神经性贝类有毒成分，对人也具有比较强的毒性。

4. 蟾蜍毒素

蟾蜍毒素是蟾蜍分泌的30多种毒素中最主要的毒性成分，可水解生成蟾蜍配质、辛二酸及精氨酸。蟾蜍配质主要通过迷走神经中枢或末梢，或直接作用于心肌。蟾蜍毒素可迅速排泄，无蓄积作用。此外，蟾蜍毒素还可以催吐、升压、刺激胃肠道，对皮肤黏膜有麻醉作用。一般在食后0.5～4 h发病，表现出胃肠道症状、胸闷、心悸、休克等循环系统症状和头昏头痛、唇舌或四肢麻木等神经系统症状，重者抽搐、不能言语，甚至短时间内心跳剧烈、呼吸停止而死亡。

5. 某些有毒的动物组织

(1) 内分泌腺。腺体中毒中，甲状腺中毒较多。甲状腺在被人食用后，一般潜伏12～21 h，发病症状为头晕、头痛、胸闷、呕吐并出汗、心悸等，还有的出现出血性丘疹，皮肤发痒，水肿、手指震颤，甚至高热、心动过速，脱水等。通常持续3～5 d，长则达一个月左右。

因此,摘除牲畜的甲状腺是避免中毒的有效措施。

(2) 动物肝脏。由于肝脏是动物的最大解毒器官,动物体内的各种毒素大多要经过肝脏来处理,进入动物体内的细菌、寄生虫也往往在肝脏生长、繁殖,而且动物也可能患肝炎、肝癌、肝硬化等疾病。因此,食用动物肝脏时,首先要选择健康动物的新鲜肝脏。肝脏淤血、异常肿大,流出污染的胆汁或见有虫体时,均视为病态肝脏。其次,必须彻底清除肝内毒素。最后,一次不能食用过多。

12.2 食品污染物

食品污染物指不是有意加入食品中,而是在生产(包括谷物栽培、动物饲养和兽药使用)、制造、加工、调制、处理、填充、包装、运输和包藏等过程中,或是由于环境污染带入食品中的任何物质。

1983年,联合国粮农组织(FAO)和世界卫生组织(WHO)食品添加剂法规委员会(CCFA)第16次会议规定:凡不是有意加入食品中,而是在生产、制造、处理、加工、填充、包装、运输和储藏等过程中带入食品的任何物质都称为污染物,但不包括昆虫碎体、动物毛发和其他不寻常的物质;残留农药也应算是污染物。污染物可有化肥、农药、抗生素、激素、药物和包装材料溶出物等。

食品污染物可分为微生物毒素、化学毒素及食品在加工过程中产生的毒素三类。

12.2.1 微生物毒素

因微生物及其毒素、病毒、寄生虫及其虫卵等对食品的污染造成的食品质量安全问题为食品的生物性污染。主要是由细菌及细菌毒素、霉菌及霉菌毒素等引起的。

1. 细菌毒素

细菌对食品的污染通过以下几种途径:一是对食品原料的污染,食品原料品种多、来源广,细菌污染的程度因不同的品种和来源而异;二是对食品加工过程中的污染;三是在食品储存、运输、销售中对食品造成的污染。常见的易污染食品的细菌有假单孢菌、微球菌和葡萄球菌、芽孢杆菌与芽孢梭菌、肠杆菌、弧菌和黄杆菌、嗜盐杆菌、乳杆菌等。当它们以食物为培养基时,可使食品腐败变质,并产生外毒素或内毒素。食物被某些细菌污染后,一些致病菌在适宜的条件下大量繁殖并产生毒素,当这些食物被食用时,也会引发细菌性食物中毒。细菌性食物中毒患者有明显的胃肠炎症状,通常为腹痛、腹泻。细菌性食物中毒有感染型和毒素型两种情况:前者是由于食用含有大量病原菌的食物引起消化道感染而造成的中毒;后者是由于食用大量因细菌大量繁殖而产生毒素的食物所造成的中毒。

2. 霉菌毒素

霉菌及其产生的毒素对食品的污染多见于南方多雨地区,目前已知的霉菌毒素有

200余种，不同的霉菌其产毒能力不同，毒素的毒性也不同。霉菌毒素通常不会被破坏，很多霉菌毒素都耐热，一般的烹调和加工不能破坏其毒性。另外，霉菌毒素及霉菌代谢产物可作为残留物存在于动物肉中或进入乳及蛋中。因此，人食用后易中毒。

与食品的关系较为密切的霉菌毒素有黄曲霉毒素、赭曲毒素、杂色曲毒素、岛青霉素、黄天精、桔青霉素、单端孢霉素类、丁烯酸内酯等。霉菌和霉菌毒素污染食品后，引起的危害主要有两个方面：霉菌引起的食品变质和霉菌产生的毒素引起人类的中毒。霉菌污染食品可使食品的食用价值降低，甚至完全不能食用，造成巨大的经济损失。据统计，全世界每年平均有2%的谷物由于霉变不能食用。霉菌毒素引起的中毒大多通过被霉菌污染的粮食、油料作物以及发酵食品等引起，而且霉菌中毒往往表现为明显的地方性和季节性。影响霉菌生长繁殖及产毒的因素是很多的，与食品关系密切的有水分、温度、基质、通风等条件，为此，控制这些条件，可以减少霉菌和毒素对食品造成的危害。

黄曲霉毒素是结构类似的一组二呋喃香豆素的衍生物。目前，已鉴定出的有20多种。

黄曲霉毒素主要通过两种途径产生：一是农作物病虫害、早霜、倒伏等；二是收获后采用了不当的储藏条件，如通风条件差、温度高、湿度大等。

黄曲霉毒素能导致肝细胞坏死、突变和癌变等，同时存在蓄积性，因此可引起食用者慢性中毒。黄曲霉毒素的急性毒性很强，特别是黄曲霉毒素 B_1 毒性很强。急性中毒症状包括呕吐、厌食、发热、黄疸和腹水等肝炎症状，主要表现为肝毒性。慢性毒性表现为肝脏损伤，生长缓慢。有致突变性、致癌和致畸性，是目前所知致癌性最强的化学物质。

黄曲霉毒素通常存在于花生、花生油、玉米、高粱、小麦、大麦、燕麦、棉籽和大米中，尤以花生和玉米最为严重。可以通过控制仓储粮食的含水量、紫外线照射、加热处理、使用氨水、有机溶剂萃取，以及氧化氢、臭氧和氯气去毒的方法去除黄曲霉毒素。

12.2.2 化学毒素

食物生长繁殖环境、加工机械污染及加工过程中，都会造成食品化学性污染。

环境污染物在食品成分中的存在，有其自然背景和人类活动影响两方面的原因。其中，无机环境污染物在一定程度上受食品产地的地质地理条件所左右，但是更为普遍的污染源则主要是工业、采矿、能源、交通、城市排污及农业生产等带来的，通过环境及食物链而危及人类饮食健康。无机污染物中的汞、镉、铅等重金属及一些放射性物质，有机污染物中的苯、多氯联苯等工业化合物和工业副产物，都具有在环境和食物链中富集、难分解、毒性强等特点，对食品安全性威胁极大。在人类环境持续恶化的情况下，食品成分中的环境污染物可能有增无减，必须采取更有效的对策加强治理。

1. 有机污染物

环境中水源、土壤及大气受污染后会使食用动、植物组织中含有化学毒素，如多氯联苯化合物、多溴联苯化合物等多环芳烃化合物。

(1) 多氯联苯化合物(PCB)、多溴联苯化合物(PBB)。PCB和PBB相对稳定，不易降解，难溶于水，易溶于有机溶剂。由于其高度稳定和亲油性，可以通过各种途径富集而使鱼等动物体内聚集 PCB,食物中的多氯联苯主要由胃肠道吸收,吸收后主要储存于人体的脂肪组织中。多氯联苯对中毒者的急性毒性主要表现为:全身肿胀、流泪、恶心、腹泻和体重减轻、皮肤和指甲黑色素沉着;儿童生长停滞;孕妇中毒可导致胎儿生长停滞。有致畸性和致癌性。可导致肝癌和胃肠肿瘤。

(2) 3,4-苯并芘和苯并[a]芘。3,4-苯并芘是重要的环境污染物,使农作物和水生生物都受到 3,4-苯并芘的直接或间接污染,某些植物和微生物也合成微量的 3,4-苯并芘,进而影响到人们所食用的食品。人类在大量使用煤炭、石油、汽油、木柴等燃料,可产生苯并[a]芘,导致空气、水体和土壤中都不同程度的含有苯并[a]芘。大气污染可导致蔬菜、水果和露天存放的粮食表面苯并[a]芘污染。污染的土壤和用污染的水灌溉也为食用植物苯并[a]芘污染创造了条件。另外,不当的食品加工方法也会导致食品产生苯并[a]芘。苯并[a]芘对食品安全性的影响实际上主要不是来源于环境污染,而主要来源于不当的食品加工方式。

2. 农药

农药可通过喷施的直接方式或通过污染水源、土壤、大气等间接方式污染食用作物。污染物在农药中广泛存在,产生污染的主要是有机氯农药滴滴涕和六六六,以有机氯、有机磷、有机汞及无机砷制剂的残留毒性最强。有机氯属于神经毒素,其中毒表现为中枢神经系统症状,有机氯农药较稳定,对人的危害主要是其较强的蓄积性。有机氯农药可引起代谢紊乱,干扰内分泌功能,降低白细胞的吞噬作用与抗体的形成,损害生殖系统,可导致孕妇流产、早产和死产。中毒者常常四肢无力、食欲不振、抽搐、头痛和头晕等。有机磷也属于神经毒素,主要是抑制血液中胆碱酯酶的活性,造成乙酰胆碱蓄积,引起神经功能紊乱。有机磷农药化学性质不稳定,易降解而失去毒性。

3. 重金属污染

汞、镉、铅等重金属一般是通过与蛋白质、酶结合成不溶性盐而使蛋白质变性,使活性蛋白质失活进而造成对人的损伤,严重者致死。

(1) 汞。汞主要来源于环境的自然释放和工业污染。环境中的汞经微生物群的甲基化作用,形成了毒性较强的双甲基汞、苯汞盐等烷基汞类化合物,污染食品后很难除去。鱼类和贝类等动物食品是被汞污染的主要食品,是人类通过膳食摄取汞的主要来源。汞的急性中毒症状如下:无机汞主要导致肾组织坏死,发生尿毒症,严重者可死亡;有机汞早期主要造成胃肠系统损坏,引起肠道黏膜发炎,腹泻和呕吐,甚至虚脱而死亡。慢性毒性可导致不可逆的神经系统中毒症状。易造成脏器的功能性衰竭。有致畸性和致癌性。成人周摄入量不得超过 0.05 mg/kg(体重)。

(2) 铅。食品中铅污染主要来源于三个方面:一是含铅介质运输、盛装和烧煮食品;二是环境污染;三是传统食品加工。铅在长时间蓄积后可引起神经毒性和血液毒性,可导致贫血和肾小球萎缩,引发高血压、脑病和神经病,严重者可出现铅性脑。高剂量的铅还有可能导致肾脏肿瘤,能明显降低女性受孕的概率,可引起死胎或流产,可能有致突变性。

(3) 镉。动物(如牡蛎以及蟹和龙虾等可食性甲壳类动物)的生物富集作用使得其体内含有高含量的镉,人食用后可导致中毒。中毒者可导致恶心、流涎,严重者可因虚脱而死亡。慢性毒性主要如下:一是镉在肾脏中蓄积,导致高血压、蛋白尿、氨基酸尿和糖尿;

二是骨软化症，镉取代骨骼中的钙，可使得人的身高下降 30 cm(较正常发育)；三是致癌性，可以引起肺、前列腺和睾丸的肿瘤，还会引起贫血。成人周摄入量不得超过 6.7～8.3 μg/kg(体重)。

(4) 砷。砷被广泛应用于除草剂、杀虫剂、杀菌剂等，从而造成农作物的严重污染，几乎所有的土壤中都含有砷。另外，对氨基苯砷酸等含砷化合物还可以作为动物的促生长剂，因此也严重影响了动物性食品的安全性。砷对人的急性中毒通常由于误食而引起。三氧化二砷口服中毒后主要表现为急性肠胃炎，重者表现为神经症状，如兴奋、烦躁、昏迷甚至是死亡。慢性毒性表现为食欲下降，体重下降，皮肤变黑等，长期会导致色素的沉积。无机砷可导致癌症。如皮癌、肺癌、乳腺癌、结肠癌、骨癌、脑癌和肝癌等等，有致畸性和致突变性。砷的每日允许摄入量为 0.05 mg/kg(体重)。

除上述外，还有些杂物污染，虽然可能不威胁建康，但影响到食品的感官性状或营养价值。这些杂物有的是在生产、储存、运输及销售过程中的污染物，如粮食收割时混入的草籽；有的是由于掺假造假，如粮食中掺入的沙石、肉中注入的水、奶粉中掺入大量的糖和三聚氰胺等造成的，还的是因为放射性污染造成的。

12.2.3 加工中的有毒成分

1. 食用油脂氧化物

食品在加工过程中形成的毒性物质，主要是指那些具有明显毒性效应或基本上认定具有致癌或致畸变作用的成分。目前，人们所肯定的比较典型的这类毒性物质，就是食用油脂的氧化成分。食用油脂在加热或氧化时，会产生分解产物和氧化产物。在大多数情况下，激烈条件下的反应，不但使食用油脂的营养价值降低，而且产生对人体有毒性作用的化合物。

油脂在 200 ℃以上高温长时间加热，发生热氧化、热聚合、热分解和水解多种反应，产生的有害物质有油脂分解物、聚合物、环状化合物，改变了油脂的口味和营养价值。如果吃了酸败的油脂及其食品，可导致急性中毒，潜伏期 1～5 h，表现为突然发热，来势快，开始感觉恶心，继而出现呕吐、腹泻、发烧等症状。油炸氧化和加热产物有致癌作用，对肝脏、肾和肺等组织有损害，表现为肝脏、肺和肾脏肿大，组织坏死、脂肪沉积、血管扩张和充血。油脂应储存在封闭、隔氧的容器内，低温、避光，防止自然氧化；用油脂烹调食品时，温度一般应不超过 190 ℃，烹调时间以 40～60 s 为宜，以防止热解和热聚。

2. 盐卤

盐卤为无色或白色晶体或粉末，无臭，味略咸，易溶于水，是一种应用比较普遍的有毒物质。它是在制作食盐的过程中，粗盐发生潮解而渗析出来的一种液体(卤水)浓缩干燥后的产品。由海水蒸发浓缩，则得到海盐卤碱，其主要成分为氯化镁；由岩盐或井盐潮解得到的液体蒸发浓缩，则得到岩盐卤碱，其主要成分为氯化钙。我国民间多用盐卤生产腌制食品，一些地区也用作豆腐加工时的蛋白质凝固剂。在我国长江以北，盐卤中毒的事件比较常见。盐卤中毒主要是由氯化镁或氯化钙等金属离子盐所造成的。盐卤本身所具有的高渗性质，也是造成局部组织损害的原因之一。盐卤中毒十分疼痛，继而发生四肢无

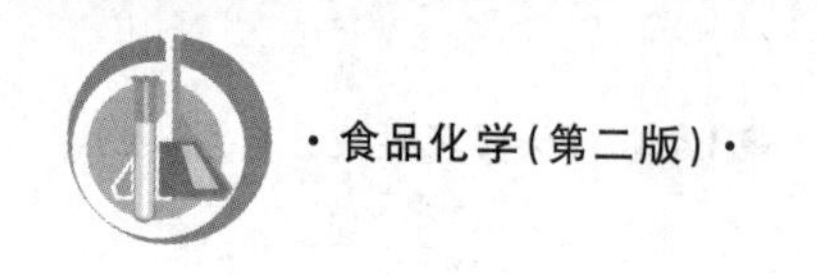

力、瞳孔散大、体温下降,心跳和呼吸减慢并且比较困难。严重时,会导致呼吸中枢麻痹,循环衰竭而死亡。

3. 硝酸盐和亚硝酸盐

硝酸盐和亚硝酸盐是腌制食品(如腊肠、肉肠、灌肠、火腿)的防腐剂和发色剂。亚硝酸盐中的亚硝酸根离子对肉毒梭菌有很强的抑制作用。肉制品中亚硝酸盐的使用量标准为150 mg/kg。另外,氮肥的普遍使用也使得一些蔬菜(如卷心菜、花椰菜和菠菜)含有很高的硝酸盐。人们摄入亚硝酸盐的主要来源是腌制食品。如果大量摄入亚硝酸盐,人体内大量的亚硝酸盐与血液中的血红蛋白结合,使得高铁血红蛋白含量升高,导致缺氧。临床表现为口唇和指甲发绀,皮肤出现紫斑等症状,严重者可导致死亡。蔬菜中含有的维生素C和黄酮类物质可以阻断亚硝基化反应,从而降低硝酸盐和亚硝酸盐对人的毒性。

4. *N*-亚硝基化合物

N-亚硝基化合物包括亚硝胺和*N*-亚硝酰胺。人和动物体内的硝酸盐或亚硝酸盐和胺发生亚硝化反应,从而形成亚硝基化合物。加热(如烟熏)会增加亚硝胺的形成量;氮肥使得土壤和水体受污染,导致了蔬菜中的硝酸盐污染,经过转化可形成亚硝胺;啤酒在酿造过程中,大麦芽的二甲胺、三甲胺和生物碱在干燥过程中与空气的氮氧化物发生亚硝化反应形成*N*-亚硝基化合物。亚硝胺是一种很强的致癌物质。亚硝胺也具有较强的致畸性,主要使胎儿神经系统畸形,包括无眼、脑积水、脊柱裂和少趾。

预防和处理的方法主要包括四个方面。一是搞好食品卫生,防止微生物污染。二是改进食品加工方法,尽量减少亚硝基化的前体。如pH值为3时,蔗糖能阻断*N*-亚硝基化合物的形成。制作香肠时,加亚硝酸盐的同时加入维生素C,可以防止二甲基亚硝胺的形成。三是农业生产中推广使用钼肥,可降低水体中*N*-亚硝基化合物的含量。四是多食新鲜水果蔬菜,可以降低*N*-亚硝基化合物的含量。水果中的维生素C、维生素E、大蒜素和茶多酚可以阻断*N*-亚硝基化合物的生成。条件允许的话可以多食用猕猴桃、沙棘果汁、红枣、大蒜和茶叶。

5. 美拉德反应产物

美拉德反应是蛋白质(氨基酸)的氨基与葡萄糖的羰基发生的聚合反应。美拉德反应可产生褐色素和风味物质,从而赋予很多焙烤食品和咖啡等以诱人的颜色和独特风味。但同时可产生许多杂环化合物,其中有促氧化物和抗氧化物、致突变物和抗突变物、致癌物和抗致癌物。

6. 杂环胺

杂环胺具有致癌性,主要表现为肝癌,并可以诱发其他癌症,如结肠癌和直肠癌等。另外对心肌有损伤。很多人认为美拉德反应的产物在杂环胺形成过程中占很重要的作用,其中氨基酸可能是决定性的前体。预防和处理方法包括:改进加工方法,避免明火直接接触食品,采用微波加热可以减少杂环胺化合物的产生;尽量避免高温、长时间烧烤或油炸鱼和肉类;不食用烧焦和炭化的食品,或将烧焦部分除去;烹调鱼和肉类食品时,加入适量的维生素C、抗氧化剂、大豆蛋白、膳食纤维、维生素E、黄酮类物质。

7. 食品添加剂

在食品的运输、储存和加工过程中,常常往食品中投放各种添加剂,如防腐剂、杀菌剂、漂白剂、抗氧化剂、甜味剂、调味剂、着色剂等,食品添加剂用量虽然很小,也有可能影响到食品安全性。其中不少添加剂具有一定的毒性。例如,过量服用防腐剂水杨酸,会使人呕吐、下痢、中枢神经麻痹,甚至有死亡的危险。食品添加剂的毒性主要包括五个方面。①急性和慢性毒性。早期的某些食品添加剂(如奶粉中使用的稳定剂磷酸二氢钠)中化学元素含量超标,可导致婴儿贫血,食欲不振等症状。建国初期普遍使用β-萘酚和奶油黄等防腐剂和色素,后来被证明存在致癌物质。②过敏反应。例如,糖精可引起皮肤过敏,防腐剂苯甲酸可导致哮喘等变态反应。③蓄积作用。例如,抗氧化剂二丁基羟基甲苯如过量摄入可在体内蓄积而引起中毒现象。④食品添加剂代谢产生有毒产物。例如:人体摄入的亚硝酸盐可在体内形成转化为致癌的亚硝基化合物;很多色素都是偶氮染料,在体内可以转化为游离芳香族胺等有毒物质。⑤禁止使用的食品添加剂。很多食品添加剂由于毒性较强被禁止在食品中使用,常见的有甲醛、水杨酸、硼砂、吊白块、硫酸铜、香豆素等。

12.2.4 食品包装所致食品中的污染物

1. 纸包装材料

潜在的不安全性与造纸原料是否被污染、造纸中添加的助剂、纸张颜料和油墨、纸表面的微生物污染有关系。例如造纸原料的农药残留,造纸中加入的防霉剂和增白剂,油墨中的铅和二甲苯等污染。

2. 塑料包装材料

塑料包装材料对食品安全性的影响主要有四个方面:一是残留的单体、裂解物及老化后产生的毒物;二是包装表面的灰尘和微生物污染;三是包装材料中的助剂;四是回收塑料再利用时色素和附着的污染物。

3. 金属包装容器

金属包装容器主要以铁、铝材料为主,也有少量包装使用银、铜和锡等其他金属。金属用于食品包装,其最大的优点是其优良的阻隔性能和机械性能。马口铁罐头的罐身为镀锡的薄钢板,盒内壁有涂料,防止锡的溶出,但是涂料有可能溶出;铝制品的食品安全性主要在于铸铝盒回收铝中的杂质,如砷、铅、铬等。铝可以造成大脑、肝脏、骨骼、造血系统的毒性。

4. 其他包装

玻璃包装相对比较安全,但也可能溶出铅和铜等,会溶于酒精和饮料中。陶瓷是将瓷釉涂在由黏土、长石和石英混合物结成的坯胎上经过焙烧而成。搪瓷器皿是将瓷釉涂在金属坯胎上,经过焙烧而成;釉料上主要有铅、锌、铬、镉、钴、锑等,大多有毒。

学习小结

天然毒性成分与污染物都会引发食品的安全性问题。食品中的天然毒性成分主要是一些动、植物含有的有毒的天然成分。如氰苷、皂苷、茄碱、棉籽酚、毒菌的有毒成分、植物凝集素等植物次生性代谢物及鱼类、贝类毒性物质。污染物则由微生物毒素、化学毒素及食品在加工过程包括包装中产生的毒素组成。天然毒性成分与污染物都会导致食物中毒,除了引起急性疾病外,还会由于食物中微量的有毒物质长期、连续性进入人体而引起机体的慢性中毒,甚至致突变、致畸、致癌等。

复习思考题

知识题

1. 常见的金属元素污染有四种,分别是________、________、________和________。

2. 食品中的天然毒性成分对人体的危害作用包括________、________、________、________和________。

3. 食品中的有毒成分主要来源有________、________、________和________。

4. 变绿的土豆不可食用,是因为其中________含量很高,容易引起中毒。

5. 苦杏仁、木薯等生吃会中毒,主要是因为其中含有________,这类物质在酸或酶的作用下可生成剧毒的________;存在于鲜黄花菜中的________本身对人体无毒,但在体内被氧化成________后则有剧毒。

6. 生吃或食用未煮熟的豆类种子会引起中毒,主要是因为其中含有________,这类物质进入人体后能使________;此外,豆类食物中还含有________,影响人体对营养物质的消化吸收。

7. 霉变的花生、玉米有毒物质是________,加热________破坏。

素质题

1. 食物中毒的原因是什么?食物中毒可能有哪些表现?

2. 植物性食品中常见的毒素有哪些?这些有害成分对人体可能造成哪些危害?平时应如何预防?

3. 生氰苷多存在于哪些食物?其毒性和预防措施是什么?

4. 动物性食品中常见的毒素有哪些?平时应如何预防?

5. 动物肝脏和河豚中有哪些毒素?其毒性和预防措施是什么?

6. 常见的细菌毒素和真菌毒素有哪些?

7. 黄曲霉毒素的来源、毒性怎么样?如何预防?

8. 毒蘑菇中存在哪些毒素?毒性作用如何?

9. 花生、玉米及其制品在储藏期最易产生何种毒素?该毒素有哪些种类?

技能题

1. 试述环境污染对食品安全性的影响。

2. 试述食品加工和储藏对食品安全性的影响。

资料收集

1. 转基因食品的安全性问题。
2. 食品中添加亚硝酸盐的是与非。
3. 近年来的食品安全事件。

查阅文献

[1] 强树华. 食品加工中的衍生毒物检测浅析[J]. 化工管理,2016,(17):53.
[2] 周子荣. 食品中有毒有害物快速检测方法的进展及应用[J] 中国卫生检验杂志,2010,(8):2116-2118.
[3] 徐宫瑾. 人类健康与转基因食品技术的发展[J]. 中国初级卫生保健,2016,(5):95.
[4] 闫昊,等. 动物性食品安全[J]. 新疆畜牧业,2011,(9):37-38.

知识拓展

健康食品

健康食品是食品的一个种类,具有一般食品的共性,其原材料也主要取自天然的动、植物,经先进生产工艺,将其所含丰富的功效成分作用发挥到极致,从而能调节人体机能,适于有特定功能需求的相应人群食用。健康食品按功能可分为营养素补充型、抗氧化型(延年益寿型)、减肥型、辅助治疗型等。营养素补充剂的保健功能是补充一种或多种人体所必需的营养素;功能性健康食品,则是通过其功效成分,发挥具体的、特殊的调节功能。

目前比较公认的十大健康食品如下。

(1) 豆类食品(包括豆浆、豆奶):含丰富优质蛋白(30%~45%)外,还含有较多不饱和脂肪酸、钙及B族维生素,被称为"植物肉"。这类食品对健康的益处,包括降低血清总胆固醇,降低低密度脂蛋白,促进心血管正常功能,防治骨质疏松,阻断和抑制癌细胞生长。不过,摄取大量豆类食品容易出现胀气,故消化不良者应间断、适量食用。

(2) 十字花科蔬菜:包括花菜、西兰花、卷心菜、白菜等。其突出优点是含有较多的维生素C、胡萝卜素,此外,十字花科蔬菜还含有丰富的碱性元素(钙、钾、钠、铁等),属于碱性食品,对维持体内酸碱平衡有重要作用。它们所含的膳食纤维也很多,有助于防止便秘。最近发现,此类蔬菜还有阻止肺、乳腺、食管、肝、小肠、结肠、膀胱等部位癌症发生的作用。

(3) 牛奶:含丰富的优质蛋白和矿物质,是天然钙质的最好来源,且有较高的消化吸收率。老年人一般如能保证每天250 g奶类,有益于营养均衡,防治骨质疏松。酸奶营养成分与鲜奶相近,但能增加胃内酸度,提高胃蛋白酶活性,抑制肠道大肠杆菌生长,促进消化。

(4) 海鱼:鱼类尤其是海鱼蛋白质含量高,易于消化吸收,有良好保健作用。对老年人特别有益的是,鱼类脂肪中不饱和脂肪酸占80%以上,保健功效显著,主要有利于降低血小板凝结,防止动脉粥样硬化和血栓形成;另外,海鱼中钙、钠、氯、钾、镁等含量较多,可促进人体的正常代谢。

(5) 菌菇类:以黑木耳为代表的菌菇类食物味道鲜美,还有较高营养价值。黑木耳、香菇除含较多氨基酸、甾醇类及谷氨酸钠等外,还含有大量矿物质和B族维生素。最近发现,黑木耳等有抗血小板凝结、降低血凝、减少血栓形成的作用,有助于防治动脉硬化。此外,还具有抑菌抗炎、保肝、降血脂、降血糖等作用;对癌细胞也有一定的抑制效应。

(6) 番茄:除含有丰富的维生素、碱性元素、纤维素、果胶外,还含有番茄红素,加热后含量更高。番茄红素是较强的抗氧化剂,抑制脂质过氧化作用比维生素E更强,有助于改善老年黄斑变性,降低癌症发生率。

(7) 胡萝卜:每100 g胡萝卜含有胡萝卜素1.35 mg。中医认为,胡萝卜味甘、性平,有补中下气,调肠胃、安五脏等功效。

(8) 绿茶:绿茶中的茶多酚具有良好的保健功效,在体内茶多酚有很强的消除自由基、抑制氧化酶等作用,故有助于预防心血管疾病、癌症,抑制病毒,抗细菌毒素,减肥等。

(9) 荞麦:含碳水化合物和蛋白质较高,而含脂肪较低。荞麦含有丰富的亚油酸、柠檬酸、膳食纤维,在防治高血压及心血管疾病中有良好作用。

(10) 禽蛋:鸡蛋、鸭蛋等除不含维生素C外,几乎含有人体所必需的所有营养素。禽蛋的氨基酸组成和比例适当,而且赖氨酸、蛋氨酸含量丰富,属于完全蛋白质。除患高脂血症外,一般人不必拒吃蛋黄。因为蛋黄中有较多维生素A、B、D,适量吃无妨。

模块三

实验实训

实验实训一　食品水分活度的测定

Ⅰ　水分活度仪测定法

能力目标

通过技能训练，了解食品中水分存在的状态；掌握食品水分活度的测定方法。

实训原理

食品中的水是以自由态、结合态、胶体吸润态、表面吸附态等状态存在的。不同状态的水可分为两类：由氢键结合力联系着的水称为结合水；以毛细管力联系着的水称为自由水。自由水能被微生物所利用，结合水则不能。食品中含水分量，不能说明这些水是否都能被微生物所利用，对食品的生产和保藏均缺乏科学的指导作用；水分活度则反映食品与水的亲和能力大小，表示食品中所含的水分作为生物化学反应和微生物生长的可用价值。

水分活度近似地表示为在某一温度下溶液中水蒸气分压与纯水蒸气压之比值。拉乌尔定律(Raoult's Law)指出，当溶质溶于水时，水分子与溶质发生作用从而减少水分子从液相进入气相的逸出，使溶液的蒸气压降低，稀溶液蒸气压降低度与溶质的摩尔分数成正比。水分活度也可用平衡时大气的相对湿度(ERH)来计算。故水分活度(a_w)可用下式表示：

$$a_w=\frac{p}{p_0}=\frac{n_0}{n_1+n_0}=\text{ERH}$$

式中：p——样品中水的分压；p_0——相同温度下纯水的蒸气压；n_0——水的物质的量；n_1——溶质的物质的量；ERH——样品周围大气的平衡相对湿度。

水分活度测定仪主要是在一定温度下利用仪器装置中的湿敏元件，根据食品中水蒸气压力的变化，从仪器表头上读出水分活度。本实验要求掌握利用水分活度测定仪测定食品水分活度的方法，了解食品中水分存在的状态。

实训材料、试剂和仪器

苹果块，市售蜜饯，面包，饼干。

氯化钡饱和溶液。

SJN5021型水分活度测定仪。

操作要点

(1) 将等量的纯水及捣碎的样品(约2 g)迅速放入测试盒，拧紧盖子密封，并通过转接电缆插入“纯水”及“样品”插孔。固体样品应碾碎成米粒大小，并摊平在盒底。

(2) 把稳压电源输出插头插入“外接电源”插孔(如果不外接电源，则可使用直流电)，打开电源开关，预热 15 min，如果显示屏上出现“E”，表示溢出，按“清零”按钮。

(3) 调节“校正Ⅱ”电位器，使显示为 100.00±0.05。

(4) 按下“活度”开关，调节“校正Ⅰ”电位器，使显示为 1.000±0.001。

(5) 等测试盒内平衡半小时后(若室温低于 25 ℃，则需平衡 50 min)，按下相应的“样品测定”开关，即可读出样品的水分活度(a_w)值(读数时，取小数点后面三位数字)。

(6) 测量相对湿度时，将“活度”开关复位，然后按相应的“样品测定”开关，显示的数值即为所测空间的相对湿度。

(7) 关机，清洗并吹干测试盒，放入干燥剂，盖上盖子，拧紧密封。

注意事项

(1) 在测定前，仪器一般用标准溶液进行校正。下面是几种常用盐饱和溶液在 25 ℃时水分活度的理论值(如果不符，要更换湿敏元件)。

氯化钡($BaCl_2 \cdot 2H_2O$)　　0.901

溴化钾(KBr)　　0.842

氯化钾(KCl)　　0.807

氯化钠(NaCl)　　0.752

硝酸钠($NaNO_3$)　　0.737

(2) 环境温度不同，应对标准值进行修正(表 3-1-1)。

表 3-1-1　SJN5021 水分活度测定仪温度修正值

温度/℃	校正数	温度/℃	校正数
15	−0.010	21	+0.002
16	−0.008	22	+0.004
17	−0.006	23	+0.006
18	−0.004	24	+0.008
19	−0.002	25	+0.010
20	0.00		

(3) 测定时切勿使湿敏元件沾上样品盒内样品。

(4) 本仪器应避免测量含二氧化硫、氨气、酸和碱等腐蚀性样品。

(5) 每次测量时间不应超过 1 h。

Ⅱ　直接测定法

实训原理

食品的水分活度除了用仪器直接测定，从仪表上读出水分活度外，还可采用坐标内插法来测定。这种方法并不需要特殊的仪器装置，可将一系列已知水分活度的标准溶液与仪器试样一起放入密闭的容器中，在恒温下放置一段时间，测定食品试样质量的增减，根据增减值绘出曲线图，从图上查出食品质量不变值，这个不变值就是该食品试样的水分活度 a_w。

实训材料、试剂和仪器

苹果块，饼干。

标准饱和盐溶液，其 a_w 值见表 3-1-2。

表 3-1-2　标准饱和盐溶液的 a_w 值

标准试剂	a_w	标准试剂	a_w
LiCl	0.11	$NaBr \cdot 2H_2O$	0.58
CH_3COOK	0.23	NaCl	0.75
$MgCl_2 \cdot 6H_2O$	0.33	KBr	0.83
K_2CO_3	0.43	$BaCl_2$	0.90
$Mg(NO_3)_2 \cdot 6H_2O$	0.52	KNO_3	0.93

康维容器(图 3-1-1)。

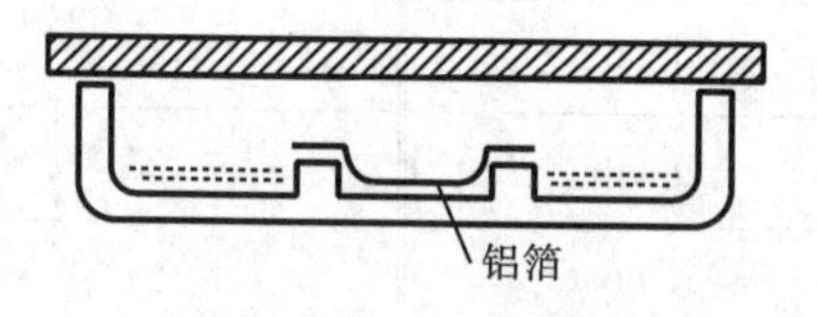

图 3-1-1　康维容器

操作要点

(1) 在康维容器的外室放置标准盐饱和溶液，在内室的铝箔皿中加入 1 g 左右的食品试样，试样先用分析天平称重，准确至 1 mg，记录初读数。

(2) 将玻璃盖涂上真空脂密封，放入恒温箱在 25 ℃保持 2 h，准确称试样质量，以后每半小时称一次，至恒重为止，算出试样的质量变化值。

(3) 若试样的 a_w 值大于标准试剂，则试样减重；反之，若试样的 a_w 值比标准试剂小，则试样质量增加。因此，要选择 3 种以上标准盐溶液分别与试样一起进行实验，得出试样与各种标准盐溶液平衡时质量的变化值。

(4) 在坐标纸上以每克食品试样质量变化值为纵坐标，以水分活度 a_w 为横坐标作图，图 3-1-2 中的 A 点是试样 $MgCl_2 \cdot 6H_2O$ 标准饱和溶液平衡后质量减少 20.2 mg/g，B 点是试样与 $Mg(NO_3)_2 \cdot 6H_2O$ 标准饱和溶液平衡后失重 5.2 mg/g，C 点是试样与 NaCl 标准饱和溶液平衡后增重 10.6 mg/g，而这三种标准饱和溶液的 a_w 分别为 0.33、0.52 和 0.75。把这三点连成一线，与横坐标相交于 D 点，D 点即为该试样的水分活度 a_w，其值为 0.60。

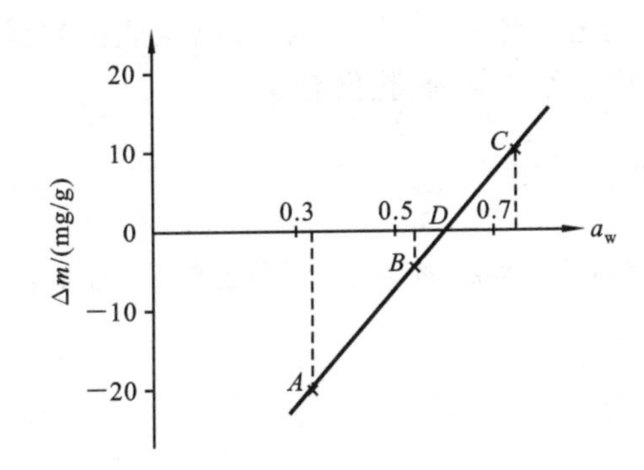

图 3-1-2　试样质量变化值与水分活度的关系

注意事项

(1) 注意试样称重的准确度，否则会造成测定误差。

(2) 对试样的 a_w 值的范围预先有一个估计，以便正确地选用标准盐饱和溶液。

(3) 若食品试样中含有酒精一类的易溶于水又具有挥发性的物质，则难以准确测定其 a_w 值。

实验实训二　果胶的提取和果酱的制备

能力目标

通过实训了解果胶的存在及其在食品中的应用，并能从富含果胶的原料中提取果胶。

实训原理

果胶广泛存在于水果和蔬菜中，如苹果中含量为 0.7%～1.5%(以湿品计)，在蔬菜中以南瓜含量最多，为 7%～17%。果胶的基本结构是以 α-1,4 糖苷键连接的聚半乳糖醛酸，其中部分羧基被甲酯化，其余的羧基与钾、钠、钙离子结合成盐，其结构式如下：

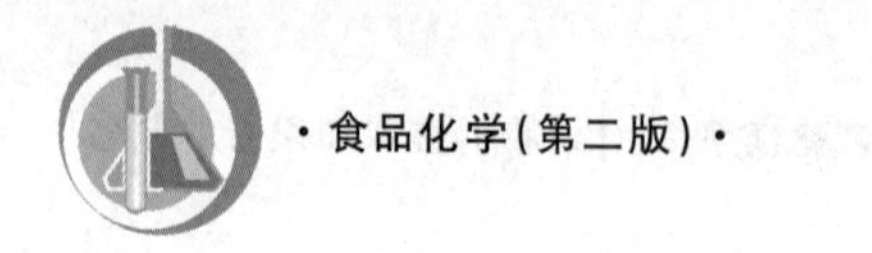

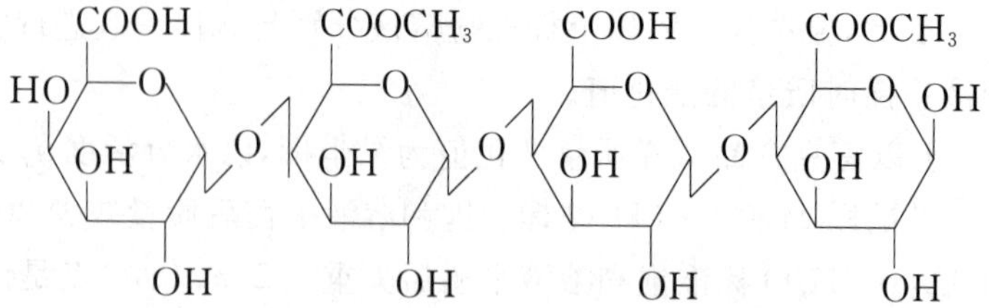

在果蔬中，尤其是在未成熟的水果和皮中，果胶多数以原果胶存在，原果胶是以金属离子桥(特别是钙离子)与多聚半乳糖醛酸中的游离羧基相结合。原果胶不溶于水，故用酸水解，生成可溶性的果胶，再进行脱色、沉淀、干燥，即为商品果胶。从柑橘皮中提取的果胶是高酯化度的果胶，酯化度在 70%以上。在食品工业中常利用果胶来制作果酱、果冻和糖果，在汁液类食品中用作增稠剂、乳化剂等。

实训材料和试剂

柑橘皮(新鲜)；0.25% HCl 溶液，稀氨水，95%乙醇，活性炭，蔗糖，柠檬酸。

操作要点

1. 果胶的提取

(1) 原料预处理。称取新鲜柑橘皮 20 g(干品为 8 g)，用清水洗净后，放入 250 mL 烧杯中，加 120 mL 水，加热至 90 ℃保持 5～10 min，使酶失活。用水冲洗后切成 3～5 mm 大小的颗粒，用 50 ℃左右的热水漂洗，直至水为无色、果皮无异味为止。每次漂洗必须把果皮用尼龙布挤干，再进行下一次漂洗。

(2) 酸水解提取。将预处理过的果皮粒放入烧杯中，加入 0.25% HCl 溶液 60 mL，以浸没果皮为度，调节 pH 值在 2.0～2.5，加热至 90 ℃煮 45 min，趁热用尼龙布(100 目)或四层纱布过滤。

(3) 脱色。在滤液中加入 0.5%～1.0%的活性炭于 80 ℃加热 20 min 进行脱色和除异味，趁热抽滤，如抽滤困难可加入 2%～4%的硅藻土作助滤剂。如果柑橘皮漂洗干净，提取液清澈透明，则不用脱色。

(4) 沉淀。待提取液冷却后，用稀氨水调节至 pH 值为 3～4，在不断搅拌下加入 95%乙醇，加入乙醇的量约为原体积的 1.3 倍，使酒精浓度达 50%～60%(可用酒精计测定)，静置 10 min。

(5)过滤、洗涤、烘干。用尼龙布过滤，果胶用 95%乙醇洗涤 2 次，再在 60～70 ℃下烘干。

2. 柠檬味果酱的制取

(1) 将果胶 0.2 g(干品)浸泡于 20 mL 水中，软化后在搅拌下慢慢加热至果胶全部溶化。

(2) 加入柠檬酸 0.1 g、柠檬酸钠 0.1 g 和蔗糖 20 g，在搅拌下加热至沸，继续熬煮 5 min，冷却后即成果酱。

实验实训三　淀粉糊化、酶法制备淀粉糖浆及其葡萄糖值的测定

能力目标

通过实训，了解淀粉糊化及酶法制备淀粉糖浆的基本原理；能够用淀粉双酶法制备淀粉糖浆，并能测定淀粉水解产品的葡萄糖值。

实训原理

淀粉是由几百至几千个葡萄糖残基构成的天然高分子化合物，一般含直链淀粉20%～30%，支链淀粉70%～80%。可用酶法、酸法和酸酶法使淀粉水解成糊精、低聚糖和葡萄糖。淀粉糖浆也称液体葡萄糖（DE 38～42），主要成分是葡萄糖、麦芽糖、麦芽三糖和糊精，是一种黏稠液体，甜味温和，极易为人体直接吸收，在饼干、糖果生产上广为应用。

将淀粉悬浮液加热到55～80 ℃时，会使淀粉颗粒之间的氢键作用力减弱，并迅速进行不可逆溶胀，淀粉粒因吸水，体积膨胀数十倍，继续加热使淀粉胶束全部崩溃，淀粉分子形成单分子，并为水包围，形成具有黏性的糊状液体，这一现象称为淀粉糊化。糊化淀粉容易被酶水解。

双酶法水解淀粉制淀粉糖浆，是先以α-淀粉酶使淀粉中的α-1,4糖苷键水解生成小分子糊精、低聚糖和少量葡萄糖，然后再用糖化酶将糊精、低聚糖中的α-1,6糖苷键和α-1,4糖苷键切断，最后生成葡萄糖。

采用滴定法测定淀粉水解产品的还原力（RP）和葡萄糖值（DE），例如DE值为42，表示淀粉糖浆中含42%的葡萄糖。

实训材料、试剂与仪器

玉米淀粉，木薯淀粉，甘薯淀粉。

液化型α-淀粉酶（酶活力为6 000单位/g），糖化酶（酶活力为4万～5万单位/g），费林溶液A、B，亚甲基蓝指示剂，D-葡萄糖标准溶液，5%Na_2CO_3溶液，5%$CaCl_2$溶液。

400 mL烧杯，250 mL圆底烧瓶，容量瓶（100 mL、500 mL），移液管（1 mL、5 mL、25 mL），25 mL酸式滴定管，250 mL碘量瓶，秒表，搅拌器，恒温水浴锅。

操作要点

1. 淀粉糖浆的制备

100 g淀粉置于400 mL烧杯中，加水200 mL，搅拌均匀，配成淀粉浆，用5%Na_2CO_3

溶液调节 pH 值为 6.2～6.3,加入 2 mL 5%$CaCl_2$溶液,于 90～95 ℃水浴加热,并不断搅拌,淀粉浆由开始糊化直到完全成糊。加入液化型 α-淀粉酶 60 mg,不断搅拌使其液化,并使温度保持在 70～80 ℃搅拌 20 min(取样分析 DE 值)。然后将烧杯移至电炉(隔石棉网)加热到 95 ℃至沸,灭活 10 min。过滤,滤液冷却至 55 ℃,加入糖化酶 200 mg,调节 pH 值约为 4.5,于 60～65 ℃恒温水浴中糖化 3～4 h(3 h 取样分析控制 DE 值约为 42),即为淀粉糖浆。若要得浓浆,可以进一步浓缩。

2. DE 值的测定

(1) 混合费林溶液的标定。

① 吸取 25 mL 混合费林试剂于烧瓶中,加入 18 mLD-葡萄糖标准溶液(0.600 g 无水 D-葡萄糖加水配成 100 mL 溶液),振荡后迅速升温,控制在 2 min±15 s 时间范围内沸腾,保持蒸汽充满烧瓶,以防空气进入,沸腾持续 2 min 后,加入 1 mL 亚甲基蓝指示剂,用 D-葡萄糖标准溶液滴定至蓝色消失,记下耗用的 D-葡萄糖标准溶液总体积 V_{11}。

② 调整 D-葡萄糖初加量,使滴定体积在 3 mL 以内,其余步骤同上,但滴定过程要在 1 min 内完成,整个沸腾的时间不超过 3 min,记下耗用 D-葡萄糖标准溶液总体积 V_{12}。

③ 第三次滴定时,为达到时间上的要求,可调整 D-葡萄糖的初加量,其余步骤同上,记下耗用 D-葡萄糖标准溶液总体积 V_{13}。计算三次滴定的平均体积 V_1。

(2) 样品的制备。

样品应混合均匀后装入一个密封容器内,在容器内搅动,若表面有凝结,则应除去表面凝结部分。

(3) 样品的测定。

吸取 25 mL 混合费林试剂于烧瓶中,滴加 10 mL 配好的样品,加热使溶液在 2 min±15 s 内沸腾,并保持瓶内充满蒸汽,加 1 mL 亚甲基蓝指示剂,再滴定至蓝色消失。如果在样品液未加入任何指示剂时蓝色已消失,那么就要降低样品液的浓度,重新滴定。但耗用的体积 V_2应不大于 25 mL。

样品大约还原力(ARP)的计算公式为

$$\text{ARP}=\frac{F\times 100\times 500}{V_2\times m_o}=\frac{300\times V_1}{V_2\times m_o}$$

式中:ARP——样品大约还原力,g/100 g;$F=0.6\times V_1/100=0.006\times V_1$;$m_o$——500 mL 样品液中样品质量,g。

样品的质量可如下计算:

$$m_o=\frac{300}{\text{ARP}}$$

称取质量为 m_o的样品,精确至 1 mg,样品中还原糖含量在 2.85～3.15 g,重复标准样品的滴定,记下样品液的耗用体积 V_2,V_2应在 19～21 mL,否则调整样品浓度。

$$\text{样品还原力 RP}=\frac{300\times V_1}{V_2\times m}$$

式中:V_1——标准样品的耗用体积,mL;V_2——样品耗用体积,mL;m——500 mL 样品液中样品质量,g。

$$DE=\frac{RP\times 100}{DMC}$$

式中:DE——样品葡萄糖值,g/100 g;RP——样品的还原力,g;DMC——样品的干物质含量,%。

问题与讨论

(1) 为什么在测定 DE 值的整个滴定过程中,要保持沸腾,蒸汽始终充满烧瓶?

(2) 当 D-葡萄糖标准溶液的耗用体积不在 19~21 mL 这一范围内时,应采取哪些措施加以调整?

实验实训四　豆类淀粉和薯类淀粉的老化——粉丝的制备与质量感官评价

能力目标

通过实训,深刻理解淀粉的糊化和老化的现象与机理,能利用该性质生产粉丝,并能对产品质量作出评价。

实训原理

淀粉加入适量水,加热搅拌糊化成淀粉糊(α-淀粉),冷却或冷冻后,会变得不透明甚至凝结而沉淀,这种现象称为淀粉的老化。将淀粉拌水制成糊状物,用悬垂法或挤出法成型,然后在沸水中煮沸片刻,令其糊化,捞出水冷(老化),干燥即得粉丝。粉丝的生产就是利用淀粉老化这一特性。

目前,对粉丝的物理性质的测定暂无标准方法,也尚无统一的质量标准,一般是采用感官的方法评价粉丝外观,如颜色、气味、光泽、透明度、粗细度、咬劲及耐煮性等。消费者要求粉丝晶莹洁白、透明光亮、耐煮有筋道,价格低廉。

实训材料和仪器

绿豆粉(或马铃薯)和甘薯淀粉(1∶1),或玉米和绿豆淀粉(7∶3)。

7~9 mm 孔径的多孔容器或分析筛。

操作要点

1. 粉丝制备

将 10 g 绿豆粉加入适量开水使其糊化,然后再加 90 g 生绿豆淀粉,搅拌均匀至无块,不沾手,再用底部有 7~9 mm 孔径的多孔容器(或分析筛)将淀粉糊状物漏入沸水锅中,煮沸 3 min,使其糊化,捞出水冷 10 min(或捞出置于-20 ℃冰箱中冷冻处理)。再捞出置于搪瓷盘中,于烘箱中干燥,即得粉丝。

2. 粉丝质量感官评价

将实验制得的粉丝,任意选出 5 个产品,编号为 1,2,3,4,5,用加权平均法对 5 个产品进行感官质量评价,填于表 3-4-1 中,计算排列名次。

表 3-4-1　粉丝感官质量评价表

样品编号	颜色(10 分)	气味(10 分)	光泽(10 分)	透明度(20 分)	粗细度(10 分)	咬劲(20 分)	耐煮性(20 分)	总分(100 分)
1								
2								
3								
4								
5								

评价地点:　　　　　　　　　　　　评价姓名:

问题与讨论

(1) 通过本实验,你认为可以采取哪些措施提高粉丝的质量?(从咬劲、耐煮性、透明度三个方面加以分析)

(2) 通过本实验,再结合食品化学的知识,谈谈木薯淀粉的老化机理,以及在制备粉丝的过程中该如何充分利用其老化的特性。

实验实训五　淀粉 α 化程度测定

能力目标

通过实训,能够测定膨化食品或方便米饭、方便面等淀粉性熟食的 α 化程度。

实训原理

对于淀粉性食品,糊化度的高低是衡量其生熟程度的指标,而糊化度的高低可用淀粉的 α 化程度来表示。淀粉在糖化酶的作用下可转化为葡萄糖,且其糊化度越大,α 化程度越高,转化生成的葡萄糖的量就越多。用碘量法测定转化葡萄糖的含量,根据滴定结果计算 α 化程度。

$$C_6H_{12}O_6 + I_2 + NaOH \longrightarrow C_6H_{12}O_7 + NaI + H_2O$$

$$I_2\text{(过量部分)} + 2NaOH = NaOI + NaI + H_2O$$

$$NaOI + NaI + 2HCl = 2NaCl + I_2 + H_2O$$

$$I_2 + 2Na_2S_2O_3 = 2NaI + Na_2S_4O_6$$

实训材料、试剂与仪器

1. 材料

膨化食品或方便米饭、方便面条等。

2. 试剂

糖化酶液(300 mL):取啤酒麦芽,粉碎,按料水比1∶3加水在常温下浸提25 min,用脱脂棉过滤。(糖化酶:11～12波美度的生麦芽汁30～40 mL稀释至100 mL)。

0.1 mol/L的硫代硫酸钠标准溶液:26 g五水硫代硫酸钠或16 g无水硫代硫酸钠溶于1 000 mL纯水中,煮沸、冷却,一周后过滤、标定即可使用。

0.1 mol/L的碘标准溶液:1.28 g碘和3 g碘化钾溶解后移入100 mL棕色容量瓶中,定容至刻度,置于避光处待用。

10%硫酸溶液:98%的浓硫酸与水按18.4∶161.9混合均匀。

1 mol/LHCl溶液:45 mL浓盐酸注入500 mL纯水中,混合均匀。

0.1 mol/L氢氧化钠溶液。

3. 仪器

250 mL碘量瓶,60目筛,电炉,恒温水浴锅,100 mL容量瓶,酸式滴定管,移液管(1 mL、2 mL、5 mL、10 mL)。

操作要点

(1) 取3个碘量瓶A、B、C,分别称取粉碎后经60目筛的样品1.00 g两份,置于A、B瓶中,以C瓶做空白对照。

(2) 分别加入50 mL水,并将A瓶放在电炉上微沸20 min,然后冷却至室温。

(3) 向各瓶加入稀释的糖化酶液2 mL,摇匀后一起置于50 ℃恒温水浴锅中保温1 h。

(4) 取出,立即向每瓶中加入1 mol/L HCl溶液2 mL,终止糖化。

(5) 将各瓶内反应物移入容量瓶定容至100 mL后过滤。

(6) 分别取滤液10 mL置于250 mL碘量瓶中,准确加入0.1 mol/L的碘标准溶液5 mL及0.1 mol/L氢氧化钠溶液18 mL,盖严放置15 min。

(7) 打开瓶塞,迅速加入10%硫酸溶液2 mL,以0.1 mol/L的硫代硫酸钠标准溶液滴定至无色,记录所消耗的硫代硫酸钠标准溶液的体积。

结果处理

$$\alpha\text{化程度} = \frac{V_0 - V_2}{V_0 - V_1} \times 100\%$$

式中:V_0——滴定空白溶液所消耗的硫代硫酸钠标准溶液的体积;V_1——滴定糊化样品

所消耗的硫代硫酸钠标准溶液的体积;V_2——滴定未糊化样品所消耗的硫代硫酸钠标准溶液的体积。

注意事项

(1) 加酶糖化时的条件,如加酶量、糖化温度与时间等对测定结果均有影响,操作时应适当控制。

(2) 一般膨化食品的 α 化程度为 98%～99%,方便面为 86%,速溶代乳粉为 90%～92%,生淀粉为 15%。

实验实训六　脂肪氧化、过氧化值及酸值的测定

能力目标

通过实训,掌握油脂过氧化值、酸值的测定方法,进一步明确影响油脂氧化的主要因素,为防止油脂发生氧化型酸败提供指导。

实训原理

过氧化值、酸值是评价油脂氧化程度、酸败变质程度的两个重要指标。脂肪氧化的初级产物是氢过氧化物(ROOH),ROOH 可进一步水解产生小分子的醛、酮、脂肪酸等物质,使油脂产生酸败。因此通过测定脂肪中氢过氧化物的量,可以评价脂肪的氧化程度;同时测定水解产生的游离脂肪酸的量,常以酸值来表示,可以表示油脂酸败的程度。本实训通过油脂在不同条件下储藏,并定期测定其过氧化值和酸值,了解影响油脂氧化的主要因素。与空白和添加抗氧化剂的油样品进行比较,观察抗氧化剂的性能。

实训中过氧化值的测定采用碘量法。在酸性条件下,油脂氧化过程中产生的过氧化物与过量的 KI 反应生成 I_2,以硫代硫酸钠溶液滴定,求出每千克油中所含过氧化物的物质的量(mmol),即脂肪的过氧化值(POV)。

酸值的测定是利用酸碱中和反应测出脂肪中游离酸的含量。油脂的酸值是指中和 1 g油脂中的游离脂肪酸所需氢氧化钾的毫克数。根据《食用油卫生标准》(GB 2716—2005),食用植物油正常酸值不超过 3 mg/g。

实训材料、试剂与仪器

1. 材料

油脂。

2. 仪器

50 mL 广口瓶六个(规格一致,干燥),滴定管,碘量瓶、锥形瓶(250 mL)。

3. 试剂

丁基羟基甲苯(BHT)。

饱和碘化钾溶液：取碘化钾 14 g，加水 10 mL，必要时微热使其溶解，冷却后贮于棕色瓶中，如发现溶液变黄，应重新配制。

三氯甲烷-冰乙酸混合液：量取三氯甲烷 40 mL，加冰乙酸 60 mL，混匀。

0.0020 mol/L $Na_2S_2O_3$ 溶液：用标定的 0.1 mol/L $Na_2S_2O_3$ 溶液稀释而成。

1%淀粉指示剂：称取可溶性淀粉 0.50 g，加少量冷水调成糊状，倒入 50 mL 沸水中调匀，煮沸。临用时现配。

0.05 moL/L 氢氧化钾标准溶液。

中性乙醚-乙醇(1∶1)混合溶剂：临用前用氢氧化钾溶液(3 g/L)中和至呈中性(用酚酞指示剂)。

酚酞指示剂：1%酚酞乙醇溶液。

操作要点

1. 油脂的氧化

在干燥的小烧杯中，将 120 g 油分为两等份，向其中一份中加入 0.012 g BHT，两份油脂进行同样程度的搅拌，直至加入的 BHT 完全溶解。向三个广口瓶中各加入 20 g 未添加 BHT 的油脂，另外三个广口瓶中各加入 20 g 已添加 BHT 的油脂，按表 3-6-1 所列编号存放，一星期后测定过氧化值和酸值。

表 3-6-1 油脂氧化的操作步骤

实验条件	编号	添加 BHT 情况
室温光照	1	未添加 BHT 的油脂
	2	添加 BHT 的油脂
室温避光	3	未添加 BHT 的油脂
	4	添加 BHT 的油脂
60℃避光	5	未添加 BHT 的油脂
	6	添加 BHT 的油脂

2. 过氧化值的测定

称取 2.00 g 油脂，置于干燥的 250 mL 碘量瓶，加入 20 mL 三氯甲烷-冰乙酸混合液，轻轻摇动使油溶解，加入 1 mL 饱和碘化钾溶液，摇匀，加塞，暗处放置 5 min。取出并立即加水 50 mL，充分摇匀，用 0.0020 mol/L $Na_2S_2O_3$ 溶液滴定至水层呈淡黄色，加入 1 mL 淀粉指示剂，继续滴定至蓝色消失，记下体积 V_1。另取 20 mL 三氯甲烷-冰乙酸混合液，加入 1 mL 饱和碘化钾溶液，摇匀，加水 50 mL，做空白实验，记下体积 V_2。

3. 酸值的测定

称取摇匀试样 3.00～5.00 g 注入锥形瓶中，加入 50 mL 中性乙醚-乙醇(1∶1)混合溶剂，摇动使试样溶解，必要时可置于热水中，温热促其溶解。冷至室温，加入 2～3 滴酚

酞指示剂，用0.05 mol/L氢氧化钾标准溶液滴定至出现微红色，且30 s内不消失为终点。记下消耗的碱液体积(mL)。

结果处理

1. 过氧化值(POV)计算

$$X = (V_1 - V_2) \times c \times 1000/m$$

式中：X——试样的过氧化值，mmol/kg；V_1——试样消耗$Na_2S_2O_3$标准滴定溶液的体积，mL；V_2——试剂空白消耗$Na_2S_2O_3$标准滴定溶液的体积，mL；c——$Na_2S_2O_3$标准滴定溶液的浓度，mol/L；m——试样质量，g。

计算结果保留两位有效数字。

2. 油脂酸值计算

$$酸值/(mg(KOH)/g) = cV \times 56.1/m$$

式中：V——滴定消耗的氢氧化钾标准溶液体积，mL；c——氢氧化钾标准溶液浓度，mol/L；56.1——1 mmol氢氧化钾的质量(mg)；m——试样质量，g。

平行测定结果允许不超过0.2 mg(KOH)/g的偏差，求其平均值，即为最终测定结果。计算结果保留两位有效数字。

注意事项

(1) 本实训方法参见《食用植物油卫生标准的分析方法》(GB/T 5009.37—2003)。

(2) 本实训需在两个单元时间进行，第一次做操作步骤之一，并熟悉过氧化值、酸值测定方法，测定油脂的起始过氧化值和酸值。

(3) 气温低时，第二次操作可在油脂储放两星期后进行。

(4) 滴定过氧化值时，应充分摇匀溶液，以保证I_2被萃取至水相中。

实验实训七　蛋白质的等电点测定

能力目标

了解蛋白质的两性解离性质，初步学会测定蛋白质等电点的方法。

实训原理

蛋白质和氨基酸一样是两性物质。不同的蛋白质有不同的等电点。在等电点时，由于蛋白质分子所带正、负电荷之和为零，在静电引力作用下，失去胶体的稳定条件，而迅速结合成较大的凝聚体以致沉淀析出。可利用此种性质的变化测定各种蛋白质的等电点。

本实训借助观察在不同pH值溶液中的溶解度来测定酪蛋白的等电点。用乙酸与乙酸钠(乙酸钠混合在酪蛋白溶液中)配制成不同 pH 值的缓冲溶液。向各缓冲溶液中加入酪蛋白后,沉淀出现最多的缓冲溶液的 pH 值即为酪蛋白的等电点。

实训材料、试剂与仪器

0.5%酪蛋白溶液(以 0.01 mol/L 氢氧化钠溶液作溶剂)。

酪蛋白乙酸钠溶液:称取酪蛋白 0.25 g,加蒸馏水 20 mL 及 1.00 mol/L 氢氧化钠溶液 5 mL。摇荡使酪蛋白溶解。然后加 1.00 mol/L 乙酸溶液 5 mL,倒入 50 mL 容量瓶内,用蒸馏水稀释至刻度,混匀。结果是酪蛋白溶于 0.01 mol/L 乙酸钠溶液中,酪蛋白的浓度为 0.5%。

0.01%溴甲酚绿指示剂,0.02 mol/L HCl 溶液,0.10 mol/L 乙酸溶液,0.02 mol/L 氢氧化钠溶液,0.01 mol/L 乙酸溶液,1.00 mol/L 乙酸溶液。

试管及试管架,滴管,吸量管(1 mL 和 5 mL 各 1 支),25 mL 锥形瓶。

操作要点

1. 蛋白质的两性反应

(1) 取 1 支试管,加 0.5%酪蛋白溶液 20 滴和 0.01%溴甲酚绿指示剂 5~7 滴,(溴甲酚绿指示剂变色的 pH 值范围是 3.8~5.4,指示剂的酸型色为黄色,碱型色为蓝色。)混匀。观察溶液呈现的颜色,并说明原因。

(2) 用滴管缓慢加入 0.02 mol/L HCl 溶液,随滴随摇,直至有明显的沉淀发生,此时溶液的 pH 值接近于酪蛋白的等电点。观察溶液颜色的变化。

(3) 继续滴入 0.02 mol/L HCl 溶液,观察沉淀和溶液颜色的变化,并说明其原因。

(4) 再滴入 0.02 mol/L 氢氧化钠溶液进行中和,观察是否出现沉淀,解释其原因。继续加入 0.02 mol/L 氢氧化钠溶液,为什么沉淀又会溶解?溶液的颜色如何变化?这说明了什么问题?

2. 酪蛋白等电点的测定

表 3-7-1 酪蛋白等电点测定

管号	蒸馏水(mL)	0.01 mol/L 醋酸溶液(mL)	0.10 mol/L 醋酸溶液(mL)	1.0 mol/L 醋酸溶液(mL)	pH 值混浊度
1	8.4	0.6	0	0	5.9
2	8.7	0	0.3	0	5.3
3	8.0	0	1.0	0	4.7
4	7.4	0	0	1.6	3.5

取同样规格的试管 4 支,按表 3-7-1 分别精确地加入各试剂,然后混匀。向以上试管中加酪蛋白的乙酸钠溶液 1 mL,加一管,摇匀一管。此时 1、2、3、4 号试管的 pH 值依次为 5.9、5.3、4.7、3.5。观察其混浊度,静置 10 min 后,再观察其混浊度。混浊度可以用一、+、++、+++等符号表示。最混浊的一管的 pH 值即为酪蛋白的等电点。

问题与讨论

(1) 何谓蛋白质的等电点?

(2) 在等电点时蛋白质的溶解度为什么最低?请结合你的实训结果和蛋白质的胶体性质加以说明。

(3) 在本实训中,酪蛋白处于等电点时则从溶液中沉淀析出,所以说凡是蛋白质在等电点时必然沉淀出来。上面的结论对吗?为什么?请举例说明。

实验实训八　花青素稳定的影响因素

能力目标

本实训为部分自主设计实训。学生可通过实训了解花青素的性质,特别是要掌握影响花青素颜色变化的主要因素,从而提出在加工过程中利用花青素的这些特性为生产实践服务的措施。

实训原理

花青素属多酚类化合物,是植物中主要的水溶性色素之一。它的色彩十分鲜艳美丽,以蓝、紫、红、橙等颜色为主。

花青素的化学性质不稳定,常常因环境条件的变化而改变颜色,影响变色的条件主要包括 pH 值、氧化剂、酶、金属离子、糖、温度和光照等。可通过改变几种影响花青素变色的主要因素,了解其变色的规律及原因。

实训材料、试剂与仪器

几种色彩不同的植物:玫瑰茄、紫甘蓝、桑葚、"心里美"萝卜等。

1 mol/L NaOH 溶液、冰乙酸、亚硫酸氢钠、2%抗坏血酸溶液、0.1 mol/L 三氯化铝溶液、0.1 mol/L 三氯化铁溶液、蔗糖等。

试管、烧杯、电炉、水浴锅、可见分光光度计(带扫描)等。

操作要点

1. 样品处理

将几种植物用热水浸泡,取其溶液。取几种含花青素的水果、蔬菜少量,研磨后用水提取,过滤,取清液。

2. 花青素变色的影响因素

(1) pH 值对花青素色泽的影响。

取若干支试管，编号。取不同颜色花的溶液和果蔬汁 2～3 mL 分别置于试管中，逐滴加入 1 mol/L NaOH 溶液，观察颜色变化，记录。然后分别向各试管中滴加冰乙酸，观察颜色变化，记录。

(2) 亚硫酸盐对花青素颜色的影响。

取不同颜色的溶液 2～3 mL 于试管中，分别加入少许亚硫酸氢钠，摇匀，观察色泽变化，记录。

(3) 抗坏血酸对花青素颜色的影响。

取不同颜色的溶液 2～3 mL 于试管中，分别加几滴 2%抗坏血酸溶液，观察溶液颜色变化，记录。

(4) 金属离子对花青素色泽的影响。

取不同颜色的溶液 2～3 mL 于试管中，逐一加入少许三氯化铝或三氯化铁溶液，振摇，观察并记录色泽变化。

(5) 温度对花青素颜色的影响。

取不同颜色的溶液 2～3 mL 于试管中，于沸水浴中加热，观察颜色变化。

(6) 糖对花青素颜色的影响。

取不同颜色的溶液 2～3 mL 于试管中，分别加蔗糖等少许，沸水浴中加热，观察其颜色的变化并记录。

问题与讨论

通过实训，你对花青素的性质有何理解？对在食品加工中含花青素样品的护色你有什么想法？

实验实训九 蛋白质的功能性质

能力目标

通过实训，进一步明确蛋白质的食品加工特性，并能应用于食品加工。

实训原理

蛋白质的功能性质一般是指能使蛋白质成为人们所需要的食品特征而具有的物理化学性质，即对食品的加工、储藏、销售过程中发生作用的那些性质，这些性质对食品的质量及风味起着重要的作用。蛋白质的功能性质与蛋白质在食品体系中的用途有着十分密切的关系，是开发和有效利用蛋白质资源的重要依据。

各种蛋白质具有不同的功能性质，如牛奶中的酪蛋白具有凝乳性，在酸、热、酶(凝乳酶)的作用下会沉淀，用来制造奶酪。酪蛋白还能加强冷冻食品的稳定性，使冷冻食品在低温下不会变得酥脆。面粉中的谷蛋白(面筋)具有黏弹性,在面包、蛋糕发酵过程中,蛋白质形成立体的网状结构,能保住气体,使体积膨胀,在烘烤过程中蛋白质凝固是面包成型的因素之一。肌肉蛋白的持水性与味道、嫩度及颜色有密切的关系。鲜肉糜的重要功能特性是保水性、脂肪黏合性和乳化性。在食品的配制中,选择哪一种蛋白质,原则上是根据它们的功能性质。

蛋白质的功能性质可分为水化性质、表面性质、蛋白质-蛋白质相互作用的有关性质三个主要类型,主要包括吸水性、溶解性、保水性、分散性、黏度和黏着性、乳化性、起泡性、凝胶作用等。

通过本实验可以定性地了解上述几种蛋白质的功能性质。

实训材料、试剂与仪器

蛋清蛋白;2%蛋清蛋白溶液(取 2 g 蛋清加 98 g 蒸馏水稀释,过滤取清液);卵黄蛋白(鸡蛋除蛋清后剩下的蛋黄捣碎);大豆分离蛋白粉;面粉、牛奶、瘦肉。

1 mol/L HCl 溶液;1 mol/L 氢氧化钠溶液;饱和氯化钠溶液;饱和硫酸铵溶液;酒石酸;硫酸铵;氯化钠;δ-葡萄糖酸内酯;氯化钙饱和溶液;水溶性红色素;明胶;乳酸溶液;焦磷酸钠。

绞肉机、显微镜、电动搅拌器。

操作要点

1. 蛋白质的水溶性

(1) 在 50 mL 的小烧杯中加入 0.5 mL 蛋清蛋白,加入 5 mL 水,摇匀,观察其水溶性,有无沉淀产生。在溶液中逐滴加入饱和氯化钠溶液,摇匀,得到澄清的蛋白质的氯化钠溶液。

取上述蛋白质的氯化钠溶液 3 mL,加入 3 mL 饱和硫酸铵溶液,观察球蛋白的沉淀析出,再加入粉末硫酸铵至饱和,摇匀,观察清蛋白从溶液中析出,解释蛋清蛋白质在水中及氯化钠溶液中的溶解度以及蛋白质沉淀的原因。

(2) 在四支试管中各加入 0.1～0.2 g 大豆分离蛋白粉,分别加入 5 mL 水,5 mL 饱和氯化钠溶液,5 mL 1 mol/L 氢氧化钠溶液,5 mL 1 mol/L HCl 溶液,摇匀,在温水浴中加热片刻,观察大豆蛋白在不同溶液中的溶解度。在第一、二支试管中加入饱和硫酸铵溶液 3 mL,析出大豆球蛋白沉淀。第三、四支试管中分别用 1 mol/L HCl 溶液及 1 mol/L 氢氧化钠溶液中和至 pH 值为 4～4.5,观察沉淀的生成,解释大豆蛋白的溶解性以及 pH 值对大豆蛋白溶解性的影响。

2. 蛋白质的乳化性

(1) 取 5 g 卵黄蛋白加入 250 mL 的烧杯中,加入 95 mL 水,0.5 g 氯化钠,用电动搅拌器搅匀后,在不断搅拌下滴加植物油 10 mL,滴加完后,强烈搅拌 5 min 使其分散成均匀的乳状液,静置 10 min,待泡沫大部分消除后,取出 10 mL,加入少量水溶性红色素染色,不断搅拌直至染色均匀,取一滴乳状液在显微镜下仔细观察,被染色部分为水相,未被染色部分为油相，根据显微镜下观察所得到的染料分布，确定该乳状液是属于水包油型还是油包水型。

(2) 配制5%的大豆分离蛋白溶液100 mL，加0.5 g氯化钠，在水浴上温热搅拌均匀，同上法加10 mL植物油进行乳化。静置10 min后，观察其乳状液的稳定性，同样在显微镜下观察乳状液的类型。

3. 蛋白质的起泡性

(1) 在三个250 mL的烧杯中各加入2%蛋清蛋白溶液50 mL，一份用电动搅拌器连续搅拌1～2 min，一份用玻璃棒不断搅打1～2 min，另一份用玻璃管不断鼓入空气泡1～2 min。观察泡沫的生成，估计泡沫的多少及泡沫稳定时间的长短。评价不同的搅打方式对蛋白质起泡性的影响。

(2) 取两个250 mL的烧杯，各加入2%蛋清蛋白溶液50 mL，一份放入冷水或冰箱中冷至10 ℃，一份保持常温(30～35 ℃)，同时以相同的方式搅打1～2 min，观察泡沫产生的数量及泡沫稳定性有何不同。

(3) 取三个250 mL烧杯，各加入2%蛋清蛋白溶液50 mL，其中一份加入酒石酸0.5 g，一份加入氯化钠0.1 g，以相同的方式搅拌1～2 min，观察泡沫产生的数量及泡沫稳定性有何不同。

用2%大豆蛋白溶液进行以上的同样实验，比较蛋清蛋白与大豆蛋白的起泡性。

4. 蛋白质的凝胶作用

(1) 在试管中取1 mL蛋清蛋白，加1 mL水和几滴饱和氯化钠溶液至溶解澄清，放入沸水浴中加热片刻，观察凝胶的形成。

(2) 在100 mL烧杯中加入2 g大豆分离蛋白粉，40 mL水，在沸水浴中加热，不断搅拌均匀，稍冷，将其分成两份，一份加入5滴氯化钙饱和溶液，另一份加入0.1～0.2 g δ-葡萄糖酸内酯，温水浴中放置数分钟，观察凝胶的生成。

(3) 在试管中加入0.5 g明胶，5 mL水，水浴中温热溶解形成黏稠溶液，冷却后，观察凝胶的生成。

解释在不同情况下凝胶形成的原因。

5. 酪蛋白的凝乳性

在小烧杯中加入15 mL牛奶，逐滴滴加50%乳酸溶液，观察酪蛋白沉淀的形成，当牛奶溶液达到pH值为4.6时(酪蛋白的等电点)，观察酪蛋白沉淀的量是否增多。

6. 面粉中谷蛋白的黏弹性

分别将20 g高筋面粉和低筋面粉加9 mL水揉成面团，将面团不断在水中洗揉，直至没有淀粉洗出为止，观察面筋的黏弹性，并分别称重，比较高筋面粉和低筋面粉中湿面筋的含量。

7. 肌肉蛋白质的持水性

将新鲜瘦猪肉在绞肉机中绞成肉糜，取10 g肉糜三份，分别加入2 mL水、4 mL水以及4 mL含有20mg焦磷酸钠(或三聚磷酸钠)的水溶液，顺一个方向搅拌2 min，放置半小时以上,观察三份肉糜的持水性、黏着性。蒸熟后再观察其胶凝性。

问题与讨论

(1) 牛奶败坏后为何出现沉淀?沉淀是什么?

(2) 在面制品的加工中如何选择使用高筋面粉和低筋面粉?

(3) 为什么加入焦磷酸钠会增加肉的持水性?

实验实训十　褐　　变

能力目标

通过实验现象的观察,进一步了解各类褐变现象,理解其原理;掌握影响各类褐变的因素,能够利用有益褐变,防止有害褐变。

实训原理

褐变是食品中较普遍的变色现象,包括酶促褐变、美拉德反应、焦糖化反应和抗坏血酸反应。后三种不需要酶作催化剂,称为非酶褐变。非酶褐变历程复杂,产物多样。通过焦糖和面包的制作,观察焦糖化反应过程、焦糖色及焙烤色的形成。美拉德反应受环境温度、pH 值及反应物的影响,可用简单组分间的反应进行验证。

酶促褐变必须具备三个条件(酶、底物和氧气),缺一不可,所以某些果蔬无此褐变现象,根据此原理,可人为改变环境条件控制酶促褐变。

实训材料、试剂与仪器

有柄瓷蒸发皿,酒精灯,试管和试管架,试管夹,小刀,恒温水浴锅,表面皿,温度计,烧杯,电子天平,远红外电热炉或食品烤箱,电炉。

苹果,土豆,西瓜,橘子,白糖,面包面胚,鸡蛋。

5%抗坏血酸溶液,5%亚硫酸氢钠溶液,0.5%柠檬酸和 0.3%抗坏血酸等体积混合液,10%氢氧化钠溶液,10% HCl 溶液,甘氨酸,果糖,核糖,蔗糖,葡萄糖,赖氨酸,谷氨酸。

操作要点

1. 酶促褐变

(1) 将苹果、土豆、西瓜、橘子去皮切片后,分置于表面皿上,20 min 后观察各试样颜色的变化，记录结果，说明原因。

(2) 取8只烧杯，编1～8号，按下述要求操作：

① 1号空杯置于空气中，2号加近沸的蒸馏水，3号加蒸馏水(室温)，4号加5%抗坏血酸溶液，5号加5%亚硫酸氢钠溶液，6号加0.5%柠檬酸和0.3%抗坏血酸等体积混合液；

② 将土豆(或苹果)去皮后，切成5.0 cm×1.5 cm×0.5 cm的薄片(7片)，分别置于1～6号烧杯中，3号烧杯中置2片，其溶液均要浸没试样；

③ 0.5 min后从2号烧杯中取出试样，置于干燥的7号烧杯中；

④ 20 min后，观察各烧杯中土豆片颜色的变化，并与1号烧杯试样比较，解释原因；

⑤ 从3号烧杯中取出其中一片试样置于干燥的8号烧杯中，再过20 min后，观察土豆片颜色的变化，解释原因。

2. 非酶褐变

(1) 美拉德反应。

① 温度的影响。取2支干燥试管，均加入果糖和甘氨酸各0.5 g，再各加2 mL水，摇匀，将其中一支试管置室温下静置，另一支试管置于沸水浴中加热，5 min后观察两试管内溶液颜色的变化，20 min后再一次观察两试管溶液的颜色并记录现象。

② pH值的影响。取3支干燥试管，均加入果糖和甘氨酸各0.5 g，再各加2 mL水。分别加入10%HCl溶液、10%氢氧化钠溶液、蒸馏水各10滴，摇匀后同时置于沸水浴中加热，仔细观察各试管溶液颜色变化的速度，2 min后比较各试管溶液颜色深浅，记录变化速度、颜色深浅。

③ 不同反应物的影响。取3支干燥试管，分别加入果糖和甘氨酸各0.5 g，蔗糖和甘氨酸各0.5 g，核糖和甘氨酸各0.5 g。再各加入2 mL水，摇匀后置于沸水浴中加热，仔细观察各试管溶液颜色的变化速度，5 min后记录颜色深浅，说明原因。

取3支干燥试管，分别加入果糖和甘氨酸各0.5 g，果糖与赖氨酸各0.5 g，果糖与谷氨酸各0.5 g，再各加入2 mL水，摇匀后置于沸水浴中加热，同上观察与记录，并说明原因。

(2) 焦糖的生成。

称取白糖25 g，置于有柄瓷蒸发皿中，加1 mL水，在电炉上加热至150 ℃左右，关闭电源，使温度上升至190～195 ℃，再恒温10 min，此时白糖成深褐的胶态物质(焦糖)。稍冷后，在蒸发皿中加入少量的蒸馏水使其溶解。转移至250 mL烧杯中，加水至约200 mL。观察焦糖生成过程中颜色的变化、起泡现象和溶液的颜色。

(3) 焙烤色的形成。

取面包面胚8个(每个50 g左右)，编号1～8。1、2号面胚表面刷一些糖水，3、4号面胚表面刷一层蛋液，5、6号面胚表面刷一层含葡萄糖的蛋液，7、8号面胚保持原样。

8个面胚同时入远红外电热炉(或烤箱)烘烤，入炉温度低些，然后逐渐升高，出炉前温度再逐渐降低。180～200 ℃烘烤15～20 min出炉。观察4组面包皮的颜色，并嗅其

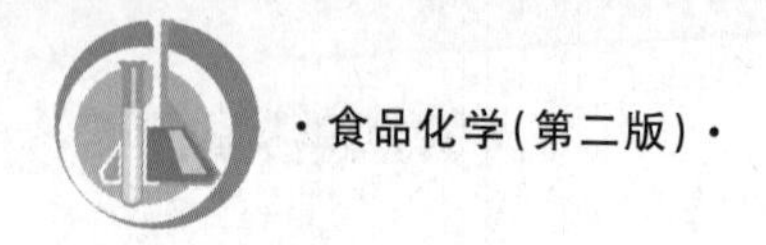

香气,说明原因。

注意事项

(1) 焦糖制作过程中,要注意控制温度和加热时间,如温度过高,时间过长,就会结焦,难以洗涤。

(2) 面包面胚可自己制作,也可购买。操作过程中,禁止接触任何化学试剂,只观察不入口。

问题与讨论

(1) 酶促褐变可从几个方面进行控制?

(2) 不同糖类、不同氨基酸对美拉德反应速度有何影响?

(3) 四组面包皮的色泽为什么有所不同?

(4) 面包焙烤过程中的香气是什么物质所产生的?

(5) 焦糖具有什么特性?使用时应注意什么问题?

实验实训十一　拼　　色

能力目标

掌握基本色、二次色、三次色的不同色谱,并能根据需要拼出理想的色调。

实训原理

为了改善食品的感官性质,增进人们食欲,常需对食品进行着色。色调的选择要符合人们的心理和习惯上对食品颜色的要求,一般应该选择与食品原来色彩相似的或与食品的名称相一致的色调。

红、黄、蓝是所有色彩中的基本色,理论上可用红、黄、蓝按不同的浓度和比例可以调配出除白色以外的任何颜色。其简易的调色原理如下:

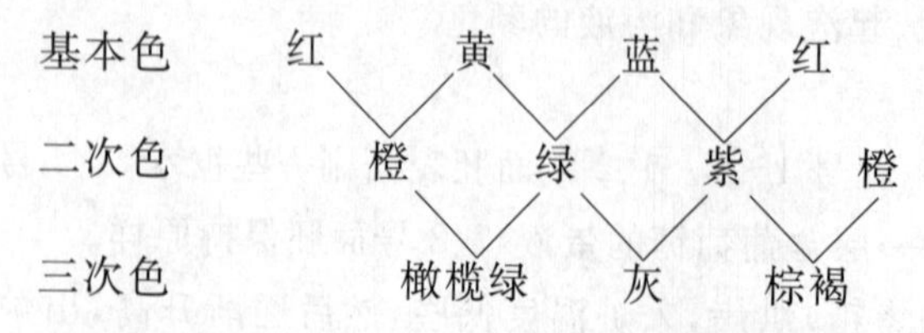

不同的色调可由不同的色素按不同比例拼配而成,见表 3-11-1。

表 3-11-1　几种色调的拼配比例

（单位：%）

色　调	苋菜红	胭脂红	柠檬黄	日落黄	靛蓝	亮蓝
橘红	0	40	60	0	0	0
大红	50	50	0	0	0	0
杨梅红	60	40	0	0	0	0
番茄红	93	0	0	7	0	0
草莓红	73	0	0	27	0	0
蛋黄	2	0	93	5	0	0
绿色	0	0	72	0	0	28
苹果绿	0	0	45	0	55	0
紫色	68	0	0	0	0	32
葡萄紫	40	0	0	0	60	0
葡萄酒	75	0	20	0	0	5
小豆	43	0	32	0	25	0
巧克力	36	0	48	0	16	0

另外，各种食用合成色素溶解在不同的溶剂中可能产生不同的色调和颜色强度。尤其是 2 种食用合成色素拼色时，情况更为显著。

实训材料、试剂与仪器

试管和试管架、滴管、吸量管（1 mL、2 mL、5 mL、10 mL）。

无水乙醇，0.02%苋菜红溶液，0.02%胭脂红溶液，0.02%日落黄溶液，0.05%柠檬黄溶液，0.02%亮蓝溶液，0.01%靛蓝溶液。

操作要点

1. 由基本色配制二次色

取 6 支洁净、干燥的试管，依次排列于试管架上，按表 3-11-2 要求加入试剂，并记录滴数。

表 3-11-2　二次色配料表

试　管　号	胭脂红溶液体积/mL	靛蓝溶液体积/mL	柠檬黄溶液体积/mL
1	5	逐滴加入使成紫色	0
2	5	0	逐滴加入使成橙色
3	逐滴加入使成紫色	5	0
4	0	5	逐滴加入使成绿色
5	逐滴加入使成橙色	0	5
6	0	逐滴加入使成绿色	5

加入试剂后摇匀，仔细观察3种二次色的颜色。

2. 二次色配制三次色

按上述方法再配成橄榄、蓝灰、棕褐三次色，并记录滴数。配完后仔细观察三次色的颜色。

3. 不同色调的配制

(1) 葡萄酒色调。取1支洁净、干燥的试管，加入0.02%苋菜红溶液7.5 mL，加入0.02%柠檬黄溶液(0.05%柠檬黄溶液稀释制得)2.0 mL，再逐滴加入0.02%亮蓝溶液使成葡萄酒色调，记录滴数。

(2) 蛋黄色调。取1支洁净、干燥的试管，加入0.02%柠檬黄溶液(稀释制得)9.3 mL，加入0.02%日落黄溶液0.5 mL，逐滴加入0.02%苋菜红溶液使成蛋黄色调，记录滴数。

(3) 巧克力色调。取1支洁净、干燥的试管，加入0.01%柠檬黄溶液(稀释制得)4.8 mL，加入0.01%苋菜红溶液3.6 mL(稀释制得)，逐滴加入0.01%靛蓝溶液使成巧克力色调，记录滴数。

(4) 自选一种色调进行拼色。

4. 不同溶剂对色调的影响

(1) 将上述3支试管的溶液(葡萄酒色调、蛋黄色调、巧克力色调)分别移取5.0 mL依次注入另外3支洁净、干燥的试管中，于试管架上依次排列。

(2) 在前3支试管中各加入5.0 mL蒸馏水，摇匀。在后3支试管中各加入5.0 mL无水乙醇，摇匀。一一对应仔细观察色调和颜色强度的变化。

结果处理

据记录的滴数换算成体积，粗略算出二次色的三种色调的拼配比例。

注意事项

(1) 试剂的加取均用吸量管。

(2) 色素溶液配制要相对准确，避免接触金属。

问题与讨论

(1) 色素拼色的基本方法是什么？

(2) 生产中食用合成色素调色应注意什么问题？

实验实训十二　食品感官质量评价

能力目标

通过实训，能够用加权平均法和模糊数学法评价食品的感官质量。

实训原理

食品感官质量（即感官标准），是食品使用质量标准不可缺少的一部分。它是以人的感觉器官（视觉、嗅觉、味觉及触觉）作为分析工具，对食品的外观、颜色、柔软度、气味、滋味以及包装等进行综合评价，即感官检查。常用感官评定方法有两点比较法、三点比较法、加权平均法、顺序比较法和模糊数学法等。

目前常用加权平均法。但是由于评审人员自身情况（如嗜好、情绪、经验、生理条件等）不尽相同，所评定的分数结果离散度较大，很难获得比较一致的结果。用一个平均数，很难准确地表示某一指标应得的分数，使结果存在误差。采用模糊关系的方法来处理评定的结果，由于综合考虑所有的因素，可以获得一个综合的比较客观的结果。模糊数学模型能编成计算机程序，只要输入评比分数，就能由计算机完成，最后打印出评判结果。

感官评定的质量指标标准，往往是一些“亦此亦彼”的、难以定量化的模糊元素。例如，滋味指标标准有好吃、不好吃、特有风味等，香气标准有原有香气、清香、浓郁等。采用模糊数学方法，可以使这些模糊信息经过数学处理后，产生数值信息，从而获得较客观的质量评价结果。

实训材料

四种啤酒或饮料，茶叶。

操作要点

（1）根据所给的样品和部颁质量标准（或企业标准），进行感官检验和评定。用文字描述质量合格标准，填于表中。

（2）用加权平均法，对所给四种样品进行质量评价，填于表中计算，进行各项排列。

（3）用模糊数学法和所给的表格，对茶叶样品进行品评和数学处理，计算，进行质量评价。

实训结果与讨论

比较不同数字处理方法的结果，讨论其准确性。

实验实训十三　味觉实验

能力目标

通过实训,能够敏感地识别各种基本味,并能掌握味阈的测定方法。

实训原理

甜、酸、苦、咸为基本味觉,蔗糖、柠檬酸、硫酸奎宁、氯化钠分别为基本味觉的呈味物质。基本味和色彩中的三原色相似,它们以不同的浓度和比例组合就可形成自然界千差万别的各种味道。通过对这些基本味道识别的训练,可提高感官鉴评能力。

品尝一系列同一物质(基本味觉物)但浓度不同的水溶液,可以确定该物质的味阈,即辨出该物质味道的最低浓度。

察觉味阈:该浓度的味感只是和水稍有不同而已,但物质的味道尚不明显。

识别味阈:能够明确辨别该物质味道的最低浓度。

极限味阈:超过此浓度再增加溶质时,味感也无变化。

以上 3 种味阈值的大小,取决于鉴定者对试样味道的敏感程度,所以味阈值可以通过品尝由稀至浓的某种味觉物溶液来确定,本实验中采用质量浓度。

实训材料、试剂与仪器

容量瓶(250 mL 5 个,1 000 mL 11 个)、烧杯(100 mL 12 个,500 mL 13 个)、移液管(5 mL、10 mL、20 mL、25 mL)、量筒、电子天平、白瓷盘、温度计、电炉。

蔗糖溶液(母液 A 0.20 g/mL):称取 50 g 蔗糖,溶解并定容至 250 mL。使用时分别移取 20 mL、30 mL 母液 A,稀释并定容至 1 000 mL,配成质量浓度分别为 0.004 g/mL、0.006 g/mL 的 2 种试液。

氯化钠溶液(母液 B_1 0.10 g/mL):称取 25 g 氯化钠,溶解并定容至 250 mL。使用时分别移取 8 mL、15 mL 母液 B_1,稀释并定容至 1 000 mL,配成质量浓度分别为 0.000 8 g/ mL、0.001 5 g/mL 的 2 种试液。

柠檬酸溶液(母液 C 0.01 g/mL):称取 2.5 g 柠檬酸,溶解并定容至 250 mL。使用时分别移取 20 mL、30 mL、40 mL 母液 C,稀释并定容至 1 000 mL,配成质量浓度分别为 0.000 2 g/mL、0.000 3 g/mL、0.000 4 g/mL 的 3 种试液。

硫酸奎宁溶液(母液 D 0.000 2 g/mL):称取 0.05 g 硫酸奎宁,在水浴中加热(70～80 ℃),溶解并定容至 250 mL。使用时移取 2.5 mL、10 mL、20 mL、40 mL 母液 D,稀释并定容至 1 000 mL,配成质量浓度分别为 0.000 000 5 g/mL、0.000 002 g/mL、0.000 004 g/mL、0.000 008 g/mL 的 4 种试液。

氯化钠母液($B_2$0.10 g/mL):称取氯化钠 25 g,溶解并定容至 250 mL。

稀释母液,配成一系列质量浓度的试液:分别移取氯化钠母液 0 mL、1.0 mL、2.0 mL、3.0 mL、4.0 mL、5.0 mL、6.0 mL、7.0 mL、8.0 mL、9.0 mL、10.0 mL、11.0 mL,稀释并定容至 500 mL。配成质量浓度为 0 g/mL、0.000 2 g/mL、0.000 4 g/mL、0.000 6 g/mL、0.000 8 g/mL、0.001 0 g/mL、0.001 2 g/mL、0.001 4 g/mL、0.001 6 g/mL、0.001 8 g/mL、0.002 0 g/mL、0.002 2 g/mL 的系列试液。

操作要点

1. 味觉实验

(1) 在白瓷盘中,放 12 个已编号的小烧杯,各盛有约 30 mL 不同质量浓度的基本味觉试液(其中 1 杯盛水),试液以随机顺序从左到右编号排列。

(2) 先用清水(约 40 ℃)漱口,再取第一个小烧杯,喝一小口试液(含于口中勿咽下),活动口腔使试液接触整个舌头,仔细辨别味道,吐出试液,用清水洗漱口腔。记录小烧杯的编号和味觉判断。按照一定的顺序(从左到右)对每一种试液(包括水)进行品尝,并作出味道判断。更换一批试液,重复以上操作。

结果表达:当试液的味道低于你的分辨能力时,以“0”表示,例如水;当你对试液的味道犹豫不决时,以“?”表示;当你肯定你的味道判别时,以“甜、酸、咸、苦”表示。

2. 一种基本味觉的味阈实验

(1) 在白瓷盘中放 12 个已编号的小烧杯,内盛一系列氯化钠试液(约 30 mL)。从左到右按浓度由小到大顺序排列,并随机用数字或字母给试液编号。

(2) 先用清水漱口(约 40 ℃),然后喝一小口试液含于口中,活动口腔,使试液接触整个舌头和上腭,从左到右品尝试液。仔细体会味觉,对试液的味道进行描述并记录味觉强度。

结果表达:用 0、?、1、2、3、4、5 来表达味觉强度。

0——无味感或味道如水;

? ——不同于水,但不能明确辨出某种味觉(察觉味阈);

1——开始有味感,但很弱(识别味阈);

2——有比较弱的味感;

3——有明显的味感;

4——有比较强的味感;

5——有很强烈的味感。

根据记录和老师所提供的试样溶液的质量浓度,测出自己的察觉味阈和识别味阈。

注意事项

(1) 试液用数字编号时,最好采用从随机数表上选择三位数的随机数字,也可用拉丁字母或字母和数字相结合的方式对试样进行编号。

(2) 实验中所有玻璃器皿都必须从未装过任何化学试剂,并预先用清水洗涤,不能用其他液体(如肥皂液等)洗涤。

(3) 实验中的水质非常重要,蒸馏水、去离子水都不能令人满意。蒸馏水会引起苦味感觉,去离子水对某些人会引起甜味感,所以一般方法是将新鲜自来水煮沸 10 min(用无盖锅),然后冷却即可。

(4) 每次品尝后,用清水漱口,等待 1 min 再品尝下一个试样。

问题与讨论

(1) 影响味觉的因素有哪些?

(2) 察觉味阈、识别味阈、极限味阈有何差别?

实验实训十四　酶的性质与影响酶促反应速度的因素

能力目标

通过实训加深对酶的性质的认识。学会观察酶的专一性以及温度、pH 值、激活剂和抑制剂等因素对酶活性的重要影响。

实训原理

酶具有高度的专一性。淀粉和蔗糖无还原性,唾液淀粉酶水解淀粉生成有还原性的麦芽糖,但不能催化蔗糖的水解。蔗糖酶能催化蔗糖水解产生还原性葡萄糖和果糖,但不能催化淀粉的水解。可用班氏试剂检查糖的还原性。

酶的活性受温度影响,在最适温度下,酶的催化反应速度最高,大多数动物酶的最适温度在 37～40 ℃,植物酶的最适温度为 50～60 ℃。偏离此最适温度时,酶的活性减弱。

酶的活性受环境 pH 值的影响极为显著。不同酶的最适 pH 值不同。

对于酶促反应,除上述影响因素外,有些物质能使酶的活性增加,称为酶的激活剂,有些物质会使酶的活性降低,称为酶的抑制剂。很少量的激活剂或抑制剂就会影响酶的活性,而且常具有特异性。值得注意的是,激活剂和抑制剂不是绝对的,有些物质在低浓度时为某种酶的激活剂,而在高浓度时则为该酶的抑制剂。

实训材料、试剂与仪器

恒温水浴锅、试管及试管架、锥形瓶、吸管、滴管、白瓷板等。

2%蔗糖溶液(分析纯);溶解 0.3%氯化钠的 1%淀粉溶液(需新鲜配制);稀释 100 倍的新鲜唾液;蔗糖酶溶液(将啤酒厂的鲜酵母用水洗涤 2～3 次(离心法),然后放在滤纸上自然干燥。取干酵母 100 g 置于乳钵内,添加适量蒸馏水及少量细沙,用力研磨,提取约1 h,

再加蒸馏水，使总体积约为原体积的10倍，离心，将上清液保存于冰箱中备用)；班氏试剂(无水硫酸铜1.74 g溶于100 mL热水中，冷却后稀释至150 mL，取柠檬酸钠173 g、无水碳酸钠100 g和600 mL水共热，溶解后冷却并加水至850 mL，再将冷却的150 mL硫酸铜溶液注入)；碘化钾-碘溶液(将碘化钾20 g及碘10 g溶于100 mL水中，使用前稀释10倍)；0.2 mol/L磷酸氢二钠溶液；0.1 mol/L柠檬酸溶液；pH试纸(pH=5、5.8、6.8、8)；1%氯化钠溶液；0.5%硫酸铜溶液。

操作要点

1. 酶的专一性

(1) 淀粉酶的专一性按表3-14-1操作。

表3-14-1　淀粉酶的专一性实训步骤

管　　号	1	2	3	4	5	6
1%淀粉溶液(滴)	4	0	4	0	4	0
2%蔗糖溶液(滴)	0	4	0	4	0	4
稀释唾液(mL)	0	0	1	1	0	0
煮沸过的稀释唾液(mL)	0	0	0	0	1	1
蒸馏水(mL)	1	1	0	0	0	0
37 ℃恒温水浴15 min						
班氏试剂(mL)	1	1	1	1	1	1
沸水浴2～3 min						
现象						

(2) 蔗糖酶的专一性按表3-14-2操作。

表3-14-2　蔗糖酶的专一性实训步骤

管　　号	1	2	3	4	5	6
1%淀粉溶液(滴)	4	0	4	0	4	0
2%蔗糖溶液(滴)	0	4	0	4	0	4
蔗糖酶溶液(mL)	0	0	1	1	0	0
煮沸过的蔗糖酶溶液(mL)	0	0	0	0	1	1
蒸馏水(mL)	1	1	0	0	0	0
37 ℃恒温水浴5 min						
班氏试剂(mL)	1	1	1	1	1	1
沸水浴2～3 min						
现象						

2. 温度对酶活性的影响

淀粉和可溶性淀粉遇碘呈蓝色。糊精按其分子的大小，遇碘可呈蓝色、紫色、暗褐色或红色,最小的糊精和麦芽糖遇碘不呈色。在不同的温度下,淀粉被唾液淀粉酶水解的程度可由其遇碘呈现的颜色来判断。

取3支试管,编号后按表3-14-3加入试剂。

表3-14-3 温度对酶活性的影响实训加液表

管　号	1	2	3
淀粉溶液(mL)	1.5	1.5	1.5
稀释唾液(mL)	1	1	0
煮沸过的稀释唾液(mL)	0	0	1

摇匀后,将1号、3号两试管放入37 ℃水浴中,2号试管放入冰水中。10 min后取出(将2号试管内液体分为两半),用碘化钾-碘溶液来检验1、2、3号试管内淀粉被唾液淀粉酶水解的程度。记录并解释结果,将2号试管剩下的一半溶液放入37 ℃水浴中继续保温10 min后,再用碘液实验,判断结果。

3. pH值对酶活性的影响

取4个标有号码的50 mL锥形瓶。用吸管按表3-14-4添加0.2 mol/L磷酸氢二钠溶液和0.1 mol/L柠檬酸溶液以制备pH值为5.0～8.0的四种缓冲液。

表3-14-4 四种缓冲液配液表

锥形瓶号	0.2 mol/L磷酸氢二钠(mL)	0.1mol/L柠檬酸(mL)	pH值
1	5.15	4.85	5.0
2	6.05	3.95	5.8
3	7.72	2.28	6.8
4	9.72	0.28	8.0

从4个锥形瓶中各取缓冲液3 mL,分别注入4支编好号的试管中,随后于每支试管中添加0.5%淀粉溶液2 mL和稀释100倍的唾液2 mL。向各试管中加入稀释唾液的时间间隔各为1 min。将各试管内容物混匀,并依次置于37 ℃恒温水浴中保温。

在第4支试管中加入唾液2 min后,每隔1 min由第4支试管取出1滴混合液,置于白瓷板上,加1小滴碘化钾-碘溶液,检验淀粉的水解程度。待混合液变为橘黄色时,向所有试管依次添加1～2滴碘化钾-碘溶液。添加碘化钾-碘溶液的时间间隔,从第1支试管起,也均为1 min。观察各试管内容物呈现的颜色,分析pH值对唾液淀粉酶活性的影响。

4. 激活剂和抑制剂对酶活性的影响

取3支已编号的试管,向第1支试管中加入1%氯化钠溶液1 mL,向第2支试管中加入0.5%硫酸铜溶液1 mL,向第3支试管中加入蒸馏水1 mL作为对照。再向每支试管各加入1%淀粉溶液3 mL和稀释的唾液1 mL。如表3-14-5所示。摇匀各管内容物,一齐放入37 ℃恒温水浴中保温,10～15 min后取出。冷却后,各滴入2～3滴碘化钠-碘溶液,混匀,观察、比较3支试管溶液颜色的深浅。

表 3-14-5 激活剂和抑制剂对酶活性的影响实训步骤

管　号	1	2	3
1%淀粉溶液(mL)	3	3	3
0.5%硫酸铜溶液(mL)	0	1	0
1%氯化钠溶液(mL)	1	0	0
蒸馏水(mL)	0	0	1
酶(mL)	1	1	1
37 ℃恒温水浴保温 10 min			
碘化钾-碘溶液(滴)	1～2	1～2	1～2
现象			

注意事项

保温时间因唾液淀粉酶活性而异。如果激活剂或抑制剂的作用不明显，可以适当延长反应时间或降低唾液稀释倍数。

问题与讨论

(1) 什么是酶的专一性？试从你所做实训及其结果解释酶具有这种性质。

(2) 酶作为生物催化剂具有哪些特性？

(3) 激活剂可以分为哪几类？本实训中的氯化钠属于其中哪一类？

实验实训十五　酶制剂在食品加工中的应用研究实验

能力目标

酶制剂在食品工业中得到了越来越广泛的应用，通过选定合适的酶制剂在食品加工中的应用研究实验，学会将所掌握的酶学原理运用于食品生产实践中。

实训内容

选定较重要且易于购置的蛋白酶(如中性蛋白酶、碱性蛋白酶、木瓜蛋白酶等)、淀粉酶、果胶酶等，拟定下列实验研究方向，重点研究酶的作用条件、效果及影响因素。具体题目可由老师或学生提出，例如：

(1) 蛋白酶在动、植物水解蛋白制品中的工艺条件研究；

(2) 果胶酶在果蔬饮料加工中的应用研究;

(3) 淀粉酶在面包、糕点加工中的应用研究。

方法与要求

一般将学生按每组4～6人分组,学生在选定题目后,通过查阅有关资料,设计实验方案,经教师审查通过后,即可开始实验工作,实验中各成员可适当分工。实验完成后,每人按照研究论文的格式写出简短的实验总结报告。

实验实训十六　研究性实验

·选题·

综合实验应用教学实习时间进行,需3～5 d完成。主要目的是巩固和应用已学过的知识。因而选题不宜太大,主要设立一些能运用已学过的其他学科的理论知识,并结合实验室已有条件和本地区所有的可用于开发的食品资源,3～5 d内可以完成的题目,如"××色素的提取与稳定性研究""豆渣综合利用""柑橘(水果)成分分析与综合利用""××加工工艺研究"等。通过实践研究提高分析问题、解决问题的能力以及实际操作水平。

·查阅资料·

一般将学生按每组4～6人分组,学生在选定题目后,通过学校图书馆、各种索引和文摘提供的信息,特别可通过计算机互联网(如中国知网)进行信息检索,查阅相关文献,通读后,对相关的研究成果和技术成就进行系统的、全面的分析研究,进而归纳整理写出综合叙述,明确前人已经做了哪些工作,还有哪些问题,哪些技术手段是可以借鉴的。

·制订方案·

综合性实验是研究性质的实验。实验前必须制订周密而具体的实验方案。制订方案时要认真讨论、反复推敲方案的合理性与可行性。然后确定各实验项目及前后的次序,并可采用一定的数学模型(如正交实验等)方法来制订方案。用尽可能少的实验次数,取得尽可能多的可靠、完整的实验结果。

实验方案最后由指导老师审阅,经修改后确定下来。

·实验研究·

实验研究是整个综合实验的中心环节,所有结果都是从中取得的。实验过程中必须以严谨的科学态度进行实验工作,同时充分发挥观察力、想象力和逻辑思维判断力,对实验中出现得各种现象、数据进行分析与评价。实验可按以下3步开展:

(1) 实验准备。实验用试剂及仪器、设备的准备,这关乎整个实验能否顺利开展,必须给予足够的重视。

（2）预备实验。在正式开展实验前，对一些实验应进行预备实验，主要是进行实验方法的筛选和熟悉，为正式实验做好准备。

（3）正式实验。实验过程中第一要做到观察的客观性，即要如实反映客观现象；第二要做到观察的全面性，即从各个方面观察实验全过程中出现的各种现象，把各有关因素联系起来，分清主次，把握实质；第三要做到观察的系统性，即要连续、完整地观察全过程，不能随意中断；第四要做到观察的辨证性，应注意观察的典型性、偶然性及观察的条件，如时间、温度等。

·数据整理·

运用已学过的数据处理理论与方法，对实验结果进行整理、分析与归类，在此基础上通过逻辑思维，找出其中规律，为撰写论文做准备。

·论文写作·

科技论文一般包括以下几部分：标题、作者、摘要、关键词、引言、正文、结论、参考文献等。一篇小型的实验型论文正文一般有材料与方法、结果、讨论三个部分。若内容较少，也可把方法与结果合为一个部分，或把结果与讨论合为一个部分。

参考文献

[1] 谢笔钧.食品化学[M].3版.北京:科学出版社,2016.
[2] 夏延斌.食品化学[M].北京:中国轻工业出版社,2001.
[3] 曾名湧.食品保藏原理与技术[M].北京:化学工业出版社,2007.
[4] 倪静安,张墨英.水分活度与食品速冻[J].冷饮与速冻食品工业,1998,(1):1-8.
[5] 程云燕,麻文胜.食品化学[M].北京:化学工业出版社,2008.
[6] 阚建全.食品化学[M].北京:中国农业大学出版社,2002.
[7] 吴显荣.基础生物化学[M].北京:中国农业出版社,2000.
[8] 韩雅珊.食品化学[M].北京:中国农业大学出版社,1998.
[9] 赵新淮.食品化学[M].北京:化学工业出版社,2005.
[10] 胡望,谢笔钧.食品化学[M].北京:科学出版社,1992.
[11] 冯凤琴,叶立扬.食品化学[M].北京:化学工业出版社,2005.
[12] 刘树兴,吴少雄.食品化学[M].北京:中国计量出版社,2008.
[13] 王璋.食品化学[M].北京:中国轻工业出版社,2007.
[14] 阚健全.食品化学[M].2版.北京:中国农业大学出版社,2008.
[15] 王璋.食品化学[M].3版.北京:中国轻工业出版社,2003.
[16] 汪东风.食品化学[M].2版.北京:化学工业出版社,2014.
[17] 李丽娅.食品生物化学[M].北京:高等教育出版社,2005.
[18] 吴俊明.食品化学[M].北京:科学出版社.2004.
[19] 马永尾,刘晓庚.食品化学[M].南京:东南大学出版社.2007.
[20] 霍军生.食品化学安全第二卷·食品添加剂[M].北京:中国轻工业出版社,2006.
[21] 江波,杨瑞金,卢蓉蓉.食品化学[M].北京:化学工业出版社,2005.
[22] 刘邻渭.食品化学[M].北京:中国农业出版社,2002.
[23] 张国珍.食品生物化学[M].北京:中国农业出版社,2000.
[24] 刘靖.食品生物化学[M].北京:中国农业出版社,2007.
[25] 杜克生.食品生物化学[M].北京:中国轻工业出版社,2015.